Subzelluläre
Psychobiologie
Diagnosehandbuch

Bücher vom Institut für das Studium von Peak States

Peak States of Consciousness: Theory and Applications, Volume 1: Breakthrough Techniques for Exceptional Quality of Life, von Dr. Grant McFetridge und Jacquelyn Aldana und Dr. James Hardt (2004)

Peak States of Consciousness: Theory and Applications, Volume 2: Acquiring Extraordinary Spiritual and Shamanic States von Grant McFetridge Ph.D. und Wes Gietz (2008)

Peak States of Consciousness: Theory and Applications, Volume 3: Subcellular Psychobiology, Disease, and Immunity von Grant McFetridge Ph.D., *et al.* (demnächst)

The Basic Whole-Hearted Healing™ Manual (3rd Edition) von Grant McFetridge Ph.D. und Mary Pellicer M.D. (2004)

The Whole-Hearted Healing™ Workbook, Volume 1 von Paula Courteau (2013)

Subcellular Psychobiology Diagnosis Handbook: Subcellular Causes of Psychological Symptoms - Peak States® Therapy, Volume 1 von Grant McFetridge Ph.D. (2014)

Silence the Voices: The Biology of Mind Chatter - Peak States® Therapy, Volume 2 von Grant McFetridge Ph.D. (2017)

Suicide Prevention - Peak States® Therapy, Volume 3 von Grant McFetridge Ph.D. *et al.* (demnächst)

Spiritual Emergencies - Peak States® Therapy, Volume 4 von Grant McFetridge Ph.D. *et al.* (demnächst)

Addiction and Withdrawal - Peak States® Therapy, Volume 5 von Kirsten Lykkegaard DVM Ph.D. und Grant McFetridge Ph.D. (demnächst)

Breakthrough Research: Techniques, Insights, and Mindset von Grant McFetridge Ph.D. und Kirsten Lykkegaard DVM Ph.D. (demnächst)

Um zu bestellen, verwenden Sie www.PeakStates.com

Subzelluläre Psychobiologie Diagnosehandbuch

Subzelluläre Ursachen für psychologische Symptome

Peak States®-Therapie, Band 1

Von Grant McFetridge Ph.D.
Illustrationen von Lorenza Meneghini und Piotr Kawecki
Übersetzt aus dem Englischen von Astrid Paulini

Institute
for the Study
of Peak States

„Methoden für einen grundlegenden Wandel der menschlichen Psyche"

Zusammenarbeit bei der Übersetzung: Gudrun Lüderitz, Nemi Nath und Thomas Frey

Erste Ausgabe
Erster Druck, 2014

Bibliothek und Archive Kanada Katalogisierung der Publikationen

McFetridge, Grant, 1955-, Autor
    Subcellular psychobiology diagnosis handbook: subcellular causes of psychological symptoms / von Dr. Grant McFetridge; Illustrationen von Lorenza Meneghini.

Enthält bibliographische Angaben und einen Index.
ISBN 978-0-9734680-5-2 (pbk.)

1. Mental illness--Diagnosis--Handbooks, manuals, etc.
2. Mental healing--Handbooks, manuals, etc. 3. Psychobiology-Handbooks, manuals, etc. 4. Medicine and psychology--Handbooks, manuals, etc. I. Institute for the Study of Peak States, issuing body II. Title.

RC469.M34 2014   **616.89'075**   **C2014-900626-8**

Peak States®, Whole-Hearted Healing®, Silent Mind Technique™, Body Association Technique™, Tribal Block Technique™, Triune Brain Therapy™, Crosby Vortex Technique™ und Courteau Projection Technique™ sind Warenzeichen des „Institute for the Study of Peak States".

Institute for the Study of Peak States Press
3310 Cowie Road
Hornby Island, British Columbia
V0R 1Z0 Canada
http://www.PeakStates.com

Dieses Buch ist meiner ganzen Großfamilie gewidmet, deren Ermutigung und emotionale Unterstützung im Laufe der Jahre für mich sehr wertvoll war. Insbesondere geht die Danksagung an:

Meinen Bruder Scott McFetridge
Meine Schwester Alison McFetridge (1964 - 2004)
Meinen Onkel Frank Downey
Meine Tante Brenda und ihren Mann Hugh Blair
Und meinen Cousin Ian und seine Frau Marina Harriman

Haftungsvereinbarung
WICHTIG!
LESEN SIE DAS FOLGENDE, BEVOR SIE MIT DEM TEXT FORTFAHREN

Das Material in diesem Buch dient nur zu Bildungszwecken und ist nicht dazu bestimmt, von der Öffentlichkeit als Selbsthilfe verwendet zu werden. Die Prozesse in diesem Buch sind für Fachleute auf dem Gebiet der Traumaheilung gedacht und dürfen nicht von Laien ohne kompetente und qualifizierte Supervision verwendet werden. Da es sich um ein relativ neues und spezialisiertes Studienfach handelt, verfügen selbst die meisten lizenzierten Fachkräfte nicht über einen ausreichenden Hintergrund und eine angemessene Ausbildung in pränataler und perinataler Psychologie und Powertherapien.

Es ist möglich und in einigen Fällen wahrscheinlich, dass Sie eine extreme Belastung empfinden werden sowohl kurz- als auch langfristig, wenn Sie die Prozesse in diesem Buch nutzen. Wie bei jedem intensiven psychologischen Prozess können lebensbedrohliche Probleme auftreten, die auf die Möglichkeit zurückzuführen sind, ein schwaches Herz zu belasten, auf die Aktivierung suizidaler Gefühle und andere Ursachen. Obwohl wir im Text ausdrücklich auf mögliche Probleme hingewiesen haben, die bei der Verwendung dieser Prozesse auftreten können, können Sie auf etwas stoßen, das wir noch nie zuvor erlebt haben. Sie können schwere oder lebensbedrohliche Probleme durch die Prozesse dieses Buches erleben. Es ist möglich, dass Sie durch die Nutzung dieser Prozesse sterben. Wenn Sie nicht bereit sind, TOTAL für die Art und Weise, wie Sie dieses Material verwenden und deren Folgen verantwortlich zu sein, dann verlangen wir, dass Sie die Prozesse in diesem Buch nicht verwenden. Das sollte offensichtlich sein, aber wir wollten es ganz deutlich machen.

Nach dem, was wir gerade gesagt haben, stellen die folgenden Erklärungen eine rechtliche Vereinbarung zwischen uns dar. Dies gilt für alle, einschließlich lizenzierter Fachleute und Laien. Bitte lesen Sie die folgenden Aussagen sorgfältig durch:

1. Der Autor, alle Personen, die mit dem Institute for the Study of Peak States in Verbindung stehen und andere Mitwirkende an diesem Text können und werden keine Verantwortung dafür übernehmen, was Sie mit dem Material in diesem Buch und diesen Techniken machen.
2. Wenn Sie diese Prozesse oder Variationen davon nutzen, müssen Sie die volle Verantwortung für Ihr eigenes emotionales und körperliches Wohlbefinden übernehmen.
3. Sie sind verpflichtet, anderen, bei denen Sie diese Prozesse oder Variationen davon einsetzen, mitzuteilen, dass sie für ihr eigenes emotionales und körperliches Wohlbefinden vollständig verantwortlich sind.
4. Verwenden Sie diese Techniken unter Aufsicht eines qualifizierten Therapeuten oder Arztes.
5. Sie müssen sich damit einverstanden erklären, den Autor und jeden, der mit diesem Text oder mit dem Institute for the Study of Peak States in Verbindung steht, von jeglichen Ansprüchen freizustellen, die erhoben werden könnten, wenn Sie diese Prozesse oder Variationen davon an sich selbst oder einer anderen Person anwenden.
6. Viele der Prozessnamen in diesem Buch sind markenrechtlich geschützt, so dass für ihre öffentliche Nutzung die üblichen rechtlichen Einschränkungen gelten.

Aus Rücksicht auf die Sicherheit anderer:

- Sie sind verpflichtet, andere Menschen, bei denen Sie diese Prozesse oder Variationen dieser Prozesse anwenden, über die damit verbundenen Gefahren aufzuklären und deutlich zu machen, dass sie für ihr eigenes emotionales und körperliches Wohlbefinden voll verantwortlich sind.

- Wenn Sie anderen Menschen über das neue und experimentelle Material in diesem Buch berichten (oder auf andere Weise kommunizieren), erklären Sie sich damit einverstanden, sie darüber zu informieren, dass es mögliche Gefahren bei der Arbeit mit diesem Material gibt und gegebenenfalls Einzelheiten anzugeben.

Die Fortführung der Lektüre stellt eine rechtliche Zustimmung zu diesen Bedingungen dar. Vielen Dank für Ihr Verständnis.

Inhaltsverzeichnis

Anwendungen 281

Anhänge

Danksagungen

Zunächst möchte ich mich bei meinen derzeitigen und ehemaligen Kollegen des Instituts for the Study of Peakstates bedanken. Sie haben ihre Zeit und Energie, in einigen Fällen über viele Jahre hinweg, freiwillig zur Verfügung gestellt, um bei den Forschungsarbeiten zu helfen, die notwendig waren, um so viel grundlegende, bisher unbekannte Biologie zu entwickeln. Insbesondere möchte ich unserem CEO Frank Downey danken, der als verdienter Staatsmann fungiert hat und der ein Talent dafür hat, sehr unterschiedlichen Menschen zu helfen.

Mein Dank gilt auch unseren Schulungsleitern Nemi Nath und Ingka Malten sowie den Forschungsmitarbeitern Samsara Salier, Paula Courteau, Lars Vestby und Steve Hsu, die den Text und die mühsamen Details der subzellulären Fälle auf Fehler und Versäumnisse überprüft haben. Mein besonderer Dank gilt Lisbeth Ejiertsen, die meine ursprünglichen Aufzeichnungen, zunächst in tabellarischer Form, zusammengestellt hat. Ich möchte auch den vielen, vielen Therapeuten danken, die im Laufe der Jahre an unseren Schulungen teilgenommen haben, die an dem langsamen und oft frustrierenden Prozess der Herleitung des Materials in diesem Handbuch teilgenommen haben; oder die als Versuchskaninchen für die Rohentwürfe fungierten, die ich auf Nützlichkeit und Klarheit getestet habe.

Meine Illustratorin, die zertifizierte Peak-States-Therapeutin Lorenza Meneghini, war auch bei der Erstellung von Illustrationen aus den oft schlecht erklärten Grobskizzen von unschätzbarem Wert (übrigens habe ich sie gebeten, diese sehr einfachen Strichzeichnungen zu machen - sonst wäre jede ein kompliziertes, detailliertes Kunstwerk gewesen!). Und meinen aufrichtigen Dank an Piotr Kawecki, einen weiteren zertifizierten Therapeuten, der mir zu Hilfe kam, indem er den erstaunlichen Buchumschlag erstellte, den Sie in Ihren Händen halten.

Ich möchte auch den Freunden danken, die an mich geglaubt haben und mir in diesen schwierigen Zeiten geholfen haben, als ich Ermutigung brauchte, um mit der Forschung fortzufahren, insbesondere Chant und Bahar Thomas, Lita Stone, Sheelo Bolm und Dr. Art MacCarley und an Dr. Jim Harris, den Abteilungsleiter von Cal Poly EE, der die Gelegenheit nutzte und mich einstellte und mich all die Jahre bei meiner ersten Stellung in der Fakultät betreute. Und ich danke Tony Clarkson, dem Gründer des Sanctuary of Healing in Großbritannien, für seine finanzielle Unterstützung, die dazu beigetragen hat, uns auch während des schwierigen finanziellen Abschwungs im Jahr 2008 am Bestehen zu erhalten.

Jedes der Modelle und subzellulären Fälle in diesem Handbuch beinhaltete Hunderte, oft Tausende von Arbeitsstunden, während wir langsam die Durchbrüche machten, die zum Verständnis der subzellulären Biologie notwendig waren. Diese Arbeit war auch unglaublich schmerzhaft, mühsam und entmutigend, da Versuch für Versuch fehlschlug, während wir langsam Techniken ableiteten, die tatsächlich funktionieren. Nochmals möchte ich meinen bisherigen und aktuellen Kernforschern danken, die routinemäßig mit großen Schmerzen und Leiden konfrontiert waren, in der Hoffnung, dass ihre Bemühungen einen Unterschied in der Welt ausmachen würden, insbesondere (in etwa chronologischer Reihenfolge): Dr. Marie Green, Dr. Deola Perry, Dr. Mary Pellicer, Maureen Chandler, Paula Courteau, Tal Laks, Nemi Nath, Matt Fox, Samsara Salier, Lars Vestby und Leif Pedersen. Und ein besonderer Dank gilt Kasia Presalek, die aufgrund ihrer außergewöhnlichen Integrität und ihres Engagements für das Institut vielen Personen in Polen freiwillig geholfen hat, als diese das in den Jahren 2010-2013 dringend benötigten.

Ich möchte auch die Mitarbeiter würdigen, die bei der Forschung verletzt wurden und die in einigen Fällen Jahre mit anhaltenden Schmerzen und Behinderungen ausgeharrt haben, bevor wir ihnen helfen konnten. Und schließlich sende ich meinen tiefsten Dank an meine Kollegen und lieben Freunde, deren Tod die Grenzen unseres Verständnisses innerhalb unserer Erforschungen erweitert hat und die die Arbeit vorwärts getrieben haben und sie für die Folgenden sicherer gemacht haben: Dorothy Gail, Edward Kendricks, Brian Beard, Dr. Adam Waisel und Edward Rodziewicz – ihr werdet sehr vermisst.

Einführung

Dieses Handbuch wurde als Referenz für Therapeuten geschrieben, die die Peak States® Therapie mit ihrer Whole-Hearted-Healing® Regressionstrauma-Technik anwenden. Es ist auch für unser Trainingsprogramm geschrieben - Anhänge am Ende sind für Lehrer, die ihren Schülern in der Klasse die Möglichkeit geben, die verschiedenen subzellulären Fälle zu identifizieren, mit denen sie mit Klienten konfrontiert werden können.

Beim Unterrichten unseres Materials haben wir festgestellt, dass eine der größten Hürden für Therapeuten die Diagnose ist. Dieses Buch ist ein Versuch, dieses Problem anzugehen. Es gibt Therapeuten eine einfach zu bedienende Referenz für die verschiedenen subzellulären Fälle, die Klienten haben können und verstärkt durch die Verwendung von Illustrationen das Grundprinzip, dass psychologische Themen durch verschiedene Probleme verursacht werden, die in der subzellulären Biologie des Klienten vorkommen.

Dieses Handbuch in der ersten Ausgabe ist ebenfalls ein laufendes Projekt. Wir verbessern es kontinuierlich, indem wir neue Entdeckungen machen und, wo immer möglich, unsere Techniken vereinfachen.

Warum ein anderes Psychologiebuch schreiben?

Das Material in diesem Buch unterscheidet sich grundlegend von allem, was Sie bisher gesehen haben, da es einen biologischen Durchbruch im Verständnis und in der Behandlung psychologischer und medizinischer Probleme nutzt. Eines der Hauptprobleme in der gegenwärtigen Psychologie und Psychiatrie besteht darin, dass es kein klares Verständnis dafür gibt, warum Klienten unter psychischen (oder sogar vielen physischen) Störungen oder Problemen leiden. Die neueren PTBS- und Traumatherapien waren ein großer Segen für dieses Gebiet, aber es gibt immer noch kein Verständnis dafür, warum diese Therapien tatsächlich funktionieren (oder nicht funktionieren) oder wie sie auf viele andere Probleme angewendet werden können.

Glücklicherweise stellt sich heraus, dass diesen Problemen und Störungen eine Grundlage eigen ist, aber an einem Ort, den sich niemand je vorgestellt hat - innerhalb der Zellen selbst. Dieses Handbuch behandelt daher die Besonderheiten eines neuen Gebietes, der „subzellulären" Psychobiologie. Wir listen viele subzelluläre Probleme auf, ihre psychischen und physischen Symptome und neue nicht-medikamentöse Techniken, die tatsächlich direkt mit diesen subzellulären Problemen interagieren, um sie zuverlässig, effizient und schnell zu beseitigen.

Welche Annahmen treffen wir über Ihren Hintergrund?

In diesem Handbuch wird davon ausgegangen, dass Sie bereits ein ausgebildeter Therapeut sind, der verschiedene moderne, schnelle und effektive

Traumabehandlungstechniken wie EFT (Meridianklopfen), EMDR (bilaterale Stimulation) und TIR (Regression) anwendet oder sich derzeit damit beschäftigt. Es ist auch hilfreich, wenn Sie einen gewissen Hintergrund in pränataler und transpersoneller Psychologie haben. Wir haben festgestellt, dass die Therapeuten, die bei uns ausgebildet werden, im Allgemeinen diejenigen sind, die an der Grenze des mit anderen Ansätzen Möglichen angelangt sind, aber noch effektiver sein wollen; oder es sind junge Studenten, die einen praktischen, zusammenhängenden biologischen Rahmen für Psychologie, Spiritualität und Medizin erlernen wollen.

Im Unterricht verbringen wir viel Zeit damit, grundlegende subzelluläre Biologie zu veranschaulichen. Daher kann es sehr nützlich sein, eine Einführung in die eukaryotische subzelluläre Biologie zu lesen (Wikipedia hat gute Artikel) und einige der ausgezeichneten Videos im Internet anzusehen.

Dieses Buch erklärt keine Behandlungen oder Techniken. Wir gehen davon aus, dass Sie bereits die Techniken von WHH oder der Peak States Therapie kennen, die jeder subzelluläre Fall erfordert. Diese Techniken werden entweder in unseren Therapeutenausbildungskursen gelehrt, oder sie finden sich in:

- *Das Grundlegende Handbuch für WHH* von Grant McFetridge und Mary Pellicer MD,
- *Das Whole-Hearted Healing Workbook* von Paula Courteau,
- Weitere Bücher unserer Reihe *Peak States® Therapy*,
- *Peak States of Consciousness, Bände 1-3* von Dr. Grant McFetridge et al.

Wie sich dieses Handbuch entwickelt hat

Dieses Handbuch begann als Schautafeln, die wir von unseren Therapeutenschülern während unserer Therapeutenausbildung für die Praxis erstellen ließen. Jedes Poster umfasste einen subzellulären Fall, mit Auflistungen der Sätze, die typische Klienten bei der Beschreibung ihres Problems verwendeten, zusammen mit anderen möglichen Ursachen für die gleichen Symptome (für die Differentialdiagnose). Als die Schüler in die Phase der betreuten Arbeit mit den Klienten kamen, konnten sie sich die Poster auf der Rückseite des Raumes ansehen, um die Diagnose zu erleichtern. Dieses Buch formalisiert diesen Prozess für Therapeuten, die die Ausbildung abgeschlossen haben, aber vielleicht etwas von dem Material vergessen haben, das sie gelernt haben.

Das Buch ist nicht von Symptomen ausgehend und zu den Ursachen zielend organisiert. So praktisch dies auch sein mag, das Problem ist, dass die meisten Symptome eine Vielzahl von Ursachen haben. Also haben wir einen anderen Weg eingeschlagen. Ähnlich wie bei Ärzten oder Mechanikern lernen unsere Schüler zuerst die subzellulären Probleme und lernen dann, sie auf die Symptome der Klienten anzuwenden. Glücklicherweise sind die meisten Klientenprobleme nur auf ein Trauma oder auf einen von nur wenigen speziellen subzellulären Fällen zurückzuführen. Daher konzentrieren wir uns zunächst auf das Verständnis und die Anwendung dieser wenigen gängigen subzellulären Fälle und fügen später weitere spezialisierte oder seltene Fälle hinzu. Um diesen Prozess zu unterstützen, fanden wir heraus, dass Zeichnungen des primären Zellproblems die Fähigkeit des Schülers, sich an die subzellulären Fälle zu erinnern, stark verbesserten; das Verständnis der subzellulären Schäden machte Symptome und Behandlung viel offensichtlicher. Dies ist vergleichbar mit einem Autohandbuch oder Anatomiebuch mit Bildern, die das Problem zeigen, das Sie beheben müssen.

Sobald dieser Teil des Buches fertig war, stellten wir fest, dass das Handbuch wirklich systematische Möglichkeiten zur Diagnose von Problemen beinhalten musste, da einige Klienten ein wenig Detektivarbeit benötigen, um herauszufinden, was das Problem wirklich ist. Also haben wir zwei Kapitel zu spezifischen Problemen hinzugefügt, deren Ursachen bei der Untersuchung nicht ersichtlich sind. Letzteres ist aus paradigmatischer Sicht besonders interessant, da die westliche subzelluläre Biologie verwendet wird, um die Grundlage (und Behandlung) von spirituellen, psychischen und verwandten Problemen zu erklären.

„Berechnen für Ergebnis"

Das Kapitel „Berechnen für Ergebnis" ist in vielerlei Hinsicht das wichtigste Kapitel in diesem Buch, sowohl aus ethischer als auch aus funktionaler Sicht. Wir haben festgestellt, dass Therapeuten, die nur bezahlt werden, wenn sie erfolgreich sind, sehr schnell kompetent werden; Therapeuten, die für Zeit bezahlt werden, haben tatsächlich ein unbewusstes Hindernis, Klienten zu heilen. Auch hier gilt die Analogie des Autos: Dies ist vergleichbar mit einem Automechaniker, der stundenweise berechnet, im Gegensatz zu einem, der nach erledigtem Job berechnet.

Sicherheitsfragen: Zertifizierung von Therapeuten und Klinik-Unterstützung

Obwohl dies vielleicht nicht offensichtlich ist, da viele Menschen die Therapie als gleichwertig mit dem Erzählen mit der geliebten Tante betrachten, ist die Sicherheit eines der größten Probleme, mit denen Technik-Entwickler konfrontiert sind. Es war erst in den letzten 20 Jahren oder so, dass effektive Prozesse für Traumata (oder die extremere Version PTBS) auf dem Markt erschienen und es dauerte noch eine ganze Weile, bis man in dem Umfeld erkannte, dass es auch Risiken mit diesen sehr effektiven Behandlungen gab (oder tatsächlich mit jeder Therapie oder spirituellen Praxis). Da das Institut Techniken entwickelte, die es noch nie zuvor gegeben hatte, haben wir ursprünglich mehrere Strategien entwickelt, um unerwartete Probleme zu minimieren oder Risikofaktoren in unserem Prozess der Entwicklung neuer Produkte zu identifizieren. Eine davon war die Ausbildung von Therapeuten in unseren Techniken und Modellen, die Überprüfung ihrer relevanten beruflichen Hintergründe in Bereichen wie Suizidintervention und die anschließende Lizenzierung dieser Therapeuten zur Nutzung unserer neuen Techniken. Dies ermöglichte es uns, unsere Institutskliniken als 24/7-Sicherung für diese Therapeuten zu nutzen. Außerdem was es uns möglich, sie über neuere Versionen zu informieren, da sich unsere Techniken und unser Verständnis verbesserten. Und da diese Therapeuten sich bereit erklärt haben, bei ihrer gesamten Arbeit nur

xxiv   *Subzelluläre Psychobiologie Diagnosehandbuch*

„Berechnen für Ergebnisse" (Klienten zahlen nur, wenn eine vereinbarte Behandlung funktioniert) anzuwenden, gab es ein sehr gutes Feedback an die Forschungsgruppe, wenn es ein Problem mit einem neuen Verfahren oder einer neuen Technik gab.

Also, was passiert, wenn wir ein Buch über unsere Techniken veröffentlichen, das jeder lesen kann? Nun, die Techniken, die wir beschreiben, sind nur diejenigen, die eine gute, lange Testphase hatten, um atypische Reaktionen zu finden. Einige Techniken haben jedoch intrinsische Probleme, die ein Therapeut erkennen und behandeln muss - so wie der Mechaniker oder Arzt in der Lage sein muss, ungewöhnliche Probleme oder Nebenwirkungen zu erkennen und zu behandeln (z.B. den Geruch von Gas beim Wechsel einer Wasserpumpe). Daher ist dieses Buch speziell für Therapeuten geschrieben, die unsere Ausbildung haben oder absolvieren. Für die meisten Leser dient dieses Buch daher nur zu Bildungszwecken und nicht als Buch über die Durchführung von Therapien - aber wir stellen es der Öffentlichkeit zur Verfügung, um als Katalysator für radikale Veränderungen in den Bereichen Psychologie, Psychiatrie und Medizin zu wirken, basierend auf einem neuen, klaren biologischen Modell, das weitaus effektivere Möglichkeiten der Klientenbetreuung bietet.

Lizenzierte Peak States Prozesse

Ebenfalls aus Sicherheitsgründen gibt es eine Reihe von Prozessen, die in unseren Schulungen gelehrt werden und die die Teilnehmer nicht verwenden dürfen, es sei denn, sie sind vom Institut dazu lizenziert. Dies dient sowohl ihrem Schutz als auch dem ihrer Klienten (oder ihrer Familie und Freunde). Dies sind in der Regel auch Prozesse, die sich im Laufe der Zeit weiterentwickeln, um entweder effektiver zu werden oder um ein Problem zu minimieren, das bei einigen Klienten aufgetreten sein könnte. Sie werden in diesem Handbuch als „lizenzierte Peak-States-Therapeutenprozesse" bezeichnet. Sie beinhalten in der Regel die Heilung von wichtigem Entwicklungsereignistrauma, das die Ursache für ein bestimmtes Problem ist.

Markenrechtliche Fragen

Sobald eine neue Theorie herauskommt, die einen kommerziellen Erfolg hat, treten historisch gesehen zwei Probleme auf. Zuerst lesen einige Leute das Buch, werden zu „sofortigen Autoritäten" und lehren das Material, denn das Unterrichten neuer Therapien kann manchmal sehr lukrativ sein oder den Lehrer dazu bringen, sich wichtig zu fühlen; aber dies kann das unglückliche Ergebnis haben, dass Klienten nicht geholfen wird oder - schlimmer noch - sie verletzt werden, was der neuen Therapie einen völlig unverdienten negativen Ruf einbringt. Zweitens lehren die Leute anderen Stoff, benennen es aber mit dem gleichen Namen, um Klienten oder Studenten anzuziehen, was den ursprünglichen Namen bedeutungslos macht.

Um diese Probleme zu vermeiden, haben wir unsere Arbeit mit einem Markenzeichen versehen, wie es heute in diesem und anderen

Technologiebereichen aus genau diesen Gründen üblich ist. Daher sind nur aktuelle Mitarbeiter des ,Institute for the Study of Peak States' berechtigt, die Whole-Hearted-Healing® und Peak States® Therapie zu unterrichten. Das liegt nicht daran, dass wir davon leben wollen (obwohl das eine wunderbare Veränderung wäre!), sondern an der Natur unseres Materials - es verändert und entwickelt sich ständig, so dass die Lehrer auf dem Laufenden bleiben müssen. Noch wichtiger ist, dass bei uns zur Sicherheit der Studierenden nur sehr gut ausgebildete und geschulte Therapeuten unterrichten dürfen, die über weitaus mehr Verständnis und Fähigkeiten verfügen, als aus unseren veröffentlichten Materialien ersichtlich ist und die bei unvorhergesehenen Problemen oder neuen Entwicklungen direkt mit der Forschungsgruppe des Instituts zusammenarbeiten.

Techniken zum Erlangen von Spitzenbewusstseinszuständen sind nicht enthalten

Dieses Handbuch behandelt *nicht* unsere Arbeit über den Erwerb von Spitzenbewusstseinszuständen, sondern konzentriert sich nur auf psychische Probleme und Krankheiten.

Im letzten Kapitel behandeln wir kurz einige der psychologischen Probleme, die speziell für Spitzenbewusstseinszustände und spirituelle Erfahrungen gelten - für eine vollständige Abdeckung dieses Themas siehe unsere *Spiritual Emergencies - Peak States® Therapy, Band 4.*

Die Grenzen dieses Handbuchs

Erstens ist dieses ganz neue Feld ein in Arbeit befindlicher Bereich. Obwohl das Material in diesem Buch Therapeuten und Ärzten erlaubt, viele Probleme zu behandeln und zu verstehen, was sie vorher nicht konnten, haben wir noch nicht für jede Erkrankung eine Behandlung. Das begründet sich nicht mit der theoretischen Grundlage dieses Ansatzes - vielmehr dauert es einfach enorm lange, dieses riesige neue Gebiet der Biologie zu erforschen und seine Prinzipien anzuwenden. Im Laufe der Zeit erwarten wir, dass immer mehr Behandlungen für bestimmte Krankheiten und Störungen ausgearbeitet werden, aber es wird Jahrzehnte dauern, bis alle Anwendungen dieses neuen Ansatzes entwickelt sind. Deshalb sagen wir unseren Schülern, dass sie alle Techniken anwenden sollen, die sie möglicherweise kennen, nicht nur die, die wir unterrichten - das Einzige, was zählt, ist, dass der Klient gesund wird. Diese neue Art des Verständnisses von Therapie und Krankheit - die subzelluläre Psychobiologie - gibt unseren Schülern jedoch einen unschätzbaren Rahmen, um diese anderen Techniken anzuwenden, damit sie ein besseres Verständnis für Einschränkungen, Vorteile und Anwendungsbereiche haben.

Zweitens ist dieses Buch nur eine Momentaufnahme unserer Theorie und Technik. Es ist größtenteils auf Material beschränkt, das vor 2010 an unsere Therapeuten freigegeben wurde. Dies liegt daran, dass es Zeit und eine beträchtliche Anzahl von Klienten braucht, um die Sicherheit und Zuverlässigkeit zu überprüfen, so dass es in der Regel eine eingebaute Verzögerung von vier bis sechs Jahren gibt. Daher sind neuere Techniken und subzelluläre Fälle in der Regel nicht enthalten.

Schließlich ist dieses Buch nicht dazu gedacht, eine solide, detaillierte theoretische Grundlage zu geben. Stattdessen wurde es als Referenz für praktizierende Therapeuten konzipiert, die möglicherweise schnell mögliche Ursachen und Behandlungen für einen Klienten überprüfen müssen. Für eine vertiefte Theorie verweisen wir Sie auf unsere *Peak States of Consciousness* Lehrbücher.

Wir hoffen auch, dass dieses Handbuch in Zukunft obsolet wird. Unser aktuelles theoretisches Modell und unsere Experimente deuten darauf hin, dass es viel einfachere und umfassendere Möglichkeiten gibt, psychologische und medizinische Probleme zu heilen.

Über die Umschlagsgestaltung ...

Die von Piotr Kawecki entworfene Cover-Illustration ist eine stilisierte eukaryotische Zelle zusammen mit drei Bildern, was wie drei Nahvergrößerungen von Bereichen der Zelle aussehen soll. Diese Kästen, die so dargestellt werden, als wären sie echte Fotografien, veranschaulichen drei subzelluläre Probleme. Der obere Kasten zeigt den Fall von „Kopien", bei denen ein parasitärer bakterieller Organismus an Ribosomen andockt, die an einer festklebenden mRNA-Kopie eines Gens hängen. Der mittlere Kasten zeigt den Fall einer Körperhirnassoziation, mit einer Seitenansicht von zwei Ribosomen, die in der Membran des Rauen Endoplasmatischen Retikulums stecken. Das unterste Feld zeigt den Fall eines Wirbels, bei dem ein Mitochondrium oben kontinuierlich Zytoplasma einsaugt (aufgrund von Histonschäden an einem internen Gen).

Dr. Grant McFetridge
Institute for the Study of Peakstates,
Hornby Island, Kanada

Abschnitt 1

Grundprinzipien

Verständnis der subzellulären Ursachen von emotionalen und körperlichen Symptomen

Eines der größten Probleme in der Psychologie und Medizin ist, dass es trotz einer Fülle von Werkzeugen und Techniken immer noch kein klares theoretisches Verständnis dafür gibt, warum Menschen psychologische Symptome haben. In einigen Fällen gibt es biologische Ursachen wie Hirnschäden oder Toxine - aber diese sind bei weitem die Ausnahme, nicht die Regel. Seit den 50er Jahren gingen die Forscher davon aus, dass Symptome etwas mit einer schlechten Biochemie zu tun haben - aber Versuche, diesem Modell zu folgen, sind gescheitert. Und so gründlich und lange sind sie gescheitert, dass die großen Pharmaunternehmen die Erforschung von psychischen Störungen aufgegeben haben. Die neueste Hypothese ist, dass Störungen auf geschädigte neuronale Netze zurückzuführen sind. Wieder kommen einige interessante Arbeiten dazu, aber es sind keine Durchbrüche gelungen. Da diese Ideen vernünftig erscheinen, gehen wir davon aus, dass keine Fortschritte erzielt werden, da es sich hierbei meistens um schwierige Arbeitsbereiche handelt.

Aber was ist, wenn die Symptome tatsächlich durch etwas verursacht werden, an das noch nie jemand gedacht hat?

Nun, bevor Sie anfangen, nach den Hüten aus Alufolie zu suchen, lassen Sie uns sehen, was für ein radikal neues Modell erforderlich wäre. Erstens müsste es mit den bestehenden experimentell gewonnenen biologischen Prinzipien übereinstimmen. (Oder wenn nicht, können Sie übersehene, ungenaue oder falsch extrapolierte Beobachtungen identifizieren.) Zweitens muss es in der Lage sein, alle Daten zu erfassen, nicht nur „herausgepickte Rosinen" aus Fällen oder Beobachtungen - ohne „unbequeme Wahrheiten" zu ignorieren. Drittens muss es in der Lage sein, Probleme zu behandeln, die bestehende Techniken entweder nicht, nur teilweise oder mit großen Schwierigkeiten bewältigen können. Und schließlich erklärt es hoffentlich alles auf elegante und einfache Weise und löst die Verwirrung in bestehenden Daten und Modellen.

Und ja, es gibt genau eine solche Lösung in einem Bereich der Biologie, den niemand jemals mit psychologischen Symptomen in Verbindung gebracht hat - in der Zelle selbst.

Dieses Handbuch, das für praktizierende Psychotherapeuten geschrieben wurde, die in unseren Techniken geschult wurden, konzentriert sich auf eine Vielzahl von subzellulären Problemen, ihre Symptome und ihre Behandlung. Und gibt Ihnen eine Einführung in eines der spannendsten neuen Wissenschaftsgebiete, dass je entdeckt wurde - die subzelluläre Psychobiologie.

Dieses Kapitel ist ein kurzer Überblick über Hintergrundmaterial, das für Therapeuten relevant ist, die psychologische Probleme aus subzellulärer Sicht diagnostizieren. Es gibt mehrere neue, grundlegende biologische Modelle, die vor der Arbeit mit subzellulären Problemen verstanden werden müssen. Eine ausführliche Beschreibung dieser Modelle, wie sie abgeleitet wurden und ihre Anwendungen finden sich in *Peak States of Consciousness: Theory and Applications*, Bände 1-3.

Trauma und Traumatherapien

Biographisches Trauma und sein extremerer Fall - die Post-Traumatische Belastungsstörung - wurden von der gängigen Psychologie bis vor relativ kurzer Zeit als unheilbar angesehen. 1996 wurden vier sehr unterschiedliche Therapien, die Traumasymptome tatsächlich beseitigen konnten, im ersten von Experten begutachteten Artikel in *The Family Therapy Networker* beschrieben, der den Weg für ihre legale Anwendung durch lizenzierte Therapeuten in den USA ebnete. Leider wächst die Akzeptanz dieser Methoden sehr langsam und wird in den meisten Universitätslehrplänen immer noch nicht gelehrt. Unabhängig davon sind Trauma-Heiltechniken unglaublich wichtig, denn es stellte sich heraus, dass die meisten Probleme, die Klienten haben, entweder direkt oder indirekt auf ein Trauma zurückzuführen sind. Derzeit sind die beiden beliebtesten Techniken EMDR und EFT.

Die institutseigene Trauma-Heiltechnik Whole-Hearted-Healing (WHH) basiert auf der Regression. Sie wurde in den frühen 90er Jahren entwickelt und wurde sowohl als Heilungsmethode für Traumata als auch als einfacher Zugang zu pränatalen Erfahrungen zur Untersuchung der Entstehung von Spitzenbewusstseinszuständen konzipiert. Die vom Institut unterrichteten praktizierenden Therapeuten verwenden jedoch in der Regel eine schnellere und einfachere Einpunkt-Meridianklopftechnik. Sie verwenden normalerweise nur WHH oder andere Techniken, wenn das Klopfen nicht funktioniert; oder WHH in Kombination mit Klopfen, wenn sie eine Regression zu wichtigen pränatalen Entwicklungsaugenblicken durchführen.

In den Jahren der Entwicklung der WHH-Technik wurde auch deutlich, dass es mehrere grundsätzlich unterschiedliche Arten von Traumata gibt: biographische (aus der Vergangenheit), assoziative (wie bei Pavlovs Hund) und generationsbezogene (ererbtes Trauma). Jede Art benötigt ihre eigene Technik oder Vorgehensweise. Dies wurde damals empirisch abgeleitet - die zugrundeliegende subzelluläre biologische Grundlage für Trauma wurde erst einige Jahre später entdeckt. Kapitel 7 geht diese Traumatypen im Detail durch, zusammen mit Abbildungen ihrer biologischen Ursachen.

Das Modell der Primärzelle

Im Jahr 2002 haben wir eine außergewöhnliche, grundlegende biologische Entdeckung gemacht. Es stellte sich heraus, dass das Bewusstsein nur in einer Zelle des Körpers gefunden wird. Diese Zelle, die sich bei der vierten Zellteilung nach der Empfängnis bildet, nennen wir die „Primärzelle". Alle anderen Gehirn- und Körperstrukturen sind Erweiterungen der Organellen, die sich in dieser Zelle befinden. Es ist, als wäre diese eine Zelle der Mikroprozessor und das Gehirn wäre ein Peripheriegerät, das für die Vor- und Nachverarbeitung konzipiert wurde. Probleme in dieser Zelle hallen im Rest des Körpers nach; sie ist das Urmuster. Im Nachhinein wurde das Modell der Primärzelle aus evolutionärer Sicht heraus sinnvoll. Wir leben in einer „zellzentrierten" Welt; multizelluläre Organismen sind nur einzelne Zellen, die herausgefunden haben, wie sie sich in eine größere Umgebung ausbreiten können, ganz ähnlich wie eine Person in einem riesigen Roboteranzug.

Mit dieser Entdeckung erkannten wir bald, dass alle psychologischen Traumatypen durch eine gehemmte Genexpression innerhalb dieser Primärzelle verursacht werden, die beschädigte Histonproteine an Genen, festklebende mRNA-Ketten und Ribosome mit einbezog. Unser Modell wurde 2008 in Band 2 veröffentlicht. Unbekannt für uns, entdeckte Dr. Marcus Pembrey im gleichen Zeitraum den gleichen Mechanismus, indem er sich eine isolierte Gemeinschaft in Nordschweden ansah. Seine Arbeit, wenn auch nur auf die epigenetische Vererbung angewandt, hat unsere Ergebnisse mit einem völlig anderen Ansatz gut bestätigt. Was den Mainstream-Biologen jedoch noch nicht bekannt ist, ist, dass der gleiche epigenetische Mechanismus auch für alle anderen Traumatypen gilt.

Das Modell der transpersonellen Biologie

Einer der wichtigsten Teile der Entdeckung der Primärzelle war, dass das Bewusstsein einer Person aus dem Inneren dieser Zelle sich mit dem Bewusstsein, welches sie über die Welt und ihren eigenen Körper hat, überdeckt. Es ist wie ein Spezialeffektfilm, bei dem sich zwei sehr unterschiedliche Welten überlagern. Dies erweist sich als Schlüssel zum Auftreten psychischer Symptome. Biologische Probleme innerhalb der Primärzelle werden als psychische oder physische Symptome *erlebt*.

Eine Erweiterung des Modells der Primärzelle löst auch eines der größten Rätsel unserer Zeit - wie man die Existenz spiritueller, schamanischer und psychischer Erfahrungen in die moderne Wissenschaft integriert. Das aktuelle wissenschaftliche Paradigma lehnt die Existenz dieser Phänomene ab, doch die persönlichen Erfahrungen vieler Menschen und eine überwältigende Menge an faszinierenden Forschungsarbeiten auf diesem Gebiet haben gezeigt, dass sie tatsächlich existieren. Derzeit ist die herrschende Erklärung unter den Forschern in diesem Bereich, dass ungewöhnliche Erfahrungen nicht durch Standardwissenschaften erklärt werden können und daher als eigenständiges Fach mit eigenen Regeln untersucht werden müssen. Glücklicherweise kann dieser Konflikt der Weltanschauungen mit dem Verständnis unseres „Modells der transpersonellen Biologie" gelöst werden. Das heißt einfach, dass solche Erfahrungen immer eine physikalische, biologische Grundlage haben, aber eine innerhalb der Primärzelle. Menschen sehen, erleben oder greifen auf biologische Phänomene zu, die in der Zelle vorkommen; deshalb sind sie in der physischen Welt oder durch medizinische Untersuchungen nicht zu finden.

Dieses Modell gilt auch für andere, wirklich schwer zu akzeptierende, ungewöhnliche Phänomene wie außerkörperliche Erfahrungen, sich selbst als andere Person oder Tier zu erleben, schizophrene Stimmen etc. Ähnlich wie man ein physisches Handy braucht, um sich mit „unsichtbaren" Radiowellen zu verbinden, ermöglichen biologische subzelluläre Strukturen in der Primärzelle einer Person, diese seltsamen Erfahrungen zu machen.

„Biologische" oder „spirituelle" Ansichten

Menschen können Regressionsereignisse oder Phänomene der Primärzelle auf zwei grundsätzlich unterschiedliche Arten beobachten: aus einer „biologischen" oder aus einer „spirituellen" Sicht. Die biologische Sicht ist das, was Sie im Allgemeinen erwarten würden, wenn Sie Ihre Augen benutzen oder durch ein Mikroskop schauen würden. (Dies schließt die „außerkörperliche Perspektive" ein, die in traumatischen Erinnerungen zu sehen ist, weil es immer noch Ansichten der „realen Welt" sind.) Die spirituelle Sicht ist weitaus fremder - die Person sieht Bilder von der Intensität und Verteilung des Bewusstseins in dem Bereich, der den biologischen Strukturen entspricht (ein wenig wie ein Röntgenfilm), und nicht ein Bild der Strukturen selbst. Dieser Modus beinhaltet auch Ansichten von „spirituellen" Phänomenen (wie Höllenreich, Kundalini-Erfahrungen, Strippen usw.), die einer biologischen Funktion oder einem Substrat entsprechen.

Obwohl es möglich ist, zwischen der spirituellen und der biologischen Sichtweise zu wechseln, bleiben die Menschen aus einem sehr einfachen Grund in der spirituellen Sicht - sie vermeiden körperliche Schmerzen. Wenn sie zur biologischen Sichtweise wechseln (und „in den Körper" gehen), werden sie dort Schmerzen durch Verletzungen oder Schäden spüren. Leider hat der Verbleib in der „spirituellen Sicht" große Nachteile - grundlegende biologische Probleme können nicht erkannt oder geheilt werden.

Spitzenbewusstseinszustände

Eines der Ergebnisse unserer Arbeit mit der Primärzelle ist die Entdeckung, dass die psychologischen Empfindungen einer Spitzenerfahrung oder eines Spitzenbewusstseinszustandes dadurch entstehen, dass eine bestimmte biologische Funktion in der Zelle optimal funktioniert. Um es noch einmal zu wiederholen: Biologische subzelluläre Funktionen entsprechen psychologischen Erfahrungen oder Zuständen.

Von besonderer Bedeutung für unsere Forschungsarbeit ist ein Spitzenbewusstseinszustand, der es uns ermöglicht, in die Primärzelle zu „sehen", um biologische Prozesse und Dysfunktionen zu untersuchen. Der komplette Zustand gibt keine vagen oder imaginären Visionen - er ist so klar wie das Schauen im eigenen Haus. So konnten wir für dieses Handbuch Skizzen der subzellulären Probleme erstellen. (Nebenbei bemerkt, es dauerte ein paar Jahre nach der Entdeckung, bis wir begriffen, dass wir in eine Zelle schauten; zuerst dachten wir, es sei eine Art seltsame spirituelle Erfahrung. Diese Fähigkeit, die bis zu einem gewissen Grad relativ häufig ist, wird in praktisch Jedem, der sie hat, unterdrückt oder missverstanden.)

Für die Forschung ist diese *deus ex machina*-Fähigkeit jedoch nicht ganz so nützlich, wie sie zunächst klingt, obwohl sie im Vergleich zur Elektronenmikroskopie oder moderneren Lebendzelltechniken enorm viel Zeit und Geld spart. Die Primärzelle ist vollgepackt mit ungewöhnlichem Zeug an verschiedenen Orten und Größen. Die Ursache eines Problems zu finden kann sehr schwierig sein. Zum Beispiel wissen wir oft nicht einmal, ob etwas da sein soll oder nicht, und wenn ja, wie wir beurteilen können, ob es richtig funktioniert. Um eine Vorstellung davon zu bekommen, wie schwierig das sein kann, stellen Sie sich ein gigantisches Kreuzfahrtschiff vor. Nun, wo soll man nach einem Problem in der Größe einer Hauskatze suchen, wenn man nicht einmal weiß, dass man nach einer Katze sucht, und würde man sie erkennen, wenn man sie sehen würde? Daher brauchten wir ein Jahrzehnt, um Beobachtungen zu machen, Techniken auszuarbeiten und zu testen, damit wir das Material in diesem Handbuch zusammenstellen konnten. Und es ist noch viel zu tun.

Ein weiterer wichtiger therapeutischer Bereich sind die „spirituellen Notfälle", bei denen ein Klient ungewöhnliche religiöse oder spirituelle Erfahrungen macht, bis hin zur Krise. Diese Probleme lassen sich oft ganz einfach durch das Verständnis der entsprechenden subzellulären oder entwicklungsbedingten Ursachen behandeln. Zum Beispiel ist das Erwecken der Kundalini ein subzellulärer Fall in diesem Handbuch, der vielen Menschen große Probleme verursacht, aber mit einer einfachen Heilmethode beseitigt werden kann. Siehe unsere *Spiritual Emergencies - Peak States® Therapy, Band 4* für eine vollständige Abdeckung dieses Themas.

Subzelluläre (psychologisch ähnliche) Techniken

Wir „leben" in der Primärzelle - psychologische Symptome (Emotionen und Empfindungen) sind genau das, was wir bei subzellulären biologischen

Problemen erleben. Diese Probleme der Primärzelle schlagen sich auch in unserem Körper nieder und verursachen medizinische Probleme. Es gibt jedoch einen zweigleisigen Informationstransfer - Empfindungen aus unserem physischen Körper gehen auch in die Primärzelle zurück. Es stellt sich heraus, dass wir diesen Weg nutzen können, um „psychologisch ähnliche" Techniken zu entwickeln, die direkt mit subzellulären Strukturen und Problemen in der Primärzelle interagieren. Tatsächlich funktionieren alle empirisch abgeleiteten, effektiven Trauma-Techniken so. (Zum Beispiel arbeiten Meridiantherapien durch Interaktion mit Pilzstrukturen in der Primärzelle, wie in Kapitel 2 beschrieben.) Glücklicherweise können wir jetzt beobachten, wie eine Technik innerhalb der Zelle funktioniert, wir können ihre Grenzen herausfinden, sie verbessern oder herausfinden, wie sie ihre Wirkung entfaltet - beseitigt sie Symptome, indem sie die Zelle repariert oder beschädigt? Noch spannender ist, dass wir auch noch nie dagewesene Techniken ableiten können, jetzt, da wir wissen, dass wir mit dem Inneren einer Zelle interagieren. Ein wirklich gutes Beispiel dafür ist unsere Body Association Technique. In dem Wissen, dass wir Ribosome entfernen wollten, die in das raue endoplasmatische Retikulum eingebettet sind, haben wir eine einfache Visualisierung und einige Minuten Anleitung entwickelt, die es einem durchschnittlichen Klienten ermöglicht, die Art von Assoziationen zu beseitigen, die beispielsweise süchtigmachende Gelüste, Entzugserscheinungen und eine Vielzahl anderer Probleme verursachen.

Es stellte sich heraus, dass es viele verschiedene Arten von Dysfunktionen innerhalb der typischen Primärzelle gibt. Als der WHH-Prozess in den frühen 90er Jahren entwickelt wurde, wurde klar, dass es körperliche und emotionale Probleme gab, die nicht durch den Einsatz unserer eigenen Trauma-Regressionstechnik oder durch andere uns bekannten Trauma-Techniken geheilt werden konnten. Da Wege zur Heilung dieser anderen Probleme empirisch ausgearbeitet wurden, wurden sie Teil einer wachsenden Liste von „Sonderfällen", die ein Therapeut bei der Anwendung der WHH-Technik lernen musste. Erst im nächsten Jahrzehnt wurde uns klar, dass diese psychologischen Fälle biologischen, subzellulären Problemen entsprachen. In diesem Handbuch beziehen wir uns nicht mehr auf die meisten dieser „Sonderfälle" als Teil von WHH, da die Techniken, die sie behandeln, nicht den Einsatz dieser Regressionstechnik beinhalten. Stattdessen nennen wir diese subzellulären Fälle und die Techniken, mit denen sie geheilt werden, nun Teil der „Peak-States-Therapie"

Subzelluläre Namenskonventionen für Fälle

Leider verwenden wir nicht für jeden der subzellulären Fälle eine einheitliche Namenskonvention - die Namen haben sich im Laufe der Zeit weiterentwickelt, als wir dieses Material langsam ausarbeiteten. So haben einige Fälle Namen, die zu Standarddiagnosen passen (wie „Hirnschäden"); andere, die ihre psychologische Wirkung identifizieren (wie „Kopien"); wieder andere, die die subzelluläre Schädigung oder Struktur beschreiben (wie „zerschmetterte Kristalle"); und einige sind Hybride (wie „Ribosomalstimmen"). Wir entschuldigen uns für diese Verwirrung!

Subzelluläre Parasiteninfektionen

Wie im nächsten Kapitel ausführlich erläutert, ist eine der beunruhigendsten Entdeckungen, die wir gemacht haben, dass Menschen (ebenso wie Säugetiere und Vögel und wahrscheinlich auch eukaryotische Zellorganismen im Allgemeinen) verschiedene Arten von Parasiten in ihrer Primärzelle beherbergen. Diese subzellulären parasitären Organismen gibt es in vier Hauptklassen: insektenähnliche Organismen (wahrscheinlich Prionen), Pilzorganismen, Bakterienorganismen und Viren. Tatsächlich ist das Vorhandensein oder die Wirkung dieser Organismen die direkte Ursache für viele der subzellulären Dysfunktionen in diesem Handbuch. Und sie sind auch indirekt der Ursprung praktisch aller subzellulären Probleme; so ist beispielsweise der geschädigte Histonmechanismus, der dem Trauma zugrunde liegt, auf einen dieser Organismen zurückzuführen.

Als ein Beispiel dafür gibt es ein Phänomen, das aus konventioneller Sicht wie eine Fantasie erscheint - und zwar das Trauma eines „Vorlebens". Ob man daran glaubt oder nicht, es ist erfahrungsmäßig klar, dass dies bei einigen Klienten Symptome verursacht und es wurden dafür von verschiedenen Personen empirisch mehrere Techniken entwickelt, um mit diesem Problem umzugehen. Aber eine Anwendung des „Modells der transpersonellen Biologie" besagt, dass es eine subzelluläre biologische Grundlage für dieses Phänomen geben muss - und das gibt es. Es ist ein Nebenprodukt eines Pilzorganismus, der in der Innenfläche der Primärzellmembran eingebettet lebt. Die Schädigung dieses Organismus führt zu frei schwebenden Strukturen, die sich mit festklebenden mRNA-Traumaketten verbinden und als „Portale" zu vergangenen Lebenserfahrungen führen. Ist dieses biologische Problem einmal verstanden, wird ein anderer Ansatz zur globalen Eliminierung aller Vorlebens-Traumata möglich: entweder den Pilzorganismus zu heilen oder ihn zu vernichten.

Aus Sicht des Therapeuten ist die Arbeit mit Klientenproblemen, die die verschiedenen parasitären Organismen betreffen, in einigen Fällen potenziell gefährlich - eine Schulung ist erforderlich, um die Techniken sicher anzuwenden. Aus Forschungssicht sind Untersuchungen an diesen Organismen äußerst gefährlich; nach unseren Erfahrungen sind dauerhafte Verletzungen oder Todesfälle möglich und sogar wahrscheinlich.

Pränatales Trauma und das Entwicklungsereignismodell

Wie bereits erwähnt, wurde die in den frühen 90er Jahren entstandene WHH-Regressionstechnik entwickelt, um Traumata zu beseitigen, obwohl ihr Hauptzweck darin bestand zu sehen, ob es einen Zusammenhang zwischen pränatalen Traumata und außergewöhnlichen Bewusstseinszuständen (die heute als „Spitzenbewusstseinszustände" bezeichnet werden) gibt. Diese Hypothese erwies sich als richtig; aber wir fanden auch heraus, dass Traumata im Allgemeinen irrelevant waren. Es ging hauptsächlich um Traumata in Schlüsselaugenblicken der pränatalen Entwicklung, wenn der Organismus plötzlich komplexer wird. Wenn alles gut geht, haben wir in der Gegenwart einen entsprechenden Spitzenbewusstseinszustand oder Spitzenfähigkeiten. Tritt ein schwerwiegendes Trauma auf, insbesondere ein Generationstrauma, das die korrekte Strukturbildung während der Entwicklung hemmt, wird der Spitzenbewusstseinszustand reduziert oder blockiert. Dieses Konzept wird als „Entwicklungsmodell für Spitzenbewusstseinszustände, Fähigkeiten und Erfahrungen" bezeichnet. Band 2 von *Peak States of Consciousness* enthält eine Chronologie vieler der wichtigsten Entwicklungsereignisse.

An diesem Modell wirklich signifikant ist, dass nur eine Handvoll spezifischer Augenblicke in der Entwicklung von Bedeutung sind. Das bedeutet, dass derselbe Prozess für jeden angewendet werden kann, indem man diese einzigartigen Augenblicke ansteuert, anstatt dass man mit jedem einzelnen Klienten seine Probleme wie einen Einzelfall angehen muss (wie es bei der allgemeinen Therapie der Fall ist). Nachdem wir mehrere Jahre lang mit diesem Thema zu kämpfen hatten, wurde 1998-99 eine Methode entwickelt, um diese Ereignisse gezielt ansteuern zu können, und zwar mit Hilfe spezifischer Phrasen und Musik, die die Menschen genau in diese angesteuerten Entwicklungsereignisse versetzt. Wir nennen dieses die „Gaia-Befehlsprozesse" unter Verwendung der „Phrasen-Regressionstechnik".

Diese wichtigen pränatalen Traumata können auch für das Verständnis und die Behandlung vieler psychologischer Probleme von entscheidender Bedeutung sein. Manchmal ist der Zusammenhang zwischen dem Entwicklungsereignis und dem heutigen Symptom überhaupt nicht offensichtlich - aber wie das Sehen des Tricks, um ein mathematisches Problem zu lösen, kann ein Therapeut das Problem schnell beseitigen, wenn es aus einem bekannten Kontext stammt. Suizidgefühle entstehen zum Beispiel vor allem durch ein Nabelschnur-Durchtrennungstrauma nach der Geburt - die Nabelschnur wird meistens zu früh durchtrennt und verursacht beim Neugeborenen eine massive PTBS.

Um den Punkt zu unterstreichen, beschreibt das Entwicklungsereignismodell, wie sich *vergangene* Biologie auf die *gegenwärtige* Biologie der Primärzelle auswirkt. Wie zwei Seiten einer Medaille beschreiben diese beiden Modelle die gleichen Probleme entweder aus einer Sicht mit aktuellen subzellulären Schäden oder aus der Sicht vergangener Ursachen. So arbeiten Therapietechniken entweder an aktuellen Dysfunktionen in der Zelle (à la Meridian Therapie), beseitigen die Ursache in der Vergangenheit (à la Regression) oder sind ein Hybrid der beiden Ansätze.

Medizinische Anwendungen

Es stellte sich heraus, dass die Primärzelle und die Modelle der Entwicklungsereignisse auch aus einem weiteren Grund wichtig sind. Sie erklären viele medizinische Probleme, vor allem solche, die einfach keine offensichtliche Ursache zu haben scheinen und nicht auf Antimykotika, Antibiotika oder antivirale Mittel ansprechen. Leider haben wir aus Forschungssicht festgestellt, dass es keine leichte Aufgabe ist, die Ursachen von Symptomen herauszufinden; die subzelluläre Biologie ist nämlich oft recht komplex. Die gute Nachricht ist, dass nach der Lösung dieser Probleme einige schwere Krankheiten in der Regel durch einen Arztbesuch schnell beseitigt werden können, ohne dass medikamentöse Eingriffe erforderlich sind. Dieses Handbuch listet zwei dieser Krankheiten auf, die „Ribosomalstimmen" der Schizophrenie (ein Pilzproblem) und das Asperger-Syndrom (ein bakterielles Problem). Band 3 von *Peak States of Consciousness* deckt mehr Krankheiten ab und gibt auch unsere aktuellen Techniken zur Aufklärung von Ursachen und zur Entwicklung von Heilmitteln wieder.

Diese Modelle lösen auch eine eher verblüffende Beobachtung in Psychologie und Medizin - warum reagieren verschiedene Menschen unterschiedlich auf das gleiche Problem? Zum Beispiel: Wenn ähnliche Menschen das gleiche schwerwiegende traumatische Ereignis wie einen Bankraub erleben, warum bekommen einige PTBS (Posttraumatische Belastungsstörung), aber etwa ein Drittel wird in der Regel unberührt bleiben? Es stellt sich heraus, dass es zwei Faktoren gibt - einige Personen haben bereits ein beschädigtes Histon an Genen, die während des Ereignisses gefordert werden, was die Bildung von PTBS verursacht; oder die Person hat einen Spitzenbewusstseinszustand, der sie immun gegen Trauma macht. Ebenso wirken sich Einwirkungen auf den Kopf bei den Menschen unterschiedlich aus. Wir konnten dieses Problem auch auf ein sehr frühes Entwicklungsereignis zurückführen, welches das Gehirn widerstandsfähig/resilient gegen körperliche Traumata macht (oder auch nicht).

Am spannendsten für uns ist die Überzeugung, dass wir auf lange Sicht Prozesse finden werden, bei denen individuelle Krankheitsbehandlungen nicht mehr notwendig sind. Unsere Modelle zeigen, dass es möglich ist, Menschen gegen ganze Klassen von Krankheiten gleichzeitig immun zu machen. Angesichts des schnellen Wirkungsverlustes von Antibiotika kann dies eine äußerst wichtige Anwendung in den kommenden Jahren sein.

Das Dreifachhirnmodell

Eine der ersten grundlegenden Entdeckungen, die wir Anfang der 90er Jahre mit WHH bei pränatalen Traumata gemacht haben, war die Existenz des „Dreifachhirns" (umgangssprachlich: das Bewusstsein von Verstand, Herz und Körper). Auch wenn die Struktur des Dreifachhirns bereits Jahre zuvor von Dr. Paul MacLean bei Primaten entdeckt wurde, war ihre Anwendung auf das psychologische Konzept des „Unterbewussten" zu der Zeit neu. Noch wichtiger war, dass seine Verbindung zur subzellulären Biologie völlig unerkannt war (und ist).

Im Laufe des nächsten Jahrzehnts haben wir den Ursprung des Bewusstseins dieser Gehirnstrukturen bis zum frühestmöglichen Entwicklungsstadium verfolgt: blockartige Strukturen, die als „Sakralwesen" in ihrer ersten Form innerhalb der Mutter und des Vaters erlebt werden, kurz vor der Zeit ihrer Implantation in die jeweilige Großmutter. Dort wird das Stadium der „Genesis Zelle" eingeleitet; jeder Block sammelt Beutel mit RNA, die dann in Bläschen eingeschlossen werden, um sieben verschiedene Arten prokaryontischer (bakterienähnlicher) Zellen zu bilden. Dann erleben diese mit hoher Wahrscheinlichkeit eine Wiederholung des endosymbiotischen Ursprungs des eukaryontischen Lebens auf der Erde; sie verschmelzen zu einer Urkeimzelle, wobei jede von ihnen zu einer anderen subzellulären Organelle wird. Diese Blöcke mit ihren umgebenden Strukturen wandern dann durch die elterliche Primärzelle und in den Eierstock- oder Hodenbereich der elterlichen Zygote.

Um auf das Beispiel des Traumas mit diesem neuen Modell zurückzukommen und es immer wieder zu erweitern: diese bakterienartigen Zellen sind auch der Ursprung dafür, warum es verschiedene Traumatypen gibt. Jede trug ihre eigenen spezialisierten Gene zum neuen Keimzellnukleus bei und jede Organelle verwendet diese Gene immer noch für ihre eigenen Zwecke in der Zelle. Alle Traumatypen haben die gleiche Ursache: Wenn ein Protein hergestellt werden muss, führt ein beschädigter Histonbelag auf dem Gen dazu, dass die mRNA-Kopie am Gen haften bleibt, anstatt in das Zytoplasma zu schweben. Die entsprechenden psychologischen Erfahrungen unterscheiden sich jedoch grundlegend. Festhängende mRNA-Stränge für die peroxisomale Organelle (sie findet sich wieder im Bereich des Perineums) erzeugen Generationstraumata; solche für das endoplasmatische Retikulum (sie finden sich wieder im Bauch) erzeugen Körperhirnassoziationen; und solche für Ribosomen (die sich im Herzbereich wiederfinden) erzeugen biographische Traumata.

In der Gegenwart erstreckt sich das Bewusstsein in jedem der kleinen Sakralwesensblöcke nach außen in die primären Zellorganellen. Von dort aus erstreckt sich das Bewusstsein weiter nach außen in entsprechende vielzellige Organe und Gehirnstrukturen. Übrigens, obwohl wir normalerweise von drei Gehirnen sprechen - dem Körperhirn (Reptilien), dem Herzhirn (Säugetiere) und dem Verstandeshirn (Primaten) - gibt es in Wirklichkeit sieben Hirn-Paare, und zwar je ein Paar von sieben Hirnen von jedem Elternteil.

Viele der Probleme, die Menschen haben, sind direkt oder indirekt auf Schäden oder widersprüchliche Vorstellungen in diesem Dreifachhirn zurückzuführen, und einige der subzellulären Fälle spiegeln dies wider. Auch das Gegenteil ist der Fall – das Bewusstsein der 14 Gehirne kann verschmelzen und dabei können unterschiedliche Verschmelzungsgrade dieser Gehirne unterschiedliche Spitzenbewusstseinszustände bewirken.

Das Bewusstseinszentrum (CoA)

Das Modell des Dreifachhirns erklärt anschaulich die Existenz des Unterbewussten. Das wirft jedoch die Frage auf, was ist denn Bewusstsein? Anstatt zu versuchen, eine der vielen verwirrenden und widersprüchlichen Definitionen aus der Psychologie zu verwenden, stellt sich heraus, dass man mit einem einfachen kinästhetischen Verfahren feststellen kann, was wir mit dem Wort meinen. Nimm deinen Finger, zeige mit dem Finger auf dich selbst (bei diesem Verfahren ist kein Kontakt erforderlich) und bewege ihn langsam von oben nach unten, um den Bereich zu finden, in dem du dich in deinem Körper erlebst. Dies ist der Standort deines CoA. Es kann an einem oder mehreren Orten sein, und für die meisten Menschen kann sich dieser Ort, an dem sie sich in ihrem

Körper befinden, vorübergehend bewegen, indem sie Willenskraft einsetzen. Wir nennen dieses Erfahrungskonzept das Bewusstseinszentrum (CoA). Wie das Modell der transpersonellen Biologie sagt, stellte sich heraus, dass es ein physisches Substrat für das bewusste Wahrnehmen des Bewusstseins innerhalb der Primärzelle gibt. Dieses CoA-Konzept ist für Therapeuten von großer Bedeutung, da es häufig in verschiedenen Heilmethoden eingesetzt wird.

Schlüsselpunkte

- Das Modell der „Primärzelle" besagt, dass das Bewusstsein in nur einer Zelle des Körpers zu finden ist.
- Die Alltagserfahrung eines Menschen ist eine gleichzeitige Mischung aus normaler Wahrnehmung und Wahrnehmung des Inneren der Primärzelle.
- Subzelluläre Psychobiologie ist die Untersuchung von Dysfunktionen innerhalb der Primärzelle, die psychische Probleme verursachen.
- Psychologisch ähnliche Techniken können mit der Primärzelle interagieren, um Probleme zu beheben.
- Das „Entwicklungsereignismodell" besagt, dass Spitzenbewusstseinszustände in frühen, wichtigen Entwicklungsmomenten durch Trauma blockiert werden.
- Krankheitszustände oder die Anfälligkeit dafür treten ebenfalls in wichtigen Entwicklungsmomenten auf.
- Das „Modell der transpersonellen Biologie" besagt, dass alle spirituellen, schamanischen und psychischen Erfahrungen auf der physischen Biologie innerhalb der Primärzelle basieren.
- Es gibt drei Arten von Traumata: generationenbezogen, assoziativ und biographisch.
- Ein Trauma wird indirekt durch beschädigte Histonbeläge an Genen verursacht.
- Das Modell des Dreifachhirns erklärt das Unterbewusstsein sowie viele Probleme und mehrere Spitzenbewusstseinszustände.
- Die Organellen innerhalb der Primärzelle haben ein Bewusstsein, das sich nach außen in die Organe und die (dreifach) Strukturen des Gehirns erstreckt.
- Parasiten innerhalb der Primärzelle sind direkt oder indirekt für die subzelluläre Dysfunktion verantwortlich.
- Die Arbeit mit subzellulären Parasiten ist potenziell gefährlich - eine spezielle Ausbildung ist erforderlich.
- Das Bewusstsein kann durch ein kinästhetisches Verfahren definiert werden, das den „Mittelpunkt des Bewusstseins" im Körper lokalisiert.

Empfohlene Lektüre

- *The Basic Whole-Hearted Healing™ Manual* (2004) von Grant McFetridge und Mary Pellicer MD. Eine Anleitung für Therapeuten zu dieser Regressionstechnik.

- *The Biology of Belief: Unleashing the power of consciousness, matter, and miracles* (2005) von Bruce Lipton Ph.D. Eine gute Einführung in die subzelluläre Biologie für Laien, obwohl ihr das Konzept der Primärzelle fehlt.

- *The Ghost in Your Genes* (2005) von British Broadcasting Corporation (BBC) Horizon. Dieses Video leistet hervorragende Arbeit, um Dr. Pembreys Entdeckung epigenetischer Schäden mittels Daten von Familien in einer isolierten Stadt in Schweden zu erklären.

- "Going for the cure", *Family Therapy Networker* (July/August 1996), 20(4), pgs. 20-37 von M. S. Wylie. Dies war der erste peer-reviewed Artikel über vier psychologische Techniken, die tatsächlich Traumasymptome beseitigen konnten.

- "Inner Life of the Cell", Harvard University (8:11 minutes, 15MB) – Ein ausgezeichnetes Video über extra- und intrazelluläre Animation mit Dialog. Es ist auf YouTube oder auf der Webseite von Harvard zu finden. Es ist auch sehr nützlich, um die einfachen Skizzen in diesem Handbuch zu verstehen.

- „Molecular Machinery of Life", Harvard University (2:09 minutes, 19MB) – Ein ausgezeichnetes Video über subzelluläre Funktionen unter Verwendung modernster Animation. Diese finden Sie auf YouTube oder auf der Website von Harvard. Es ist sehr nützlich, um die einfachen Skizzen in diesem Handbuch zu verstehen.

- *Peak States of Consciousness*, Volumes 1-3 (2004, 2008, 2015) von Grant McFetridge *et al.*

- „Transgenerational epigenetic inheritance: how important is it?", *Nature Reviews Genetics* (March 2013), 14, 228-235 von Ueli Grossniklaus, William G. Kelly, Anne C. Ferguson-Smith, Marcus Pembrey & Susan Lindquist.

- *The Triune Brain in Evolution: Role in Paleocerebral Functions* (1990) Pleunum Press von Paul MacLean. Die definitive Arbeit zur Biologie des Dreifachhirns (geschrieben für Spezialisten) aus seiner Forschung am NIMH.

- *Spiritual Emergencies - Peak States® Therapy Volume 3* (2015) von Marta Czepukojc und Grant McFetridge.

Kapitel 2

Primärzell-Parasiten - Symptome und Sicherheit

Obwohl ich bereits eine erfolgreiche Karriere als Elektroingenieur in den Bereichen Forschung, Design, Beratung und Hochschullehre hatte, begann ich mit 30 Jahren ein Projekt, das mir viel mehr am Herzen lag und zwar: „Wie man grundlegende Gesundheit unter die Menschheit bringt". 24 Jahre später im Jahr 2008 verspürte ich Niederlage und Verzweiflung, da es schien, dass ich einfach nicht klug genug sei, um diese Herausforderung zu lösen. Zwar hatte ich viele wesentliche biologische Probleme gelöst, wie die Entstehung des Dreifachhirns, die Existenz der Primärzelle, die subzelluläre Biologie des Traumas und so weiter, aber ich war immer noch nicht in der Lage, die wirklich grundlegenden Probleme unserer Spezies zu verstehen.

Noch schlimmer aus meiner persönlichen Perspektive war die Tatsache, dass sich bei einigen Auszubildenden in unserem Institut Langzeitschmerzen entwickelt hatten, die ich trotz endloser Bemühungen nicht beheben konnte. Aus diesem Grund und weil ich das Gefühl hatte, das Hauptprojekt nicht gelöst zu haben, sagte ich 2009 alle Weiterbildungen ab und war dabei, das Institut zu schließen. Das stellte sich als eine der besten Entscheidungen heraus, die ich je getroffen hatte. Viele Mitarbeiter stiegen aus; die Wenigen, welche blieben, fokussierten sich wirklich nur auf das Hauptprojekt. Das gab mir die nötige Zeit und den nötigen Raum, mich nur mit diesen Themen auseinanderzusetzen, anstatt mit Managementaufgaben überfordert zu sein. Langsam aber sicher begannen wir Durchbrüche zu haben: erstens, wie man den langfristigen Schmerz dieser Studenten (das in diesem Kapitel beschriebene Parasitenproblem der Klasse 1) beheben konnte. Dann hatten wir Ergebnisse im Bereich der einzigartigen Biologie des „Beauty Way" und bei dem „Optimum Relationship Peak State", ebenso hatten wir Ergebnisse bei der subzellulären Ursache aller negativen Emotionen und der des Traumas selbst und im Frühjahr 2011, an einem der besten Tage meines Lebens, hatten wir die Quelle des grundlegenden Hauptproblems unserer Spezies und tatsächlich aller Säugetiere herausgefunden.

Obwohl wir zum Zeitpunkt der Entstehung dieses Buches noch keine Lösungen für dieses Hauptproblem haben, führt jetzt das Verständnis der entsprechenden Biologie endlich dazu, unsere Arbeit fortzusetzen. Der Tod so vieler meiner engen Freunde und Kollegen durch diese Forschung war doch nicht umsonst gewesen.

Therapie und subzelluläre Parasiten

Das gefährlichste Thema bei der Erforschung neuer Therapieverfahren war eines, welches das Institut bisher nicht der Öffentlichkeit erklären wollte. Der Auslöser dazu ist ein sehr ernster Sicherheitsgrund: Das Wissen über dieses Thema kann einige Menschen dazu anregen, sich so darauf zu konzentrieren, dass sie selber lang anhaltende Schmerzen, Verletzungen oder sogar den Tod bei sich auslösen können. Der Grund dafür ist einfach: Der Mensch beherbergt verschiedene Arten von parasitären Organismen innerhalb und um die Primärzelle herum. Leider kann unser Bewusstsein aufgrund der Natur der Primärzelle mit diesen Organismen viel tiefer und schädlicher interagieren, als wir annehmen können. Dieser Effekt ist nicht vergleichbar mit unseren Erfahrungen mit den üblichen Arten von Krankheitserregern in unserem Darm oder Körper, mit denen Ärzte routinemäßig zu tun haben.

Dieses Parasitenproblem ist in jedem Menschen vorhanden, obwohl die Menschen im Allgemeinen eine Art Homöostasis einrichten, um die körperlichen und geistigen Symptome zu minimieren. Leider können spirituelle Praktiken, Psychotherapie und sogar Lebensereignisse Probleme mit diesen Organismen auslösen. Diese können bei jeder Therapie auftreten, nicht nur bei unserer eigenen. Der Unterschied zwischen anderen Therapien und unserer besteht nur darin, dass wir die Ursache der Probleme kennen, die bei innerem Wachstum oder der Heilarbeit auftreten können und dass wir Wege haben, viele davon zu behandeln.

Mit diesen parasitären Organismen gibt es vier Hauptprobleme, die in den subzellulären Fällen in diesem Handbuch abgehandelt werden. (Siehe Anhang 8 für eine zusammenfassende Liste von subzellulären Parasitenfällen.) Erstens leben die Parasiten in uns und ihre Strukturen und Funktionen stören unsere eigenen. Zweitens interagieren oder kommunizieren die meisten Menschen unbewusst mit ihnen, was zu verschiedenen körperlichen und emotionalen Symptomen führt. Drittens und wahrscheinlich am meisten beunruhigend ist, dass man dabei seine Selbstidentität verlieren kann, indem man sein eigenes Bewusstsein an sie abgibt. Und schließlich, im Gegensatz zu unseren kulturellen Annahmen, verhalten sich einige Arten von Parasiten wie Mobiltelefone, die Interaktionen aus der Ferne zwischen Menschen ermöglichen, was zu weit verbreiteten zwischenmenschlichen und kulturellen Problemen führen kann.

Im Gegensatz zu den herkömmlichen Krankheiten infizieren diese parasitären Organismen praktisch die gesamte Menschheit und werden von Eltern auf die Kinder übertragen, ohne dass externe Krankheitserreger dafür benötigt werden. Sie verursachen tiefgreifende Probleme für unsere Spezies in Bezug auf die geistige und körperliche Gesundheit. Für eine vollständige Diskussion zu diesem Thema siehe *Peak States of Consciousness*, Band 3. Diese Parasiten können in drei Klassen eingeteilt werden, wobei jede Klasse einen anderen Mechanismus nutzt, um das menschliche Immunsystem zu täuschen. Ungewöhnlich ist, dass die Hauptparasitenarten auch alle Säugetiere und Vögel infiziert haben. Parasitenarten sind interessanterweise innerhalb einer bestimmten Klasse unterschiedlich groß, anscheinend damit sie verschiedene Umgebungen innerhalb der Zelle ausnutzen können. Sie reichen von einigen, die in Bezug auf ein histonbeschichtetes Gen winzig sind, bis hin zu solchen, die einen signifikanten Prozentsatz der Größe der gesamten Primärzelle ausmachen.

Aus therapeutischer Sicht verwenden viele der Fälle in diesem Handbuch Behandlungen auf der Ebene einer individuellen Parasitenanwesenheit. Die Techniken sind so ausgerichtet, dass die Symptome eines Klienten verschwinden werden, indem die Parasiten beseitigt werden oder indem sie die Interaktionen des Klienten mit einem bestimmten Parasiten ändern oder indem sie den Parasiten heilen und indirekt dem Wirt helfen. Dieser einzelne Parasitenansatz ist für die meisten psychologischen Probleme ausreichend, aber einige Krankheiten wie das Asperger-Syndrom werden durch komplexere Wechselwirkungen zwischen Entwicklungsereignissen und Parasiten aus verschiedenen Klassen verursacht. Es gibt jedoch weitere globale Behandlungsmöglichkeiten für diese Parasitenthemen. Zum Beispiel funktioniert der Prozess des Spitzenbewusstseinszustandes, der als Silent Mind Technique bezeichnet wird, indem er eine Person immun gegen den Borgpilz macht (siehe unten); dadurch werden gleichzeitig all die verschiedenen Probleme beseitigt, die dieser Pilz bei einer Person auslösen kann. Unsere aktuelle Forschung konzentriert sich in erster Linie darauf, globale Prozesse zu finden, die eine Person immun gegen die verschiedenen Hauptklassen von Parasiten macht.

GEFAHR
Die Arbeit an Parasitenproblemen kann langfristige Schmerzen oder schwere Verletzungen verursachen. Im Extremfall kann sie zum Tod führen. Diese Problemart sollte nur von einem ausgebildeten, zertifizierten Therapeuten behandelt werden, der sowohl Erfahrung als auch Unterstützung von der Peak States Klinik hat. Experimentieren Sie NICHT mit neuen Wegen, um diese zu heilen, da Sie leicht deren plötzliche Wucherung auslösen können und extreme oder lebensbedrohliche Symptome verursachen können.

Ein kultureller blinder Fleck

Seltsamerweise akzeptieren unsere Schüler die Existenz von subzellulären Parasiten, die sowohl innerhalb der Person als auch zwischen den Menschen kommunizieren können. Vielleicht liegt dies daran, dass das Modell es ihnen jetzt ermöglicht, Probleme bei Klienten zu behandeln, die sie bisher nicht bewältigen konnten.

Ein Thema, auf das wir bei unseren Therapeuten und in der Forschung gestoßen sind, ist die kulturelle Annahme, dass jeder von uns völlig allein ist und dass all das, was wir fühlen, nur auf unsere eigene innere Erfahrung ab der Geburt zurückzuführen ist. Doch nichts könnte weiter von dieser Wahrheit entfernt sein, sowohl in Bezug auf pränatales Trauma als auch auf die Existenz von Parasiten, die das Verhalten beeinflussen. Leider führt diese Annahme zu einem interessanten Schwachpunkt. Therapeuten und Forscher verhalten sich im Allgemeinen so, als ob die Handlungen eines subzellulären Parasiten nur auf Trauma oder die Probleme des Klienten zurückzuführen wären. Obwohl das in gewisser Weise wahr ist - unsere Traumata erlauben es ihnen, dort zu sein und können den Umfang ihrer Handlungen einschränken oder vermehren -, besteht die Herausforderung darin, dass Parasiten ihre eigene Agenda haben. Diese Agenda kann Probleme verursachen, über die der Klient absolut keine direkte Kontrolle hat. Im Extremfall können die Parasiten den menschlichen Wirt schädigen oder sogar versehentlich töten, was die Person definitiv nicht anstrebt. Der Versuch, jede Parasitenaktivität zu heilen, als ob sie das eigene Problem des Klienten wäre, funktioniert nicht. Es wäre wie der Versuch, jemanden zu heilen, der die gesamte Nachbarschaft erschossen hat, indem man nur an dessen Ehepartner arbeitet - ja, er hat geheiratet und lebt im selben Haus, aber das macht ihn nicht zur alleinigen Ursache für das Verhalten des anderen.

In ähnlicher Weise erleben die Menschen nicht nur das Bewusstsein des Parasiten, als wäre es ihr eigenes, sondern sie interagieren auch mit Parasiten, als wären sie andere Menschen. Dies kann zu einer Vielzahl von Herausforderungen führen, da der Parasit keine andere Person ist und er auf unerwartete oder schädliche Weise für den Wirt reagieren kann. Es ist auch schwer zu begreifen, dass wir die Parasiten in uns haben wollen, weil sie uns das Gefühl geben, dass wir uns sicher oder wohl fühlen, kraftvoll und so weiter - auch wenn sie uns schaden. In Fortführung der vorherigen Analogie ist es so, als hätte man einen Haufen von Ehepartnern, die Missbrauch begehen. Das Verständnis dieser Dynamik ist wichtig, da es die Art und Weise, wie wir mit einem Klienten arbeiten, verändern kann; zum Beispiel können wir mit der Behandlung beginnen, indem wir den Grund beseitigen, warum der Klient das Gefühl hat, dass ein subzellulärer Parasit jemand ist, den er kennt.

Forschung am Institut

Zuerst wussten wir nicht, was verschiedene kurz- oder langfristige, oft unglaublich schmerzhafte oder lähmende Symptome auslöst, die wir bei einigen unserer Mitarbeiter, Therapeutenauszubildenden und Klienten sahen. Manchmal hatten sie bereits Symptome; manchmal löste eine Therapie (jeglicher Art, nicht nur unsere eigenen Techniken) ihre Probleme aus. Wir verbrachten Unmengen von Arbeitsstunden damit, an diesem Rätsel in uns selbst und mit den Betroffenen zu arbeiten und herauszufinden, was los war. Zuerst hatten wir die unbewusste Annahme, dass die Arbeit an Spitzenbewusstseinszuständen, Spiritualität und psychologischer Heilung an sich sicher war. Im Laufe der Zeit begann sich diese Sichtweise langsam zu verändern, da immer mehr Probleme auftauchten, die wir nicht verstanden. Über einen Zeitraum hinweg von etwa fünf Jahren begannen wir zu vermuten, dass es in der Primärzelle verschiedene Arten von Parasiten gab. Aber es reichte nicht aus, um eine Hypothese zu erstellen. Wir testeten gleichzeitig unsere Annahme, indem wir neue experimentelle Behandlungen erfanden, die wiederum endlose Stunden von Anstrengung, Frustration und Misserfolg mit sich brachten. Während dieser Zeit wurden viele aus unserem Forschungsteam schwer verletzt und zwei Menschen starben bei dieser Arbeit an den Folgen der Parasitenprobleme. Da bereits das Wissen um dieses Thema Symptome bei anfälligen Menschen auslösen kann, waren wir der Meinung, dass wir Behandlungen finden mussten, die sowohl sicher als auch wirksam waren, bevor wir diese Informationen ethisch und sicher mit der Öffentlichkeit teilen konnten.

Als Nebeneffekt haben wir festgestellt, wenn einige Leute über die Gefahren und Risiken während der Forschung lesen, befürchten sie automatisch, dass die Therapie genauso gefährlich ist. Dies ist jedoch die gleiche Situation wie in einem Bereich, den wir alle für selbstverständlich halten und zwar die Entwicklung neuer Arzneimittel und Verfahren. Wir hören normalerweise nie von den Fehlern und Problemen ihrer Forschungsphase (und das ist uns auch egal) und denken nur an die Wirkung des Produkts, wenn wir es in der Apotheke oder Arztpraxis kaufen.

Glücklicherweise hatten wir in unserer frühen Planung in den 90er Jahren die zukünftige Struktur des Instituts speziell auf mögliche Sicherheitsprobleme ausgerichtet, da wir nicht wussten, was uns erwarten würde, wenn wir neue, noch nie dagewesene Techniken für Spitzenbewusstseinszustände entwickeln würden. Anfang des Jahres 2000 war das Institut genügend groß, um diese Sicherheitsstruktur und ihre Protokolle umzusetzen. Wie bei allen unseren Forschungsprojekten beginnen unsere Tests beim Forschungsteam. Sobald wir glauben, dass wir eine mögliche Behandlung haben, erweitern wir die Tests auf unsere Mitarbeiter des Instituts. Wenn diese gut ausgehen, erweitern wir unsere Tests, indem wir unsere lizenzierten Peak States Therapeuten an sich selbst testen lassen und schließlich, wenn wir genügend Menschen getestet haben und dabei keine Nebeneffekte auftreten, geben wir den Prozess vorsichtig zur öffentlichen Verwendung bei Klienten frei. Doch unser Prüf- und Sicherheitsnetz hört damit nicht auf: Unser fortgeschrittenes Klinikpersonal ist ein Backup für die zertifizierten Therapeuten, falls diese Probleme bei der Anwendung an den Klienten feststellen. Dies gibt uns auch das Feedback, das wir benötigen, um unsere Prozesse langfristig zu testen. Und da alle unsere zertifizierten Therapeuten nur nach dem Prinzip „Bezahlen für Ergebnis" arbeiten, erhalten wir auch ein gutes Feedback, wenn der Prozess nicht nachhaltig und vollständig effektiv ist.

Viele unserer Schüler haben den natürlichen Impuls, selbstständig forschen zu wollen. Für die meisten Menschen ist es schwer zu akzeptieren, dass dies gefährlich sein kann. Entweder haben sie die gleichen Überzeugungen, die wir einst hatten, wie „innere Erforschung ist vorteilhaft", oder wie Teenager, die ein schnelles Auto fahren und dabei denken, dass ihnen nichts geschehen kann, weil sie schlauer, fähiger, glücklicher und so weiter sind. Es ist besonders schwer für Menschen, sich aus der isolierten Denkweise unserer Kultur herauszulösen und zu erkennen, dass sie es mit mehr als nur mit sich selbst zu tun haben, sondern dass die Parasiten ihr eigenes Bewusstsein und ihre eigenen Handlungen haben unabhängig von denen des Wirtes.

Besonders im Falle der Parasitenbehandlungen weisen wir unsere Schüler darauf hin, dass sie nicht versuchen sollen, alternative oder bessere Wege zu finden und nur die anzuwenden, die wir unterrichten. Es gibt mehrere offensichtliche Möglichkeiten, Parasiten zu beseitigen. Leider haben wir durch bittere Erfahrungen festgestellt, dass diese offensichtlichen Wege sehr unsicher sind. Die größte Herausforderung ist, dass der Körper auf einer tiefen Ebene glaubt, dass er diese Organismen braucht. Wenn Sie durch eine Methode beginnen, die Homöostasis zu stören, wird der Körper darauf reagieren, indem er das Problem viel, viel schlimmer macht, um zu kompensieren. Leider sprechen wir über Organismen, die ihre eigene Agenda haben und unser Überleben gehört definitiv nicht dazu. Für einen einzelnen Parasiten ist es nicht offensichtlich, welche großen Auswirkungen seine Handlungen auf den Wirt haben können.

Das Humanitätsprojekt

Eines der schwierigsten Dinge für einen Menschen ist es, die Welt zu betrachten und Inkonsistenzen zu seinem eigenen Paradigma festzustellen. Normalerweise nehmen wir die Dinge als selbstverständlich hin, nach dem Motto „es ist so, wie es eben ist" und arbeiten vielleicht innerhalb dieses Rahmens, um die Dinge zu verbessern. Aber eine der wichtigsten Entdeckungen, die das Institut gemacht hat, ist die, dass die Welt um uns herum nicht so sein soll, wie sie jetzt ist. Dass das, was wir für normal halten, auf fast jeder Ebene der menschlichen Spezies - persönlich, zwischenmenschlich, sozial, kulturell, physisch, medizinisch und ökologisch - die Folgen weit verbreiteter parasitärer artenübergreifender Krankheiten sind.

Das Institut wurde mit dem Ziel gegründet, nur ein einziges Problem zu lösen - und zwar die Heilung der menschlichen Spezies. Unsere früheren Arbeiten hatten uns gezeigt, dass es möglich war, grundlegend bessere Bewusstseinszustände zu haben, die automatisch eine Vielzahl von planetarischen und artenweiten Problemen lösen würden, vorausgesetzt die meisten Menschen hätten diese. Zu diesen Herausforderungen gehören Umweltzerstörung, Bevölkerungsüberschuss, soziale Ungerechtigkeit, psychische Probleme, körperliche Erkrankungen, bakterielle und virale Immunität, körperliche Regeneration und eine Vielzahl anderer Themen. Bereits 1998 stellten wir fest, dass unsere Spezies nur drei von über hundert Schlüsselbewusstseinszuständen benötigen würde (von denen, die wir identifiziert haben), doch erst 2011 entdeckten wir, dass diese benötigten Schlüsselbewusstseinszustände durch Entwicklungsschäden aufgrund der parasitären Organismen innerhalb der Primärzelle blockiert wurden. Diese Organismen haben alle Säugetiere infiziert, daher sehen wir keine signifikanten Unterschiede zwischen den Spezies.

Die drei verschiedenen Klassen von Parasiten, die unten aufgelistet sind, blockieren jeweils einen wichtigen Spitzenbewusstseinszustand des „Humanitätsprojekts". Diese Organismen werden in der Reihenfolge ihrer ungefähren Gesamtschwere aufgelistet; dies ist auch die chronologische Reihenfolge, in der sie ursprünglich unsere Spezies infiziert haben. Da wir jetzt die Art des Problems verstehen, welches die Menschheit lahmgelegt hat, konzentrieren sich die Bemühungen unseres Instituts darauf, Wege zu finden, Menschen gegen diese drei Parasitenklassen immun zu machen. Für viel mehr Details über die Herleitung und Biologie dieses Problems siehe *Peak States of Consciousness*, Band 3.

Insektenähnliche Parasiten (Klasse 1)

Diese Parasiten leben in und auf der Primärzelle und haben ein gemeinsames Merkmal: Sie sehen alle aus wie verschiedene hartschalige insektenähnliche Parasiten und „schmecken" in der Regel metallisch. Diese Organismen können Gefühle von stechenden Schmerzen, Brennen und die Empfindung hervorrufen, dass sich etwas auf der Haut befindet oder im Körper vergräbt. Die bewusste oder unbewusste Aufmerksamkeit auf sie zu lenken führt dazu, dass sie wie wilde Tiere reagieren. Sie können an Ort und Stelle „einfrieren", Giftstoffe ausstoßen, um sich zu verstecken, sich in Membranen vergraben oder mit krallenartigen Anhängseln angreifen, die stechende oder reißende Schmerzen verursachen. Wir beobachten, dass diese Parasiten sehr häufig in der Zelle sind. Sie sind in einer Vielzahl von Größen auffindbar. Diejenigen, die einen erheblichen Prozentsatz der Nukleus- oder Zellmembranen ausmachen, sind besonders gefährlich, da sie die Primärzellmembran aufreißen können, was zum Tod des Klienten führt.

Eine bestimmte Spezies in dieser Klasse bildet die hauptsächliche Blockade, dass ein Mensch die grundlegenden Spitzenbewusstseinszustände nicht erreichen kann und blockiert ebenfalls seine Fähigkeit zur Regeneration. Eine teilweise Heilung oder Unterdrückung dieser Parasiteninfektion führt zu verschiedenen wichtigen Bewusstseinszuständen wie Beauty Way, Optimum Relationship und anderen. Die Arbeit mit dieser Art sprengt den Rahmen dieses Handbuchs.

Überraschenderweise wird diese „insektenähnliche" Klasse von Parasiten nicht in Standard-Biologietexten beschrieben, aber es ist sehr wahrscheinlich, dass es sich dabei um Prionen handelt. Diese insektenähnlichen Parasiten scheinen eine primär kohlenstofffreie Lebensform zu sein; einige und vielleicht alle Arten dieser Klasse werden durch ATP (das Sauerstoffäquivalent in Zellen) schnell zerstört, wenn ihr Schutz verletzt wird.

Subzelluläre Fälle, die durch verschiedene Arten dieser Klasse von Parasiten verursacht werden, sind Seelenverlust, Widerstand gegen altruistische positive Gefühle und Blasen.

Zu den Risiken, die mit der Arbeit mit diesen Organismen verbunden sind, gehören extreme Schmerzen (intermittierend oder kontinuierlich), tieferliegende Angst, Wahnvorstellungen, Psychosen, Identitätsverlust, schwere irreparable Verletzungen der Zellmembran, mehrere schwere Krankheiten und Körperfehlfunktionen, Verlust von Spitzenbewusstseinszuständen und plötzlicher Tod.

Pilzparasiten (Klasse 2)

Alle Pilzparasiten haben zwei Eigenschaften - sie haben ein kristallines Material in sich selbst und wenn sie vollständig wahrgenommen werden, fühlen sie sich übelerregend an (wie Erbrochenes). Allerdings haben verschiedene Arten radikal unterschiedliche Formen, die von festen Strukturen über Massen von weißen oder schwarzen baumwollartigen Filamenten bis hin zu Tintenfisch- oder Quallenform reichen. Viele der subzellulären Fälle in diesem Buch sind das Ergebnis von Handlungen oder Problemen mit verschiedenen Pilzarten innerhalb der Primärzelle. Verschiedene Strukturen, die in Band 2 *„Peak States of Consciousness"* innerhalb des Nukleuskerns (der leere Bereich innerhalb des Nukleolus) identifiziert wurden, sind alle pilzartig z.B.: der Ring, der die „Selbstsäule" erzeugt, der unter anderem die Grundlage für multiple Persönlichkeitsstörungen sein kann; die „Merkaba", die Probleme mit dem Dreifachhirn auslösen kann und eine Art von ADHS schaffen kann; die „Kette", die für die Existenz von „Kerntraumata" verantwortlich ist; und der „Kiefernzapfen", der die Probleme von Blasen und Zeitschleife verursachen kann.

Entgegen unseren kulturellen Überzeugungen teilen sich mehrere der Pilzparasitenunterarten den sogenannten „Gruppenverstand" (manchmal auch „kollektives Bewusstsein" oder „zusammengesetztes Bewusstsein" genannt). Sie erleben sich als ein Organismus, der in vielen menschlichen Körpern gleichzeitig lebt. Diese Tatsache ist meistens nicht vereinbar mit unseren kulturellen Überzeugungen. Da die meisten Menschen diese Organismen auch als Teil von sich selbst erleben, führt dies zu Verwüstungen sowohl auf zwischenmenschlicher als auch auf gesellschaftlicher Ebene. Das wohl beste Beispiel für dieses Problem ist der subzelluläre, krakenähnliche „Borg"-Pilz („Borg" genannt wegen seiner erschreckend funktionellen Ähnlichkeit mit den Borgarten in Star Trek). Auf individueller Ebene agiert der Borg insoweit, dass er die Trauma-Empfindungen der Menschen verbindet. Das führt zu einer wahrgenommenen Erfahrung, dass andere eine charakteristische „Persönlichkeit" hätten. Verschiedene psychische Traditionen beschreiben diese Verbindungen als „Strippen". Überraschenderweise ist dies keine Metapher, sondern eine missverstandene Wahrnehmung von den Tentakeln des Borgpilzes. Therapeutisch gesehen ist dieses Phänomen der „Strippen" die Hauptursache für Übertragung und Gegenübertragung. Ein noch schlimmeres Problem ist, dass dieser Parasit das Handeln und Verhalten der Menschen in einer Art beeinflusst, die wir „Sippenblockade" genannt haben. Diese vermittelt den Menschen unbewusst die „Regeln" der Kultur, der sie angehören und dadurch werden kulturelle Konflikte ausgelöst. Die meisten Menschen spüren, wenn jemand aus einer anderen Kultur anwesend ist. Was sie aber tatsächlich spüren, ist der Antagonismus, den eine Borgunterart gegenüber einer anderen hegt. So wird die groß angelegte, blutige Geschichte der Menschheit mit Rassismus und Kriegen durch ihre unterschiedlichen Nationalitäten tatsächlich durch diesen Pilz verursacht, und zwar durch dessen Bestreben, seinen Lebensraum auf so viele Menschen wie nur möglich zu erweitern. Er beeinflusst nicht nur das Verhalten der Menschen, sondern ein großer Prozentsatz unserer Spezies verschmilzt ihr Bewusstsein mit dem des Borgs, um sich mächtig zu fühlen und Gefühle der Machtlosigkeit und Unzulänglichkeit auszugleichen, wobei aber die Menschen im Gegenzug ihre Menschlichkeit verlieren.

Viele der verschiedenen Pilzorganismen werden von verschiedenen spirituellen oder religiösen Traditionen als „spirituelle" oder „energetische" Strukturen des Körpers missverstanden. Z.B. sind die Chakren mit ihren verbindenden Meridianen eigentlich der Körper eines Pilzorganismus, der auf der äußeren Nukleusmembran lebt. Weitere Beispiele: Die „Lebenswege" im Inneren der Nukleusmembran sind Teil eines Pilzorganismus; das Netzwerk der Vorleben im Inneren der Zellmembran ist eine andere Pilzart; die „Überseelenstruktur" im Inneren des Nukleus, die als „über" der Person erlebt wird, ist eine weitere Pilzart und die S-Löcher ebenso.

Einige der Risiken, die durch die Arbeit mit diesen Organismen entstehen, sind der Verlust der persönlichen Identität, die Auslösung von Schizophrenie, Schwächegefühle, Müdigkeit, Blockierung von Bewusstsein und Körperempfindungen, körperliche Taubheit, extreme Angst, leichte bis lähmende Erschöpfung, schwere Übelkeit, korrosive Säure in der Zelle, von anderen Menschen initiierte Parasitenverletzungen, Gedächtnisverlust und plötzlicher Tod.

Bakterielle Parasiten (Klasse 3)

Diese einzelligen Bakterienparasiten haben das charakteristische Aussehen von Wasserballons und fühlen sich auch so an. Sie haben in der Regel weiche Oberflächen, sind sehr flexibel, können von eher amorph bis perfekt kugelförmig sein, meist durchscheinend oder transparent, einige haben Filamente, einige haben zusätzlich Strukturen am Ende der Filamente. Diese Organismen haben alle eine Eigenschaft, welche sich für den Betrachter „giftig" anfühlt (vorausgesetzt, das Gefühl wird nicht vom Bewusstsein blockiert). Sie können auch Toxine abgeben, und wenn sie das tun, sieht die Bakterienzelle grau bis schwarz aus. Verschiedene Arten dieser Klasse gibt es in den unterschiedlichsten Größen und wir finden sie im Zytoplasma, im Nukleus und außerhalb der Primärzelle. Während einer Regression sind sie auch innerhalb und außerhalb von Spermium, Eizelle und Zygote zu finden. Unabhängig von der Art nutzen alle Organismen dieser Klasse die gleiche zugrundeliegende zelluläre Verwundbarkeit, die es ihnen ermöglicht, in der Zelle zu sein.

Menschen können jede Bakterienzelle als einen Emotionalton wahrnehmen, der neutral, negativ oder völlig bösartig sein kann. Einige werden eher wie passive „Menschen" oder „Präsenzen" erlebt, aber mit einem zugrundeliegenden negativen oder bösartigen Gefühl. Eine Spezies, die im Nukleuskern praktisch aller Menschen und Säugetiere zu finden ist, wird als unterhalb der Person wahrgenommen und führt zur Erfahrung eines „unterirdischen Höllenreichs", falls eine Person ihr CoA dahin lenkt. Am wichtigsten ist die Erkenntnis, dass die Schädigung durch diese Organismen in den frühesten Entwicklungsstadien die zugrundeliegende Ursache für den

Mechanismus des Traumas ist, ebenso wie der Grund dafür, warum Menschen „negative" Emotionen haben können.

Das Körperhirn verwendet diese „Wasserballon"-Bakterienparasiten oft als eine Art Flickmaterial, um Schäden wie Brüche oder Löcher in anderen subzellulären Strukturen abzudichten. Daher kann man diese Bakterienflecken in der Regel nicht aus diesen Bereichen ohne weiteres entfernen, es sei denn, der zugrundeliegende Schaden wird als erstes geheilt.

Subzelluläre Fälle, die direkt von verschiedenen Organismen dieser Klasse verursacht werden, sind Kopien, Klangschleifen, B-Löcher, Trauma-Umgehungen, das Vorhandensein negativ gestimmter „Vorfahren" in der Gegenwart und die Anwesenheit der Großeltern im eigenen Bewusstsein. Sie verursachen auch andere ernste Probleme, wie z.B. leichten Autismus (Unfähigkeit, sich emotional zu verbinden), Müdigkeit, Druckschmerzen, Übelkeit, emotionale Taubheit, Paranoia und viele spezifische psychologische Probleme. Seltener werden sie manchmal in einer unbewussten Abwehrreaktion gegen eine andere Person eingesetzt, es wird das Gefühl vermittelt, dass sich die andere Person „im eigenen Raum" befindet, mit dem Gefühl, dass Filamente in den eigenen Körper eingeführt werden, was Reaktionen auslöst, die von Angst bis hin zu Ärger oder Wut reichen.

Zu den Risiken die durch die Arbeit mit diesen Organismen entstehen können, gehören das Auslösen von schrecklichen Empfindungen des Bösartigen, extremer Erschöpfung oder Müdigkeit, Paranoia, negativen Gedanken und Gefühlen, Druckgefühlen, autistischen (Asperger-)Symptomen, Empfindungen von Stromschlägen, extremen Gefühlen von Kälte, Ersticken, Taubheitsgefühl in einem Teil oder dem ganzen Körper und anderen schwerwiegenden Problemen. Man kann sich teilweise oder vollständig mit einem Bakterium identifizieren (d.h. das CoA ist darin enthalten), wobei sich die Menschen paranoid, negativ oder bösartig, taub (unterdrückte Körperempfindungen und positive Gefühle) und müde fühlen. Die Infektion kann den völligen Verlust der Selbstidentität mit sich bringen, ebenso die Motivation, sein Bewusstsein diesem Organismus völlig zu überlassen (trotz der daraus resultierenden aggressiven und negativen Gefühle und Gedanken), weil man sich dabei sicherer und wohler fühlen kann.

Viren

Zum Zeitpunkt des Entstehens dieses Buches deuten unsere Modelle und einige vorläufige Experimente darauf hin, dass Viren im Zytoplasma oder Nukleus der Zelle vorhanden sind, da sie Entwicklungsprobleme auslösen, deren Ursache bakterielle Parasitenschäden in der frühen Entwicklung sind. Daher scheinen Viren opportunistisch zu sein, anstatt selbst eine direkte biologische Verwundbarkeit auszuüben. Interessanterweise haben einige Menschen einen Zustand der vollständigen Immunität gegen Virus- und Bakterieninfektionen. Diesen Zustand bei allen Individuen zu erreichen ist eines der Ziele unserer Forschungsarbeit. Da Viren manchmal psychologische Symptome sowie eine unglaubliche Anzahl von Krankheiten verursachen können, beziehen wir sie in diese Diskussion über Parasitenklassen mit ein.

Viren nutzen Signale, um das Körperhirn des menschlichen Wirtes zu täuschen. Zum Beispiel ist die Ursache für eine virale Lungenentzündung ein Virus, das einem Fußball ähnelt, während es sich durch das Zytoplasma bewegt. Für den Gastgeber „fühlen" sich diese Viren wie Freunde und Verwandte aus der Kindheit an. Und wenn sich eine Person zutiefst einsam fühlt, kann ihr Körper dieses Virus einbeziehen und unterstützen, um die Einsamkeit zu lindern, was wiederum zu einer potenziell tödlichen Lungenerkrankung führen kann.

Wir haben auch psychologische Probleme im Zusammenhang mit der viralen Wirkung festgestellt. Bei manchen Menschen wird ein virales Netz (das einem feinen Spitzen-Taschentuch ähnelt) etwa auf halbem Weg zwischen der Nukleusmembran und dem Nukleolus konstruiert. Dieses virale Netz kann den Nukleolus teilweise oder vollständig umschließen und verursacht einen „quetschenden" Druck im Kopf bei der davon betroffenen Person, der meist als Migräne-Kopfschmerz diagnostiziert wird. Überraschenderweise ist es möglich, dass Menschen, die dieses Problem haben und eine negative Gruppendynamik hervorrufen wollen, es tatsächlich schaffen werden, die virale Netzbildung bei anderen dafür anfälligen Individuen auszulösen.

Amöbe

Zum Zeitpunkt des Entstehens dieses Buches ist es wahrscheinlich, dass es auch amöbische Organismen im Zytoplasma der Primärzelle geben kann. Dies wären Protisten (eukaryotisch, mit einem Nukleus), eher als bakterielle (prokaryotisch, ohne Nukleus). Zum Zeitpunkt dieses Schreibens haben wir keinen amöbischen subzellulären Fall identifiziert. Es könnte einen geben, den wir noch nicht gesehen haben oder wir haben, ohne es zu merken, einen amöbischen Parasiten als einen bakteriellen falsch identifiziert.

Unabhängig davon sagt unser biologisches Modell voraus, dass jeder amöbische Parasit nur deshalb in der Zelle sein kann, weil eine der drei Hauptparasitenklassen indirekt zulässt, dass er dort ist.

Schlüsselpunkte

- Die drei Klassen der primären subzellulären Parasiten sind insektenähnlich, pilzartig und bakteriell.
- Verschiedene subzelluläre Parasitenarten verursachen unterschiedliche emotionale, psychische und physische Symptome.
- Es gibt viele Größen und Arten in jeder subzellulären Klasse von Parasiten; einige sind mobil, andere nicht.
- Jede Klasse von Parasiten nutzt eine andere Schwachstelle in der Zelle aus.

- Viren scheinen Schwachstellen auszunutzen, die durch die bakteriellen Parasiten verursacht werden.
- Aus Gründen der Klientensicherheit dürfen Therapeuten nur geprüfte Techniken verwenden.
- Die Erforschung dieses Themas ist äußerst gefährlich.

Empfohlene Lektüre

- *The Life of a Dead Ant: The Expression of an Adaptive Extended Phenotype* in *The American Naturalist*, Sept 2009 von Sandra B. Andersen *et al.* online verfügbar. Beschreibt die Fähigkeit eines Pilzes, Ameisen zu kontrollieren und gibt weitere Beispiele.
- *Foundations of Parasitology,* 8th edition, (2008) von Larry Roberts und John Janovy Jr. Vordiplom-Lehrbuch für Biologie- und/oder Zoologiestudenten.
- *Host Manipulation by Parasites* (2012) von Richard Dawkin. Exzellente Zusammenfassung dieses neuen Bereichs.
- *Peak States of Consciousness*, Volume 3 von Grant McFetridge.
- *Parasitic Puppeteers Begin To Yield Their Secrets, Science Journal* (Jan 17, 2014) von Elizabeth Pennisie. Kurze Online-Beschreibung dieses neuen Bereichs des parasitären Einflusses.
- *Parasite Rex: Inside the Bizarre World of Nature's Most Dangerous Creatures* (2001) von Carl Zimmer. Ausgezeichnetes Übersichtsbuch für Laien.
- *Suicidal Crickets, Zombie Roaches and Other Parasite Tales*. Präsentiert von Ed Young in der Online-Video-Serie *Ted Talks*, März 2014.

Abschnitt 2

Diagnose und Behandlung

Kapitel 3

„Bezahlen für Ergebnis"

Sprechen wir über unsere Arbeit mit Klienten oder Fachleuten, ist die erste Frage oft: „Wo ist der Beweis?", oder von Akademikern: „Wo sind die evidenzbasierten Studien?" Wenn wir antworten, dass wir eine Politik von „Bezahlen für Ergebnis" haben, so dass es keine Notwendigkeit für Beweise gibt, kommt erst eine kurze Pause, die Augen werden für eine Sekunde glasig, dann stellen sie die Frage normalerweise erneut, als hätten wir nichts gesagt. Anscheinend ist der Sprung zur ergebnisorientierten Behandlungsabrechnung einfach noch zu fremd, um ihn zu verstehen

Warum ist das so? Nun, Klienten verwechseln dieses Konzept manchmal mit einer Art Betrug, bei dem die Leute ein Produkt „garantieren", es nicht liefern und dann das Geld behalten. Oder sie glauben einfach nicht, dass wir es ernst meinen, denn das Gehörte liegt weit außerhalb ihrer bisherigen Erfahrungen. Akademiker neigen dazu, ein anderes Thema zu haben, eines, das den Kern der Praxis der Psychologie und Medizin trifft. Derzeit werden in der Forschung viele statistische Werkzeuge (oft falsche) eingesetzt, weil die Forscher nicht auf einen binären Lösungsansatz von „es hat funktioniert, oder es hat nicht funktioniert" ausgerichtet sind. Stattdessen sind die Testergebnisse meist so vage oder widersprüchlich, dass das Beste, worauf sie hoffen können, oft nur knapp über der Schwelle des Placebo-Effektes liegt. Diese Denkweise kann auch zu völlig bizarren Situationen führen, wie ich sie in meiner eigenen Doktorandenausbildung gesehen habe, wo uns Messskalen beigebracht wurden, die das spezifische Klientenproblem, das wir behandelten, ignorierten und stattdessen leider die „Gesamtverbesserung" bewerteten, weil es wirklich keine wirksamen Behandlungen für spezifische Probleme gab.

Als Frank Downey und ich in den 90er Jahren die Struktur des Instituts entwarfen, erwarteten wir voll und ganz, dass unsere Techniken der ersten Generation bei einigen Klienten einfach nicht immer funktionieren (oder nur teilweise funktionieren) würden. Wir hatten etwas ganz Neues entwickelt, es gab Vieles, was wir noch nicht verstanden hatten und die Themen der Menschen sind oft sehr komplex. Wir waren jedoch nur an einer vollständigen Beseitigung der Symptome interessiert (beachten Sie, dass wir diese Aussage verwenden, weil es sozial und oft rechtlich inakzeptabel ist, über „Heilung" zu sprechen). Teilerfolge waren aus Forschungssicht wertvoll, aber mit „Bezalen für Ergebnis" ist das einzig sinnvolle Ergebnis eben das: „Was wir vereinbart haben, ist erledigt". Das bedeutet, dass Therapeuten tatsächlich liefern müssen und wenn sie es nicht können, sollten sie nicht wegen ihrer eigenen Unzulänglichkeit oder der des Instituts Klienten finanziell bestrafen. Das hat auch den enormen Vorteil, dass wir keine extrem teuren Fremdstudien durchführen müssen, denn schließlich ist der Klient derjenige, der wirklich weiß, ob sein Problem behoben ist und auch behoben bleibt.

Was ist „Bezahlen für Ergebnis"?

Das „Institute for the Study of Peak States" ist mit dem „Berechnen für Ergebnis" bei den Klienten Vorreiter und unterscheidet sich von der Berechnung der meisten konventionellen Therapeuten, obwohl unsere Berechnungsart bereits in vielen anderen Berufen eingesetzt wird. Im Gespräch mit Klienten nennen wir es „Bezahlen für Ergebnis", im Gespräch mit Therapeuten „Berechnen für Ergebnis". Alle Therapeuten, die unsere lizenzierten Prozesse und unser Markenzeichen verwenden, erklären sich damit einverstanden, sich bei ihrer gesamten Arbeit an diese Bedingung zu halten, unabhängig davon, ob sie unsere Techniken oder die von Dritten verwenden.

Wie funktioniert das? In der ersten Sitzung einigen sich Therapeut und Klient schriftlich darauf, woran gearbeitet werden soll und welche Kriterien den Erfolg ausmachen. Das Honorar wird zu diesem Zeitpunkt ausgehandelt, obwohl die meisten Therapeuten eine vorgegebene Pauschale verwenden, die diesen Schritt wesentlich einfacher macht. Offene Honorare wie z.B. stundenweise sind nicht akzeptabel - der Klient muss genau wissen, womit er einverstanden ist und was er im Rahmen des Vertrages bezahlen wird. Natürlich werden sich einige Leute dagegen entscheiden, Ihr Klient zu werden. Für diese Erstberatung gibt es keine Gebühr, da es keine Ergebnisse gibt. Sind die vorgegebenen Erfolgskriterien nach der Behandlung nicht erfüllt, wird der zertifizierte Therapeut nicht bezahlt, er kann die aufgewendete Zeit nicht berechnen. Natürlich werden einige Klienten kein Einkommen generieren und in Fällen unehrlicher Klienten erhalten diese zwar die Dienstleistung, doch der Therapeut wird nicht bezahlt. Diese Gebührenstruktur ist nicht ungewöhnlich, sie ist für die meisten Unternehmen Standard und die Gebühren werden an diese Probleme angepasst. Anhang 10 zeigt einen einfachen Weg, um zu berechnen, wie hoch die Mindestgebühr eines Therapeuten bei einer einzigen „festen" Abrechnung sein muss.

In einigen Fällen legt das Institut ein nicht verhandelbares Erfolgskriterium für einige lizenzierte, spezifische Prozesse fest, die von unseren zertifizierten Therapeuten verwendet werden - zum Beispiel jemand, der Stimmen hört, tut es danach nicht mehr; der Süchtige hat kein Verlangen mehr; Spitzenbewusstseinszustände müssen dem Klienten tatsächlich die Empfindungen des Zustandes vermitteln und so weiter. Ein weiteres Beispiel für dieses Prinzip der Ergebnisvergütung ist die Forschung. Obwohl wir gelegentlich mit einem Klienten einen Vertrag über ein bestimmtes Ergebnis abschließen, für dessen Lösung wir forschen müssen, erstellt das Institut niemals einen Vertrag mit

Klienten für die benötigten Stunden, die für die Untersuchung von Behandlungen für neue Krankheiten aufgewendet wurden.

Die Begründung hinter „Bezahlen (Berechnen) für Ergebnis".

Das Prinzip von „Berechnen für Ergebnis" löst eine Anzahl von gravierenden Verhalten im medizinischen und psychologischen Heilberuf.

In diesem Kapitel werden wir eine Reihe von praktischen Gründen erläutern, warum das Berechnen für Ergebnis für Therapeuten eine gute Idee ist. Aus unserer Sicht ist das Hauptthema der stundenweisen Abrechnung jedoch ein ethisches. Es ist einfach moralisch abstoßend, Geld von Klienten zu verlangen, denen man nicht geholfen hat. Das Prinzip der „goldenen Regel" beschreibt dies klar und deutlich – „tue anderen das, was du von ihnen erwarten würdest". Viele Klienten, die dringend Hilfe benötigen, gehen zu Therapeuten und sind aufgrund der Art ihrer Themen diejenigen, die am wenigsten in der Lage sind zu zahlen. Diese Menschen brauchen ihre Ressourcen, um echte Hilfe zu erhalten und nicht, um das Gefühl der Daseinsberechtigung des Therapeuten zu unterstützen. Dieses ist so ähnlich, als wenn Sie das Auto zur Reparatur in die Werkstatt bringen und der Mechaniker erklärt Ihnen danach, dass er den Fehler nicht reparieren konnte, aber dass Sie ihm Tausende von Dollar für die von ihm benötigte Zeit schulden, die er brauchte, um herauszufinden, dass er nicht weiter helfen kann.

Die wohl gravierendste praktische Konsequenz von „Berechnen für Ergebnis" ist der (hoffentlich) unbewusste Anreiz zum Scheitern des derzeitigen Systems. Wenn wir stundenweise berechnen, werden wir für unsere Fehler belohnt. Diese Art der Zahlung verstärkt die Fehler. Wie Sie wissen, vermehrt sich das, was wir verstärken. Dieses Prinzip wird von Kylea Taylor in ihrem Buch „*Ethics of Caring*" gut dargestellt, in dem sie eine Übersicht der Fallen beschreibt, in die Therapeuten mit ihren Klienten leicht geraten können. So hat die Praxis der Standardabrechnung, bei der Sie nicht leistungsabhängig, sondern stundenweise abrechnen, mehrere potenzielle Gefahren:

- Der typische Therapeut will seinen Klienten unbewusst weiterhin in Therapie haben, damit dieser weiterhin bezahlt.
- Der typische Therapeut ist wiederum unbewusst resistent gegen das Erlernen neuer, schnellerer Techniken, da dieses die Höhe seines Einkommens senken würde.
- Der Therapeut muss seine eigenen Instinkte unterdrücken und sich einem System verschreiben, das die ethische Frage unterdrückt, ob es richtig ist, etwas zu berechnen, was nicht erledigt ist.

Aus der Sicht unserer Lehr- und Zertifizierungsorganisation löst „Berechnen für Ergebnis" auch das große Thema, wie man die Kompetenz eines Therapeuten überprüfen kann. In der Regel nehmen Therapeuten und andere Angehörige des Gesundheitswesens an Prüfungen teil, um ihre Kompetenz nachzuweisen. Leider funktioniert diese Maßnahme nicht wirklich gut, was jeder, der Gymnasium- oder Hochschulprüfungen abgelegt hat, gut bezeugen kann! Indem wir den Grundsatz „Berechnen für Ergebnis" verwenden, stellen wir fest, dass Therapeuten entweder kompetent oder schnell werden oder falls nicht, ihren Lebensunterhalt einfach nicht bestreiten können. So ist dieses System automatisch selbstkorrigierend. Unsere Therapeuten sind finanziell motiviert, bessere Heiler zu werden und nach besseren Behandlungstechniken zu suchen. Natürlich überprüfen wir ihre Kenntnisse und Fähigkeiten vor der Lizenzierung, um ihnen bei dem Übergang in die Therapeutentätigkeit zu helfen. Im ersten Jahr nach der Zertifizierung unterstützen wir sie dabei, bessere Therapeuten zu werden. Doch das Kompetenzproblem löst sich schnell von selbst, ohne die Klienten finanziell zu benachteiligen.

„Berechnen für Ergebnis" löst auch ein weiteres häufiges Verhalten - die Ablehnung neuer Therapien, nur weil der Therapeut mit dem, was er bereits kann, vertraut ist. Wie der Nobelphysiker Max Planck, der Begründer der Quantentheorie, sagte: „Eine neue wissenschaftliche Wahrheit triumphiert nicht, indem sie ihre Gegner überzeugt und sie ans Licht bringt, sondern weil ihre Gegner schließlich sterben und eine neue Generation heranwächst, die damit vertraut ist". Glücklicherweise sind Therapeuten mit dem Prinzip „Bezahlen für Ergebnis" indirekt gezwungen, aktiv nach neueren, erfolgreicheren Techniken zu suchen, anstatt Veränderungen zu vermeiden oder sich auf Organisationen zu verlassen, die ein persönliches Interesse daran haben, veraltete oder ineffektive Techniken zu fördern.

Zusammenfassend lässt sich sagen, dass die Gebührenstruktur des Instituts „Berechnen für Ergebnis (Erfolg)" bedeutet, dass der Therapeut die Leistung und nicht die Zeit berechnet. Das hat folgende Vorteile:

1. Es ermutigt die Therapeuten, so leistungsfähig wie möglich zu sein.
2. Es ermutigt den Therapeuten, mit seinen Klienten klare und realistische Kriterien festzulegen.
3. Es minimiert das Problem unrealistischer Klientenerwartungen.
4. Es verhindert das Verhalten, dass der Therapeut zu einem „bezahlten Freund" wird und somit das Leiden des Klienten unnötig verlängert wird.
5. Es ermutigt Therapeuten, Klienten an andere Therapeuten zu verweisen, die dem Klienten helfen können.
6. Es minimiert das Problem, dass der Klient vergisst, dass er das Thema jemals hatte, nachdem es weg ist (der Apex-Effekt).
7. Es ist ethisch befriedigend.

Mit dem Vorgehen „Berechnen für Ergebnis" wird der Therapeut automatisch dabei unterstützt, Ergebnisse zu haben und sich vermehrt auf die Themen des Klienten zu konzentrieren und schneller mit ihm zu arbeiten. Es ist ethisch befriedigend und zudem ein fast einzigartiges Merkmal in dem Therapeuten- bzw. Gesundheitsumfeld.

Furcht der Therapeuten wegen „Bezahlen für Ergebnis"

Im Rahmen unserer regelmäßigen Therapeutenausbildung lassen wir unsere Studenten ihre Ängste vor der zukünftigen Verwendung von „Bezahlen für Ergebnis" heilen. Da diese Themen (oft mit Überlebensangst) den Therapeuten unbewusst steuern, haben wir festgestellt, dass eine rationale Diskussion der beteiligten Themen oft Zeitverschwendung ist, solange, bis die zugrundeliegenden emotionalen Probleme beseitigt sind. Einige häufige Auslöser dafür sind:

- Ich fühle mich schuldig, dass ich für einen so einfachen und schnellen Prozess so viel verlange.
- Ich fühle mich schuldig, zusätzliche Gebühren zu erheben, um Klienten zu kompensieren, denen ich nicht helfen kann.
- Was ist, wenn der Klient geheilt wird und sagt, dass er nicht geheilt wurde?
- Ich verstehe nicht, was der Klient wirklich will - ich übersehe dessen eigentliches Thema.
- Ich fürchte, der Klient wird eine zu hohe Erwartung an mich haben.
- Es ist zu kompliziert.
- Ich fürchte mich vor rechtlichen Schritten.

Vertragsgestaltung - Verhandlungsergebnisse

Wie wir in den nächsten Kapiteln zeigen werden, hat das Prinzip von „Bezahlen für Ergebnis" einen großen Einfluss darauf, wie genau die Therapeuten diagnostizieren und Behandlungen mit Klienten durchführen. Anstatt eine Art emotionale Unterstützung oder hilfreiche Beratung anzubieten, hat der Therapeut nun die Aufgabe, das eigentliche Problem des Klienten genau zu definieren und es zu heilen.

Wir haben festgestellt, dass es den meisten unserer Schüler zunächst sehr schwer fällt, den Vertrag „Bezahlen für Ergebnis" mit dem Klienten zu schreiben. Oft liegt das daran, dass die Techniken und Praktiken, die sie in der Vergangenheit erlernt haben, ihnen im Weg stehen, sei es die konventionelle Therapie, die Atemarbeit oder andere Modalitäten. Obwohl die Diagnose schwierig sein kann, ist die Identifizierung des gewünschten Ergebnisses weitaus einfacher, als die Menschen das denken.

Fragen Sie einfach Ihren Klienten, was das Hauptproblem ist. Klienten sind aus einem bestimmten Grund in Ihrer Praxis und normalerweise ist es ziemlich unkompliziert. Im Allgemeinen hat der Klient nur ein großes Problem, auch wenn er Schwierigkeiten hat, es in Worte zu fassen. Bei diesem Schritt machen die Therapeuten oft einen großen Fehler. Wenn sie bei der Formulierung dieser Frage nicht vorsichtig sind, erhalten sie eine Einkaufsliste mit Problemen. Es ist genau so, als ob ein Automechaniker nach den Problemen Ihres 15-jährigen Autos fragt – so eine allgemeine Frage bekommt als Antwort, dass z.B. die Tür quietscht, die Kofferraumverriegelung nicht funktioniert, es Rost an der Karosserie gibt, wo das Auto eingedellt ist und so weiter. Aber der wahre Grund, warum Sie da sind, ist, weil das Auto zu viel Rauch aus dem Auspuff ausstößt!

Manchmal gibt es tatsächlich mehrere Themen. Schreiben Sie aber niemals einen einzigen Vertrag für mehrere Themen, denn das bedeutet, dass Sie für die Bearbeitung einzelner Themen nicht bezahlt werden. Stattdessen können Sie anbieten, die Themen separat zu bearbeiten und abzurechnen. Bei dieser

Vorgehensweise priorisiert und identifiziert der Klient sofort, wofür er tatsächlich da ist. Die Klienten entscheiden, was für sie finanziell wichtig ist.

Bei der Vertragsgestaltung ist weniger besser! Wenn Sie sich auf das eigentliche Problem konzentriert haben, ist in der Regel eine Vereinbarung alles, was in den Vertrag aufgenommen werden muss – nämlich die Beseitigung der emotionalen Belastung aufgrund einer einzigen Aussage, die das maximale Leiden zusammenfast (wir nennen das den Triggersatz). Wiederum können unerfahrene Therapeuten versehentlich eine Liste von Symptomen in den Vertrag aufnehmen und das führt dazu, mehrere unabhängige Probleme in ihre Vereinbarung aufzunehmen, die sie nun auch alle zu heilen haben. Gestalten Sie den Vertrag einfach und konzentriert. Anhang 2 enthält Beispiele für verschiedene Arten von Verträgen mit „Bezahlen für Ergebnis".

Ein unerfahrener Therapeut kann einen Ergebnisvertrag erstellen, ohne auch nur eine Ahnung davon zu haben, was das tatsächliche Problem verursacht. Das ist erstmal in Ordnung, denn alle Misserfolge werden für den Therapeuten zu einer weiteren Lernerfahrung. Mit fortgeschrittener Erfahrung wird der Therapeut die Themen erkennen, von denen er weiß, dass er sie nicht heilen kann. In diesem Fall kann er dies dem Klienten mitteilen und ihm anbieten, an Themen rund um das Problem zu arbeiten. Zum Beispiel hat ein Klient eine Zwangsstörung, die dieser Therapeut nicht beseitigen kann. Sobald er dem Klienten dies mitteilt, kann er ihn fragen, ob er damit zufrieden wäre, die damit verbundenen Probleme wie Stress oder Verlegenheit zu beseitigen. In einem weiteren extremeren Beispiel hat ein Klient unheilbar Krebs. Obwohl der Therapeut die Krankheit nicht heilen kann, findet er heraus, dass das sekundäre Problem des Klienten die Angst vor dem Tod ist, die er erfolgreich heilen kann (die durch Krebs ausgelöste Angst vor dem Tod wurde durch ein „fast Ertrinken Erlebnis" als Junge verursacht).

Bei der Entwicklung von Therapeuten kann ein Problem beim Abschluß der Verträge auftreten, und das ist der „Prozess der Überempfehlung". Damit meinen wir, dass er eine Behandlung kennt, sagen wir die Silent Mind Technique. Anstatt wirklich herauszufinden, was der Klient braucht, empfiehlt er stattdessen eine (meist teure) Behandlung, was implizit das Problem des Klienten lösen würde. Das kann nur in einer Katastrophe enden; obwohl der Klient dem Vertrag zustimmt, wird er danach unzufrieden sein, weil er sein Thema immer noch hat. Dieses Vorgehen steht im Gegensatz zu einem anderen Therapeuten, der tatsächlich herausfindet, was der Klient will und erkennt, dass er nicht in der Lage ist, das Thema erfolgreich zu bearbeiten, also bietet er andere Optionen rund um das Thema an. In letzterem Fall wird der Klient nicht als Einkommensquelle, sondern als Verbündeter behandelt.

Machen Sie sich klare Notizen darüber, was Sie zugesagt haben! Lassen Sie den Klienten lesen, was Sie geschrieben haben und überprüfen Sie, ob er/sie es auch versteht. Verwenden Sie den genauen Wortlaut des Klienten; versuchen Sie nicht, seine Aussage zu umschreiben. Dies hilft sicherzustellen, dass die Erwartungen klar definiert sind (die „Erfolgskriterien"); dies ist notwendig, um das Apex-Problem nach Abschluss zu vermeiden.

Zusammenfassend lässt sich sagen, dass Sie sich auf das konzentrieren sollen, was Sie tun können und bei Bedarf das Thema des Klienten in seine Schlüsselelemente zerlegen und ihm Auswahlmöglichkeiten und Entscheidungen anbieten, die für ihn wichtig sind.

Beispiel: Der Klient will eine Scheidung
Der Klient hat ein belastendes Thema - Probleme mit einem Partner - und er will die Therapie erlernen, damit er sich selbst helfen kann. Sie wissen, dass es normalerweise Dutzende von Themen mit einem Partner gibt, also konzentrieren Sie sich darauf herauszufinden, was das Wichtigste ist. In diesem Fall möchte der Klient grundsätzlich mit der anderen Person zusammen sein. Sie treffen kein Urteil, sondern erklären, was eine Therapie bewirken kann (bringen ihn soweit, dass sich seine Gefühle beruhigen). Der Klient erkennt, dass sein Hauptthema darin besteht, dass er Angst hat, mit seinem Ehepartner über sein Thema zu sprechen. Und er möchte eine Anleitung haben, wie man EFT anwendet als Teil des Lieferumfangs (dies setzt voraus, dass EFT bei den Themen dieses Klienten funktioniert).

In den Vertrag können Sie eine EFT-Anweisung aufnehmen oder diese separat in Rechnung stellen. In beiden Fällen müssen Sie Kriterien für die Ergebnisse festlegen. Es kann sein, dass die Ergebnisse in diesem Fall nur die Auseinandersetzung mit der Technik sind und es dabei keine expliziten Ziele gibt oder es könnte auch ein gewisses Maß an Ergebnissen sein. Die Definition, was genau Sie zur Verfügung stellen, liegt bei Ihnen und Sie können zusammen mit dem Klienten aushandeln, was für Sie beide am besten funktionieren kann. Ein erfahrener Therapeut würde EFT-Unterweisungen nicht in den Hauptvertrag aufnehmen und könnte sich etwas Zeit nehmen, dem Klienten den Prozess im Rahmen der Behandlung zu zeigen, zusammen mit dem Rat, kostenlose Videos auf YouTube anzusehen.

Beispiel: Der Klient kann nicht fühlen.
Eine Klientin kann sich nicht an ihre Vergangenheit erinnern und keine Emotionen oder Körperempfindungen spüren. Dies ist typisch bei Fällen von extremem sexuellem Missbrauch in jungen Jahren und in der Tat stellte sich heraus, dass dies bei dieser Klientin der Fall war. Das gewünschte Resultat der Klientin musste ermittelt und in Einklang gebracht werden mit der Erkenntnis, dass Regressionstherapien hier nicht effektiv sein würden. (Dies setzt voraus, dass der Therapeut sich nicht mit der Klientin über eine Strippe verbindet, um die extremen Gefühle des Missbrauchs bei der Klientin zu unterdrücken.) So sollte jetzt der Therapeut beurteilen, ob die Klientin ein guter Kandidat für Heilungsprozesse ist oder ob er nur eine Vereinbarung für Coaching und Unterstützung bei bestimmten Themen erstellen soll. Oder ob die

Klientin einfach einen konventionellen Therapeuten benötigt oder sich einer Selbsthilfegruppe zur emotionalen Unterstützung anschließt.

Ein erfahrener Therapeut kann erkennen, dass die Gefühlslosigkeit der Klientin von einem bakteriellen Parasiten-Interaktionsproblem herrührt und die Klientin damit an eine passende Klinik verweisen. Nachdem die Gefühlslosigkeit in diesem Fall verschwunden ist, sind die traumatischen Emotionen nun spürbar und es ist wahrscheinlich eine Nachbehandlung erforderlich. Das Thema könnte auch ein Trauma beinhalten, welches das Gedächtnis blockiert oder ein MPS (Multiple Persönlichkeitsstörung)-Thema sein, bei dem die aktuelle dominierende Persönlichkeit nicht diejenige war, die das Trauma erlebt hat. Die Klientin muss entscheiden, ob sie dafür eine Behandlung wünscht, da dieses Trauma oder die Spaltung bewirken, die traumatischen Erinnerungen zu vermeiden.

Festlegung der Gebühren und Schätzung der Behandlungszeit

Bei der Methode „Bezahlen für Ergebnis" beinhaltet der Vertrag eine im Voraus festgelegte Gebühr. Anhang 10 zeigt eine einfache, risikoarme und effektive Möglichkeit für Therapeuten, diese Gebühr festzulegen. Bei diesem Ansatz bietet der Therapeut üblicherweise lediglich eine Gebühr für jedes Klientenproblem an. Dies ist typischerweise die Vorgehensweise der meisten „Bezahlen für Ergebnis"-Therapeuten (obwohl einige spezifische Krankheitsbehandlungen eine andere festgelegte Gebühr verwenden können). Da wir wissen, dass es einen bestimmten Prozentsatz von Patienten gibt, denen der Therapeut nicht helfen kann, muss dieser merken, wann er mit den Heilversuchen aufhören muss. Glücklicherweise minimiert die optimale „Grenzwert-Zeit" die Klientenkosten und maximiert gleichzeitig das Einkommen des Therapeuten. Dieser Grenzwert-Punkt liegt typischerweise im Zeitrahmen von 3-6 Stunden. Klienten, die mehr Zeit brauchen, werden nicht berechnet, sondern zu fortgeschrittenen oder spezialisierten Therapeuten geschickt, wie z.B. zu denen, die in unseren Kliniken arbeiten.

Es ist möglich, andere Abrechnungsmethoden zu verwenden, wie z.B. die Schätzung der Behandlungsdauer und die Abrechnung auf dieser Basis. Oder Sie verwenden vielleicht eine Art Kombination von Ansätzen. Diese erhöhen jedoch das finanzielle Risiko für den Therapeuten und erhöhen für etwa die Hälfte der Patienten die Kosten manchmal dramatisch. Wir empfehlen diese anderen Ansätze nicht, es sei denn, Sie sind spezialisiert oder verfügen über große Erfahrung. Wenn Sie sich für die Formeln dieser anderen Gebührenverfahren interessieren, verweisen wir Sie auf die Website des Instituts.

Die „Dreierregel"

Therapeuten müssen Zeit für zwei kurze Nachbesprechungen nach der vollständigen Heilung des Themas einplanen: eine davon wenige Tage nach der vollständigen Heilung und eine weitere etwa zwei Wochen nach der optimalen

Behandlung. Dies sollte mit dem Klienten als normaler Teil der Behandlung eingeplant werden. Und warum ist das so? Weil diese eventuelle Nachbehandlung auf die epigenetische Ursache des Traumas und die Einschränkungen der meisten Heilmethoden zurückzuführen ist. Durch die täglichen Umstände im Leben des Klienten können während des Wartens auf „erfolgreiche" Behandlung relevante „versteckte" oder nicht ausgelöste Traumata aktiviert werden ebenso wie Traumata, die nicht vollständig geheilt wurden. Dies kann auch auf „Zeitschleifen" zurückzuführen sein, die das ursprüngliche Thema wieder in den Klienten zurückbringen. Bei diesem Problem soll sich die Aufmerksamkeit des Klienten nicht einfach auf ein neues Thema ausrichten, obwohl das natürlich auch geschehen kann und eigene Probleme verursachen kann.

Wir können nicht gut einschätzen, wie oft diese zusätzlichen Heilungssitzungen tatsächlich benötigt werden, aber es ist sinnvoll anzunehmen, dass es bei einem Drittel der Klienten der Fall sein kann. Die Planung hierfür unter Einbeziehung des Klienten ist einfach eine gute Vorgehensweise und ist ein vorausgesetzter Teil von „Berechnen für Ergebnis". Einige Therapeuten buchen die zusätzlichen Termine vor und stornieren sie, wenn sie nicht gebraucht werden; andere ergänzen sie nach Bedarf.

Dauer der konventionellen Behandlung

Die Zeit, die ein Durchschnittsklient tatsächlich für eine konventionelle Psychotherapie aufwendet, ist recht kurz. Seltsamerweise ist es sehr schwer, Studien zu finden, die genau definieren, welche Zeiten das sind, besonders in den letzten 10 Jahren. In einem zusammenfassenden Artikel von 2000 (ohne unterstützende Referenzen): „Bei der Überprüfung der Daten über die Nutzung und das Ergebnis der Psychotherapie wird immer bekannter, dass es keine Kurztherapie gibt, weil es keine Langzeittherapie gibt. Etwa 90% aller Psychotherapiepatienten kommen für weniger als 10 Besuche, wobei die Hauptbehandlungszeit etwa 4,6 Sitzungen beträgt und die modale Anzahl der Besuche 1 ist." In einer großen Studie aus dem Jahr 2011 über schwere depressive Störungen: „Der Modalwert der Sitzungen für jede Behandlung im psychologischen Umfeld war sowohl 1993 als auch 2003 gleich 1 Sitzung. Der Mittelwert der Psychotherapiesitzungen betrug in den Jahren 1993 und 2003 jeweils 5,0. Die Durchschnittswerte der Psychotherapiesitzungen betrugen 1993 8,5 (Standardabweichung = 10,0) und 2003 9,4 (Standardabweichung = 10,6)."

Glücklicherweise passt unser Therapieansatz zu diesem typischen Klientenmuster. Wie Gay Hendricks, der Entwickler der „Body Centered Therapy", in seinem Training gesagt hat: „Der Klient sollte in zwei Sitzungen geheilt werden. Wenn er mehr als drei Sitzungen benötigt, weiß der Therapeut nicht, was er tut." Wir sind mit der Aussage einverstanden. Daher sollten zertifizierte Therapeuten versuchen, so viele Patienten wie möglich in der ersten Sitzung vollständig zu heilen, den typischen Patienten in zwei oder drei Sitzungen (ca. 2 bis 4 Stunden) oder im schlimmsten Fall die Behandlung in etwa drei oder vier Sitzungen (4 bis 6 Stunden) zu beenden.

Ergebniskriterien und Zeitdauergarantien

Wenn Sie mit einem Klienten arbeiten, müssen Sie genau festlegen, welche Kriterien für das Feststellen der Ergebnisse gelten. In vielen Fällen kann es bedeuten, dass Sie etwas aufschreiben, das vor Ort überprüft werden kann. In anderen Fällen muss der Klient möglicherweise tatsächlich irgendwo hingehen oder sich mit jemandem treffen, um zu testen, ob der Eingriff erfolgreich war. Als Therapeut liegt es an Ihnen und Ihrem Klienten zu entscheiden, was akzeptabel ist und wie lange Sie bereit sind zu warten, um zu sehen, ob die Ergebnisse stabil sind.

So bieten die Institutskliniken beispielsweise spezialisierte, oft teure Behandlungen für verschiedene Erkrankungen oder Störungen an. In der Regel verlangen wir vom Klienten nach drei Wochen ohne Symptome eine Zahlung. (Zwei Wochen wären ausreichend, um die Stabilität der Behandlung zu überprüfen, aber diese zusätzliche dritte Woche gibt dem Klienten in der Regel mehr Sicherheit aufgrund der hohen Gebühren). Wenn nach diesem Zeitraum die Symptome aus irgendeinem Grund zurückkehren, würden wir einfach das Geld zurückerstatten (und/oder versuchen, dem Klienten zu helfen). Im Falle einer regulären Therapie wäre eine viel kürzere Zeit angemessen und sicher, es sei denn, Sie hätten mit Ihrem Klienten eine andere Vereinbarung getroffen. Möglicherweise müssen Sie auch feststellen, ob der Klient einer weiteren Behandlung zustimmt, bevor Sie eine Rückerstattung vornehmen oder Sie machen einfach nur eine Rückerstattung. (Beachten Sie, wenn Sie mehr Behandlungen durchführen, dass diese Daten in Ihre laufende Liste der Einnahmen und der gesamten Klientenkontaktzeit für die Schätzung zukünftiger Gebühren eingehen - siehe Anhang 10.)

Klientenzufriedenheit und das Apex-Problem

Wenn Sie das Problem eines Klienten vollständig heilen, werden Sie schnell auf die Tatsache stoßen, dass die Klienten vergessen, dass sie jemals das Thema hatten, das Sie gerade geheilt haben. Wenn die Klienten versuchen, sich daran zu erinnern, wie sich das Problem anfühlte, gibt es kein Gefühl mehr und so kann sich der Klient einfach nicht erinnern, welches das Problem war. (Das ist wie das Vergessen, welchen Arm du verletzt hast, wenn es keinen Schmerz mehr gibt, der dich daran erinnert.) Das kann dazu führen, dass die Klienten nicht bezahlen wollen nach dem Motto – „es war nie ein Problem" - und schlimmer noch, sie werden anderen sagen, dass die Therapiesitzung nutzlos oder Zeitverschwendung war. Jetzt betrifft die Klienten ihr „eigentliches" Problem, und zwar das Neue, das sie im Augenblick fühlen.

Sie können dieses Verhalten auf verschiedene Weise lösen. Erstens die Information: Das Apex-Problem wird in der Klientenbroschüre behandelt und Sie müssen es ihnen im Voraus erklären. Es ist wichtig, den Klienten die Natur und die Funktionsweise der Therapien der neuesten Generation zu erklären. Zweitens machen Sie Aufnahmen. Eine Möglichkeit besteht darin, dass Sie genau aufschreiben, was das Problem ist, wie schlecht der Klient sich fühlt, eine SUDS-Bewertung (subjektive Belastungseinheit) abgeben und sich besonders auf die

Parameter von „Bezahlen für Ergebnis" konzentrieren, auf die Sie sich geeinigt haben. Schreiben ist in Ordnung, aber ein weitaus besserer Weg ist die Verwendung von Video- oder Audioaufnahmen. Dies fängt die Aktualität des Leidens ein. Später sind die Klienten fast immer überrascht, dass sie sich so gefühlt hatten - sie erinnern sich einfach nicht mehr daran.

Der andere Vorteil, den Sie haben, ist die Berechnung einer vorgegebenen, festen Gebühr, die Sie in einem Vertrag vereinbart haben. Wie Sie Gebühren erheben, hängt von Ihnen ab und kann natürlich von Klient zu Klient variieren, aber eine Möglichkeit, dieses Apex-Problem anzugehen, besteht darin, dass der Klient einen Scheck über den vereinbarten Betrag schreibt und Sie diesen einfach für die Dauer der Therapie aufbewahren. Da der Klient bereit war, das zu tun, befand er auf einer gewissen Ebene, dass dies ein wichtiges Problem gewesen sein muss!

Einige Situationen erlauben nicht das „Bezahlen für Ergebnis"

Unter bestimmten Umständen ist die Gebührenstruktur „Berechnen für Ergebnis" nicht möglich oder nicht angemessen. Zum Beispiel:

- Für Auszahlungen von Krankenversicherungen (wenn diese keine leistungsabhängige Gebührenstruktur erlauben);
- Der Klient möchte eine der Techniken probieren, die Sie kennen und hat keine besonderen Erfolgskriterien;
- Der Klient ist Ihr Schüler und die Sitzung ist Teil eines Trainingsprogramms oder unterstützt dieses.

Solange bestimmte Umstände die Kriterien für „Berechnen für Ergebnis" wirklich behindern und das für den Klienten klar ist, kann der Therapeut von Fall zu Fall eine Ausnahmeklausel in die Klientenvereinbarung setzen. Außerhalb der Unterrichtssituationen tritt diese Situation jedoch selten auf - man kann in der Regel für fast jede Aktivität Erfolgskriterien herausfinden.

Leider haben wir auch gesehen, dass Therapeuten zögern, sich an eine Versicherung oder andere Organisationen zu wenden, um vorzuschlagen, dass sie zu dieser Art der Abrechnung entweder generell wechseln oder in ihrem speziellen Fall. Da dies den beteiligten Unternehmen finanziell entgegenkommt, wird die Zukunft erweisen, ob die Versicherungsgesellschaften selbst auf diese Umstellung drängen.

Konflikte mit Klienten

Trotz Ihrer Bemühungen wird es Klienten geben, mit denen Sie Schwierigkeiten haben werden. Hoffentlich werden sich die meisten dieser Leute nach dem ersten Gespräch entscheiden, nicht mit Ihnen zusammenzuarbeiten, aber einige werden es tun. Akzeptieren Sie dies als eine Tatsache des Lebens und nicht als eine Art persönliches Versagen Ihrerseits (Wir gehen davon aus, dass Sie es als eine Gelegenheit wahrnehmen, diesbezüglich Ihre eigenen Probleme zu betrachten).

Wenn das Problem darin besteht, dass ein Klient das Gefühl hat, nicht die vereinbarten Ergebnisse erzielt zu haben und Sie keine schnelle und gütliche Einigung erzielen können, ist die Antwort einfach. Denken Sie immer daran: „Der Klient hat immer Recht". Sie sind langfristig in diesem Geschäft tätig und die Mundpropaganda ist entscheidend für Ihren Erfolg. Sie berechnen einfach nichts oder erstatten das Geld. Natürlich wird es einige Leute geben, die das ausnutzen werden, aber das passiert in jedem Unternehmen. Sie planen das einfach mit ein in Ihre Gebühren. Glücklicherweise haben wir sehr selten Erfahrung mit unehrlichen Klienten.

Was die vom Institut zertifizierten Therapeuten betrifft, so weisen deren Klientenbroschüren und unsere Webseiten die Klienten auch darauf hin, dass sie sich bei Streitigkeiten an das Institut wenden können. Dies ist Teil unserer Lizenzvereinbarung und macht für die Klienten offensichtlich, dass diese Therapeuten Teil einer außergewöhnlichen professionellen Organisation sind. Im Laufe der Jahre hatten wir selten Probleme mit lizenzierten Therapeuten, aber es kommt manchmal vor. Als Teil ihrer Lizenzvereinbarung behalten wir uns das Recht vor, ihre Lizenz und die Nutzung unserer lizenzierten Tools, Marken und Logos zu beenden.

Marken, Logos und Partnerorganisationen

Wenn einer unserer ausgebildeten Therapeuten einen Lizenzvertrag mit dem Institut abschließt, erhält er das Recht, unsere Verfahren bei bestimmten Krankheiten oder Problemen zu nutzen, erhält Klinik-Unterstützung für schwierige Klienten und erhält Zugang zu neuen Erkenntnissen und Sicherheitsupdates. Sie erhalten auch das Privileg, ein Logo des Institutes für zertifizierte Therapeuten auf ihren Dokumenten und Webseiten für Werbezwecke zu verwenden. Aber dieses Logo bedeutet mehr als die Verwendung modernster therapeutischer Instrumente. Es bedeutet, dass sie sich bereit erklärt haben, bei ihrer gesamten Therapiearbeit nur „Berechnen für Ergebnis" zu verwenden. Diese ungewöhnlichen Therapeuten weisen den Weg zu einer grundlegenden Veränderung in der Art und Weise, wie Therapie und Medizin in der Welt durchgeführt werden.

Das Institut listet auch Partnerorganisationen oder Einzelpersonen aus der ganzen Welt auf unseren Webseiten auf. Abgesehen davon, dass sie Spitzenorganisationen sind, die in verschiedenen Bereichen hervorragende Arbeit leisten, wenden sie in ihrer Arbeit auch die Prinzipien von „Berechnen für Ergebnis" (oder Spende) an. Wir fühlen uns privilegiert, diese verschiedenen Individuen und Gruppen kennengelernt zu haben, die auch daran arbeiten, etwas in der Welt zu bewirken.

Fragen und Antworten

F: „Haben Sie irgendwelche Vorschläge, wie Sie für „Bezahlen für Ergebnis" werben können?"

Ein Therapeut fand heraus, dass der Satz „Kein Ergebnis – Kein Entgelt" in seiner Werbung gut funktioniert.

Beachten Sie, dass eine „garantierte" Heilung nicht angemessen ist (wie in „garantiert oder Ihr Geld zurück"), da es an vielen Orten Gesetze gegen solche Formulierungen gibt, wenn diese für Psychotherapie verwendet werden. Beachten Sie, dass diese Gesetze zur Betrugsbekämpfung gedacht sind und nicht die Verwendung des Abrechnungsmodells „Bezahlen für Ergebnis" verbieten.

F: „Ich bin mir noch nicht sicher, wie ich die Kriterien für die Ergebnisse festlegen soll. Haben Sie einen Ratschlag?"

Einige Therapeuten neigen dazu zu denken, dass dieser Schritt viel schwieriger ist, als er tatsächlich ist, obwohl sie es ohnehin schon unbewusst in ihrer Praxis tun. Sie sind in einer Partnerschaft mit Ihrem Klienten - Sie treffen eine Vereinbarung, die Sie beide für wünschenswert und möglich halten. Es muss nicht riesig und schwierig sein - es ist einfach das, was Sie beide wollen. Wenn Sie sich zum Beispiel beide einig sind, dass eine 30%ige Reduzierung eines Symptoms das Ergebnis ist, dann ist das in Ordnung - Sie müssen es nicht bis zu einer perfekten Heilung aushandeln.

Der Schlüssel ist der, dass Ihr Klient zustimmt und dass das, was Sie vertraglich festlegen, das zu bezahlende Geld wert ist. Die Vereinbarung kann von der Bereitschaft des Therapeuten, dem Klienten zuzuhören, bis hin zur Vereinbarung reichen, ein chronisches, langjähriges Problem ganz oder teilweise loszuwerden. Es gibt keine festen Regeln ausser denen, die Sie beide vereinbart haben.

F: „Wie kann ich verhindern, dass ich pleite werde, weil ich immer noch keine gute Diagnose stellen kann?"

Wir empfehlen Ihnen, die feste Vertragsgebühr aus Anhang 10 zu verwenden. Es wird nicht lange dauern - wahrscheinlich 20 Klienten oder so - bis Sie feststellen, dass Sie viel mehr Vertrauen in Ihre Fähigkeit haben, die Ergebniskriterien zu diagnostizieren und festzulegen.

F: „Ich bin Therapeutin und benutze eine Vielzahl von Techniken. Wenn ich mich vom Institut zertifizieren lasse, muss ich dann die Ergebnisse berechnen, obwohl ich Ihre Techniken mit dem Klienten nicht verwende?"

Ja, Ihre gesamte Praxis müsste sich ändern, um „Berechnen für Ergebnis" einzuführen (wo immer möglich). Zertifiziert zu sein ist eine Lizenz, als ob Sie eine McDonalds Selbstbeteiligung hätten. Sie können nicht anfangen, Burritos zu servieren, während Sie den Namen Golden Arches und McDonalds an Ihrer Tür haben. Für einige Therapeuten fühlt sich das wie eine zu große Veränderung in ihrer Komfortzone an. Folglich lassen sie sich nicht zertifizieren, sondern wenden die öffentlich zugänglichen Techniken wie Whole-Hearted-Healing als eine weitere Technik an und unterlassen die Verwendung von den nicht öffentlichen Methoden, die sie im Unterricht gelernt haben.

F: „Mein großes Problem ist, Klienten zu bekommen, die ein ganzes Bündel von Problemen haben und ich weiß nicht, wie ich ihr Problem klären soll, um eine Einigung über die Ergebnisse zu erzielen. Der Klient erkennt nicht, dass er getrennte Probleme hat, da er sich einfach schlecht fühlt und will, dass es aufhört. "

Einige Klienten sind wirklich ein Bündel von Problemen und in so einem Fall müssen Sie die Schlimmsten davon isolieren und anbieten, mit diesen entweder einzeln oder als Gruppe zu arbeiten, je nachdem was Sie mit dem Klienten verhandeln. Eine Person wie diese könnte ein guter Kandidat für den Inner Peace Bewusstseinszustand sein. Es gibt auch bestimmte Krankheitsprozesse, die diesen Effekt verursachen können, wie z.B. das S-Loch-Problem oder die Sucht-Parasiten. Vielleicht möchten Sie auch von Anfang an einen Spezialisten oder fortgeschrittenen Praktiker/Mentor einbeziehen, wenn das Thema umfangreich und komplex ist.

Solche Klienten sind jedoch die Ausnahme. Nach unserer Erfahrung ist das eigentliche Problem, dass der Therapeut sich in der Geschichte des Klienten „verloren hat". Wenn man also versucht zu entwirren, wechselt der Klient von einem Problem zum nächsten. Lassen Sie den Klienten sich auf die Emotionen und das Gefühl konzentrieren, das für ihn das dominierende Gefühl ist, wird das der Schlüssel sein, um zum Kern seines Themas zu gelangen. Denken Sie daran – Sie können Ruhe und Frieden bezüglich des Themas anbieten.

Einige Klienten wollen einfach nur reden und die Verbindung spüren. Sie werden im Grunde genommen ein bezahlter Freund. Ihre Aufgabe ist, dies zu erkennen und eine Einigung darüber zu erzielen, wie sich Ergebnisse für diese Person darstellen. Allerdings sind Sie in dieser Situation in der Regel teurer als Standardtherapeuten. Da in diesem Fall jedoch keine Heilung erforderlich ist, sollten Sie Ihre Gebühr senken, da kein Risiko besteht, nicht bezahlt zu werden. Sie berechnen im Grunde genommen nur eine Gesprächsgebühr.

Paula Courteau schreibt: „Einige Klienten, und dazu gehören die meisten Menschen mit Depressionen und Menschen mit einer Vorgeschichte von Missbrauch, werden regelmäßige Sitzungen benötigen, um ein menschenwürdiges Funktionieren aufrechtzuerhalten; im Falle von Depressionen liegt dies daran, dass wir nicht die Ursache für jede Art von Depression kennen; bei Missbrauch gibt es oft mehrere auslösende Ereignisse. Wenn Sie sich über diesen Sachverhalt mit solchen Klienten im Klaren sind und diese immer noch mit Ihnen arbeiten wollen, dann könnte ein Lehr- oder Coaching-Modell mit einer Sitzungsgebühr angemessener sein als eine Gebühr je Thema." Wenn der Klient jedoch eine explizite oder implizite Erwartung auf Heilung hat, dann ist eine Reihe von kurzen, zu zahlenden Ergebnisverträgen die richtige Wahl.

F: „Ich habe einen Klienten mit sehr komplexen Problemen und es wird lange dauern, sie zu lösen. Wie berechne ich? "

Sie identifizieren wichtige Themen und bieten an, diese separat zu berechnen. Dies veranlasst den Klienten zu beurteilen, was ihm wirklich finanziell wichtig ist, anstatt dass Sie versuchen, die Entscheidung für ihn zu treffen.

Die Festlegung einer maximalen Zeit, die Sie mit einem Klienten arbeiten können, hält Sie davon ab, bei „Berechnen für Ergebnis" eine finanzielle Bindung mit ihm einzugehen. Das bedeutet jedoch nicht, dass Sie dem Klienten nicht helfen müssen - es bedeutet, dass Sie mit Ihrem Spezialisten/fortgeschrittenen Praktizierenden/Mentor zusammenarbeiten, um effizienter mit dem Klienten umzugehen.

Respektieren Sie Ihre eigenen Grenzen – Sie können nicht für jeden alles sein.

F: „Ich bin frustriert über dieses System und seine Grenzen. Ich werde einfach zu dem zurückkehren, was ich bereits kann. "

Leider sind das Lernen und die tatsächliche Anwendung neuer Fähigkeiten oft mit Unannehmlichkeiten verbunden. Eines der Probleme dabei ist, dass viele Therapeuten noch nie einen „Berechnen für Ergebnis"-Ansatz für ihren Lebensunterhalt durchführen mussten. Wenn Sie jedoch jemals eine Beratung durchgeführt, in einem Autohaus gearbeitet oder ein eigenes Unternehmen geführt hätten, würden Sie wahrscheinlich denken, dass es völlig normal ist. Die Leute an diesen Arbeitsplätzen arbeiten alle für eine feste Gebühr und wissen nicht immer, ob es für einen bestimmten Kunden funktioniert oder nicht.

Interessanterweise haben ein paar Therapeuten festgestellt, dass sie unter dem Gefühl der Frustration mit diesem neuen System kein Gefühl der inneren Ruhe haben. Dies ist ein wichtiger Indikator dafür, dass die Frustrationsgefühle von früheren Traumata stammen. Nachdem sie diese heilten, stellten sie zu ihrer Überraschung fest, dass sie sich sehr wohl mit der neuen Vorgehensweise fühlten.

F: „Es gibt viele andere Therapeuten da draußen, die hervorragende Arbeit leisten. Ich verstehe nicht, wie der Zertifizierungsstoff des Instituts wesentlich besser sein soll. Schließlich ist dieses Material heute größtenteils öffentlich zugänglich. "

Ja, es gibt viele Therapeuten mit den gleichen Fähigkeiten und Erfolgsraten wie die vom Institut zertifizierten Therapeuten. Was letztere haben, ist anders, es ist: 1) Berechnen für Ergebnis; 2) Backup der Institutsklinik für Ihre Praxis; 3) die Möglichkeit, mit einigen Klienten Spitzenbewusstseinszustände zu erzielen; 4) hoffentlich einen eventuellen Bekanntheitsgrad mit dem Institut; und 5) nachdem Sie sich mit den Grundtechniken vertraut gemacht haben, die Möglichkeit, in einer unserer Kliniken zu arbeiten.

F: „Ich glaube, es gibt zu viele Instituts-Regeln. Man sollte mir vertrauen, dass ich mein eigenes Urteilsvermögen anwende, denn ich bin eine ehrliche, ethische und kompetente Person. Ich möchte langsam in diese neuen Arbeitsweisen einsteigen. So etwas gab es in meiner alten Körperarbeit nicht. "

Viele Menschen in den helfenden Berufen waren noch nie der Art und Weise ausgesetzt, wie ein Hochtechnologieunternehmen zu arbeiten. Die Zertifizierungsvereinbarung mit unseren Absolventen ist eine Lizenz zur Nutzung des von uns entwickelten Materials, mit dem viele aus ihrer eigenen beruflichen

Laufbahn nicht vertraut sind. Glücklicherweise ist es, obwohl unbekannt, ganz normal und wird in anderen Berufen akzeptiert - einschließlich des Konzepts von „Berechnen für Ergebnis".

Da wir unsere zertifizierten Therapeuten mit Beistand und unserem Ruf unterstützen, sind die Vereinbarungen, die wir treffen, spezifischer als viele andere Modalitäten. Darüber hinaus ist das von uns entwickelte Material experimentell und erfordert einen sorgfältigeren Umgang zur Sicherheit und Qualitätskontrolle.

F: „Es ist mir nicht gelungen, den Klienten vor meiner 3-stündigen Grenzwert-Zeit zu heilen. Was jetzt?"

Sie müssen sich entscheiden, ob Sie weitermachen wollen oder nicht. Sie haben vielleicht schon bemerkt, dass Sie dieser Person sowieso nicht helfen können. Wenn Sie jetzt einfach aufhören, werden Sie im Durchschnitt Ihre Einkommensziele erreichen, weil Sie dieses Thema bereits in Ihrer Preisgestaltung berücksichtigt haben. An dieser Stelle sollten Sie den Klienten weiter empfehlen oder, wenn Sie dazu neigen, weiterhin helfen zu wollen und akzeptieren, dass Ihr äquivalentes Stundeneinkommen etwas reduziert wird, versuchen Sie es weiter.

Paula Courteau schreibt: „Ich würde auch fragen: Heilt die Person überhaupt etwas? Das heißt, dauert es lange, weil die Person nicht heilen kann (kann nicht in den Körper gelangen, kann nicht fühlen, widersetzt sich dem Prozess, etc) oder weil das Problem komplex ist? Wenn es gute Fortschritte gibt und sich das Thema ständig weiterentwickelt, könnte ich mir vorstellen, zusätzliche Zeit zu investieren. Wenn der Klient die meiste Zeit blockiert, würde ich ohne zu zögern aufhören und dabei mein Honorar einbüßen."

F: „Ich habe mich entschieden, meine dreistündige Grenzwert-Zeit zu überschreiten („Ich bin fast da!"). War das eine schlechte Idee?"

Natürlich können Sie Ihre Gebühr erhalten, wenn Sie erfolgreich sind. Es ist jedoch ratsam, ein Scheitern einzuplanen, was bedeutet, dass Ihr Einkommen je nachdem, wie lange Sie fortfahren, rückläufig wird. Manchmal ist die Lernzeit wertvoll, wenn man die Behandlungszeit ausdehnt. Denken Sie jedoch daran, dass die Institutskliniken zur Unterstützung bereit sind (wenn Sie vom Institut zertifiziert sind).

F: „Es gibt keine Möglichkeit, dass ich genug Klienten habe, wenn ich jeden in nur drei Sitzungen heile!"

Das ist sowohl ein Problem als auch eine Chance. Im Guten wie im Schlechten verändert sich die Art der Therapie durch die Einführung von Powertherapien. Der Therapeut muss Wege finden, um einen kontinuierlichen Klientenstrom zu erhalten, z.B. durch Zusammenarbeit mit einer Institution, die Klienten findet und an den Therapeuten weiterleitet. Daher ist es wichtig, etwas zu haben, das einen vom Wettbewerb abhebt wie z.B. „Berechnen für Ergebnis". Mundpropaganda könnte Ihnen helfen, soweit das Apex-Problem sie nicht aushebelt - aber der beste Weg, dieses allgemeine Problem des Kundenstammes zu vermeiden, ist, sich auf ein Problem oder einen Problembereich zu spezialisieren und Ihren Ruf darauf aufzubauen, anstatt ein Generalist zu sein.

F: „Wie viele Übungseinheiten brauche ich, damit ich die Gebühren genau berechnen kann?"

Etwa 10 erfolgreiche Sitzungen geben Ihnen genügend Informationen, um Ihre Standard-Mindestgebühr und die optimale Grenzwert-Zeit zu berechnen. Sie sollten jedoch eine laufende Zählung durchführen, da Sie bei Diagnose und Heilung besser werden, um sicherzustellen, dass Ihr äquivalenter Stundensatz noch auf Kurs ist.

Wenn Sie Gebühren festlegen, indem Sie die Zeit bis zur Fertigstellung schätzen, werden Sie eine viel größere Erfahrungsbasis benötigen! Wir empfehlen dies nur für sehr erfahrene Therapeuten oder Therapeuten, die sich auf einem Gebiet spezialisiert haben und mit dem vertraut sind, was geschehen kann.

Schlüsselpunkte

- „Bezahlen für Ergebnis" löst ethische Probleme, indem es explizite Vereinbarungen trifft: (1) Sie werden nur bezahlt, wenn alle vorgegebenen Erfolgskriterien erfüllt sind; (2) der Klient weiß, wie viel die Behandlung kosten wird, bevor sie beginnt.
- Das Abrechnungssystem „Bezahlen für Ergebnis" ist in vielen Branchen Standard. Mit minimaler Übung ist es einfach, es in die Therapie zu integrieren.
- Das Prinzip „Bezahlen für Ergebnis" verlangt vom Therapeuten automatisch, dass er das zentrale Klientenproblem identifiziert und das gewünschte Therapieergebnis (Erfolgskriterien) bestimmt.
- Das einfachste Abrechnungssystem für „Bezahlen für Ergebnis" ist eine feste Gebühr für alle Klienten. Es beinhaltet eine vorgegebene „Grenzwert-Zeit" um zu entscheiden, wann man aufhören soll zu versuchen, ein Klientenproblem zu lösen.
- Mit „Bezahlen für Ergebnis" bestimmt der Klient die gewünschten Ergebnisse, außer in Fällen, in denen er einen bestimmten Prozess mit vorgegebenen Ergebnissen verwendet.
- Der Einsatz von subzellulärer Psychobiologie und modernen Traumatherapien bedeutet, dass der Klient in der Regel in wenigen Sitzungen geheilt wird. Das passt gut zu der tatsächlichen Zeit, die durchschnittliche Klienten wirklich bereit sind, in die Therapie zu investieren.
- Der Apex-Effekt lässt viele Klienten vergessen, dass sie ein Problem hatten, nachdem es vollständig geheilt wurde. Sie müssen dies einplanen, indem Sie schriftliches oder aufgezeichnetes Material über die Schwierigkeiten des Klienten aufbewahren, bevor Sie ihn behandeln.

Empfohlene Lektüre

- *The Ethics of Caring: Honoring the Web of Life in Our Professional Healing Relationships* von Kylea Taylor und Jack Kornfield (1995).

Kapitel 4

Das erste Klientengespräch

Wenn wir Therapeuten in subzellulärer Psychobiologie, pränatalen Ereignissen und Traumatechniken ausbilden, müssen wir sie auch in neuen Formen der Zusammenarbeit mit Klienten ausbilden. Unsere Anforderung, dass Therapeuten *immer* „Berechnen für Ergebnis" anwenden und *nicht* stundenweise berechnen, bedeutet, dass sie in der Lage sein müssen, das Problem des Klienten schnell und effektiv zu diagnostizieren und zu erkennen, was sie nicht behandeln können. Dieser Wechsel von einer traditionellen Orientierung eines „bezahlten Freundes" hin zu einer Neuausrichtung eher eines hochqualifizierten Automechanikers, Ingenieurs oder Arztes ist für einige Therapeuten eine große Erleichterung und für andere ist es ein Kampf. Wir haben festgestellt, dass auch Therapeuten, die bereits modernste Traumatherapien anwenden, noch geschult werden müssen, um das Problem des Klienten schnell zu erkennen und einen effektiven „Berechnen für Ergebnis"-Vertrag zu schreiben.

Das Material in diesen Kapiteln wird in unserer Therapeutenausbildung vermittelt - es ist keine theoretische oder akademische Übung, sondern wird von praktizierenden Therapeuten verwendet, die zahlende Klienten in Ländern auf der ganzen Welt haben.

Die ersten Schritte des Interviews

Wenn wir unser erstes Interview mit einem neuen Klienten führen, müssen wir in der Regel die folgenden Aufgaben erledigen:
1. Klientenanamnese (normalerweise vor dem Gespräch mit dem Klienten);
2. Empathieaufbau;
3. Erläuterung des typischen Verlaufs der Behandlung;
4. Besprechen und unterzeichnen Sie die Formulare für die Haftung und die Einwilligung nach Aufklärung (Kapitel 6);
5. Klärung des Problems (und Herausfinden des Triggersatzes);
6. Festlegung des Kriteriums „Bezahlen für Ergebnis" und Erstellung des Vertrages (Kapitel 4);
7. Diagnose (Kapitel 5);
8. Behandlung (wenn Zeit bleibt).

Diese verschiedenen Aktivitäten werden in der Regel etwa zeitgleich durchgeführt, obwohl wir sie zu Unterrichtszwecken als separate Aktivitäten aufteilen. Die Reihenfolge kann auch von Klient zu Klient und von Therapeut zu Therapeut variieren. Wenn diese Schritte nacheinander durchgeführt werden, stellt man fest, dass es normalerweise notwendig ist, ein wenig zu üben, um angemessene Ergebnisse zu erzielen. Zum Beispiel sind Diagnose und Erstellung des Vertrages „Bezahlen für Ergebnis" in der Regel interaktiv - man sollte mindestens eine minimale Diagnose der von Ihnen identifizierten Probleme durchführen, damit Sie das Vertrauen haben, dass Sie dem Klienten wahrscheinlich helfen können. Das bedeutet, dass Sie Probleme und Ergebnisse auswählen, von denen Sie glauben, dass Sie sie tatsächlich erreichen können. Beachten Sie auch, dass Therapeuten mit dem System „Berechnen für Ergebnis" für das Erstgespräch und die Diagnose nichts berechnen. Stattdessen wird diese Zeit in dem Honorarbetrag berücksichtigt, der Teil des Erstvertrages mit dem Klienten ist.

Mit wachsender Erfahrung werden die verschiedenen Ansätze und Tricks, die wir unten angeben, einfach automatisch verwendet, oder Sie werden Ihren eigenen Weg finden, das umzusetzen.

Tipp: Wie lange sollte das Erstgespräch dauern?

Mit Übung kann ein durchschnittlicher Klient in der Regel in 3 bis 10 Minuten befragt und diagnostiziert werden; insgesamt bis zu 20 Minuten, um alle anderen Aspekte der Arbeit mit einem neuen Klienten vor Beginn der Behandlung abzuschließen. Um diesen Prozess zu beschleunigen, lassen die meisten Therapeuten den Klienten ihre Geschichte aufschreiben und gegebenenfalls die Haftungs- und Einwilligungserklärungen *vor* dem ersten Treffen überprüfen.

Aufnahme der Klientenanamnese

Das Erhalten der ersten Geschichte in schriftlicher Form erfolgt in der Regel vor dem persönlichen Gespräch, was Ihnen Zeit spart und es dem Klienten ermöglicht, genauer über seine Antworten nachzudenken. Wir werden für dieses Handbuch keine Musterformulare für diese Thematik beifügen, da das, was Sie wissen müssen, je nach Klientenkreis stark variieren kann. Beispielsweise benötigen Klienten mit Suchtproblemen in der Regel eine viel detailliertere Anamnese als die anderen Klienten.

Unabhängig davon empfehlen wir, eine Vorgeschichte nicht nur für Ihre eigenen Buchhaltungsunterlagen, sondern auch aus mehreren anderen sehr praktischen Gründen aufzunehmen:

- In Bezug auf die Sicherheit müssen Sie wissen, ob der Klient ein schwaches Herz hat oder andere medizinische Probleme wie Diabetes, die die Traumatherapie gefährlich oder schwierig machen würden;
- Ist der Klient derzeit oder war er in der Vergangenheit suizidal?
- Es kann Zeit sparen, da es dem Klienten helfen kann, sich vor dem Praxisbesuch auf sein Anliegen zu konzentrieren.

Diagnostisch kann es auch sehr hilfreich sein:

- Wenn auch die Vorfahren oder die Familie des Klienten die Beschwerde haben, vereinfacht dies sofort die Diagnose von Generationenproblemen oder Kopien, die beide leicht zu heilen sind;
- Eine Anamnese kann Ihnen helfen, das aktuelle Problem von anderen bereits bestehenden Erkrankungen zu trennen, deren Symptome Sie verwirren könnten, wenn Sie versuchen, mit dem aktuellen Problem zu einem Endpunkt zu gelangen.
- Eine Beschreibung anderer Behandlungen, die bereits für das Problem durchgeführt wurden, kann Ihnen bei der Diagnose helfen. Wenn der Klient zum Beispiel auch einen Traumatherapeuten besucht hat, kann dies bedeuten, dass der Klient Zeitschleifen um das Problem gebildet hat.
- Zu wissen, ob der Klient legale (oder illegale) psychoaktive Medikamente verwendet, kann auch behilflich sein, die Diagnose zu klären.

Empathieaufbau

Ein Teil der erfolgreichen Zusammenarbeit mit Klienten ist die Fähigkeit, schnell eine Beziehung aufzubauen, so dass sie Vertrauen haben, wenn Sie die Klienten durch manchmal schmerzhafte Prozesse führen werden. Es kann auch helfen, später Empfehlungen von ihnen zu erhalten (wenn der Apex-Effekt sie nicht dazu bingt, nach der Behandlung zu vergessen, dass sie ein Problem hatten).

In unserem Training betonen wir jedoch, dass Sie kein „bezahlter Freund" sind und dass die Zeit, die Sie mit Erzählen mit dem Klienten verbringen würden, meistens effektiver für die Diagnose und Heilung verwendet werden kann. Denken Sie daran, dass Sie nicht stundenweise bezahlt werden, sondern dafür, das Problem des Klienten erfolgreich zu lösen. Im Unterricht legen wir Wert darauf, die Fähigkeit zur schnellen Diagnose und Behandlung zu erlernen. Nachdem der Therapeut dies beherrscht, kann er ein Gefühl dafür bekommen, wie viel Zeit er in seiner Praxis verbringen möchte. Analog dazu ist es wie bei einem Automechaniker, der mit einem Klienten spricht - hilfreich und freundlich zu sein ist wichtig, aber man hat auch eine Aufgabe zu erledigen.

Sie sollten akzeptieren, dass einige Klienten einfach nicht gut auf Sie reagieren werden - oder Ihr eigenes Bauchgefühl kann Ihnen sagen, dass es eine Art Problem mit dem Klienten gibt, welches Ihre Arbeit mit ihm sabotiert. Was auch immer der Grund ist, Sie sollten sich schnell entscheiden, ob Sie mit dem diagnostischen Interview fortfahren wollen. Denken Sie daran, dass Sie das diagnostische Interview nicht berechnen - es ist eine Verschwendung Ihrer Zeit und Mühe, wenn der Klient einfach weggeht, nachdem Sie diese Zeit mit ihm verbracht haben.

Paula Courteau schreibt: „Empathiebildung ist ein wesentlicher Aspekt Ihres Interviews, aber sie ist nicht unbedingt eine separate Komponente. Gute Kommunikationsfähigkeiten während des gesamten Interviews fördern das gegenseitige Einfühlungsvermögen, während Sie an der Aufgabe dranbleiben."

Erläuterung des typischen Behandlungsablaufs

Da viele Therapeuten keine Erfahrung mit Traumatherapien haben, sind im Folgenden einige „Faustregeln" für typische Klientensitzungen aufgeführt. Die Sitzungen dauern in der Regel zwischen 1,5 und 2 Stunden - wenn es länger dauert, kann der Klient zu müde werden, um fortzufahren - aber eine feste Zeitspanne wie der normale 50-minütige Praxisbesuch reicht einfach nicht. (Wenn Sie dies Ihren Klienten vorab erklären, haben sie in der Regel Verständnis dafür, wenn mal eine Sitzung für eine andere Person die vorgesehene Zeit überschreitet.) Der durchschnittliche Klient braucht zwischen einer und drei Sitzungen, um das Problem zu beheben - und dann müssen Sie einrechnen, dass Sie den Klienten noch kurz zweimal treffen, um sicherzustellen, dass die Behandlung stabil und dauerhaft war. Wir nennen dies die „Dreierregel" (siehe unten).

Um Zeit zu sparen, empfehlen wir Ihnen, eine Standardliste mit Fragen und Antworten für Ihre Klienten in einem Handout, einer Broschüre oder online bereitzuhalten. Es geht um offensichtliche Fragen, die ein Klient wissen möchte:

- Was muss ich vor dem Termin tun? (z.B. die Formulare lesen und ausfüllen, das Problem aufschreiben, usw.);
- Arbeiten Sie persönlich oder über Skype? (Dies kann von der Art der Behandlung und Ihren eigenen Vorlieben abhängen);
- Welche Art von Problemen behandeln Sie und welche nicht? (Zum Beispiel, spezialisierte Ausbildung in Sucht, Suizid, usw.);
- Wie lange dauern die Sitzungen und wie viele sind zu erwarten?
- Fragen zur Anwendung oder zum Wechsel von Medikamenten;
- Wie Sie die Abrechnung organisieren, die Richtlinie „Bezahlen für Ergebnis", usw.;
- Was passiert, wenn ich die Behandlung vorzeitig beende?

Abhängig von den Bedürfnissen des Klienten müssen Sie möglicherweise den Unterschied zwischen Traumaheilung und einfacher Beratung erklären (z.B. Hilfe bei der Arbeitssuche, usw.). Abhängig von Ihren Fähigkeiten müssen Sie den Klienten möglicherweise weiterempfehlen, oder Sie können beides bei Bedarf tun - aber die Kriterien „Bezahlen für Ergebnis" müssen noch erkennbar bleiben. Dies hilft Ihnen auch, sicher zu sein, dass der Klient nicht erwartet, dass Sie sein Thema durch eine Beratung lösen, wenn eine Traumatherapie erforderlich ist.

Wir haben oft gesehen, dass Therapeutenauszubildende ihren Klienten zu viel erklären wollen. Sie vergessen, dass die meisten Klienten da sind, um ihr Leiden loszuwerden und nicht, um das Material zu verstehen, das der Therapeut gelernt hat. Klienten gehen davon aus, dass Sie ein Experte auf Ihrem Gebiet sind und werden tun, was Sie ihnen sagen, auch wenn es für sie nicht viel Sinn macht. Sie betrachten Sie auf die gleiche Weise, wie Sie einen Steueranwalt oder Automechaniker betrachten - schließlich wollen Sie auch nicht die Details, Sie wollen nur die gut ausgeführte Arbeit.

So offensichtlich es auch klingt, Therapeuten müssen genug Übung gehabt haben, um sich sicher bei der Arbeit zu fühlen. Das bedeutet nicht, dass sie perfekt sein werden, sondern sie wissen, was sie wissen und was nicht und können alle Fehler herausfinden, die sie in der Behandlung gemacht haben, falls die Dinge aus dem Ruder laufen sollten. Der Klient kann Ihr Vertrauen spüren, aber auch fühlen, wenn es nicht da ist. Nochmals, möchten Sie mit einem Steueranwalt zusammenarbeiten, der nervös zu sein scheint, wenn es um Ihre Rückzahlung geht? Muss eine Sitzung enden, bevor der Klient fertig ist, kann dieser unter Umständen ein extrem negatives Gefühl empfinden. Wenn Sie ihn dazu bringen können, sich auf ein positives Gefühl wie Dankbarkeit zu konzentrieren, dann kann ihn das in den gegenwärtigen Augenblick zurückbringen. Und stellen Sie sicher, dass der Klient am Ende einer Sitzung sicher fahren kann. So kann der Klient beispielsweise so entspannt von seinem vorherigen Druck sein, dass er während der Fahrt einschlafen kann. Und erinnern Sie ihn daran, dass er während der Behandllung, wenn möglich bis zum Abschluss der Behandlung, keine großen Lebensentscheidungen treffen sollte – weil durch eine unvollständige Therapie aktivierte Traumagefühle eine Person unangemessen beeinflussen können. Ermutigen Sie die Klienten, sich auch nach Abschluss der Behandlung etwas Zeit zu nehmen und die Dinge sich erstmal von selbst regeln zu lassen, bevor sie wichtige Entscheidungen treffen (z.B. Jobs, Beziehungen, etc.).

Tipp: Die „Dreierregel"

Denken Sie daran, dass wir empirisch festgestellt haben, dass Sie nach der vollständigen Beseitigung der Symptome eines Klienten noch zwei weitere (meist kurze) Folgesitzungen einplanen müssen: eine in wenigen Tagen und eine in etwa eineinhalb bis zwei Wochen. Manchmal wird rund um ein Problem Traumamaterial, das in Ihrer Praxis nicht aktiviert wurde, später ausgelöst; manchmal hat der Klient ein Zeitschleifenproblem, das das Trauma zurückbringt. Lassen Sie den Klienten im Voraus wissen, dass dies ein Standardteil der Therapie ist und dass er erwarten kann, dass die Symptome, die in der Praxis verschwunden sind, zurückkehren können. Dies verändert die laufende Beziehung, die Sie mit dem Klienten haben, radikal - anstatt in Panik oder Verzweiflung zu geraten, wenn das Problem zurückkommt, erwartet der Klient dies ruhig und plant es mit ein.

Da Sie die Dienstleistung „Bezahlen für Ergebnis" anbieten, muss die Zeit für diese zusätzlichen zwei Besuche oder telefonische Konsultationen in Ihrem Anfangspreis enthalten sein.

Tipp: Sitzungsdauer

In der gängigen Gesprächstherapie ist es viel einfacher, einen Punkt zu finden, an dem Sie die Sitzung verlassen und den Prozess während der nächsten Sitzung neu starten können In unserer Arbeit ist es normalerweise wichtig, sobald Sie mit einer Regression oder einer anderen Intervention begonnen haben, diese zu beenden. Dies hat mehrere Gründe:

    a.   Zwischen den Sitzungen können neue Probleme auftreten und es ist schwierig, sich wieder mit dem ursprünglichen Problem zu verbinden. Der Klient kann durcheinander kommen mit dem, was er ursprünglich begonnen hatte.

b. Um auf das alte Problem zurückzukommen, kann es erforderlich sein, dass Sie das aktuelle Problem beseitigen. Wertvolle Zeit wird mit anderen - jetzt dominierenden - Themen verbracht, die für die von Ihnen vereinbarten Ergebniskriterien keine Relevanz haben.

c. Der Klient kann auch nach der Sitzung weiter leiden. Wenn Sie ihn aus dem Trauma herausholen, weil die Zeit abgelaufen ist, können trotz aller angewendeten „Pflastermittel" seine Fahr- und Bewältigungsfähigkeiten beeinträchtigt sein.

Andererseits kostet die Traumaarbeit Energie und der Klient kann ab einem bestimmten Zeitpunkt erschöpft sein, so dass ein Weiterarbeiten mit ihm kontraproduktiv wäre. Dies variiert von Neu- zu Altklienten (alte Klienten kennen die Prozesse bereits teilweise) und von Klient zu Klient. Eine angemessene maximale Zeit wären etwa 1,5 Stunden, obwohl einige Therapeuten mit maximal 2 Stunden planen.

Als zertifizierter Therapeut müssen Sie entscheiden, wie lang Ihre Sitzungsdauer sein sollte. Es wird jedoch einige Klienten geben, die mehr als die vorgesehene Zeit benötigen, auch wenn jemand anderes bereits wartet. Wenn Sie dem Klienten das im Vorfeld erklären, dass es erfahrungsgemäß manchmal dazu kommen kann, entschärft das in der Regel alle Probleme, insbesondere wenn Sie darauf hinweisen, dass sie selber vielleicht auch einmal mehr Zeit benötigen könnten. Eine weitere Strategie ist es, Ihre kontaktfreien Stunden zwischen den Klienten einzuplanen, damit Sie flexibler sind. Therapien wie Atemarbeit und TIR kennen dieses Problem und bauen es in die Praxis mit ein. Therapeuten, die EFT anwenden, neigen dazu, sich mehr an eine typische „50-minütige Stunde" pro Sitzung zu halten.

Haftung und informierte Zustimmung

Um Praxiszeit zu sparen, empfehlen wir den Therapeuten, dem Klienten die Haftungs- und Einverständniserklärung vorab online oder während der Wartezeit vor einem Termin zukommen zu lassen. Aber unabhängig davon, ob Sie dies in Ihrer Praxis oder im Voraus tun, müssen Sie immer noch überprüfen, ob die Klienten die Dokumente gelesen und verstanden haben und sie unterschrieben haben. Diese Dokumente sind in den meisten Ländern gesetzlich vorgeschrieben.

Das Durchgehen dieser Formulare hat für die meisten Klienten eine interessante Wirkung. Es lässt die Klienten wissen, dass Sie die auftretenden Probleme wirklich verstehen - dass Sie ein äußerst kompetenter Profi auf dem neuesten Stand der Technik sind - und dass Sie wissen werden, worauf Sie im Falle von Problemen achten müssen.

In Kapitel 6 werden diese gesetzlich vorgeschriebenen Formulare sehr ausführlich behandelt.

Sind Sie auf unerwartete Probleme vorbereitet, bevor Sie Klienten haben?

- Wissen Sie, was zu tun ist, wenn der Klient suizidgefährdet ist? Wissen Sie, wohin Sie Ihren Klienten bringen müssen, wenn er rund um die Uhr überwacht werden muss?
- Wissen Sie, wie (und warum) Sie schwere Reaktionen auf Traumata behandeln können? (Zum Beispiel (was manchmal passiert), wenn Erinnerungen an sexuellen Missbrauch ausgelöst werden?)
- Ist in Ihrem Klientenanamneseformular die explizite Frage nach einem Herzproblem oder anderen lebensbedrohlichen körperlichen Zuständen enthalten? (Dies identifiziert Klienten, die bei der Anwendung potenziell belastender Techniken gefährdet sind, und berücksichtigt auch Haftungsfragen.)
- Hat der Klient irgendwelche Erlebnisse, die die Arbeit erschweren könnten, wie z.B. eine Vorgeschichte in einer psychiatrischen Behandlung?
- Wenn Sie ein Problem in Ihrem Klienten aktivieren, das Sie nicht heilen können, haben Sie dann mit jemandem vereinbart, der besser geeignet ist, es im Notfall zu übernehmen?

Hinweis: Sofern Sie sich nicht auf die Arbeit mit suizidgefährdeten Klienten spezialisiert haben, empfehlen wir Ihnen, mit Klienten, die eine Vorgeschichte von Suizidversuchen oder Suizidgedanken haben, nicht zu arbeiten., Dies sollte einer der ersten Screening-Schritte sein, die Sie mit Ihren Klienten durchführen, sowohl um den Klienten zu schützen als auch, um deren Enttäuschung darüber zu minimieren, dass sie nicht zur Behandlung angenommen werden. Wenn Sie mit Suizidklienten arbeiten, ist es eine sehr schlechte Idee, dies aus der Ferne (per Skype oder Telefon) zu tun - sie müssen vor Ort durch Menschen unterstützt werden, die physisch eingreifen können.

Klärung des Problems

Bis zu diesem Zeitpunkt waren die Interviewschritte für einen Traumatherapeuten eher Standard. Hier nun müssen unsere Schüler anfangen, das Muster zu ändern, das sie von anderen Therapien kennen - und hier beginnen die Auszubildenden Fehler zu machen.

Finden Sie ein einzelnes Problem heraus: Klienten haben in der Regel viele Probleme. Die meisten Menschen sind wie alte Autos, die viele Kilometer gefahren sind. Als Therapeut müssen Sie den Klienten dazu bringen, sich auf sein Hauptproblem zu konzentrieren, auf dasjenige, das ihn zu Ihrer Praxis gebracht hat, das er wirklich bearbeiten will und für das er bereit ist zu bezahlen. Und hier machen viele Therapeuten ihren ersten Fehler. Sie bitten den Klienten sofort, seine Probleme zu beschreiben - eine viel zu allgemeine Frage - und der Klient wird versuchen, eine Liste mit Symptomen und Problemen vorzuweisen. Es ist, als würde man sein altes Auto zum Mechaniker bringen. Da er alles umsonst reparieren wird, erzählst du ihm von dem klebrigen Türknauf, der quietschenden Federung, dem Flattern des Rades.... Das eigentliche Problem, das den Motor betrifft, ist nur ein weiterer Punkt auf der Liste.

Der Therapeut weiß nicht, dass viele Klienten keine Ahnung haben, was Sie tun können oder was nicht. Manchmal sind ihre Erwartungen zu hoch, manchmal zu niedrig. Manchmal glauben sie, dass alle ihre Probleme miteinander verbunden sind. Ihre Aufgabe ist es, sie auf den Punkt zu konzentrieren, der ihnen wirklich wichtig ist, denjenigen, für den sie gerne bezahlen. Wenn Sie die Auto-Analogie fortsetzen, müssen Sie herausfinden, was sie wirklich wollen. Und beachten Sie, dass dies vielleicht nicht das Problem ist, von dem Sie denken, dass der Klient es beheben sollte. Wenn die Klienten wirklich mehr als ein Problem haben, erstellen Sie für jedes einen separaten Vertrag. Versuchen Sie nicht, mehr als ein Problem auf einmal zu lösen!

Manchmal beschreibt der Klient ein einzelnes Problem, merkt aber nicht, wie viele einzelne, unabhängige Teile es enthält. Auch hier ist es entscheidend für die Zufriedenheit des Klienten und Ihren Erfolg, dass der Klient den wichtigsten Aspekt seines Problems für die Behandlung findet. Nachdem der Kernteil des Problems geheilt wurde, ist der Rest des Problems oft egal.

Konzentrieren Sie sich auf die Symptome: Einige Ihrer Klienten werden versuchen, Ihnen zu „erklären", warum sie ein Problem haben und was es verursacht. (Besonders bei Therapeuten als Klienten kann es sehr schwierig sein, sie dazu zu bringen, tatsächlich Empfindungswörter zu finden über das, was sie stört. Aus diesem Grund empfehlen wir unseren Therapeuten in der Regel, bis zu dreimal mehr Zeit für Therapeuten-Klienten einzuplanen und zu berechnen.) Das häufigste Problem, das wir hier sehen, ist, dass der Auszubildende die Kontrolle über das Interview verliert - und das kann stundenlang so weitergehen! Der Therapeut muss diese Art von Dingen unterbinden, den Klienten wieder auf die Symptome bringen und ihn dort halten. Denken Sie daran, dass Sie Symptome benötigen, um das Problem zu diagnostizieren und einen Vertrag zu schreiben. Natürlich wissen einige Klienten sehr genau, was die Ursache ihres Problems ist, aber das ist eher selten.

Ein ähnliches Problem ist, wenn der Therapeut in die Geschichte des Klienten verwickelt wird - das heißt, sich in der Geschichte verliert. So unterhaltsam dies auch sein mag, er verschwendet Zeit und das spielt keine Rolle beim Schreiben des Vertrages, bei der Diagnose oder der Behandlung des Problems.

Andere vermeiden Empfindungswörter aus Verlegenheit oder religiösen Gründen. Zum Beispiel fällt es auch heute noch vielen Menschen schwer, über ihre sexuellen Probleme zu sprechen. Wenn sie über ihre Beziehung sprechen, kreisen sie um das Thema und vermeiden jegliche sexuellen Wörter. Wir haben auch Menschen erlebt, die einen Konflikt haben zwischen dem, was sie fühlen und ihrem religiösen Leben und deshalb sanftere Vorgehensweisen bei der Befragung benötigen, als man erwarten würde.

Klientenorientierte Behandlung: Der Klient kommt zu Ihnen, dem Therapeuten, weil er leidet und bereit ist, für Abhilfe zu zahlen. Das bedeutet *nicht,* dass der Therapeut entscheidet, welches Problem behandelt werden muss (außer bei gerichtlich beauftragten Klienten). Der Klient hat die Kontrolle, auch wenn es offensichtlich ist, dass der Klient ebenso in anderen Bereichen Hilfe benötigt. Zum Beispiel könnte es klar sein, dass der Klient paranoid ist und Hilfe braucht - aber das ist in der Regel nicht das, was der Klient will. Sie sollten auch nicht versuchen, sowas zu heilen, es sei denn, es handelt sich um ein Thema, das der Klient tatsächlich heilen will.

Es gibt ein weiteres ethisches Problem, das wir in diesem Umfeld angetroffen haben - wenn der Therapeut versucht, seinen bevorzugten (oder finanziell lukrativen) Behandlungsprozess zu verkaufen. Es ist wahr, mit „Bezahlen für Ergebnis" bekommt der Klient das, was vereinbart wurde, aber dafür ist er nicht gekommen. Zum Beispiel braucht fast jeder die Silent Mind Technique - die Lebensqualität für die meisten Menschen verbessert sich enorm. Aber dafür ist der Klient in der Regel nicht in die Praxis gekommen. Es ist unethisch und schafft offensichtlich unglückliche Klienten, wenn man sich als Therapeut so verhält.

Vordefinierte Krankheitskriterien: Im Gegensatz zur allgemeinen Therapie, bei welcher der Therapeut eine bestimmte Krankheit identifiziert, die keinen medizinischen Labortest hat (wie z.B. Asperger-Syndrom, Chronisches Fatigue-Syndrom, Schizophrenie, ADHS, usw.), definiert das Institut die Kriterien, die verwendet werden, um zu überprüfen, ob das Problem verschwunden ist. Dies liegt daran, dass die meisten diagnostischen Kategorien Listen von Symptomen ohne eine Vorstellung von ihren Ursachen aufführen, so dass sie oft eine Vielzahl von Symptomen beinhalten, die für einen bestimmten Krankheitsprozess irrelevant sind - im Wesentlichen werden verschiedene Krankheiten in einen Korb geworfen. Unsere Prozesse sind für eine bestimmte Krankheit und deren genau bezeichnete Symptome optimiert. Zweitens haben einige Patienten Symptome von mehreren Krankheiten oder Zuständen und erwarten fälschlicherweise, dass alle ihre Symptome mit der Behandlung verschwinden. Und drittens, wenn es nach der Behandlung zu Meinungsverschiedenheiten kommt, können wir überprüfen, ob die vereinbarte Bedingung nach Anwendung unseres zertifizierten Peak-States-Prozesses verschwunden ist oder nicht.

Der Triggersatz - ein Kriterium für „Bezahlen für Ergebnis".

„Klären Sie das Problem." – „Fokus auf das präsentierte Problem." – „Erfahren Sie die Symptome." - all das klingt nach gutem Rat, aber Therapeuten haben es tatsächlich schwer umzusetzen, dass der Klient sicher ist, dass Sie verstanden haben, worum er Sie bittet. Und das ist nur der Anfang der Schwierigkeiten, die Therapeuten haben, wenn sie den Vertrag „Bezahlen für Ergebnis" schreiben. Anfänger haben bald mehrere Seiten mit Symptomen in ihrem Vertrag, und die kann kein Therapeut in einem vernünftigen Zeitrahmen abarbeiten oder nach dem derzeitigen Stand der Technik sogar vollständig beseitigen. Glücklicherweise haben wir einen elegant einfachen und direkten Trick entwickelt, um dieses Problem zu lösen - wir nennen es den „Triggersatz".

Dies ist ein Satz, der die maximalen Symptome und Unannehmlichkeiten beim Klienten auslöst. Es ist *keine* Beschreibung des Problems, der Geschichte oder der Symptome. Um zum Beispiel den Triggersatz zu erhalten, könnten Sie den Klienten fragen: „Sagen Sie mir einen Satz oder mehrere, der das, was Sie wirklich stört, zusammenfasst". „Sie hat mich verlassen" oder „Der Bastard!" könnten solche Triggersätze sein, anstatt eine kurze Beschreibung des Symptoms oder der Geschichte zu verwenden. Ich möchte das noch einmal betonen: Der Triggersatz ist *keine* Beschreibung des Problems oder der Symptome, sondern das, was das schlimmste emotionale Gefühl in der Gegenwart auslöst.

Der eigentliche Triggersatz ist für den Klienten offensichtlich, sobald er ihn in Worte gefasst hat - die SUDS-Bewertung ist eine 10 oder fast eine 10 und der Klient stellt fest, dass genau dieser die Essenz seines Schmerzes erfasst. Andere mögliche Triggersätze werden einen niedrigeren SUDS-Wert aufweisen. Der Klient könnte Ihnen mehrere Sätze liefern, aber das bedeutet, dass der Therapeut nicht den schlimmsten, schmerzhaftesten Triggersatz bekommen hat. Mit ein wenig Übung ist es für einen Therapeuten offensichtlich, wenn der Klient den wahren Kern des Problems getroffen hat - sein Leiden erreicht den Höhepunkt. Sie können es mit ein wenig Übung leicht in der Körpersprache des Klienten wahrnehmen.

Sobald Sie den richtigen Triggersatz haben, werden praktisch alle Klienten zustimmen, dass dies das ist, was sie geheilt bekommen wollen. Wenn es nicht so ist, bedeutet das meistens, dass Sie nicht den besten Triggersatz erhalten haben. Sie schreiben einfach den Triggersatz in den Vertrag, zusammen mit einer SUDS-Bewertung des Klienten und setzen das Kriterium „Bezahlen für Ergebnis" so, dass dieser Satz nach der Therapie eine SUDS-Bewertung von Null haben wird.

Wenn der Therapeut also mit dem Klienten zusammenarbeitet, um das Problem zu klären, hört er sich die Geschichte einige Minuten lang an und bewegt sich dann meist schnell in Richtung Triggersatz.

Die andere wichtige Verwendung für den Triggersatz ist, uns zu helfen, ein relevantes Trauma während des Heilungsprozesses zu finden. Indem er den Satz sagt, löst der Klient automatisch seine Symptome im Bewusstsein aus.

Ausnahmen: Einige subzelluläre Probleme haben oder benötigen keinen Triggersatz. Zum Beispiel hat ein mitochondrialer Schwindel ein festes Symptom, so dass es keinen Sinn macht, nach einem Triggersatz zu fragen. Im Gegensatz dazu ist ein Triggersatz besonders nützlich bei traumatisch bedingten Problemen.

Tipp: Notizen machen

Wenn Sie dem Klienten zuhören, notieren Sie sich die Worte des Klienten aus den emotional geladenen Sätzen. Es ist wichtig, deren genauen Wortlaut zu erhalten, und nicht Ihren eigenen Wortlaut für das, was Sie gehört haben. Möglicherweise benötigen Sie einige von ihnen, um dem

Klienten beim Finden des Triggersatzes, beim Schreiben des Vertrages sowie während der Heilung zu unterstützen und um sicherzustellen, dass das Problem gelöst ist. Sie werden feststellen, dass dies auch Ihnen helfen kann, Schlüsselwörter zu erkennen, die aus subzellulären Fällen stammen.

Der andere wichtige Zweck der Notizen ist es, die Traumata und andere Fälle, die Sie während Ihrer Sitzungen geheilt haben, aufzuzeichnen, damit Sie Ihre Arbeit in den Folgesitzungen auf Rückkehrungen oder andere Probleme überprüfen können.

Übrigens, wenn Sie Aussagen an den Klienten zurückgeben, wechseln Sie nicht die Wahrnehmungsmodi. Damit meinen wir, bleiben Sie bei kinästhetischen Wörtern, wenn der Klient offensichtlich kinästhetisch ist, bei visuellen Wörtern, wenn der Klient offensichtlich visuell ist und so weiter. Auf diese Weise wird vermieden, dass der Klient durcheinandergebracht wird und das, was Sie ihm gesagt haben, in seine eigenen Worte übersetzen muss, wodurch das Interview unterbrochen oder entgleisen würde.

Diagnose und Behandlung

Kapitel 5 behandelt mehrere Möglichkeiten der Diagnose, wobei der Großteil dieses Handbuchs spezifische subzelluläre Fälle abdeckt. Die Behandlungsmethoden sind in diesem Handbuch nur aufgelistet: siehe Anhang 9 für die Anleitungen, in denen sie erläutert werden.

Zertifizierte Peak-States-Therapeuten arbeiten in der Regel allein als privater Fachmann. Falls es Probleme gibt oder sie eine diagnostische Beratung benötigen, sind sie jedoch im Gegensatz zu den meisten Therapeuten in einem Netzwerk von hochqualifiziertem Klinikpersonal des Instituts eingebunden. Wir haben im Laufe der Zeit empirisch festgestellt, dass die meisten Therapeuten mit diesem Material eine etwa einjährige Lernkurve durchlaufen, aber dann feststellen, dass sie selten Hilfe oder Unterstützung bei Klienten benötigen.

Tipp: Vernetzung von Therapeuten

Seltsamerweise vernetzen sich nach unserer Erfahrung nur sehr wenige Therapeuten mit anderen Therapeuten, entweder in ihrer Region oder in ihrer Spezialisierung. Das ist genau das Gegenteil von dem, was Sie tun sollten! Vielleicht liegt das an finanziellen Sorgen; aber denken Sie daran, dass Sie nicht jeden heilen können und wenn Sie es krampfhaft versuchen, führt das nur zu Zeitverschwendung, und Sie werden nur bezahlt, wenn der Job erfolgreich abgeschlossen ist. Networking kann nicht nur dazu führen, dass es viel mehr Spaß macht, ein Therapeut zu sein, sondern Sie können auch Klienten zu anderen schicken, wenn Sie selber nicht qualifiziert sind, mit einem Problem zu arbeiten oder wenn mit einem Klienten die Chemie nicht stimmt.

Die Arbeit im Team einer Klinik kann auch dazu beitragen, Klienten zu gewinnen, insbesondere wenn Ihre Klinik ein Thema hat, das für Ihre Region relevant ist. Dies stärkt Ihre Präsenz in der Gemeinde sowie Ihren Ruf und Ihren Klientenkreis, da Sie in Zusammenarbeit mit anderen Praktikern eine größere Klientenzahl bewältigen können. Darüber hinaus kann es mehr Spaß machen, als allein zu arbeiten und gibt Ihnen die Möglichkeit, Ihre Fähigkeiten zu erweitern und Probleme mit Ihren Kollegen zu besprechen.

Tipp: Spezialisierung

Wir betonen immer wieder den nächsten Punkt in unserer Ausbildung - Therapeuten können ein „Rundum-Fachmann" sein, aber es ist *weitaus* besser, sich zu spezialisieren. Sie können nicht nur viel kompetenter in Ihrer Fähigkeit zur Diagnose und Behandlung werden, sondern durch die Wahl einer Spezialisierung, an der Sie wirklich interessiert sind, wachen Sie jeden Morgen auf und freuen sich auf Ihren Tag. Und es gibt noch weitere Vorteile:

- Klienten wünschen sich in der Regel einen Spezialisten für ihr Problem, nicht einen Generalisten.
- Sie können oft Klienten weltweit gewinnen, nicht nur in Ihrer Region.
- Andere Therapeuten, die sich nicht auf das spezialisieren, was Sie tun, werden es angenehmer finden, Ihnen geeignete Klienten zu schicken.

Die Spezialisierung ist eine der besten und einfachsten Möglichkeiten, den Klientenkreis zu erweitern - als Experte für ein bestimmtes Problem bekannt zu sein, zieht Klienten wirklich an und ist im Allgemeinen viel einfacher, als ein Generalist zu sein.

Darüber hinaus ermöglicht Ihnen die Spezialisierung, mehr als Ihre Wettbewerber zu berechnen, insbesondere wenn Sie einen Service anbieten, der anderswo nicht zu finden ist. Da viele der Behandlungen des Instituts einzigartig sind, bieten sie Raum für höhere Einnahmen. So berechnen beispielsweise die Kliniken des Instituts eine Prämie auf dieser Basis, da wir uns auf Probleme spezialisiert haben, die entweder nicht oder höchstens teilweise anderswo behandelt werden (und decken damit einen Teil unserer Forschungskosten).

Schlüsselpunkte

- Das Erstgespräch dauert in der Regel 20 Minuten, der Diagnostikteil etwa 3 bis 5 Minuten.
- Halten Sie den Klienten an, Ihnen seine Symptome zu erzählen; eine eigene Analyse und detaillierte Geschichte ist in der Regel nicht hilfreich.
- Die „Dreierregel" besagt, dass Sie, nachdem Sie das Problem des Klienten erfolgreich behoben haben, zwei weitere Male über einen

Zeitraum von zwei bis drei Wochen die Stabilität der Behandlung überprüfen müssen.

- Die Identifizierung eines Triggersatzes, der an das schlimmste Leiden des Klienten in Bezug auf sein Problem erinnert, gibt Ihnen ein einfaches Kriterium für den Vertrag „Bezahlen für Ergebnis".
- Wenn Sie den Vertrag schreiben: Halten Sie ihn kurz; spezifisch; schreiben Sie mehrere Verträge, wenn es mehrere Probleme gibt; sammeln Sie genug Erfahrung, um zu wissen, was Sie nicht behandeln können; schließen Sie keinen Vertrag für etwas ab, das Sie nicht überprüfen können oder dem Klienten liefern können (wie ein Treffen mit einem Supermodell).
- Der Vertrag kann ohne vorherige Diagnose geschrieben werden, aber es kann hilfreich sein, sie etwa gleichzeitig auszuführen, da die Diagnose das Angebot für den Klienten ändern kann.

Empfohlene Lektüre

Wie man Traumatherapeut wird:
- *The Whole-Hearted Healing™ Workbook* von Paula Courteau (2013). Dieses aktualisierte Buch richtet sich an Menschen, die an sich selbst arbeiten.
- *The EFT Manual* von Gary Craig (2011).
- *Traumatic Incident Reduction* von Gerald French und Chrys Harris (1998). Hervorragende Quelle für urteilsfreies Zuhören und die TIR-Traumatherapie.
- *The Basic Whole-Hearted™ Healing Manual* von Grant McFetridge Ph.D. und Mary Pellicer M.D. (2004).
- *Eye Movement Desensitization and Reprocessing (EMDR): Basic Principles, Protocols, and Procedures,* 2nd edition, von Francine Shapiro, PhD (2001).

Diagnostisches Vorgehen

In unseren Therapeutenausbildungen verbringen wir viel Zeit mit dem Unterrichten von Techniken und mit dem Üben an sich selbst und den Ausbildungskollegen. In den ersten Jahren haben wir versucht, alles in eine 5-tägige und später in eine 9-tägige Schulung zu packen, um die Kosten für die Schüler zu minimieren. Wir gingen davon aus, dass die Schüler genug motiviert sein würden, das Gelernte zu üben. Leider haben wir festgestellt, dass nur sehr wenige Therapeuten dieses neue Material nach dem Training üben, anwenden und tatsächlich beherrschen - es war einfach eine zu große Hürde, die sie alleine nehmen mussten. Als Reaktion auf dieses Verhalten haben wir 2010 auf ein einmonatiges Training umgestellt und unsere Zertifizierungsrate von rund 5% auf rund 70% erhöht.

Jetzt, da uns mehr Unterrichtszeit zur Verfügung steht, haben wir festgestellt, dass es auch absolut wichtig ist, dass jeder Student die Möglichkeit hat, die Praxisumsetzung mit drei oder mehr echten Klienten zu üben, wobei das erste Interview, die Diagnose und die Behandlung auszuführen sind. Es war überraschend, wie viele Studenten nur aus dem Buch lernen wollten – und jetzt müssen sie sich den Klienten stellen und das anwenden, was sie wissen, und das ruft bei den meisten Studenten fast immer riesige Widerstände (tatsächlich Mini-Revolten!) hervor, sogar bei Therapeuten, die bereits seit Jahren Klienten betreuen. Es macht immer Spaß, diesen ungläubigen Schülern zu erklären, dass ihre Gefühle typisch sind, aber am Ende ihrer Übungseinheiten würde die Diagnose und Behandlung neuer Klienten Freude bereiten. Wir haben auch festgestellt, dass ihre Freude während den Sitzungen stark zunimmt, wobei andere Studenten zusehen und Vorschläge machen können, falls der ausübende Student sich das wünscht - es wird für alle Beteiligten einschließlich des Klienten immer eine faszinierende und unterstützende Gemeinschaftsaktivität!

Im Allgemeinen könnte der Lehrer den Übungsklienten in den ersten ein oder zwei Minuten diagnostizieren, die Schüler aber werden bis zu 30 Minuten brauchen, bis sie die Fähigkeit dafür beherrschen. Es wird zu einer unterhaltsamen Herausforderung, das Klientengespräch nach den ersten drei Minuten zu beenden und die Studenten nach ihrer Diagnose zu fragen. Zum Teil war dieser

Geschwindigkeitsunterschied einfach nur Vertrautheit mit den subzellulären Fällen, aber auch, weil diagnostische Fähigkeiten bei den Lehrern zur zweiten Natur geworden waren. Um diese Fähigkeiten weiterzugeben, veröffentlichte Paula Courteau 2013 ein ausgezeichnetes Arbeitsbuch über die Whole-Hearted-Healing Regressionstechnik, welches ein Diagnoseschema liefert, das viele der subzellulären Fälle in diesem Handbuch abdeckt. Die Methoden in diesem Kapitel sind etwas anders; beide Ansätze sind aber nützlich.

Ich hoffe, dass Sie die Methoden in diesem Kapitel in Ihrer eigenen Praxis hilfreich finden werden.

Eine Neuorientierung für Therapeuten

Wenn Sie nur eine Sache aus diesem Kapitel entnehmen, ist das, was Sie in diesem kurzen Absatz lesen werden, das Entscheidende. Wenn Sie bei einem Klienten eine Diagnose stellen, müssen Sie *immer* im Hinterkopf behalten, was das Problem des Klienten sein könnte - schon bevor er den Mund aufmacht. Sie *können nicht* nur ein passiver Zuhörer sein!

Das ist ein sehr, sehr anderes Vorgehen im Vergleich dazu, wie die meisten Therapeuten ausgebildet werden. Im Allgemeinen lernen Therapeuten mitfühlende Hörfähigkeiten, was ja in Ordnung ist - aber nach unserer Erfahrung steht solch ein Training ihrer Diagnosefähigkeit im Wege. Der Therapeut muss proaktiv und nicht reaktiv bei der Diagnose sein.

Diese Neuausrichtung verändert alles. Das bedeutet nicht, dass Ihre ersten Ideen richtig sind - aber es ermöglicht Ihnen, sofort die richtigen Fragen zu stellen, damit Sie Ihren Klienten schnell und präzise diagnostizieren können. Wir können das nicht genug betonen - immer wieder sehen wir Therapeutenauszubildende, die völlig sinnlose Fragen stellen in dem vergeblichen Versuch, den Klienten dazu zu bringen, etwas zu sagen, was der Therapeut vielleicht erkennen könnte, oder einfach damit er sich emotional verbinden kann. Wenn Sie die falschen Fragen oder allgemeine Fragen stellen, wie z.B. „Wie fühlen Sie sich?", wird der Klient versuchen, darauf zu antworten. Dies führt zu Verwirrung, Diskussionen über zufällige Symptome oder Probleme und es entgleist der gesamte Diagnoseprozess.

Nach unserer Erfahrung mit Schülern ist ihr Fehler der, dass sie während der Bewertung zu indirekt Fragen stellen. Wenn Sie alle subzellulären Fälle in Ihrem Kopf haben, werden Sie stattdessen Ihren Klienten wirklich anleiten wollen zu beschreiben, was ihn stört. Sie werden Fragen stellen, um herauszufinden, ob es sich um ein einfaches Trauma, einen subzellulären Fall oder ein strukturelles Problem handelt. Natürlich muss der Therapeut die subzellulären Fälle genau kennen, damit er während der Diagnose relevante Fragen stellen kann. Auch hier ist es *keine* gute Idee, zufällige Fragen (oder einfühlsame Fragen, die nicht diagnostisch sind) zu stellen. Dieser Ansatz sollte als allerletztes Mittel angesehen werden.

Wie wir in der Einleitung zu diesem Kapitel sagten, haben unsere Schüler als Übung drei Minuten Zeit, um die Erstdiagnose zu stellen. Wenn sie sich der Ursache nicht sicher sind, lassen wir sie die möglichen subzellulären Probleme auflisten, überprüfen relevante Differentialdiagnosefragen und so weiter – aber in

9 von 10 Fällen ist die Diagnose des Klienten offensichtlich und alle weiteren Diagnosefragen überprüfen das nochmals.

In Anhang 4 sind kurze Symptombeispiele, die wir verwenden, um den Auszubildenden die Praxis der Erkennung subzellulärer Fälle zu vermitteln. In Anhang 5 ist eine Liste von realen Fallbeispielen, die wir verwenden, um die Auszubildenden dazu zu bringen, auf diese neue Weise über die Diagnose nachzudenken, bevor sie mit echten Klienten beginnen. Anhang 1 listet einige der emotionalen Standardprobleme auf, mit denen Schüler konfrontiert werden, wenn sie versuchen, eine Diagnose zu stellen. Wir haben Schüler, die diese Liste durchgehen. Oder sie können sich vorstellen, eine Diagnose zu stellen, um die Probleme herauszufinden, die bei ihnen emotionale Reaktionen auslösen; für ihre Praxis lassen wir sie diese bearbeiten, damit sie in der Zukunft keine emotionalen Themen mehr damit haben.

Konzentration auf die tatsächlichen Symptome

Als anderen wichtigen Punkt müssen Sie die Fähigkeit entwickeln, den Klienten dahin zu bringen, seine tatsächlichen, erfahrungsbezogenen Symptome zu beschreiben und nicht seine Geschichte über seine Probleme oder seine Erklärungen oder die seines früheren Therapeuten, Arztes oder seiner eigenen Selbstdiagnose. Auch dies verstößt gegen die übliche Gesprächstherapie; aber sobald man wirklich beginnt, die subzelluläre Psychobiologie und das Entwicklungstrauma zu verstehen, erkennt man, dass die meisten Probleme im Mutterleib entstanden sind und wegen der Schäden in den Zellen bestehen bleiben. Wenn man dieses Prinzip wirklich emotional akzeptiert - dass Symptome keine logische Folge der gegenwärtigen Umstände des Klienten sind, sondern nur Auslöser für die zugrundeliegende Biologie - stellt man fest, dass das Reden über ihre Probleme nicht nur Zeit verschwendet, sondern tatsächlich den Diagnoseprozess stört. Diese Art von Diskussionen führt nur zu äußeren Problemen, die dazu führen, dass der Klient den Fokus auf sein eigentliches Thema verliert.

Obgleich Sie den Klienten gelegentlich seine Geschichte etwas länger erklären lassen müssen, um das wirkliche Thema herauszufinden, ist für die meisten Klienten das Geschichtenerzählen wirklich eine sehr schlechte Idee. Sie werden einfach mehr Themen des Klienten zu Ihrer Liste hinzufügen, während der Klient versucht zu erklären, warum er sich so fühlt. (Natürlich weiß der Klient ab und zu wirklich, was mit ihm los ist, also achten Sie darauf.)

Viel seltener können einige Klienten körperliche Symptome oder Einstellungen aus einem ganz anderen Grund nicht beschreiben - sie haben einen „spirituellen Notfall" und ihre Beschreibungen sind erfahrungsmäßig „spiritueller" Natur. (Dies sind keine Themen ihrer Religion oder ihres Glaubens, die mit Standardtechniken behandelt werden.) In diesen Fällen ist der Klient in einen Modus des Sehens und Erlebens übergegangen, den wir „spirituelle Sicht" nennen. Dies erschwert die Diagnose, da die zugrundeliegende biologische Ursache seines Problems aus diesem Betrachtungsmodus nicht erkennbar ist. Der Therapeut diagnostiziert das zugrundeliegende biologische Problem entweder anhand seiner Beschreibung, wenn es einem Standardfall entspricht, oder indem er den Klienten zur schmerzhaften, aber nützlicheren „physischen Sicht" wechseln lässt, damit die zugrundeliegenden biologischen Probleme sichtbar werden. In Kapitel 13 werden diese Probleme näher erläutert.

Die Angst, falsch zu liegen

Ein weiteres häufiges Thema der Therapeuten, die neu in diesem Umfeld sind, ist die Angst, einen Diagnosefehler zu machen. Natürlich ist dies zum Teil auf ihre bisherigen Erfahrungen im prüfungsintensiven akademischen Umfeld zurückzuführen, aber ein Teil davon ist echte Angst vor einem Schaden beim Klienten. Es dauert in der Regel eine Weile, bis der Therapeut herausfindet, dass es in Ordnung ist, wenn er einen diagnostischen Fehler macht. Wenn die Behandlung nicht funktioniert, kann er einfach anhalten, um das Warum zu beurteilen - vielleicht versteht der Klient einfach die Behandlungsanweisungen nicht; vielleicht ist es wegen eines störenden traumatischen Problems; oder ist es ein echter Fehler in der Diagnose? In jedem Fall kann der Therapeut einfach in Ruhe neu bewerten und neu anfangen. In unseren Trainingskursen lassen wir die Schüler immer Fehler in der Diagnose machen, damit sie sich mit dem Beginn einer Behandlung vertraut machen können, indem sie erkennen, dass das Problem eventuell nicht verschwindet und sie neu starten können.

Gelegentlich kann der Therapeut mehrere alternative Diagnosen für das Problem des Klienten stellen. Auch wenn Sie sich dafür entscheiden, weiterhin diagnostische Fragen zu stellen, ist es oft schneller, die wahrscheinlichste Ursache auszuwählen und mit der Behandlung zu beginnen; oder eine der anderen Möglichkeiten zu beheben, wenn die entsprechende Behandlung sehr schnell erfolgt (z.B. wie bei einem einfachen biographischen Trauma). Dieser Versuch-und-Irrtum-Ansatz wird dem Therapeuten schnell zeigen, ob er auf dem richtigen Weg ist oder nicht.

Andere häufige Fehler bei der Diagnose

Die häufigsten Fehler, die neue Therapeuten bei der Diagnose machen, sind Gespräche oder Fragen, um das Schweigen zu überbrücken, weil sie unsicher über ihre Diagnose sind. Es ist viel, viel besser, *nichts* zu sagen, als zufällige Fragen zu stellen! Wenn Sie eine Frage stellen (oder den Klienten sagen, dass sie etwas tun sollen, was sie nicht verstehen), wird der Klient in der Regel versuchen, Ihnen nach besten Kräften zu helfen. So wird die Wahl der falschen Frage Sie in unzusammenhängende Probleme in seinem Leben schicken oder Sie dazu bringen, durcheinander zu kommen. Wir können das nicht genug betonen - stellen Sie nur dann eine Frage, wenn Sie einen guten Grund dazu haben und seien Sie sich bewusst, dass Sie dem Klienten helfen müssen, wieder auf Kurs zu kommen, nachdem Sie ihn gefragt haben.

Achten Sie außerdem in dieser Diagnosephase darauf, dass Sie keine Fragen stellen, die den Klienten zum Nachdenken anregen! (Das ist die Art von Fragen, die den Klienten dazu bringen, eine Pause einzulegen, bevor er antwortet.)

Wenn Sie das tun, schweifen Klienten oft vom Thema ab und führen neue Probleme ein, die für das eigentliche Problem, das der Klient beheben möchte (und bereit ist, dafür zu bezahlen), irrelevant sind.

Der Therapeut muss auch sehr vorsichtig sein, wenn er seine Fragen formuliert, damit der Klient nicht durcheinanderkommt. Wenn man einem kinästhetisch orientierten Klienten eine visuell orientierte Frage stellt, kann es zu Missverständnissen kommen, die erst nach einiger Zeit behoben werden können. Der Klient wird tun, was Sie sagen - auch wenn es nur Verwirrung stiftet. Passen Sie auf, was Sie sagen!

Wie gesagt, der Therapeut ist aktiv, nicht passiv. Haben Sie immer eine Vorstellung davon, wodurch das Problem verursacht werden könnte und überprüfen Sie, was der Klient dazu sagt. Dies ist das Gegenteil der typischen Therapie. Es kann eine Weile dauern, bis man sich auf die neue Arbeitsweise vorbereitet hat. Lassen Sie uns das auf eine andere Weise formulieren - wenn der Klient Ihre Praxis betritt, sollten Sie bereits diagnostische Ideen im Kopf haben. Oder haben Sie zumindest die häufigsten Fälle im Hinterkopf. Obwohl dies so aussieht, als würde es zu einem Fehler führen, indem es das Interview vorwegnimmt, ist das Gegenteil der Fall. Stattdessen erlaubt es Ihnen, angemessene Fragen zu stellen und wirklich, wirklich dem Klienten zuzuhören, was dieser antwortet, um zu prüfen, ob es Ihren Vorstellungen entspricht.

Ein weiteres häufiges Problem, das wir bei neuen Therapeuten antreffen, ist die fehlende Überprüfung auf bereits bestehende Symptome. Das bedeutet, dass der Klient ein aktuelles Problem hat und ebenfalls ein älteres, meist kontinuierliches Symptom, das nicht damit zusammenhängt. Dies kann sowohl die Diagnose durcheinanderbringen als auch die Folgebehandlung, da der Klient nicht zwischen den beiden Symptomen unterscheidet, es sei denn, Sie stellen sicher, dass er dies tut. Achten Sie darauf!

Auch hier sehen wir oft, dass neue Therapeuten die Kontrolle über die Diagnosesitzung über einen längeren Zeitraum verlieren, wenn der Klient in seine Geschichte oder in Erklärungen einsteigt. Die meisten Therapeuten brauchen Übung, um dies sanft abzustellen; vielleicht indem sie erklären, dass sie tatsächliche, körperliche Symptome benötigen, um die Diagnose zu erleichtern.

Lassen Sie bei der Diagnose und dem Vorstellungsgespräch nicht zu, dass sich dieses in die Länge zieht. Halten Sie Ihren Klienten auf das Thema fokusiert, das geheilt werden muss, d.h. seien Sie ziemlich aktiv mit den meisten Klienten (aber machen Sie nicht den Fehler, Ihre Aufmerksamkeit auf andere Themen zu richten - bleiben Sie bei der Aufgabe). In den meisten Fällen gibt es nur ein paar Dinge, auf die man gleich zu Beginn achten sollte:

- Ist es ein medizinisches Problem? (Therapeuten vergessen oft, dass einige Probleme durch Körperverletzung oder Krankheit oder Substanzen verursacht werden.)
- Ist es generationenübergreifend? Haben es andere Verwandte? Die Heilung dieser Traumata hat einen großen Einfluss auf die Klienten.

Verständnis von Trauma, strukturellen und parasitären Symptomen

Da wir mit subzellulären Fällen arbeiten, ist es sehr wichtig, dass Sie den Unterschied zwischen einfachen Traumata, strukturellen Problemen und subzellulären Krankheiten verstehen. Wie wir bereits gesagt haben, können und werden einfache biographische und generationsbezogene Traumata bei Menschen eine Vielzahl von Problemen verursachen. Diese Traumata haben Gefühle in sich, die durch äußere Umstände oder Gedanken vorübergehend ins Bewusstsein gebracht werden; oder sie sind ständig vorhanden. Körperhirnassoziationen entstehen auch noch während der traumatischen Ereignisse und fördern vor allem das Suchtverhalten.

Subzelluläre Strukturprobleme sind unterschiedlich. Hier wird das emotionale Symptom des Klienten durch einen strukturellen Defekt in der Primärzelle verursacht und nicht durch ein ähnlich gefühltes Trauma. Körperliche und emotionale Symptome von strukturellen Problemen in der Primärzelle sind auf Zellschäden zurückzuführen, *nicht* auf das Gefühl des Traumas, das den Schaden überhaupt verursacht hat. Analog dazu wäre ein strukturelles Problem wie ein Loch im Dach, das dazu führt, dass Möbel nass und schimmelig werden. Strukturelle Probleme sind indirekt auf Generationstrauma zurückzuführen. Um dem Klienten zu helfen, muss man in der Lage sein, Symptome von Strukturschäden zu unterscheiden und zu lernen, wie man die kausalen Traumata findet. Viele der subzellulären Fälle oder Situationen in diesem Handbuch oder in den Büchern zu WHH sind auf strukturelle Probleme zurückzuführen. Außerdem beheben die meisten Peakstates-Prozesse, die wir lehren, strukturelle Probleme in der Primärzelle.

Probleme mit subzellulären Erkrankungen sind noch eine dritte Art von Problemen. Sie können in zwei Teile zerlegt werden: Der offensichtlichste ist, dass ein Symptom auf einen Parasiten zurückzuführen ist, der Probleme in der Zelle verursacht. Zum Beispiel wenn ein insektenähnlicher Parasit Schmerzen verursacht, wenn er eine Zellmembran zerreißt. Die Suche nach einem Trauma mit dem gleichen Schmerzgefühl ist Zeitverschwendung, da das Symptom nicht direkt mit dem Trauma zusammenhängt. Die zweite Art von Parasitenproblem ist häufiger, aber weitaus gruseliger. In diesen Fällen erlebt der Klient den Parasiten als sich selbst. Jegliche Probleme oder Verletzungen des Parasiten werden so erlebt, als wäre es das eigene Problem des Klienten. Diese beiden Effekte können sich auch überschneiden, wobei die Symptome des Klienten sowohl aus dem von dem Parasiten ausgelösten Schaden resultieren als auch aus dem Leiden des Parasiten selber. Um diese Probleme zu diagnostizieren und zu behandeln, müssen Sie in der Lage sein, die relativ wenigen Symptome zu erkennen, die diese Parasiten verursachen können und lernen, was zu tun ist. Dies kann die Zerstörung des Parasiten bedeuten; oder den Klienten dazu zu bringen, den Parasiten nicht mehr unbewusst zu provozieren, damit er aufhört, den Klienten zu schädigen; oder den Parasiten gesünder und symptomfreier zu machen.

Voraussetzungen für den Hintergrund des Therapeuten

In unserer Ausbildung gehen wir davon aus, dass der Therapeut bereits Erfahrung mit Traumatherapien hatte: EMDR, TIR, Meridiantherapien wie EFT und so weiter. Tatsächlich verwenden die meisten Therapeuten, die unsere Ausbildung absolvieren, diese Techniken bereits professionell, wollen aber einfach bessere Werkzeuge, damit sie mehr Klientenprobleme heilen können, als sie es derzeit tun. Wir empfehlen Therapeuten, so viele Techniken wie möglich zu kennen - nicht nur unsere eigenen -, falls eine bestimmte Technik bei einem bestimmten Klienten nicht oder nicht gut funktioniert. Im Rahmen unserer Kurse unterrichten wir unsere eigenen effizienten Techniken, die speziell auf die verschiedenen Traumatypen zugeschnitten sind, aber andere Techniken können die Arbeit meistens zum Abschluss bringen.

Differentialdiagnose und das ICD-10

Unabhängig davon, welche diagnostischen Ansätze Sie zur Diagnose Ihres Klienten verwenden, müssen Sie sich alle aktuellen subzellulären Probleme merken, die wir bisher identifiziert haben. Etwa an diesem Punkt stöhnen unsere Schüler aus ganzem Herzen - aber wirklich, es führt kein Weg daran vorbei. Leider haben verschiedene Fälle unterschiedliche Behandlungen, so dass der Therapeut in der Regel herausfinden muss, was die Ursache ist, um sie richtig zu behandeln.

Für viele Klienten ist die Diagnose offensichtlich, da die Symptome tatsächlich nur zu einem bestimmten subzellulären Fall passen. Überraschenderweise geschieht dies ziemlich oft.

Bei einigen Klienten werden Ihnen jedoch mehrere mögliche subzelluläre Fälle in den Sinn kommen, wenn Sie Ihre Diagnose stellen. Dann müssen Sie eine „Differentialdiagnose" durchführen, um herauszufinden, welcher Fall tatsächlich passt. Manchmal beinhaltet dies die Überprüfung auf andere Symptome, die den jeweiligen Fall identifizieren; manchmal erfordert es, dass Sie eine Behandlung beginnen, um Ihre Hypothesen zu testen und zu sehen, ob es eine Änderung an den Symptomen gibt. Wie Sie sehen werden, gibt es auch verschiedene diagnostische Ansätze, die Ihnen helfen, die Möglichkeiten zur Reduzierung der Liste der möglichen Ursachen durchzugehen. Zum Beispiel bringen wir den Schülern bei der Arbeit mit Klienten mit einem mittleren oder beeinträchtigten Bewusstsein bei, zuerst mit dem häufigsten Fall zu beginnen, wenn es mehrere Möglichkeiten gibt. Glücklicherweise können die diagnostischen Ansätze alle gleichzeitig verwendet werden - wie bei der Verwendung von Venn-Diagrammen reduziert sich die Anzahl der Fälle stark auf diejenigen, deren Ansätze sich überschneiden.

Jeder subzelluläre Falleintrag in diesem Handbuch listet die anderen Fälle mit ähnlichen Symptomen auf und gibt kurze Schritte zur Durchführung der Differentialdiagnose. Nachfolgend finden Sie zwei Beispiele, um zu veranschaulichen, wie dies funktioniert. Wir haben willkürlich zwei gemeinsame emotionale Symptome ausgewählt und ihre wahrscheinlichsten subzellulären Ursachen aufgelistet; enthalten sind schnelle Wege zur differenzierten Diagnose und damit zur Identifizierung, welcher Fall tatsächlich die Ursache ist. Diese

Möglichkeiten sind grob geordnet von den gängigsten zu den am wenigsten gängigen. Es wird erwartet, dass die Studierenden in der Lage sind, diese Art von Liste spontan abzuleiten, während sie den Klienten im ersten Klientengespräch diagnostizieren. Kapitel 12 behandelt Standardsymptome und deren Differentialdiagnose noch viel gründlicher.

Beispiel: Der Klient hat eine lang anhaltende, schwere Traurigkeit.

- Seelenverlust - sind sie traurig, weil sie jemanden vermissen oder sich nach ihm sehnen?
- Biographisches (einfaches) Trauma - gibt es ein Traumabild oder einen Augenblick, der dem Gefühl entspricht?
- Kopie - testen Sie, indem Sie fragen, ob das Gefühl teilweise außerhalb des Körpers liegt; hat das Gefühl eine Persönlichkeit (achten Sie darauf, dass Sie die übergeordnete Persönlichkeit nicht ignorieren); oder das Klopfen funktioniert nicht bei dem Gefühl.
- Generationstrauma - das Gefühl ist persönlich; viele in der eigenen Familie haben es.
- Sippenblockade - der Klient fühlt sich tatsächlich „schwer" an und nicht traurig.

Beispiel: Der Klient hat seit langem Angst oder Furcht.

- Löcher - gibt es eine Stelle im Körper? Dies ist eine sehr wahrscheinliche Ursache.
- Trauma - funktioniert einfaches Klopfen? (Achten Sie auf psychologische Umkehrungen).
- Kopie - ist es teilweise außerhalb des Körpers? Hat die Angst die Persönlichkeit von jemandem?
- Sippenblockade - ist die Angst Reaktion auf etwas Emotionales, das im Nabel ankommt?

Auf der anderen Seite werden Sie manchmal keine Ahnung haben, was genau das Problem verursacht. Hier kommen Kompetenz und Erfahrung aus der Therapiepraxis zum Einsatz. In einem späteren Abschnitt werden einige der häufigsten Gründe genannt, warum ein Therapeut einen Standardfall nicht erkennt und was er dagegen tun kann. Aber manchmal muss man einfach raten - und am besten ist es, mit Trauma-Heiltechniken zu beginnen. Glücklicherweise verfügen unsere vom Institut zertifizierten Therapeuten über eine weitere Ressource: Unser hochqualifiziertes Klinikpersonal steht ihnen im Bedarfsfall bei Diagnose und Behandlung zur Verfügung.

Der aktuelle Stand der Dinge

Aber es gibt mehr zu diagnostizieren, als den Klienten in eine der speziellen subzellulären Problemboxen in diesem Handbuch einzuordnen. Leider ist dies eine neue Technologie und es gibt viele Probleme, die wir noch nicht behandeln können. Als Teil Ihres Trainings ist es für Sie genauso wichtig zu wissen, was Sie noch nicht behandeln können, wie zu wissen, was Sie behandeln können. Die ICD-10-Liste (Internationale Klassifikation der Krankheiten der Weltgesundheitsorganisation der Vereinten Nationen) in Anhang 11 zeigt, was die wahrscheinlichen subzellulären Ursachen für verschiedene Probleme sind - und zeigt allzu viele Bereiche, in denen wir noch keine Lösungen haben. Wenn Sie Ihre Grenzen kennen, können Sie dem Klienten anbieten, was Sie tun können und ihn entscheiden lassen, ob es die Kosten wert ist, anstatt an dem zu scheitern, was Sie nicht tun können.

Doch der Wandel in diesem Bereich ist sehr schnell. Um auf dem Laufenden zu bleiben, besuchen Sie bitte unsere Peak StatesWebseite für Updates. Diese Liste ändert sich ständig, wenn wir neue Techniken entwickeln und die Ursachen für weitere Krankheiten finden. Einer der besten Gründe, sich vom Institut zertifizieren zu lassen, ist neben der Freude, mit anderen hochmodernen Therapeuten zusammenzuarbeiten, die ebenfalls „Berechnen für Ergebnis" anwenden, dass wir ständig mit neuen Entwicklungen und Techniken versorgt werden.

Der subzelluläre psychobiologische Ansatz ermöglicht es uns, verschiedene „unbehandelbare" oder unbekannte ätiologische Probleme zu verstehen und zu behandeln, da er die Zone zwischen Psychologie und Biologie überbrückt. Zum Beispiel verstehen wir jetzt die Ursache und haben eine Behandlung für das Chronische Müdigkeitssyndrom, über die Sie auf unserer Webseite lesen können. Nach genügend Tests und wenn es keine Sicherheits- oder Verbesserungsprobleme gibt, veröffentlichen wir diese Prozesse schließlich für die Öffentlichkeit. Das bisher unveröffentlichte Buch *Peak States of Consciousness*, Band 3, behandelt die Theorie, Analysemethoden und Behandlungsmethoden für eine Reihe wichtiger Krankheiten. Für Interessierte haben wir auch eine Reihe unserer Forschungsprojekte auf unserer Webseite aufgelistet; aber wir haben viele andere nicht aufgelistete Projekte, an denen wir arbeiten, wenn wir Zeit und Gelegenheit dazu haben. Das sind derzeit drei unserer hochrangigen Forschungsprojekte:

- Schwerer Autismus, was ein gelistetes Projekt ist;
- Typ-1-Diabetes - wir glauben, die Ursache identifiziert zu haben und arbeiten an einer Behandlungsmethode.
- Zwangsneurose - wir glauben, dass wir die Ursache identifiziert haben und arbeiten an einer Behandlung. Dies ist ein nicht gelistetes Projekt.

Diagnose - Schneller Ansatz zur Bestandsaufnahme

Einer der Tricks, die wir anwenden, ist eine fast sofortige Bewertung des Klienten. Wir unterteilen unsere Klienten in eine von drei Kategorien:

- Hohe Funktionalität - Gedanken, Emotionen und Handlungen sind konsistent. Der Klient fühlt sich stabil mit nur ein oder zwei Problemen, die ihn betreffen. Der Rest seines Lebens ist in Ordnung. Guter Kandidat für Spitzenbewusstseinszustände.

- Durchschnittlicher (oder mittlerer) Bewusstseinszustand - ein durchschnittlicher Mensch, er hat viele emotionale Dramen in seinem Leben, kann aber funktionieren. Die meisten privaten Therapieklienten und die meisten Therapeuten gehören zu dieser Kategorie.
- Beeinträchtigter Bewusstseinszustand - hat viele Probleme, kann als psychisch krank diagnostiziert werden.

Der Grund für diese grobe und praktisch sofortige Kategorisierung ist, dass hochfunktionale Menschen im Allgemeinen sehr einfach zu heilen sind, fast immer mit nur einem Thema, das sie in einem ansonsten leichten Leben stört. Sie sind automatisch großartige Klienten und Sie können praktisch sofort in einen Vertrag einsteigen. Diese Leute sind relativ selten als Klienten; aber sie können zu Ihnen kommen, um Spitzenbewusstseinszustände zu erhalten und dafür sind sie ideal. Ihr übliches Problem ist die Sippenblockade mit schweren oder widersprüchlichen Gefühlen, die in ihrem Leben auftauchen, während sie versuchen, vollständiger zu leben, als es ein durchschnittlicher Mensch tut. Dieser Kategorisierungstrick dauert für den neuen Therapeuten in der Regel einige Zeit, da die Begegnungen mit hochfunktionalen Menschen in der Praxis oder im eigenen Leben fehlen.

Menschen mit einem durchschnittlichen und beeinträchtigten Bewusstseinszustand sind in der Regel keine guten Kandidaten für Spitzenbewusstseinszustände. Wenn sie zum Beispiel zu Ihnen kommen, wollen sie fast immer, dass es eine „Selbstmedikation" gibt, um schmerzhafte Gefühle oder Probleme in ihrem Leben zu verdecken oder zu blockieren. Aus Erfahrung wissen wir, dass Sie herausfinden müssen, was sie zu verschleiern versuchen und stattdessen genau dieses zu behandeln. Nachdem es geheilt ist, werden sie kein Interesse mehr an einem Spitzenbewusstseinszustand haben. Wenn Sie stattdessen mit dem Spitzenbewusstseinszustandsprozess fortfahren, wird ihr Problem in der Regel noch vorhanden sein und Sie werden einen unzufriedenen Klienten haben. (Beachten Sie, dass einige Spitzenbewusstseinszustandsprozesse wie die Silent Mind Technique oder der Inner Peace ihre Wirkung entfalten, indem sie ein bestimmtes Problem beseitigen; der Therapeut muss in der Lage sein zu erkennen, wann sie für das spezielle Problem seines Klienten benötigt werden.)

Die Menschen mit einem beeinträchtigten Bewusstseinszustand sind diejenigen, bei denen Sie sehr vorsichtig sein müssen, wenn Sie Verträge mit ihnen abschließen. Da so Vieles in ihrem Leben ein Problem ist, müssen Sie genau angeben, was Sie heilen wollen. Es ist unwahrscheinlich, dass sie sich deutlich besser fühlen, wenn Sie fertig sind, da sie so viele Probleme gleichzeitig haben, dass die Beseitigung eines solchen Problems sie normalerweise nicht so sehr anders fühlen lässt als davor. Es gibt jedoch Ausnahmen - einige psychische Störungen, die durch einen Krankheitsprozess verursacht werden (wie z.B. Ribosomalstimmen, S-Löcher oder die Suchtprobleme), können in andere Teile ihres Lebens verbreitet sein, um da andere Probleme zu verursachen. Die Beseitigung der Krankheit kann manchmal ihr Leben in vielen Bereichen erheblich verbessern.

Schlüsselfrage
- Wenn der Klient nach einem Spitzenbewusstseinszustand fragt, versucht er dann wirklich, nur ein Problem zu behandeln? (Wenn ja, wird die Heilung des Problems den Wunsch nach dem Zustand beseitigen. Wenn man ihnen den Zustand gibt, wird der Klient mit dem Ergebnis nicht zufrieden sein, da es unwahrscheinlich ist, dass es seinem Problem hilft.)

Diagnose – Symptom-Schlüsselwörter Vorgehensweise

Die erste diagnostische Fähigkeit, die wir Therapeuten beibringen, ist, auf Schlüsselwörter und Sätze zu hören, während der Klient spricht. Dies kann das Problem schnell als einfaches Trauma oder einen bestimmten subzellulären Fall identifizieren. Selbstverständlich setzt dies voraus, dass Sie die subzellulären Fälle wirklich gelernt und verinnerlicht haben, so dass Sie die Möglichkeit eines solchen Falles erkennen können, während der Klient spricht. Im Handbuch finden Sie viele der Möglichkeiten, wie ein Klient einen Fall beschreiben wird, Wenn möglich lassen wir den Therapeuten die Fälle in sich selbst erleben, so dass er sie immer noch erkennen kann, auch wenn der Klient sie anders beschreibt. Natürlich kann es sein, dass der Therapeut mehr Fragen stellen muss, um sicher zu sein, dass der Fall, den er im Sinn hat, der richtige ist; aber achten Sie darauf, dass Sie den Klienten dabei nicht in ein anderes Problem führen!

Dieser Schlüsselwort-Ansatz ist bei weitem nicht narrensicher, kann aber mit Übung oft dazu verwendet werden, ein Problem fast sofort zu diagnostizieren. Hier sind einige gängige Beispiele aus diesem Handbuch:

Beispiel: Trauma Fälle mit einfach festsitzendem Gen
- Das Problem ist sehr persönlich; es geht darum, wer ich bin, wie ich in meinem Kern defekt bin - Generations-Trauma.
- Familienmitglieder haben das gleiche Problem - Generations-Trauma.
- Abhängigkeiten - Körperhirnassoziation
- Positives Gefühlsproblem - positives Trauma
- In zwei Richtungen gezogen - Dilemma

Beispiel: Subzelluläre Struktur- oder Parasitenfälle
- Die Klopftherapie hat keinen Einfluss auf das Symptom - Kopie
- Fühlen Sie sich schwer, erleben Sie Widerstand, wollen Sie Ihr Leben verändern - Sippenblockade
- Angst/Furcht - Löcher
- Verlust, Sehnsucht, Einsamkeit, Trauer - Seelenverlust
- Schmerzen bei der Bewegung - Kronenhirnstruktur
- Stimmen, Sexsucht, dämonischer Besitz, Channeling - Ribosomalstimmen
- Mehrere Leute, die ich kenne, strahlen das gleiche Problem aus - Projektion

- Scharfe Schmerzen, müde, schwer - Flüche
- Sie verlieren die Fähigkeit, Urteile zu fällen; betrachten Menschen als Objekte - Hirnsperre
- Enge emotionale Bandbreite - gedämpfte Emotionen

Diagnose - Wahrscheinlichkeit für das Auftreten von Ereignissen

Die subzellulären Fälle in diesem Handbuch sind speziell für allgemeine Therapeuten organisiert. Da diese Therapeuten praktisch jedes Problem in ihrer Karriere antreffen werden, sind die drei Fallgruppen ungefähr in der Reihenfolge aufgelistet, wie häufig sie in einer zufälligen Klientengruppe vorkommen. Die häufigsten Fälle finden sich in Kapitel 8, und es wird erwartet, dass studierende Therapeuten in der Lage sein werden, jeden Aspekt dieser Fälle im Schlaf zu erkennen. Die Fälle von Kapitel 9 sind weniger häufig, aber wir erwarten immer noch, dass der Therapeut sie auch gut kennt. Die Fälle von Kapitel 10 sind im Durchschnitt noch seltener. Der Therapeut muss noch wissen, dass es sie gibt, aber wir erwarten, dass er sie nachschlagen wird, wenn er eine spezifischere Behandlung oder Details der Differentialdiagnose benötigt. Allerdings arbeiten spezialisierte Therapeuten in der Regel spezifisch mit einem oder mehreren dieser seltenen subzellulären Fälle.

Einfaches Trauma ist bei weitem die wahrscheinlichste Ursache

Während der Diagnose springen unerfahrene Therapiestudenten oft in seltene subzelluläre Fälle, während die Ursache nur die übliche Art von einfachem, gewöhnlichem Trauma ist, mit dem sie vertraut sind. (Und wie die Medizinstudenten im ersten Jahr diagnostizieren sie fälschlicherweise diese ungewöhnlichen Fälle bei sich selber.) Wenn Sie überhaupt keine Diagnose stellen, können Sie immer noch nur eine Traumatechnik anwenden und erwarten, dass Sie einen Klienten in der Hälfte der Zeit vollständig heilen (vorausgesetzt, dass er noch keine Traumatherapien zu seinem Problem ausprobiert hat und diese versagt haben). Das sind die guten Nachrichten. Holen Sie sich die SUDS-Bewertung, füllen Sie die Kriterien für „Bezahlen für Ergebnis" aus, erfragen Sie den Traumasatz und Sie sind bereit zu starten.

Die schlechte Nachricht ist, dass viele Ihrer Klienten zu Ihnen gekommen sind, weil sie bereits schon alles versucht haben und ihr Problem nicht loswerden konnten. Das bedeutet nicht unbedingt, dass das Problem nicht trotzdem nur ein einfaches Trauma sein kann, sondern dass sie mit Zeitschleifen (siehe Kapitel 11) oder einer versteckten Ursache (siehe unten) zu kämpfen haben. Oder vielleicht waren die von ihnen verwendeten Traumatechniken nicht in der Lage, ihre biographischen, generations- oder körperbezogenen Probleme angemessen zu lösen. Aber es bedeutet, dass es wahrscheinlicher ist, dass sie ein Problem mit einer subzellulären Erkrankung (z.B. eine Kopie) oder ein strukturelles Problem haben.

In diesem Handbuch werden wir nicht auf die vielen verschiedenen Techniken und Diagnosemethoden für einfache Traumata eingehen, die für andere

Therapien (wie EMDR, EFT, TIR, etc.) entwickelt wurden - wir erwarten, dass Sie sie bereits ausreichend kennen. Wir werden uns jedoch auf das Problem des versteckten oder unterdrückten Traumas konzentrieren, da unsere Studenten in der Regel Schwierigkeiten haben, in ihren Diagnosesitzungen mit ihren Klienten zurechtzukommen. Grob geschätzt kommt dieses Problem etwa einmal bei etwa 15 Klienten vor. Es gibt auch eine Reihe von subzellulären Problemen, die die Traumaheilung rückgängig machen oder falsch nachahmen. In Kapitel 11 werden sie ausführlich behandelt.

Als letzte Anmerkung, wenn die Diagnose nicht gut läuft und Sie nicht herausfinden können, was das Problem verursacht, stehen die Chancen zu Ihren Gunsten, wenn Sie einfach eine Traumatherapie versuchen, um zu sehen, was geschieht. Vielmehr können Sie für einige komplexe Klienten am Ende die wahre Ursache diagnostizieren, indem Sie tatsächlich einfach versuchen, beim Klienten eine Möglichkeit nach der anderen zu heilen.

Tipp: Kopien sehen aus wie einfache Traumata, die nicht heilen wollen.
Wenn sich das, was wie ein einfaches Trauma aussieht, nach zwei Minuten einer 9-Gamut-Klopf-Therapie einfach nicht ändert, ist der wahrscheinlichste Grund der, dass es sich tatsächlich um eine „Kopie" handelt. Der Klient reagiert nicht auf eine Traumatherapie, da die Gefühle nicht von einer festklebenden ribosomalen Traumaschnur stammen. Stattdessen wurde ein bakterieller Organismus im Klienten verwendet, um eine „Kopie" der Emotionen oder Empfindungen einer anderen Person während eines eigenen Traumas zu erstellen. Obwohl es möglich ist, dass dieser blockierende Effekt eher auf ein „bewachendes" Trauma (d.h. eine psychologische Umkehrung) zurückzuführen ist, ist dies weniger häufig als das Problem der Kopien. Sie können schnell eine Differentialdiagnose stellen, indem Sie fragen, ob das Gefühl die Persönlichkeit eines anderen Menschen mit sich bringt oder ob sich das Gefühl tatsächlich außerhalb seines Körpers erstreckt.

Schlüsselfragen:
- Hast du dein Problem schon mal beklopft? (Wenn ja, dann ist es wahrscheinlich kein einfaches Trauma.)
- Hast du andere Therapien für Dein Problem durchgeführt? (Dies kann relevant sein oder auch nicht, kann aber helfen, mögliche Ursachen zu beseitigen.)

Welchen Trauma-Typ heile ich zuerst?

Angenommen, Sie haben den Klienten diagnostiziert und festgestellt, dass er ein Trauma-Problem hat, das Sie behandeln können. Gibt es eine optimale Reihenfolge für die Traumaart, die Sie zuerst ansprechen sollten? Die Antwort ist „so ungefähr". Als Faustregel gilt also, wenn es nicht bereits offensichtlich ist, was Sie heilen müssen, fangen Sie mit den Generationen an, machen dann Körperhirnassoziationen und machen zuletzt das biographische Trauma.

Wir haben Studenten, die sich an diese einfache Idee erinnern, indem sie feststellen, dass dies dasselbe ist, als wenn sie sagen: „Heilen von der Unterseite des Körpers nach oben". Die Unterseite des Körpers, das Perineum, hat das Bewusstsein des Dreifachhirns, das die Gene beisteuert, welche Generationstraumata verursachen. Diese haben im Allgemeinen die größten Auswirkungen auf den Durchschnittsmenschen und tatsächlich sind Generationstraumata oft die Ursache für das Problem des Klienten. Wenn der Klient das Gefühl hat, dass es bei dem Problem darum geht, wie er auf der tiefsten Ebene defekt ist oder es sich um ein Problem handelt, das sich sehr, sehr persönlich anfühlt, dann sollten Sie unbedingt vermuten, dass ein Generationstrauma entweder die Ursache oder der Beitrag zum Problem ist. Wenn ja, dann heilen Sie dieses zuerst. Generationstaumata fühlen sich nicht nur „persönlich" an, sie bestimmen auch, wie Ihre Primärzelle tatsächlich hergestellt wird, so dass sie auch einen großen Einfluss auf strukturelle Probleme haben. Viele Menschen können Generationsprobleme heilen, indem sie einfach die Emotion spüren und klopfen - andere müssen sich der Generationslinie bewusst werden, bevor das Klopfen (oder die Regressionstechnik) erfolgreich sein wird.

Das nächste Gehirn, das weiter oben im Körper liegt, ist das Körperhirn im Bauch; und es steuert Gene bei, die Körperhirnassoziationen hervorrufen, die den nächstmöglichen Einfluss auf einen Durchschnittsmenschen haben können. Wenn das Problem des Klienten jedoch eine Sucht ist oder er ständig ein Symptom wiederherstellt, dann würden Sie natürlich mit dieser Art von Trauma beginnen, nicht mit einem Generationstrauma.

Die Gene des Herzhirns erzeugen biographische Traumata, die noch weniger Einfluss auf einen Durchschnittsmenschen haben. Wir sagen nicht, dass sie keine Auswirkungen haben - weit gefehlt, wie Missbrauchsüberlebende gut bezeugen können -, doch die relativen Auswirkungen sind proportional geringer. Diese Art von Trauma verursacht festgefahrene emotionale Gefühle, die normalerweise das vorliegende Symptom sind; aber ihre andere Auswirkung, festgefahrene Glaubenssätze und Entscheidungen zu erzeugen, verursacht manchmal großen Schaden beim Klienten. Wenn ein festgefahrener Glaube das Problem des Klienten ist, würden Sie natürlich damit beginnen, das biographische Trauma zu heilen und die Faustregel ignorieren.

Schlüsselfragen:
- Haben auch andere Menschen in deiner Familie, insbesondere Vorfahren, dieses Problem? (Wenn ja, handelt es sich wahrscheinlich um ein Generationsproblem und die Generationsheilung würde verwendet werden. Beachten Sie, dass die meisten Klienten nicht in diesen Begriffen denken und nicht daran denken, diese Informationen in ihren Krankheitsverlaufsformularen oder Beschreibungen zu erwähnen - Sie müssen danach fragen.)
- Fühlt sich das Problem an, als ginge es um dich in deinem Innersten? (Wenn ja, suchen Sie nach einem Generationstrauma.)

Diagnose - Art des Lösungsansatzes

Wir können ein Klientenproblem oft sofort als physisches, emotionales, mentales, Beziehungs- oder persönliches Problem einstufen. Dies kommt durch eine kleine Gruppe von wahrscheinlichen subzellulären Ursachen, die mit spezifischen, gezielten Fragen zu überprüfen sind. Studenten halten diesen Ansatz für äußerst nützlich während ihrer Diagnosesitzungen. Die folgende Liste der Ursachen ist natürlich nur eine Richtlinie, da das gleiche Symptom mehrere verschiedene mögliche Ursachen haben kann; und es deckt nicht alle möglichen Fälle ab, nur die relativ häufigen. Für detaillierteres Material siehe Kapitel 11.

Körperliche Probleme (stellen Sie sicher, dass es sich nicht um ein medizinisches Problem handelt)
- Rückenschmerzen: Einfaches Trauma, bei dem die Wirbelsäulenmuskulatur angespannt bleibt und die Wirbelsäule aus ihrer Ausrichtung gezogen wurde.
- Schmerz, wenn sich der Klient bewegt: Kronenhirnstruktur.
- Sich schwer fühlen: Sippenblockade.
- Brennendes, stechendes, reißendes Gefühl: Insektenähnliche Parasiten.
- Ein ständiger scharfer Schmerz wie ein Nagel im Körper: Fluch.
- Müde an einigen Stellen des Körpers: Fluchdecke.
- Kann nicht gut schlafen: Kundalini, Angst (Trauma, Löcher) oder Stimmen.

Emotionale Probleme
- Trauma (generationsbedingt, assoziativ, biographisch)
- Traurigkeit, Verlust, Einsamkeit: Seelenverlust.
- Gefühle, die nicht verschwinden werden: Kopien.
- Traumata, die ständig ausgelöst werden: Körperhirnassoziation oder das mRNA-Ankerproblem.
- Keine emotionale Reichweite: gedämpfte Emotionen oder umhüllende Bakterien.
- Extreme Emotionen: Behandlung mit der Waisel-Technik.

Mentale Probleme
- Feste oder dogmatische Glaubenssätze: biographisches oder Kerntrauma
- Unfreiwilliges Denken oder zwanghafte Gedanken: Benutzen Sie die Silent Mind Technique.
- Man bekommt keine Lieder aus dem Kopf: Behandlung für Klangschleifen.

Beziehungsprobleme
- Probleme mit dem Ehepartner: Strippen sind sehr wahrscheinlich; Projektionen; B-Strippen weniger wahrscheinlich.

- Probleme damit, wie sich andere fühlen: in der Regel ein Strippenproblem oder weniger häufig auftretende Projektionen.
- Es fühlt sich an, als würden andere das eigene Leben blockieren: Sippenblockade.
- Vermisst jemanden: Seelenverlust.
- Andere Kulturen sind beängstigend, eine Belastung: verursacht durch den Borgpilz und wird mit dem SMT behandelt.
- Fühlt sich genauso wie jemand anderes: Kopien.
- Unangemessene sexuelle Attraktionen: Ribosomalstimmen.

Persönliche Probleme

- Die Identität ging verloren (Hausfrau, Job, etc.): ein innerer Hohlraum in der Selbstsäule.
- Tod/ Vernichtung/ Suizid: Plazentatod-Trauma.
- Leidende Gruppen der Menschheit: Projektion.

Diagnose - innerhalb oder außerhalb des Körpers - Konzept

Eine Möglichkeit, eine Differentialdiagnose für eine Reihe von Erkrankungen durchzuführen, besteht darin, dass der Klient sich bewusst wird, ob die Symptome innerhalb oder außerhalb des Körpers liegen. Paula Courteau hat diesen nützlichen Ansatz zur Diagnose entwickelt; wir verweisen Sie auf ihr *Whole-Hearted Healing Workbook* mit seinen diagnostischen Flussdiagrammen zur besseren Beschreibung. Zu den subzellulären Fällen von Problemen, die als außerhalb (oder teilweise außerhalb) des Körpers empfunden werden, gehören:

- Kopien (halb innen, halb außen am Körper).
- Ribosomalstimmen (an festen Stellen im Raum um den Körper herum).
- Sippenblockade (die manipulativen Gefühle kommen von außerhalb des Körpers).
- Fluchdecken (auf der Oberfläche des Körpers).
- OBE (außerhalb des Körpers)-Bilder vom Trauma (wie z.B. das Anschauen eines Spiels oder Films).
- Projektionen (Menschen oder Objekte strahlen ein Gefühl aus).
- Strippen (Persönlichkeitsprobleme, die bei anderen wahrgenommen werden).
- Insektenähnliche Parasiten-Emotionen (obwohl sie manchmal im Körper sein können).

Andere subzelluläre Symptome sind im Allgemeinen im Körper zu spüren.

Das endlose Problem oder der unheilbare Klient

Im Laufe der Jahre haben wir wahrgenommen, dass es einen kleinen Prozentsatz von Klienten gibt, die eine endlose Reihe von Problemen haben. Egal, was Sie erfolgreich heilen, sie sind nicht zufrieden und kehren bald zurück und behaupten, Sie haben ihnen nicht wie vesprochen geholfen. Sie sagen jedes Mal: „Genau das ist mein Problem"; doch wenn es einmal weg ist, sind sie bald wieder mit einem neuen da. Manchmal haben diese Menschen einen mittleren Bewusstseinszustand, häufiger einen mangelhaften. In einigen Fällen ist dieses Problem mit einer offensichtlichen schweren psychischen Erkrankung oder einem „Borderlineverhalten" verbunden; in anderen Fällen kann der Klient in seinem Umfeld angemessen funktionieren. Da einige dieser Leute sogar Therapeutenschüler waren, hatten wir die ausführliche Gelegenheit herauszufinden, was in ihnen vor sich geht. Zum Zeitpunkt dieses Schreibens ist es klar, dass wir immer noch nicht alle subzellulären Mechanismen haben, die dieses Verhalten verursachen können, aber hier sind diejenigen, die wir bisher festgestellt haben (in der ungefähren Reihenfolge des Auftretens):

- S-Löcher: Der Klient hat das Gefühl, dass er die Aufmerksamkeit anderer haben muss, sonst stirbt er. Klienten mit diesem Problem bemerken oft nicht ohne Hilfe das antreibende Gefühl in ihrem Körper. Sie können auch Parasiten einsetzen, die andere „auslaugen", um dieses zu Grunde liegende Gefühl zu unterdrücken. Dies ist ein sehr häufiges Problem.

- Abhängigkeitsparasiten: Der Klient ist süchtig danach, negative Gefühle zu empfinden. Egal, was Sie heilen, sie kehren bald zu dieser standardmäßigen Negativität zurück. Dieses Verhalten ist auch sehr verbreitet. Eine Person mit diesem Parasiten stellt fest, dass ihr CoA sich nicht oder nur sehr schwer von einem festen Punkt, oft dem Kopf, bewegen lässt. Heilen Sie ein Generationstrauma mit dem emotionalen Ton des Parasiten.

- Körperhirnassoziationen: Aus irgendeinem Grund hat der Klient Tod oder Leiden mit einem oder mehreren positiven Gefühlen verbunden. Sein Körper wird weiterhin ein endloses Angebot an Traumata auftischen, um das „Sterben" zu vermeiden.

- Kundalini: Der Klient hat eine endlose Reihe von Traumata ausgelöst. Es zeigen sich normalerweise auch Ego-Aufblähung und -Abbau sowie Schlafstörungen. Dieses Problem wird vom Körperhirn verursacht.

- Dreifachhirnkonflikte: Die Symptome resultieren aus einem Dreifachhirn, das ein anderes auf körperlicher und/oder emotionaler Ebene angreift. Symptome treten im Körperbereich eines Dreifachhirns auf (z.B. im Kopf, im Herzen usw.). Die Symptome können verschiedene Arten von Schmerzen sein, seltsame Parasitenprobleme beinhalten usw.

- Ganzkörperlöcher: Der Klient beschwert sich in der Regel nicht aktiv, aber er fühlt sich nach der Behandlung anderer Probleme nie wohl. Im Wesentlichen haben diese Klienten nicht wirklich einen Körper - es ist meistens ein Loch. Im Allgemeinen fühlen sie sich hoffnungslos und „grau" an und dass es ihnen nie gut gehen wird.

- Globale Paranoia: In diesem Fall kann der Klient nicht akzeptieren, dass ihm geholfen wurde - er ist der Meinung, dass der Therapeut schuld sein muss, egal wie erfolgreich die Behandlung ist.

Versteckte Kausalität und unterdrücktes Trauma

Bei einfachen Traumata ist das dargestellte Symptom des Klienten das gleiche wie das Traumasymptom. Da dies die übliche Situation ist, funktioniert die Traumatherapie bei vielen Patienten gut.

Bei einigen Klienten ist es jedoch notwendig herauszufinden, wann das Problem begonnen hat, denn die Symptome, über die sie sich beschweren, verursachen ihr Problem nicht; der Versuch, sie zu beseitigen, wird das Problem des Klienten nicht lösen. Es stellt sich heraus, dass viele Menschen Abwehrmechanismen einsetzen, die es ihnen ermöglichen, ihre eigenen großen emotionalen (oder körperlichen) traumatischen Gefühle erfolgreich zu unterdrücken. So schwer es auch zu glauben ist, sie sind oft völlig unbeeindruckt von den extrem schmerzhaften Gefühlen, die ihre Handlungen antreiben und andere emotional schmerzhafte Erfahrungen in ihrem Leben verursachen. Daher ist es manchmal sinnvoll, den Ursprung eines Ereignisses zu überprüfen, besonders wenn sich der Klient über eine Reihe von Gefühlen beschwert und nicht nur über ein Kernthema.

Der Therapeut lernt schnell, diese verborgenen kausalen Traumata zu erkennen. Der Therapeut kann sehen, dass es einen Ursprungszeitpunkt für die Probleme des Klienten geben muss; aber der Klient wird unbewusst versuchen, diesen schmerzhaften Entscheidungspunkt und dieses schmerzhafte Gefühl zu vermeiden. Es kann ein ziemlicher Kampf sein, denn der Klient wird sich weigern, in den Augenblick zu gehen, in dem es zum ersten Mal passiert ist, um den schmerzhaften emotionalen Inhalt zu vermeiden. Ausdauer ist der Schlüssel; sie hilft, wenn man weiß, dass es einen unterdrückten, kausalen Traumaaugenblick geben muss, der nachfolgende Symptome des Klienten erzeugt. Bei Bedarf empfehlen wir dringend die Verwendung des TIR-Ansatzes bei der Behandlung dieser unterdrückten Traumata. Dieses Problem ist noch einfacher zu erkennen, wenn das Problem des Klienten zyklisch auftritt; sie durchlaufen einen Zeitraum, in dem alles in Ordnung ist, dann wird das Problem wieder ausgelöst und die nachfolgenden schmerzhaften Symptome, über die sich der Klient beschwert, treten wieder auf.

> *Ein Student schreibt: „Ich glaube, es ist schwierig, in der Diagnose voranzukommen, wenn die Klientin nicht in der Lage ist zu fühlen. Wir blieben beide eine Weile dabei und gingen nicht weg, bis die Kientin anfing zu spüren, was sie bedrückte. Also sprachen wir über sie, die Mitarbeiter, ihre Reaktion, etc. Von da an enthüllte die Diskussion langsam mehr Schlüsselwörter, die mir halfen zu erkennen, was dieser Fall war."*

Im folgenden Beispiel ist ein Diagramm der Abfolge der Gefühle des Klienten im Zeitverlauf dargestellt. Das versteckte kausale Trauma, das sowohl ein schmerzhaftes Gefühl als auch eine unbewusste, traumatisch gesteuerte Entscheidung beinhaltet, ist der Augenblick, wenn es einen Wechsel gibt von Leichtigkeit und einfachem Genuss zu dem Beginn verschiedener schmerzhafter Gefühle.

Beispiel: Ein verschuldeter Klient
Ein Klient wollte seine Gefühle heilen, weil er ständig verschuldet war, Geld leihen musste und sich aufgrund seiner finanziellen Situation eher hinterhältig fühlte, wie er Menschen behandelte. Es stellte sich heraus, dass es sich um ein sich über viele Jahre wiederholendes Muster handelte. Der Versuch, den Klienten dazu zu bringen, wieder zu dem Augenblick zurückzukehren, in dem er beschloss, keine Arbeit zu suchen und so den Kreislauf der Armut wieder zu beginnen, benötigte etwas Arbeit. Aber schließlich kam er zu dem Augenblick, in dem er sich ängstlich und unzureichend bei seiner ausführenden Tätigkeit fühlte, mit der er seinen Lebensunterhalt bestritt, etwas, das er ignorierte und mied, als er über seine Probleme sprach. Sobald dieser Augenblick identifiziert war, eliminierte das einfache Klopfen die entstandenen Gefühle, und zwar nicht nur den Auslöser, sondern auch all die nachfolgenden Gefühle, die er hatte, als er diese schlechte Wahl getroffen hatte.

Im Wesentlichen mussten wir den Klienten sich auf den Augenblick konzentrieren lassen, in dem sich seine Situation änderte – vom Höhepunkt der positiven Gefühle in die negativen Gefühle -, bis das traumatische Gefühl, das das Verhalten antrieb, ins Bewusstsein geriet.

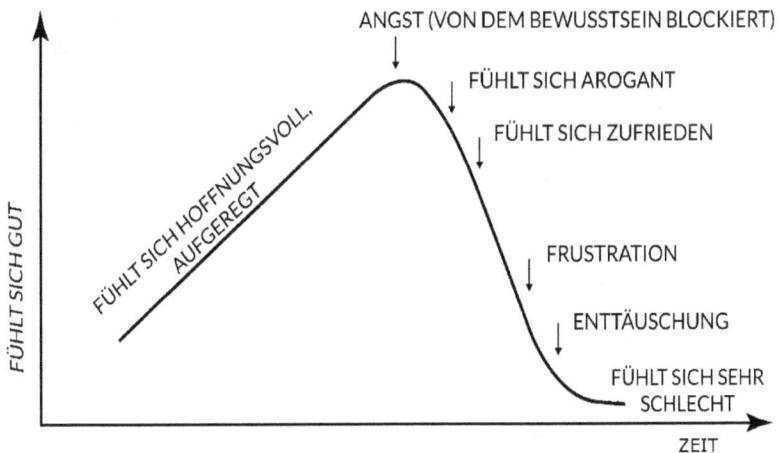

Abbildung 5.1: Beispiel eines Klienten mit einer versteckten Kausalität - eine Ursache, die vom bewussten Bewusstsein blockiert, aber an ihrem zeitlichen Ort offensichtlich ist.

Schlüsselfragen:
- Wann hat das Problem angefangen? Welches Symptom ist an diesem Punkt aufgetreten? (Sie verwenden Trauma-Heilung in diesem Augenblick; oder sehen, ob es der Beginn eines subzellulären Falles ist.)

Kompensation mit Parasiten

Glücklicherweise ist das folgende Problem bei dem Durchschnittsklienten nicht häufig, wird aber oft bei Klienten gefunden, bei denen es scheint, dass man ihnen bei einem bestimmten Problem einfach nicht helfen kann. Dies kann ziemlich verblüffend sein, wenn man den Mechanismus und die Möglichkeiten, das zu identifizieren, nicht versteht. Bei diesem Problem ist die zugrundeliegende Ursache wieder ein traumatisches Gefühl, das der Klient nicht fühlen will. Aber anstatt die Traumaempfindungen zu vermeiden oder zu unterdrücken, findet er einen Weg, das Gefühl zu kompensieren. Zum Beispiel fühlt sich der Klient unzulänglich, dann vermeidet er dieses Gefühl, indem er in Situationen bleibt, in denen er ständig Lob erhält. Oder vielleicht hat er Angst davor, arm zu sein, also sammelt er fortwährend Geld und Gegenstände, um zu versuchen, die Angst auszugleichen. Analog dazu ist der Klient wie eine Auster, die eine harte Perle um ein irritierendes Sandkorn bildet.

Allerdings ist das Bewusstsein der Menschen gleichzeitig in der Zelle und in der Außenwelt. Was sie in der realen Welt tun, ist auch das, was sie in der Zelle tun - genauer gesagt, was sie in der Zelle tun, fühlt sich genauso an wie das, was sie in der Welt tun. So wird der Klient versuchen, Wege zu finden, um seine Gefühle auszugleichen, indem er auch gleichzeitig mit Parasiten oder anderen Krankheitsorganismen innerhalb der Primärzelle interagiert. So hat man offensichtliche Aktionen in der Außenwelt und versteckte Aktionen innerhalb der Zelle. In einigen Fällen funktioniert die subzelluläre Kompensation so gut, dass sie sich nicht zusätzlich in der realen Welt manifestieren braucht.

Beispiel: eine virale Lungeninfektion

Eine Klientin hatte eine langfristige Lungeninfektion. Sie wollte, dass dieses chronische Problem verschwindet. Diese Krankheit kompensierte jedoch eine versteckte, schmerzhafte Emotion. Der Versuch, das Virusproblem direkt zu heilen, würde nicht funktionieren, da die Klientin unbewusst jeder Heilung widerstehen würde, so dass sie an ihrer Kompensation festhalten kann. Der erste Auslöser für ihr Problem war das Gefühl der Einsamkeit. Diese Einsamkeit war ein Gefühl, von dem sie wusste, dass sie es in ihrem Leben unbedingt vermeiden wollte, obwohl sie auf Befragen sagen würde, dass sie damit einverstanden war, tatsächlich allein zu leben. Es stellte sich heraus, dass sich das Virus wie ein Freund aus der Kindheit anfühlte. Das Virus war eine so effektive Kompensation, dass sich die Klientin in der Gegenwart nicht einsam fühlte. Die Lösung bestand darin, die anfängliche zugrundeliegende Einsamkeit und das Gefühl, nicht geliebt zu werden zu heilen. Die direkte Ansprache dieser Gefühle machte das sekundäre Bedürfnis nach den viralen Gefühlen zunichte und die Lungenerkrankung war sofort vorbei.

Beispiel: Sich kraftvoll fühlen

Der Klient hatte ein chronisches, zugrundeliegendes Gefühl der Machtlosigkeit bis zum Alter von 19 Jahren, als er plötzlich einen Weg fand, sich mächtig zu fühlen und die Machtlosigkeit zu unterdrücken. Was er getan hatte, war, sein Bewusstsein dem Borgpilz abzugeben. Als Kompromiss verlor er die Fähigkeit, eine sanfte Menschlichkeit zu anderen zu empfinden; vielmehr sah er nun die anderen nur noch als Objekte, die er nach seinem Willen formen oder aus dem Weg räumen konnte. Der Klient nutzte diese Pilz-Verbindung, um andere zu manipulieren und zu schädigen. Leider schätzen wir, dass dieser sehr verbreitete Mechanismus bei etwa 20 bis 30 % der Bevölkerung vorhanden ist. Die Behandlung war die Silent Mind Technique mit einer Nachbehandlung für das traumatische Gefühl der Machtlosigkeit.

Sinnenersatzmittel als Suchtkrankheiten

Eine weitere Möglichkeit, wie Klienten ein traumatisches Gefühl kompensieren können, ist die Verwendung eines „Sinnenersatzes". Hier hatte der Klient eine Art traumatisches Erlebnis (fast immer prä- oder perinatal). Auf Körperebene hat der Klient während des Traumaaugenblickes das Überleben mit dem verbunden, was ihn umgab. Später im Leben suchen die Menschen nach Ersatzstoffen, die sich genauso anfühlen wie die pränatale Umgebung oder die dem gleichen Gefühl so nahe wie möglich kommen. Denn für den Körper gilt ein „mehr ist besser" und deshalb hält sich die Person unbewusst an einem Sinnenersatz in der realen Welt fest und findet diesen auch in ihrer Zelle wieder.

Beispiel: Sexuelle Anziehung

Dieses äußerst häufige Problem wird durch eine Verletzung des Fötus in der Gebärmutter verursacht. Während der Verletzungsaugenblicke versucht der Fötus verzweifelt, sich mit der Mutter zu verbinden, um Hilfe zu bekommen, um zu überleben. Das traumatische Gefühl ist ähnlich wie beim Ertrinken, wo die Person verzweifelt versucht, an die Luft zu gelangen. In diesem Augenblick assoziieren die Klienten das Überleben automatisch mit dem Gefühl der Mutter, welches sie umgab, als sie verletzt wurden. Nach der Geburt umgibt sich der Klient dann mit Menschen, die die gleichen emotionalen Gefühle haben wie die Mutter sie hatte. Nach der Pubertät fühlen sie sich sexuell zu Menschen mit diesen emotionalen Gefühlen hingezogen, obwohl sie selten erkennen, welches die treibende Kraft dahinter ist. In diesem Fall ist der Sinnenersatz der Sexualpartner. Ebenso erwerben sie innerhalb der Zelle „Ribosomalstimmen", die auch dem Emotionalton der Mutter entsprechen.

Dieser unbewusste Sinnenersatz ist eine Katastrophe auf vielen Ebenen - der Klient wird auch unbewusst versuchen, die Gefühle in den Menschen um sich herum auszulösen. Dies verursacht Beziehungsprobleme und bei Kindern ist dies oft die Ursache für Temperamentswutanfälle..

Wie kann ein Therapeut das unterdrückte Gefühl erkennen? Glücklicherweise muss er das vielleicht nicht einmal tun. Wenn der Therapeut das Empfinden oder das Gefühl, zu dem sich der Klient hingezogen fühlt, erkennen kann, werden einfache Körperhirnassoziationen den zugrundeliegenden Antrieb beseitigen und das gesamte Problem beseitigen. Aber manchmal ist es überhaupt nicht offensichtlich, was das Zielgefühl ist - wie im vorherigen Beispiel gezeigt, ist es nicht offensichtlich, dass sexuelle Gefühle etwas mit dem Emotionalton der anderen Person zu tun haben!

Der einfachste Weg, eines dieser versteckten treibenden Traumata zu finden, ist, den Klienten spüren zu lassen, was passiert, wenn er sich vorstellt, dass der Ersatz nicht mehr verfügbar ist. Dies kann funktionieren oder auch nicht, je nachdem, wie stark der Klient das zugrundeliegende Gefühl vermeidet. Ein Trick, der oft funktioniert, ist jedoch, dass sie sich eine andere Person vorstellen, die den Ersatz nicht mehr hat und wahrnehmen, wie sie sich fühlen würden. Diese Distanz erlaubt es dem Klienten in der Regel, in einem Anderen das Gefühl zu erkennen, das er in sich selbst vermeidet.

Eine Variation dieses Tricks der Vorstellung, dass der Klient den Ersatz nicht mehr hat, besteht darin, sich das extreme Gegenteil des Ersatzes vorzustellen. Zum Beispiel, wenn der Klient Angst hat, kein Geld zu haben, könnte man sich vorstellen, dass er kein Sparkonto hat, aber das Gegenteil davon wäre, dass er Schulden hat und mittellos auf der Straße ist. Dies muss jedoch mit Bedacht geschehen, um zu vermeiden, dass unzusammenhängende Themen angesprochen werden. In ähnlicher Weise können Sie die kompensierende Aktivität oder das Gefühl blockieren. Zum Beispiel, wenn der Klient sich verzweifelt einen Kaffee wünscht, würde er sich vorstellen, dass er nie wieder eine Tasse Kaffee trinken könnte. Diese Untersuchung des Extremfalls kann dem Klienten oft helfen, das subtilere Gefühl zu erkennen, das er vermeidet.

Diese Ansätze spüren in der Regel die zugrundeliegende Antriebskraft oder traumatische Gefühle auf, die den Klienten dazu bringen, ein kompensierendes Gefühl oder einen Sinnenersatz zu nutzen. Es kann auch das „Bewachende Trauma" aufdecken, das zu einer psychologischen Umkehr und dem Wunsch führt, jede Änderung des Themas zu blockieren. Unabhängig davon, wie Sie es finden: Sobald das treibende Gefühl identifiziert ist, hilft die Heilung des Traumas durch Regression oder die direkte Beseitigung der Körperhirnassoziation.

Auslöser für Ereignisse und Parasiteninteraktionen

Eine weitere Möglichkeit, den Ursprung für das entstehende kompensierte Gefühl zu finden, ist die Suche nach versteckter Kausalität. In einem früheren Abschnitt sagten wir, dass es eine gute Idee ist herauszufinden, wann das Problem begonnen hat. Dies kann uns helfen, die traumatische Ursache für das Problem des Klienten zu finden beziehungsweise es entweder als subzellulären Fall oder als einfaches Trauma aus einer Beschreibung des Geschehens zu identifizieren. Bei einfachen Traumata wird das ursprüngliche Gefühl schwerwiegend sein, da der Klient sein Bestes tut, um es zu vermeiden. Wenn Sie jedoch Struktur und Parasiten in die Mischung aufnehmen, kann die Ursache viel, viel milder sein. Die nachfolgenden Empfindungen und Probleme können weitaus extremer sein als die Ursache.

Die Schüler verwechseln oft die Schwere der Symptome mit den Ursachen. Sie vergessen, dass das Symptom, egal wie schlimm, das indirekte Ergebnis eines Parasiten oder eines strukturellen Problems sein könnte. Die Überprüfung, wann dies geschah (und zu sehen, ob es etwas ist, das auch in den Verwandten liegt, um Generationsursachen zu identifizieren), kann es dem Therapeuten ermöglichen, den Auslöser zu lokalisieren. Einmal identifiziert und geheilt, verschwinden die folgenden Symptome. Die Therapeuten müssen sich jedoch daran erinnern, dass einige Krankheitsprozesse nicht auf diesen Ansatz reagieren werden - die Heilung des auslösenden Traumas macht die Kaskade der Probleme, die es ausgelöst hat, nicht rückgängig. Wie beim Schießen einer Waffe kehrt die Kugel nicht zum Lauf zurück, wenn Sie den Abzug loslassen. Diese Probleme sind in der Regel mit Parasiten verbunden und erfordern eine tiefere Ebene der Heilung; einige der subzellulären Fälle in diesem Handbuch behandeln diese Art von Krankheitsfragen.

Tipp: Ignorierte Symptome
Wenn der Klient ein Hauptsymptom hat, das nicht auf die Behandlung anspricht, kann er auch an anderer Stelle in seinem Körper viel mildere Symptome spüren. Diese milderen Symptome können tatsächlich die Ursache für das offensichtlichere Problem sein! So verursachte beispielsweise eine Migräne starke Schmerzen im Kopf des Klienten. Aber es waren die milden, subtilen Empfindungen in seinem Solarplexus, die für die Kopfschmerzen über eine Parasiteninteraktion verantwortlich waren. Als sie geheilt waren, verschwanden die Kopfschmerzen.

Vermeiden von Körperbereichen

Obwohl dies überraschend erscheinen mag, vermeiden die meisten Menschen völlig, etwas in einigen Bereichen ihres Körpers zu spüren. Glücklicherweise ist dieses Problem in der Regel nicht relevant für ihre aktuelle Beschwerde. Wenn die Heilung jedoch nicht gut verläuft oder es keine offensichtliche Ursache für das Problem gibt, muss der Therapeut den Patienten möglicherweise bitten, bestimmte Körperregionen auf ausgeblendete Symptome zu untersuchen. Diejenige, die praktisch alle Klienten ausblenden, ist ihr Nabelbereich. Tatsächlich reicht es oft nicht aus, sie zu bitten, ihren Nabel zu spüren; der Klient muss ihn tatsächlich mit der Hand berühren, bevor er dort irgendwelche Symptome bemerkt. (Dies ist auf verschiedene Traumata wie Nabelschnurdurchtrennung oder Parasiteninteraktionen in der frühen Entwicklung an dieser Stelle zurückzuführen.)

Mangelndes Bewusstsein in einem Körperbereich wird oft durch das später im Handbuch behandelte MPS(Multiple Persönlichkeitsstörung)-Problem verursacht, kann auch das Ergebnis eines Parasitenproblems an diesem Ort sein, insbesondere ein bakterielles. In diesem Fall benutzt der Klient das Bakterium wie eine wohltuende Decke oder benutzt es, um den zugrundeliegenden Schaden oder das zugrundeliegende Symptom zu betäuben. Beispielsweise haben S-Löcher oft einen abdeckenden Parasiten, der das Gefühl extremer Bedürftigkeit blockiert. Ausgeblendete oder taube Körperregionen können auch durch traumatische Erfahrungen wie sexuellen Missbrauch oder traumatische Verletzungen verursacht werden - sie können auch Seelenverlust oder Löcher an den Stellen haben, die Empfindungen oder Symptome blockieren.

Dominierende Traumata und Spitzenbewusstseinszustände

Manche Menschen haben ein bestimmtes Thema in ihrem Leben, das alles andere überschattet. Dies wird in der Regel dadurch verursacht, dass ein schweres Trauma aus irgendeinem Grund ständig aktiviert wird. Zum Zweck der Diagnose und Heilung wird es einfach wie jedes andere Problem des Klienten behandelt.

Wir erwähnen es hier jedoch, weil es für Verträge relevant ist, bei denen es sich um einen Spitzenbewusstseinszustand handelt. Dominierende Traumata verursachen bei einigen Klienten einen sehr merkwürdigen Effekt - sie blockieren die Erlangung von Spitzenbewusstseinszuständen, die Traumaheilung der Entwicklungsereignisse verwenden. Selbst wenn ein Spitzenbewusstseinszustandsprozess korrekt durchgeführt wird, gibt es keine Veränderung bei dem Klienten. Doch seltsamerweise wird der Klient plötzlich auch diesen Spitzenbewusstseinszustand erreichen, wenn das dominierende Thema später geheilt wird.

Den Klienten einen Spitzenbewusstseinszustand aus einer Liste auswählen zu lassen, weil er hofft, dass er damit seinen Schmerz heilen kann, funktioniert (bei den zu diesem Zeitpunkt verfügbaren Zuständen) einfach nicht und hinterlässt nur einen unzufriedenen Klienten - selbst wenn er genau das bekommt, was er im Vertrag verlangt hat. Der Therapeut muss das wirkliche Problem seines Klienten identifizieren und behandeln, bevor er versucht, an einem Spitzenbewusstseinszustand zu arbeiten.

Schlüsselpunkte

- Die Diagnose erfordert, dass der Therapeut in Zusammenarbeit mit dem Klienten proaktiv mögliche subzelluläre Fälle identifiziert.
- Die Erinnerung an die verschiedenen subzellulären Fälle ist für die Diagnose des Therapeuten notwendig.
- Die Diagnosestellung geht in der Regel sehr schnell, für erfahrene Therapeuten meist in wenigen Minuten.
- Etwa die Hälfte der Zeit sind einfache Traumata die übliche Ursache für die Symptome des Klienten.
- Viele ICD-10-Diagnosen werden von den aktuellen subzellulären Fällen noch nicht behandelt. Allerdings werden in diesem neuen Bereich immer mehr Behandlungen und Entdeckungen gemacht.

- Es gibt mehrere verschiedene Ansätze, die gleichzeitig verwendet werden können, um die subzelluläre Falldiagnose zu identifizieren oder zu beschleunigen:
  o Schnelle funktionelle Beurteilung
  o Symptom-Schlüsselwörter
  o Wahrscheinlichkeit des Auftretens
  o Art des Problems
  o innerhalb oder außerhalb des Körpers
- Einige Klienten haben eine endlose Reihe von Problemen. Es gibt derzeit mehrere bekannte subzelluläre Fälle, die dieses Phänomen verursachen.
- Die Ursache für einige Klientenprobleme ist ein verstecktes einfaches Trauma. Unterdrückte kausale Traumata, Parasitenkompensation, leichte Auslösesymptome, Bewusstseinsverlust in Körperteilen und andere Mechanismen müssen verstanden werden, um diese Klienten richtig zu diagnostizieren.

Empfohlene Lektüre

- *Peak States of Consciousness*, Volume 3 von Grant McFetridge (noch nicht erschienen). Geht auf die Theorie ein, die hinter der Suche nach Behandlungsmöglichkeiten für verschiedene Krankheiten steht, die psychische und physische Krankheiten verursachen.
- *The Basic Whole Hearted Healing™ Manual* von Grant McFetridge Ph.D. und Mary Pellicer M.D. (2004). Das Handbuch beschreibt die Behandlungen für viele subzelluläre Fälle, ohne ihren subzellulären Ursprung zu erklären.
- *The Whole-Hearted Healing™ Workbook* von Paula Courteau (2013). Dieses Buch, das speziell für die Selbsthilfe konzipiert wurde, enthält für viele der subzellulären Fälle einen ausgezeichneten systematischen Ansatz zur Diagnose.
- The World Health Organization ICD-10 Kategorien von mentalen und Verhaltensstörungen (F00-F99) online auf Ihrer Webseite www.WHO.int.

Kapitel 6

Risiken, informierte Zustimmung und ethische Fragen

„Ich bin hier, damit ich ein besserer Mensch werde".
Dieses Zitat stammt von einem meiner Therapeutenausbildungsschüler aus dem Jahr 2012. Um diese einzigartige Antwort ins rechte Licht zu rücken: Diese Aussage war seine Antwort auf die von uns gestellte Frage, was er sich von unserer Ausbildung erhoffte – und diese Aussage ist tatsächlich der eigentliche Sinn der Forschung des Instituts.

Da ich ursprünglich aus einem ganz anderen Bereich, der Elektrotechnik, kam, erwartete ich naiverweise eine hohe Ethik und uneigennützige Motivation bei Therapeuten, spirituellen Lehrern, Entwicklern von Techniken und anderen Arten von Heilern. Und ich hatte tatsächlich das wunderbare Vergnügen, viele solche erstaunlichen Menschen kennenzulernen. Doch das wahrscheinlich beunruhigendste Problem, das ich im Laufe der Jahre erlebt habe, ist ein völliger Mangel an moralischem oder ethischem Verhalten bei vielen der Therapeuten, die zu mir in die Ausbildung kamen oder sich freiwillig meldeten, um am Institut zu arbeiten.

Schlimmer noch, dieses Problem durchdringt den gesamten Bereich der Therapie und der persönlichen Entwicklung. Zum Beispiel entdecken wir gelegentlich Probleme in den Techniken anderer Entwickler, weil wir die zugrundeliegende Biologie verstehen. Das erste Mal, als dies geschah, war es bei einem Prozess, der seine Wirkung entfaltete, indem er den Klienten schädigte. Als ich den Entwickler der Methode kontaktierte, um das Problem zu besprechen, wurde schnell ersichtlich, dass es diesem einfach egal war. Stattdessen zählten für ihn nur sein Einkommen und seine soziale Position. Nach dieser und weiteren schlechten Erfahrungen haben wir unser Verhalten geändert und diskutieren nicht mehr über Probleme in der Arbeit anderer, denn das würde nichts verändern. Ein weiteres Beispiel für systemische ethische Probleme ist das Beispiel einer der besten Frauen, die ich in diesem Umfeld kannte. Als diese endlich Fortschritte bei der Pflege und Einführung neuer Techniken in den von ihr gegründeten Konferenzen machte und diese rentabel wurden, benutzte eine kleine Gruppe von Außenstehenden bewusst Lügen, emotionale Manipulationen und Betrug, um ihren Ruf zu sabotieren und um die Kontrolle über ihre Arbeit zu übernehmen. Besonders bizarr war, dass so leicht so viele Leute damit einverstanden waren! Das bedrückte sie so sehr, dass sie das gesamte Fachgebiet aufgab.

Bei dem Versuch zu verstehen, was diese Verhaltensweise antreibt und was andere Menschen dafür anfällig macht, haben wir mehrere neue subzelluläre Fälle entdeckt. Zum Beispiel wird ein starkes Bedürfnis nach Aufmerksamkeit, bei welchem es keine Rolle mehr spielt, wenn dabei andere zu Schaden kommen, oft durch das S-Loch Phänomen verursacht. Ebenfalls zeigen Menschen, die ihr Bewusstsein an den Borgpilz abgegeben haben, ebenso die totale Bereitschaft, andere für ihre eigenen Zwecke (oder genauer gesagt die Zwecke des Parasiten) zu schädigen. Es stellte sich jedoch heraus, dass es ein tieferes, grundlegenderes Problem in unserer gesamten Spezies gibt. Dieses Problem, das außerhalb des Rahmens dieses Handbuchs liegt, steht im Mittelpunkt unserer Arbeit am Institut.

Konventionelles Training für die Klientensicherheit

Eines der größten Probleme, die wir bei der Ausbildung von Therapeuten haben, ist, diese soweit zu bringen, dass sie emotional und nicht nur intellektuell verstehen, dass es echte Risiken bei Heilung, Meditation und anderen spirituellen Praktiken gibt. Immer wieder haben wir Studenten erlebt, die nicht glaubten, dass sie oder ihre Klienten durch Anwendung von Power-Traumatherapien ernsthafte Probleme auslösen könnten; dies kann einfach auf einen Mangel an persönlicher Erfahrung zurückzuführen sein - sie haben noch nie ein ernsthaftes Problem an sich gesehen oder gespürt, also können sie emotional nicht glauben, dass es möglich ist; auf mangelnde Berufserfahrung (keine Krisenintervention, Vergewaltigungs- oder Suizid-Hotline-Training); oder religiöse Überzeugungen, Schulungen oder Glaubenssätze wie „Wir bekommen nie mehr, als wir bewältigen können", „Meditation ist immer nützlich". Schlimmer noch, sie sind sich der Gefahr völlig unbewusst, der sie ihre Klienten oder sich selbst aussetzen. Wenn Probleme auftreten, sind diese Schüler völlig unvorbereitet und es kann zu Tragödien kommen.

Natürlich deckt die konventionelle Ausbildung zum Therapeuten in der Regel die Sicherheit der Klienten ab. Aber auch das ist nicht genug. Meiner Meinung nach bieten viele Ausbildungsprogramme für Therapeuten keine diesbezüglich ausreichende Ausbildung an. So gibt es beispielsweise bei etwa der Hälfte der befragten Psychotherapie-Masterstudiengänge *keine* formale Ausbildung in der Suizidprävention (American Psychological Association, 2003). Wenn Sie beabsichtigen das Material in diesem Handbuch zu verwenden, empfehlen wir Ihnen *dringend*, sich so schnell wie möglich in den unten aufgeführten Themen ausbilden zu lassen. Sie werden an den meisten Standorten als Fortbildung für Therapeuten angeboten. Wenn Sie sich vom Institut zertifizieren lassen wollen, müssen Sie zu Ihrer Sicherheit und der Sicherheit Ihrer Klienten diese Bereiche der Fachausbildung abgeschlossen haben.

- Suizid Intervention.
- Krisenintervention / sexueller und körperlicher Missbrauch.
- Identifizierung von Psychosen oder anderen psychischen Erkrankungen.

- Spirituelle Notfälle

Suizid

Es gibt mehrere ausgezeichnete Trainingskurse zur Erkennung und zum Umgang mit potenziell suizidgefährdeten Klienten. Wie bereits erwähnt, verlangen wir, dass alle vom Institut zertifizierten Therapeuten in diesem Bereich geschult werden. Dies liegt daran, dass Traumata und andere Arten der Therapie Suizidgefühle auslösen können; oder ein Klient hat sie bereits, wenn er in Ihre Praxis kommt. Sie müssen in der Lage sein, diese Gefühle zu erkennen, den Klienten über die verfügbaren Hilfsangebote zu informieren und die relevanten rechtlichen Anforderungen Ihres Ortes zu kennen.

Der Grund, warum Traumata oder andere Arten von Therapien (oder spirituelle Praktiken) suizidale Gefühle aktivieren können, liegt darin, dass ein während der Geburt entstandenes Plazentatod-Trauma ausgelöst wird oder das Suizidgefühl ist in einer Kopie oder in einem Generationstrauma enthalten und kann ausgelöst werden. Wir wissen aus bitterer Erfahrung, dass diese Traumata-Erinnerungen einen überwältigenden Zwang für Suizid aktivieren können. Das gibt dem Körper das Gefühl, dass man sich sofort das Leben nehmen muss. Dieses Gefühl benötigt keinen emotionalen Grund, um zu existieren, ebenso wenig wie den Wunsch zu entkommen. Stattdessen will ein Mensch mit diesem Gefühl diesem oft überwältigenden Zwang einfach gehorchen. Dieses Problem ist tödlich, zum Teil, weil der Klient sofort darauf reagieren kann, oder schlimmer noch, er wartet, bis er nicht mehr beobachtet wird und gestoppt werden kann.

Die Traumata, die den Zwang zum Suizid auslösen, sind:

- Tod der Plazenta während des Ablaufes der Geburt. In der Regel gibt es mehrere dieser Traumata.
- Der Schnitt der Nabelschnur bei der Geburt stimuliert fast immer suizidale Gefühle.
- Und weniger häufige Ereignisse wie die Nabelschnur, die sich während der Geburt um den Hals gelegt hat.

Dieses Verhalten kann bei Klienten auftreten, die dieses Gefühl noch nie zuvor erlebt haben. Gerade diese Klienten haben keine Bewältigungsstrategien, da die Erfahrung völlig neu ist und können dadurch noch stärker gefährdet sein als Klienten mit einer Suizid Vorgeschichte. Schlimmer noch, Sie können das sich zeigende Trauma heilen, aber der Klient könnte ein anderes aus diesem Zeitfenster auslösen und trotzdem Suizid begehen. Dies ist ein Bereich für ausgebildete und lizenzierte Experten und nicht für Amateure.

Wenn Ihr Klient eine Suizid Vorgeschichte hat, empfehlen wir Ihnen dringend, keine Spitzenbewusstseinszustände mit diesem einzuleiten, auch wenn Sie ein qualifizierter Therapeut sind. Dieses Suizidproblem muss zuerst behandelt werden, da die Arbeit den Klienten dazu bringt, sich besser zu fühlen oder mehr Energie zu haben und diese wiederum kann ihm einfach die Energie geben, sich selbst das Leben zu nehmen.

Kapitel 11 enthält mehr zu diesem Thema sowie andere subzelluläre Fälle, die auch Suizidgedanken hervorrufen können.

Psychose und andere schwere psychische Störungen

Leider kann *jede* Powertherapie oder spirituelle Praxis verdrängte Emotionen aufrühren, was zu schweren emotionalen und physischen Krisen führen kann. Einige Klienten können bei sich sogar einen großen psychischen Zusammenbruch auslösen. Als Therapeuten können wir sagen, dass einige Klienten offenkundig „zerbrechlich" sind und offensichtlich nicht bereit sind, sich schmerzhaften oder schwierigen Problemen zu stellen. Aber auch bei Klienten, die noch keine Erfahrung mit solchen Problemen haben und eindeutig stabil und psychisch gesund sind, können verschiedene schwere psychische Erkrankungen ausgelöst werden.

Selbst etwas so Einfaches wie die einfache Regression kann manchmal eine Psychopathie auslösen. So kann man beispielsweise bei manchen Menschen eine bipolare (manisch-depressive) Störung auslösen, indem auf Geburtskontraktionen zugegriffen wird - auch bei Klienten, die noch nie ein Problem damit hatten. (Dr. Stanislav Grof hat diese Beobachtung auch gemacht.)

Ein weiteres Beispiel ist das Thema, das wir bei der Multiplen Persönlichkeitsstörung (MPS) gesehen haben. MPS ist ein viel häufigeres Problem, als wir es uns je vorgestellt haben - wir schätzen, dass etwa 70% der Bevölkerung es bis zu einem gewissen Grad hat. Es ist in der Regel nicht so offensichtlich, weil der Klient es schafft, ziemlich reibungslos zwischen den Persönlichkeiten zu wechseln und weil der Klient nicht wahrnimmt, dass dies geschieht. Leider können effektive Heilmethoden dieses Verhalten bei anfälligen Menschen verschlimmern, indem sie Probleme beseitigen, die dieses Verhalten kaschieren.

Aus diesen Gründen empfehlen wir Therapeuten, die Powertherpien oder Regressionstechniken anwenden, eine konventionelle Ausbildung in Psychopathologie und Behandlung, damit sie lernen können, diese zu erkennen und wissen, wann ihre Ausbildung unzureichend ist und ihr Klient an einen anderen Therapeuten überwiesen werden muss.

Spirituelle Notfälle

Regression, Traumatherapie, spirituelle Praktiken oder Spitzenbewusstseinszustände können absichtlich oder unabsichtlich Zustände, Erfahrungen und Fähigkeiten auslösen, die in unserer Kultur als „spirituell" gelten. Leider erleben einige Menschen diese Ereignisse, indem sie in eine Krise geraten, die der Ursprung des Begriffs „spiritueller Notfall" ist. Es gibt eine Vielzahl von Problemen, die auftreten können. Studenten, die sich beim Institut zertifizieren lassen, sind verpflichtet, mehr Kurse in diesem Bereich zu absolvieren.

Einige Beispiele für dieses Problem, das Ihnen wahrscheinlich in Ihrer Karriere begegnen wird:
- Gefühle von Größe und Manie.
- Absolut schreckliche Erfahrungen mit dem Bösartigen oder Gott.

- Erwachte Kundalini.
- Unfähigkeit, die psychischen Fähigkeiten zu beruhigen.

Es gibt viele andere Themen und sie sollten in den Texten über spirituelle Notfälle durchgesehen werden. Zwei ausgezeichnete Bücher sind Stanislav Grofs *"Spiritual Emergency"*, der dieses Gebiet definiert hat und Emma Bragdons *"A Sourcebook for Helping People With Spiritual Problems"*, das mehr auf Hilfe und Intervention ausgerichtet ist. Unsere Institutszertifizierungsprüfung zu diesem Thema stammt aus dem Inhalt dieser Bücher. Empfohlen, aber nicht erforderlich sind die web-basierten Kurse von Dr. David Lukoff „DSM-IV Religious and Spiritual Problems" und „Ethical Issues in Spiritual Assessment", zu finden unter www.spiritualcompentency.com.

Beachten Sie, dass spirituelle Notfälle von konventionellen Therapeuten und Psychiatern meist mit Psychose verwechselt werden. Die Medikamente, die Klienten in diesem Fall erhalten, verlangsamen oder stoppen einfach die Integration, die stattfinden muss und können durch eine lebenslange Annahme, dass sie psychotisch seien, eine mögliche positive Veränderung für immer blockieren.

In Kapitel 12 werden die relevanten subzellulären Fälle näher erläutert.

Risiken bei der Standard-Psychotherapie

Die meisten Powertherapien der neueren Generation können versehentlich traumatisches Material aufdecken oder hervorrufen, das Ihren Klienten (oder Ihnen selbst) Schaden zufügen kann. *Traumatherapien sind wirklich weder sicher noch harmlos.* Diese Schäden können von kurzfristiger Leistungsstörung, Unfällen aufgrund von Leistungsstörung nach einer Sitzung, langfristigen psychischen und physischen Symptomen wie Schmerzen oder Leistungsstörung bis zu bipolaren Störungen, Psychosen, spirituellen Notfällen, Tod durch Suizid und anderen Problemen reichen. Diese Probleme können auch bei Menschen *ohne* vorherige Symptome auftreten. Glücklicherweise sind diese Probleme relativ selten und meist behandelbar; in den meisten Fällen überwiegen die Vorteile bei weitem die Risiken.

Diese Art von Themen tritt gelegentlich auch bei den extrem milden Gesprächstherapien auf, die von den meisten Therapeuten verwendet werden. Traumatherapien können jedoch schnell und *versehentlich* unterdrücktes Material aufdecken, das in einer Sitzung oder gar mit der verwendeten Therapie nicht geheilt werden kann. Diese Tatsache wird in der meisten Therapieliteratur nicht betont, ist aber dennoch eine Tatsache. Dies ist zum Beispiel einer der Gründe, warum EMDR nur an lizenzierte Therapeuten vermittelt wird, die bereits eine Schulung im Umgang mit solchen Problemen erhalten haben.

In diesem Kapitel werden wir nicht alle Informationen wiederholen, die Sie bereits in Ihrer Ausbildung in den verschiedenen Trauma-Techniken zur Erkennung und Behandlung solch unerwarteter Probleme erhalten haben. Stattdessen konzentrieren wir uns nur auf einige wenige Themen, die oft weggelassen werden oder solche, die aus biologischer Sicht besser verstanden werden können.

Verschreibungspflichtige Medikamente und Traumatherapie

Seltsamerweise besteht eines der Probleme von Patienten, die verschreibungspflichtige Psychopharmaka einnehmen, darin, dass die Therapie tatsächlich anschlägt und sie sich besser fühlen. Wenn sie die ersten Verbesserungen spüren, dann unterliegen sie der Versuchung, die Dosierung zu ändern oder einfach das Medikament wegzulassen. Warum ist das denn ein Thema?

Erstens verursachen viele dieser Medikamente bei einem abrupten Entzug schwere körperliche und mentale Entzugserscheinungen. Sie müssen Ihren Klienten immer wieder daran erinnern: „Wenn sich Ihr Zustand verbessert, bitten Sie den verschreibenden Arzt um eine Neubewertung, bevor Sie die Medikation einstellen. *Brechen Sie Ihre Medikamenteneinnahme nicht ohne ärztliche Aufsicht ab.*"

Der zweite Grund kann genauso unerbittlich sein. Sie haben vielleicht die Symptome geheilt, aber die Medikamente können ein sekundäres Problem verdeckt haben, das durch das Medikament versteckt oder kontrolliert wurde. Es kann eines sein, welches Sie nicht behandeln können (wie manisch-depressive Störung oder OCD (Zwangsstörungen)); oder es kann eines sein, das ernste Probleme bei dem Klienten verursacht, wie Psychose, Paranoia oder Suizid Gedanken. Eine langsame Reduzierung der Dosierung kann dieses Problem aufdecken und es Ihnen ermöglichen, neuerliche Verschlechterungen zu stoppen.

Ein weiteres überraschend häufiges Problem durch die Einnahme von psychoaktiven Medikamenten in den letzten zehn Jahren ist auf die reine Anzahl von Patienten zurückzuführen, die Medikamente einnehmen. Dies ist ein Thema der Nebenwirkungen von Medikamenten - es gibt eine große Anzahl von psychologischen (und physischen) Zuständen, die durch diese Medikamente ausgelöst werden können, von denen viele Klienten gar nicht wissen, dass sie auf ihre Medikamente zurückzuführen sind. Dies kann Ihre Diagnose komplett in die Irre leiten, es sei denn, Sie erkennen den wahren Hintergrund.

Noch verwirrender ist, dass es viele verschreibungspflichtige Medikamente gibt, die nicht psychoaktiv sein sollen, aber psychische Symptome verursachen können wie Verwirrung, Depressionen, paranoide Wahnvorstellungen, visuelle und akustische Halluzinationen und Psychosen. „Medikamente, die Psychose-Symptome als Nebenwirkung auslösen können, tun dies fast immer, wenn sie zum ersten Mal eingesetzt werden. Die psychotischen Symptome verschwinden manchmal sofort und in anderen Fällen langsamer, sobald die Einnahme des Medikaments gestoppt wird." (zitiert aus *Surviving Schizophrenia*). Daher muss der Therapeut bei der Diagnose des Themas genau prüfen, wann die Symptome des Klienten begonnen haben.

Denken Sie daran, dass Sie, wenn Sie kein Arzt sind, gesetzlich nicht berechtigt sind, Ratschläge über die verschreibungspflichtigen Medikamente eines Klienten zu geben.

Beispiel: Die Klientin konnte viele Monate lang nicht ausreichend schlafen, war sehr verzweifelt und infolgedessen eingeschränkt. Es stellte sich heraus, dass dies durch eine ungewöhnliche Reaktion auf ihre neuen, teuren Vitamine verursacht wurde; wäre dies nicht erkannt worden, hätte sie vermutlich noch mehr eingenommen, um zu versuchen, ihrer Müdigkeit Herr zu werden. Sie hörte einfach auf, sie einzunehmen und ihre Probleme waren nach ein paar Tagen beseitigt.

Re-Traumatisierung

Da so viele Therapeuten mit Traumatherapien nicht vertraut sind, lösen sie oft Probleme aus, die sie nicht verstehen oder bewältigen können. Zum Beispiel können sie einfühlsam dem Klienten zuhören, aber anstatt zu helfen, aktiviert das einfach die schmerzhaften Erinnerungen des Klienten und fügt seinem Leiden noch eine weitere Ebene hinzu. Für Therapeuten, die in mehreren Traumatherapien ausgebildet sind, ist es unwahrscheinlich, dass bei ihren Klienten dieses Verhalten auftritt, obwohl es einige Zeit dauern kann, bis sie die Ursache ihres Leidens gefunden haben.

Wenn ein Therapeut nicht mehrere wirksame Traumatherapien kennt, sind wir zum jetzigen Zeitpunkt unserer Meinung nach der festen Überzeugung, dass das Arbeiten mit Klienten als Kunstfehler angesehen werden sollte. Das bedeutet nicht unbedingt, dass sie Traumatherapien anwenden müssen; vielmehr ist die Kenntnis dieser Techniken ein Mindestmaß an Kompetenz für einen Therapeuten.

Destabilisierung oder Dekompensation

Selten geschieht Folgendes: Sie arbeiten mit einem Klienten und heilen etwas, aber das Symptom, das Sie beseitigt haben, wurde unbewusst vom Klienten benutzt, um sich selbst funktionsfähig zu halten. In Bezug auf die gängige Traumatherapie kann das präsentierte Thema einen Missbrauch oder andere PTBS (posttraumatische Belastungsstörung)-Erfahrungen verdeckt haben. Oder das Thema hatte einen subzellulären Fall dem Bewusstsein ferngehalten. Zum Beispiel hat ein Klient Themen durch den Verlust seines Arbeitsplatzes, aber die Heilung dieses Traumas lässt ihn nun das viel schlimmere Gefühl der Vernichtung darunter spüren. Glücklicherweise können diese Themen behandelt werden, obwohl der Klient oft durch das Geschehene erschüttert wird. Es ist hilfreich, wenn der Klient die Einwilligungserklärungen tatsächlich liest, da es ihm wirklich hilft, dieses Thema als etwas zu betrachten, das passieren kann und nicht als eine Art Krise oder Hintergehung durch den Therapeuten.

In einigen Fällen wird der Klient mit einem schwerwiegenderen psychopathologischen Problem vollständig lahmgelegt. Dies ist extrem selten bei durchschnittlich funktionierenden Klienten, ist aber eher möglich bei schlechter funktionierenden Klienten mit einer Vorgeschichte von psychischen Erkrankungen.

Risiken bei subzellulären Psychobiologiefällen oder bei Entwicklungsereignis-Prozessen

In den vorangegangenen Abschnitten haben wir einige der häufigsten Risiken bei Traumatherapien identifiziert. Subzelluläre psychobiologische Fälle (mit strukturellen oder parasitären Problemen) verwenden in der Regel Traumatherapien zur Heilung und haben daher die gleichen Risiken wie diese. Die Fälle fügen auch neue Risiken hinzu, weil es eine größere Bandbreite an Themen gibt, die angegangen werden können; aber das Gesamtrisiko des Klienten wird durch die Ausbildung des Therapeuten in subzellulärer Psychobiologie tatsächlich reduziert. Dies ist auf ein besseres Verständnis darüber zurückzuführen, was die Standardtherapie tatsächlich biologisch für den Klienten bedeutet. Das könnte so formuliert werden, dass ein konventioneller Therapeut nur einen Hammer zur Verfügung hat, so dass jedes Klientensymptom wie ein Nagel behandelt wird und somit werden mögliche Probleme durch das Draufhämmern nicht erkannt.

In diesem Handbuch werden wir keine Sicherheitsfragen zu Entwicklungsereignissen auflisten. Für weitere Informationen verweisen wir Sie auf unser Lehrbuch *„Peak States of Consciousness"*, Band 2, Anhang A; und unsere Handbücher über die „Whole-Hearted-Healing" Regressionstechnik.

Unbewusste zugrundeliegende Annahmen über Heilung und Risiko

Wie gesagt, wenn wir Therapeuten unterrichten, stellen wir fest, dass trotz allem, was wir sagen, im Unterricht demonstrieren oder selbst erleben, viele Schüler einfach gefühlsmäßig nicht glauben, dass Heilung (oder Meditation und andere spirituelle Praktiken) Probleme verursachen können. Dies wird zu einem Sicherheitsproblem sowohl für sie selber als auch für ihre Klienten und führt dazu, dass sie die notwendigen Vorsichtsmaßnahmen überspringen oder es vermeiden, Sicherheitsprobleme mit ihren Klienten zu besprechen. Dieses Thema muss unbedingt in der Ausbildung angegangen werden.

Einige ihrer Glaubenssätze über Sicherheit beruhen auf einem einfachen Trauma; sie haben das Gefühl, dass sie dies glauben müssen, damit sie so tun können, als würde ihnen nie etwas Schlimmes passieren (oder treffender ausgedrückt, dass sie nie alt werden und sterben). Zum Beispiel: „Ich bin so weit entwickelt, dass ich keine Probleme haben werde", „Es ist nur die Lektion, die zu lernen ich in dieses Leben gekommen bin" und so weiter. In Anhang 1 listen wir einige dieser traumatisierten Glaubenssätze auf und wir haben Studenten, die sie im Rahmen der Ausbildung heilen. Dies hat den zusätzlichen Vorteil, dass es die Arbeit des Lehrers in diesem Teil der Ausbildung erleichtert.

Es gibt aber auch andere Gründe, warum Menschen trotz widersprüchlicher Beweise so denken. Der einfachste Grund ist, dass der Therapeut dieser Information nie begegnet ist; häufiger wurde ihm genau das Gegenteil beigebracht, entweder von seinen akademischen Lehrern, seiner religiösen Erziehung oder seinem sozialen Umfeld. Wie Sie wahrscheinlich wissen, dauert es viel länger und ist viel schwieriger, Ideen von einer vertrauenswürdigen Quelle zu verlernen, als neue Ideen zu erlernen. Dieser Konflikt verursacht bei den Schülern unvermeidliche innere Verwirrung und

Verzweiflung, aber nach einigen Wochen der Auseinandersetzung mit dem Lehrstoff verinnerlichen die Schüler in der Regel angemessen diese neuen Informationen.

Ein weiteres, viel kniffligeres, aber sehr weit verbreitetes Problem sind die unbewussten Basismodelle, die Therapeuten verwenden, wenn sie versuchen, neues Material rund um die Therapie oder Medizin zu verstehen. Im Wesentlichen verwenden Menschen unbewusst einfache, vertraute Analogien, wenn sie versuchen, neue Informationen zu verstehen oder wie etwas funktioniert. In diesem Fall stellen sich viele Therapeuten vor, dass Heilung wie eine zerschmetterte Schale ist, vielleicht mit einem Stück, das abgelöst wurde. Die zugrundeliegende Annahme ist also, dass sie einfach wissen müssen, wie sie das Stück finden und welcher Kleber das Stück halten wird, sobald sie es wieder in Position gebracht haben. Eine weitere häufig verwendete Analogie ist die der Reinigung einer Schüssel. Die Aufgabe des Therapeuten ist es, dem Klienten zu helfen, alte Essensreste auszuwaschen. Diese Analogien funktionieren oft, sind aber Beispiele dafür, was ein Ingenieur als „lineare Kleinsignalmodelle" bezeichnen würde. Das bedeutet, dass, solange die vorgenommenen Änderungen im Vergleich zu anderen Teilen der Psyche gering sind, die Psyche relativ stabil bleibt und der Klient sein Problem relativ unkompliziert lösen kann. Wenn man die Schale als Psyche betrachtet, bleibt der Rest der Schale fest und das Schrubben oder Kleben funktioniert gut.

Um der Wahrheit näher zu kommen, betrachten wir unser vertrauenswürdiges Modell der Person wie eine alte, ausgeleierte Schrottkarre. Wenn es an der Zeit ist, Dinge zu reparieren, fangen Sie an, ein Teil zu lösen und die rostige Schraube rastet in den Motorblock ein. Oder ein altes elektrisches Relais ist eigentlich die Ursache für das intermittierende Starterproblem. Oder die neuen Stoßdämpfer, die Sie gerade eingebaut haben, bewirken, dass andere abgenutzte Teile überbeansprucht werden und Lärm oder einen Bruch auslösen. In Bezug auf die Therapie können die Symptome von indirekten Ursachen stammen, oder die Behebung eines Problems kann ein anderes verursachen, oder die Heilung eines Problems kann ein anderes Problem aufdecken. Dies ist das Modell, das erfahrene Traumatherapeuten bei einem schwierigen Klienten anwenden können.

Leider sind einige Probleme oder Sachverhalte, die wir bei unseren Klienten behandeln, überhaupt nicht wie diese beiden Analogien. In Wirklichkeit ist die Psyche (die Primärzelle) in der Gegenwart eher der Boden einer Lawine. Dieses Modell ist eigentlich ziemlich realitätsnah, da frühe Entwicklungsprobleme später im Leben zu immer größeren Problemen (subzelluläre Schäden und Parasitenaktivität) führen. Einige Glückliche haben nur einen kleinen Schneehaufen, andere haben eine Lawine, die die Skihütte zerquetscht. Was in einer Lawine passiert, hängt auch vom Gelände ab, da einige sichere Bereiche die Schäden bergab minimieren können. Die Auswirkungen hängen nicht nur von der Schneemenge ab, sondern davon, wo etwas schief gelaufen ist. Meist ist Heilung wie der Griff in die Schneewehe, um den Hund herauszuziehen. Aber wenn wir einige große Probleme heilen, ist es, als würden wir in einem eingestürzten Gebäude graben, um nach Überlebenden zu suchen. Wenn Sie zu viel Zeug bewegen, stürzt der Raum ein und Sie sind schlechter dran als zu Beginn. Ingenieure würden dies als „nichtlineares Großsignalmodell" bezeichnen, da sie vor dem Graben vorhersagen möchten, wo das Dach abgestützt werden soll. Aus subzellulärer Sicht wurden Sie vielleicht einen Parasiten los, aber das läßt Platz für eine aggressivere Art. Oder Sie sind ein Symptom losgeworden, das der Körper zum Überleben brauchte, also hat er einen neuen noch schädlicheren Weg gefunden, dieses Symptom nachzustellen.

Schließlich passt die Analogie einer „Landmine" oder „des Fingers am Abzug einer Waffe" zu einigen Problemen. Dies sind in der Regel vorgeburtliche Probleme, die leise lauern, bis ein Lebensereignis sie auslöst - und dann in der Gegenwart ernsthafte Probleme auftauchen. Eine Reihe von Krankheiten (wie Diabetes, chronisches Müdigkeitssyndrom und Schizophrenie) und psychische Probleme (wie Suizidgefühle) sind solche. Ein häufiger Auslöser ist jedes Ereignis, das sich für den Klienten lebensbedrohlich anfühlt, wie zum Beispiel eine Krankheit oder Geburt; manchmal ist es etwas Einzigartiges für den Einzelnen. In der Regel kommt der Klient, weil er eines dieser Probleme ausgelöst hat; manchmal werden sie während der Therapie ausgelöst. Wenn der Therapeut Glück hat, kann das Problem bereits durch die Heilung des ausgelösten Traumas behoben werden. Wenn der Therapeut Pech hat, dann hat das auslösende Ereignis eine Lawine oder Kaskade von Problemen in Gang gesetzt und die Heilung des auslösenden Ereignisses hat keine Wirkung. Dieser letztgenannte Fall ist wie die Erwartung, dass die Kugel durch Loslassen des Auslösers zur Waffe zurückkehrt, oder dass sich Ihr Bein nach der Explosion der Landmine wieder zusammenfügt. Ein Teil der Ausbildung des Therapeuten besteht darin, über solche Themen Bescheid zu wissen und sie entweder zu vermeiden (wie im Falle des Plazentatodes) oder hoffentlich zu wissen, wie man die daraus resultierenden Probleme behandelt.

Ein Teil Ihrer Ausbildung in der subzellulären Psychobiologie besteht darin, das beste Modell für Ihren speziellen Klienten und sein Problem auswählen zu können: Arbeiten Sie mit einer Keramikschale, einem alten rostigen Auto, einer Lawine oder einer Landmine?

Sicherheit und der Primärzellen-Zustand

Eines der größten Risiken bei der Arbeit mit der subzellulären Biologie ist nicht sofort erkennbar. Wenn der Klient (oder der Therapeut) die Fähigkeit erlangt, in seiner eigenen Primärzelle zu arbeiten, ist es leider möglich, sich selbst durch einen Unfall zu schädigen. Denn der Mensch kann nun das Innere seiner Zelle „sehen" und „berühren". Die Versuchung, sich einzumischen, scheint einige Menschen zu überkommen, besonders diejenigen, die glauben, dass sie so fähig oder „spirituell fortgeschritten" sind, dass ihnen nie etwas passieren kann. Leider ist es genau so, als würde man einem 15-Jährigen die Schlüssel für einen neuen Ferrari geben und erwarten, dass er keinen Unfall hat.

Ein weiteres häufiges Risiko ist, dass die Person nun subzelluläre Parasiten „sehen" kann und unbeabsichtigt mit ihnen interagiert. Leider gefällt es diesen nicht, wenn eine Person die Aufmerksamkeit auf sie lenkt. Wenn sie aggressiv reagieren, wie es viele Parasiten tun, verursachen sie Schäden in der Primärzelle. Dieses Problem der Parasiten-Interaktion ist zufällig - Sie wissen einfach nicht, wann Sie sie auslösen können und mit welchem Verletzungsgrad.

In unseren Trainings haben wir routinemäßig ein oder zwei Gastredner, die darüber sprechen, wie sehr sie sich selbst geschädigt haben, indem sie mit dem Inneren ihrer Primärzelle herumspielten (obwohl sie vor den Gefahren gewarnt wurden). Zum Beispiel war man jahrelang in ständigem, überwältigendem Schmerz, arbeitslos und mittellos (da wir keine Ahnung hatten, wie man den Schaden, den jemand sich selbst zugefügt hatte, behebt). Um diese Art von Problemen zu vermeiden, lehren wir die Menschen nicht, wie sie direkt mit ihrer Primärzelle interagieren können. Vielmehr vermitteln wir psychologisch ähnliche Techniken, die es ihnen ermöglichen, effizient mit der Zelle zu interagieren, ohne den Primärzellen-Zustand tatsächlich zu nutzen (oder zu benötigen). Wir haben auch Studenten, die eine Vereinbarung unterschreiben, bestimmte unterrichtete Techniken privat zu halten, weil wir sie für zu riskant für Klienten oder die Öffentlichkeit halten, da sie zu direkt mit der Zelle interagieren.

Auf der anderen Seite würden forschende Zellbiologen den Primärzellen-Zustand wahrscheinlich für unschätzbar wertvoll halten. Der Zustand kann genau wie ein stufenlos einstellbares, bewegliches Echtzeitmikroskop mit Zeitlupen- und Standbildsteuerung verwendet werden. Sie könnten den Zustand nutzen, um *in situ* biologische Bahnen, Strukturen und Infektionserreger in Verbindung mit ihren Standardwerkzeugen zu untersuchen.

Arbeitsgruppenprozess bei Heilung der Entwicklungsereignisse

Wir raten unseren zertifizierten Therapeuten generell davon ab (aber wir verbieten es nicht), Heilungsarbeit von Entwicklungsreignissen in Gruppen anzubieten.

Dieser Fall kann auftreten, wenn der Therapeut einen Peakstates-Prozess (z.B. die Silent Mind Technique) in einer Gruppe durchführen möchte, um die Kosten der Klienten zu minimieren und sein eigenes Einkommen zu maximieren. Wir haben jedoch aus Erfahrung festgestellt, dass in einer Gruppenumgebung typischerweise jeder fünfte Klient in ein Problem verwickelt wird, das nur von einer Einzelperson gelöst werden kann. Wenn ein Therapeut also Gruppenarbeit leisten möchte, erlauben wir dies nur mit fortgeschrittenem Klinik-Hintergrundwissen auf Abruf, oder wenn ein Therapeut andere Therapeuten zur Hilfe hat - planen Sie einen anderen Therapeuten pro weitere 5 bis 6 Klienten, um eventuelle Krisen zu bewältigen. Und egal wie viele Therapeuten teilnehmen, wir begrenzen auch die maximale Gruppengröße, wiederum aus einfachen Sicherheitsgründen, auf nicht mehr als 15 Personen. Dies gilt auch für die Ausbildung von Therapeuten in Gruppen.

Abgesehen von Sicherheitsfragen ist das andere Problem ganz einfach die Wirksamkeit. Die Arbeit in Gruppen bedeutet nicht, dass Sie die Erfüllung der Erfolgskriterien „Bezahlen für Ergebnis" umgehen können. Dies bedeutet in der Regel, dass Therapeuten einen signifikanten Prozentsatz der Teilnehmer individuell behandeln müssen, um ihren Prozess abzuschließen; trotzdem kann Gruppenarbeit einige Zeit sparen. Im Laufe der Zeit verlassen jedoch die meisten Therapeuten die Gruppenarbeit, weil diese einfach nicht mehr so kostengünstig ist wie früher, als noch keine Ergebnisse garantiert wurden und sie nur eine andere Art von milden Prozessen oder Aktivitäten ausgeführt haben.

Es gibt Umstände, unter denen Gruppenarbeit viel sinnvoller ist, wie bei einigen ziemlich unkomplizierten Heilbehandlungen wie z.B. der Beseitigung von Wirbeln (Schwindel).

Arbeiten mit Klienten aus der Ferne (über Skype oder Telefon)

Viele unserer zertifizierten Therapeuten arbeiten per Fernzugriff über Skype (oder ein gleichwertiges Programm) ziemlich sicher und effektiv. Es ist ein gewisses Screening erforderlich, z.B. Klienten mit einer Vorgeschichte von Suizidversuchen oder - noch schlimmer - suizidgefährdete Klienten sollten wegen der Risiken, ein Problem auszulösen, nicht mit einbezogen werden. Die Fernarbeit mit Suizidklienten sollte nur von Therapeuten durchgeführt werden, die speziell dafür ausgebildet sind, und nur, wenn der Klient über eine Sicherheitsstruktur und einen Therapeuten *an seinem Standort* verfügt, der bei Problemen die Verantwortung übernimmt. Für durchschnittliche Klienten stellen Sie einfach sicher, dass es sowohl eine Unterstützung für den Klienten während und nach der Behandlung gibt, wie z.B. ein Familienmitglied im Haus, als auch Vorbereitungen für Notfälle wie extreme Emotionen, überwältigende Schmerzen oder plötzliche Suizidgefühle. (Dies ist zusätzlich zur Erklärung der möglichen Probleme, auf die der Klient in der Therapie stoßen könnte und des unterschriebenen Haftungsformulars, damit der Klient weiß, worauf er sich einlässt.)

Für Therapeuten, die eine Ferntherapie anwenden, gibt es noch einige Probleme. Es geschieht selten, dass ein Klient sagt, dass er ein Symptom hat, aber in Wirklichkeit etwas ganz anderes erlebt, das er nicht zugeben will. Sie können dieses Problem normalerweise in seiner Körpersprache ablesen, wenn Sie körperlich mit diesen Leuten zusammen sind, aber auf Skype ist es leicht zu übersehen.

Risiken bei spiritueller oder „ferner" Heilung

Unsere Gesellschaft und die meisten Therapeuten betrachten die variabel benannte „ferne", „aus der Ferne" oder „spirituelle" Heilung als eine Fantasie - aber sie existiert und kann unbeabsichtigten Schaden anrichten, weil sie genau die gleichen Probleme auslösen kann wie jede andere Traumatherapie. Aufgrund dieser Risiken haben wir ethische Richtlinien für zertifizierte oder Therapeuten der Institutsklinik, die diese Techniken anwenden. Wir sagen, dass Therapeuten nur dann Fernheilungstechniken anwenden können, wenn alle Beteiligten anwesend sind, um Feedback zu geben und Erlaubnis gegeben haben (zusammen mit den üblichen Einwilligungs- und Haftungsvereinbarungen). Abgesehen von den Sicherheits- und Risikoproblemen wirft dieser ganze Bereich auch völlig neue ethische Fragen auf.

Die Teilnahme des Klienten an „Fernheilungs"-Sitzungen ist für die Sicherheit des Klienten notwendig. Der Therapeut weiß vielleicht nicht, ob etwas schiefgeht, wenn er kein verbales Feedback hat - der Klient muss in der Lage sein, ihn wissen zu lassen, wenn sich etwas nicht richtig anfühlt und muss die Symptome beschreiben können, damit der Therapeut ihm helfen oder Hilfe für ihn holen kann. Zweitens können die Techniken dazu führen, dass plötzlich und unerwartet große körperliche oder emotionale Symptome beim Klienten auftreten. Der Klient könnte versehentlich verletzt werden, wenn er an Aktivitäten beteiligt ist, die ungestörte Aufmerksamkeit erfordern, wie z.B. das Fahren oder die Verwendung gefährlicher Werkzeuge (Säge, Messer, etc.). Drittens würde der Klient keine Ahnung haben, warum ein Symptom plötzlich auftaucht, und es könnte ihm unnötige Angst und Sorge bereiten oder ihn veranlassen, unnötigen Notfall oder langfristige medizinische Interventionen zu suchen.

Beispiel: „Spirituelle Heilung" wird oft bei Krebspatienten angewendet. Leider ist Krebs (zusammen mit einigen anderen Krankheiten) eine „psychologisch umgekehrte" Krankheit. Das bedeutet, dass der Körper des Klienten das Gefühl hat, dass er die Krankheit zum Überleben braucht, auch wenn die Krankheit ihn in Wirklichkeit tötet. Wenn eine Behandlung tatsächlich beginnt und Symptome beseitigt werden, wird ihr Körper die Krankheit in der Regel verschlimmern oder aggressiver machen, um die Auswirkungen des Eingriffs zu kompensieren. Bei der Verwendung von Standardtechniken wird der Klient diesen Effekt spüren und eine weitere Behandlung vermeiden. Wenn jedoch eine gutgemeinte „spirituelle" Heilung aus der Ferne ohne die Beteiligung des Klienten angewendet wird, kann er die Intervention nicht aufhalten. Das spielt zum größten Teil keine Rolle, da die meisten Fernheilungstechniken in der Regel schlecht sind, so dass sie ohnehin keine Wirkung haben. Wenn sie sich jedoch tatsächlich positiv auf die Symptome auswirken, kann dies den Tod eines Klienten beschleunigen, da der Körper versucht, dies durch Wiederherstellung oder Verstärkung der Symptome auszugleichen.

Insbesondere haben wir 2004 eine Technik veröffentlicht, die wir „Distant Personality Release" (DPR) nennen. Obwohl sie nur als eine weitere Heilungstechnik angesehen werden kann, erzielt sie Ergebnisse, indem sie Traumata bei einer anderen Person auf Distanz durch eine begrenzte Interaktion mit dem Borgpilzorganismus beseitigt. Obwohl die Technik potenziell Probleme durch Traumata-Beseitigung in der entfernten Person auslösen kann, geschieht dies glücklicherweise sehr selten - und die Technik funktioniert nur zwischen zwei Personen, die bereits über „Strippen" verbunden sind, die bei beiden Probleme verursachen. Um Nutzen und Schaden in Einklang zu bringen, erlauben wir daher bei Bedarf den Einsatz von DPR in den Fällen, in denen die Umstände es nicht zulassen, dass beide Personen anwesend sind und die Erlaubnis erteilen.

Eine weitere bekannte Technik zur Heilung aus der Ferne (die von uns nicht gelehrt wird) wird als „Ersatz-EFT" bezeichnet. Diese Technik kann genau die gleichen Probleme verursachen wie die Traumatherapie EFT. Leider kann sie im Gegensatz zu DPR auch ein völlig unerkanntes Problem anregen, das in diesem Handbuch behandelt wird, wir nennen es den subzellulären Fall „Peakstate Bug". Dies führt dazu, dass anfällige Personen, entweder der Klient oder der Therapeut oder beide, dauerhaft ihren Spitzenbewusstseinszustand verlieren. Noch schlimmer ist, dass auch andere Interaktionen zwischen dem Heiler und dem Klienten auftreten können, die gelegentlich andere schwere und manchmal dauerhafte Symptome verursachen können. Unter der Annahme, dass der Heiler diese Art von Techniken überhaupt erfolgreich anwenden kann, treten diese Probleme in der Regel zufällig in Abhängigkeit von Trauma und Parasitendynamik zwischen verschiedenen Menschen auf. Einige Heiler haben jedoch systemische Parasitenprobleme, innere Schäden oder Traumata, die den Klienten viel häufiger Probleme bereiten. Im Gegensatz dazu interagieren Therapeuten, die einen stabilen Beauty-Way-Zustand haben, nicht automatisch mit Parasiten, auch wenn sie vorhanden sind und verursachen daher keine Probleme bei Klienten.

   Im Falle von Familienmitgliedern, die Fernheilung untereinander anwenden, sind Parasitenprobleme selten ein Thema, da sie ohnehin schon ihr ganzes Leben lang unbewusst miteinander verbunden sind. Mit anderen Worten, alle Schäden sind bereits eingetreten und die Parasiten-Homöostasis hat sich in der Zeit, in der sie aufwuchsen, etabliert.

   Beispiel: Wir trafen auf einen sehr ungewöhnlichen Fall, bei dem ein gutfunktionierender Sohn jede Nähe zu seiner Mutter vermied, weil er unbewusst den Schaden spürte, den sie ihm zugefügt hatte. Er war völlig verblüfft über seine eigenen Gefühle, denn er wusste, dass sie eine gute Person war, die sich sehr um ihn kümmerte. Alle Versuche, das Problem durch Traumaheilung zu heilen, lieferten kein Ergebnis, denn es handelte sich nicht um ein Trauma-Problem und so wurde das eigentliche Parasitenproblem nicht behandelt.

   Gelegentlich haben wir Klienten in der Institutsklinik, die zu uns kommen, weil sie von „Heilern" durch eine „Fernheilung" behandelt wurden und dabei wirklich verletzt wurden. Der Versuch herauszufinden, was geheilt werden muss, ist oft sehr schwierig, da der Klient im Allgemeinen keine genauen Angaben darüber machen kann, was mit ihm gemacht wurde, und oft handelt es sich um ungewöhnliche Parasiteninteraktionen.

Regenerative Heilung

   Aufgrund unserer christlichen kulturellen Annahmen verwechselt fast jeder ferne oder spirituelle Heilung mit regenerativer Heilung. Regenerative Heilung hat mehrere definierende Eigenschaften: Sie heilt praktisch alles in einem Menschen, von den Zähnen bis zu fehlenden Organen und sie ist schnell, in der Größenordnung von Sekunden bis Minuten. Ein einfacher und aussagekräftiger Test für jemanden, der behauptet, in der Lage zu sein, regenerative Heilung durchzuführen, ist es, eine Narbe an Ihrem (oder seinem) Körper zu finden und ihn zu bitten, sie zu beseitigen - wenn er in anderen eine regenerative Heilung einleiten kann, wird die Narbe in wenigen Sekunden vollständig verschwinden und nur noch glatte Haut übrig bleiben. Menschen mit dieser Fähigkeit sind jedoch verschwindend selten - in fast 30 Jahren, in denen wir uns auf der ganzen Welt umsahen, sind uns nur drei Menschen begegnet, die diese Fähigkeit konsequent hatten.

Heiler, die Fernheilung betreiben - wenn sie legitim und konsequent sind – üben einfach genau diese Art von Heilung aus, die in diesem Handbuch zu finden ist. Sie tun, was eine normale Person mit Anleitung und Training an sich selbst tun könnte. Im Gegensatz dazu verfolgt die regenerative Heilung einen radikal anderen Ansatz, der keine Traumaheilung beinhaltet, sondern das Kernthema unserer Spezies vorübergehend umgeht. Interessanterweise hat dieser regenerative Ansatz keine Risiken oder Parasitenprobleme; all diese Probleme werden automatisch gelöst. Menschen, die dies tun können, befinden sich jedoch in der Regel nur vorübergehend im regenerierenden Zustand. Wenn sie nicht mehr darin sind, wenn sie sich nicht in einem stabilen Beauty-Way-Zustand befinden, können immer noch schädliche Parasiten-Interaktionen auftreten. In unserem kleinen Stichprobenversuch hatten zwei der Personen stabile Beauty-Way-Zustände, die dritte nicht und verursachte somit bei einigen Klienten Schaden.

Dieses Missverständnis über den Unterschied zwischen Fernheilung und regenerativer Heilung kann viel Schaden anrichten. Nach unserer Erfahrung verkaufen „Fernheiler" oft ihre Fähigkeiten und behaupten, dass sie weitaus mehr heilen können, als sie tatsächlich tun, um Aufmerksamkeit oder Einkommen zu erhalten. Schlimmer noch, dies führt dazu, dass schwerkranke Klienten Geld und Zeit verschwenden, die sie nicht erübrigen können, um Hilfe von diesen Menschen zu erhalten. All dies kommt zu den möglichen besprochenen Trauma- oder Parasitenproblemen der Fernheilung hinzu.

Therapeutenausbildung und Sicherheitsvorkehrungen

In unseren Therapeutenausbildungen tun und lernen die Schüler weit mehr, als ihnen gestattet wird, bei den Klienten anzuwenden. Darüber hinaus können wir auch Freiwillige bitten, neue experimentelle Verfahren zu testen. Daher besteht für unsere Studenten/Therapeuten ein potenziell höheres Risiko als für die Klienten. Im Laufe der Jahre haben wir daher festgestellt, dass es sinnvoll ist, *vor* dem Training extreme Sicherheitsbedenken zu berücksichtigen. Dies filtert unangemessene Schüler heraus, deren Angstprobleme die Klasse verlangsamen oder stören würden, ebenso gibt es den Schülern eine klare Warnung, dass es sich um neue und experimentelle Arbeiten handelt. „Zuerst müssen Sie wissen, dass Sie durch den Besuch dieses Kurses Ihre Gesundheit und Ihr Leben riskieren. Wenn Sie und Ihr Partner nicht bereit sind zu akzeptieren, dass dies eine potenziell gefährliche oder lebensbedrohliche Aktivität ist, sollten Sie diesen Kurs *nicht* besuchen. Dieses Feld ist zu neu, um zu garantieren, dass Sie keine Probleme haben werden - schlimmer noch, Sie können auf Probleme stoßen, die Sie noch nie zuvor erlebt haben." Glücklicherweise haben sich unser Verständnis und unsere Techniken in den letzten Jahren so weit verbessert, dass solche Bedenken weitaus weniger auftauchen; deshalb sind wir jetzt bereit, dieses Handbuch zu veröffentlichen.

Zweitens richtet sich unser Training an ausgeglichene Menschen, die keine Vorgeschichte von Geisteskrankheiten oder Suizidgedanken haben. Dies ist keine Aussage über Ihre persönliche Würde, sondern eine Erkenntnis, dass Sie mit Trauma auf die Welt gekommen sind, das Ihnen Probleme bereitet und zuerst behandelt werden sollte, bevor Sie weitermachen. Wenn der Stand der Technik im Institut oder anderswo nicht weiß, wie man Ihre Krankheit heilen kann, muss man warten, bis Heilung verfügbar ist. Beachten Sie auch, dass der Erwerb verschiedener Spitzenbewusstseinszustände Ihr Problem wahrscheinlich nicht beheben wird.

Nach dem Training

Während des Workshops können die Studenten mit den meisten auftretenden Situationen umgehen. Sobald Sie jedoch das Training verlassen haben, müssen Sie Vorsichtsmaßnahmen zu Ihrer eigenen Sicherheit treffen. Es ist möglich, dass einige Tage nach dem Workshop traumatische Erinnerungen aktiv werden - analog dazu haben wir einen Teil des Damms entfernt und das Wasser kann anfangen zu fließen. In seltenen Fällen kann die Aktivierung von neuen Themen mit einer Flut vergleichbar sein. (Beachten Sie, dass dies bei jeder Powertherapie vorkommen kann und nicht nur bei unserer Arbeit auftritt.) Um mögliche Themen nach dem Workshop zu bearbeiten, geben wir Ihnen unsere Telefonnummern - verwenden Sie sie bei Bedarf!

Um ihre Zertifizierungsprüfung am Institut abzulegen, geben wir neuen Schülern etwa drei Monate Zeit. Nach dieser Zeit verlieren Sie die Berechtigung zur Zertifizierung, wenn Sie nicht an einer anderen Schulung teilnehmen. Wir haben diese Richtlinie aus zwei Gründen: Die Änderungsrate in unserem Material ist ziemlich schnell, sodass das Wissen der Studenten schnell veraltet sein kann; und dies betrifft das Problem der Studenten, die „nie einen Abschluss machen", aber weiterhin unsere kostenlosen Support-Ressourcen nutzen wollen.

Zu Hause üben

Wenn Sie sich entscheiden, alleine zu üben, müssen Sie sich auf die möglichen auftretenden Probleme vorbereiten. Nichts wird narrensicher sein - Sie müssen akzeptieren, dass es ein unvermeidliches Risiko gibt - aber Sie können sich intelligenterweise im Voraus darauf vorbereiten, diese Möglichkeit zu minimieren. Informieren Sie zuerst Ihre Lieben über die möglichen Gefahren und erarbeiten Sie mit ihnen vorab eine Strategie. Einer der einfachsten und nützlichsten Schritte ist es, Vorkehrungen zu treffen, dass jemand anderes sich nach einer neuen inneren Arbeit nach Ihnen erkundigt. Zum Beispiel können Sie auf Themen stoßen, die Sie veranlassen, sich wie eine verrückte Person zu verhalten, oder Sie könnten das Gefühl haben, dass es völlig verständlich ist, warum Sie sich sofort umbringen müssen und so weiter. Ihr „Bekannter" kann

Ihnen in dieser Situation helfen oder zumindest um Hilfe bitten. Obwohl Ehepartner ein Teil Ihres Netzwerks sein sollten, empfehlen wir, Kollegen außerhalb der Familie als verantwortliche Ansprechpartner auszuwählen - wir haben Situationen erlebt, in denen der Schüler unkommunikativ wurde und der Ehepartner einfach annahm, dass alles in Ordnung sei.

Weitere praktische Schritte, die Sie unternehmen sollten:

- Finden Sie eine lokale Hotline für Kriseninterventionen. (www.befrienders.org/support/)
- Finden Sie eine lokale Suizid-Hotline und eine Einrichtung für eine 24-Stunden-Überwachung.
- Finden Sie einen Klassenkameraden oder Freund, der Ihr verantwortlicher Ansprechpartner wird.
- Aufbau einer Praxisbeziehung mit anderen Studenten des Instituts. Arbeiten Sie zumindest einen Teil Ihrer Arbeit mit anderen Schülern zusammen, die Einblick in Ihren Geisteszustand haben können (vielleicht sind Sie manisch, wahnhaft, suizidal usw. geworden) und die Ihnen sofort Ratschläge erteilen, wenn Sie in ein Trauma geraten, das zu schwer für Sie ist, um Ihren Zustand als „Beobachter" intakt zu halten.
- Finden Sie einen lokalen Therapeuten, der mit den neuesten Powertherapien arbeitet.
- Aufbau einer Mentor/Therapeutenbeziehung mit einem zertifizierten Institutstherapeuten.

Wenn Probleme auftreten

Nach einer Therapeutenausbildung können Probleme auftreten, wenn Sie nach Hause kommen. Dies kann besonders bei kurzen Intensivtrainings ein Problem werden, da man während des Unterrichts keine Zeit hat, die Schüler zu beobachten, nachdem sie an sich selber etwas geheilt haben. Die Schüler merken vielleicht nicht, dass sie in Schwierigkeiten sind oder dass sich ihr Verhalten radikal geändert hat, weil traumatische Themen aufgetaucht sind. Für alle Fälle werden Ihre Lehrer in den Tagen unmittelbar nach dem Training bei Ihnen nachprüfen, ob alles in Ordnung ist.

Hier sind einige einfache Dinge, die Sie tun können, wenn Sie Probleme haben:

1. Wenden Sie sich umgehend an Ihren Schulungsleiter. Wenn dieser nicht erreichbar ist, genügt ein Therapeut des Instituts.
2. Kontaktieren Sie Ihren verantwortlichen Ansprechpartner. Dies wird eine Person sein, die Sie regelmäßig anruft, um Sie zu überprüfen und mit der Sie telefonieren können, wenn Sie anfangen, sich schlecht zu fühlen.
3. Besuchen Sie die folgende Webseite und lesen Sie, was zu tun ist, wenn Sie anfangen, Suizidgefühle zu haben (www.metanoia.org).

Nach der Institutszertifizierung

Neu zertifizierte Therapeuten durchlaufen ein monatliches Mentoring. Dies soll Ihre Fähigkeiten verbessern, indem Sie schwierige Klientenfälle mit Ihrem Mentor und Ihren Kollegen besprechen.

Darüber hinaus veranstalten wir regelmäßig Telekonferenzseminare für unsere zertifizierten Therapeuten. Wir verwenden dies, um neue Erkenntnisse einzuführen, die Sie während der Ausbildung nicht gelernt haben, oder um mehr über den Stoff zu erfahren, den Sie gelernt haben. Daher müssen Sie alle Sicherheitsvorkehrungen getroffen haben, bevor sie an diesen Aufrufen teilnehmen. Alle diese Aktivitäten bergen potenzielle Risiken, und wir werden erst dann mit Ihnen zusammenarbeiten, wenn Ihr „Sicherheitsnetz" vorhanden ist.

Einwilligung nach Aufklärung

Ein Einwilligungsformular informiert den Klienten einfach über die Risiken der Therapie, so dass er entscheiden kann, ob er sein Problem behandeln lassen möchte oder nicht. Viele Länder verlangen heute, dass Klienten vor Beginn der Therapie eine Einverständniserklärung lesen und unterschreiben. So ist es beispielsweise in den USA gesetzlich vorgeschrieben. In einigen anderen Ländern ist diese Vorgehensweise noch nicht vorgeschrieben. Es gibt viele Musterformulare, die im Netz zu finden sind, um diese Anforderung zu erfüllen.

Alle vom Institut zertifizierten Therapeuten sind verpflichtet, ein Formular mit „informierter Einwilligung" zu verwenden, unabhängig davon, ob es in ihrem Land erforderlich ist oder nicht. Unser Standardformular befindet sich in Anhang 3; es deckt alle gesetzlichen Anforderungen für die USA und Kanada ab. Das bedeutet nicht, dass unsere zertifizierten Therapeuten diese spezielle Form verwenden müssen; sie können sie nach eigenem Ermessen umschreiben, um die besonderen Anforderungen ihres Landes zu erfüllen.

Therapeuten fürchten die Verwendung einer Einwilligungserklärung.

Eines der Probleme, die wir bei der Arbeit mit Einwilligungsformularen in fast allen Ländern, in denen wir tätig waren, erlebt haben, ist die Angst des Therapeuten, dass es Klienten geben wird, die ein solches Formular lesen und im Anschluss daran wieder gehen werden, weil sie Angst haben, eine Therapie durchzuführen.

In Ländern, die gesetzlich eine Einwilligung nach Aufklärung benötigen, ist dieses Thema weniger wichtig, da es keine rechtliche Wahl gibt. In Ländern, die keine Einwilligung nach Aufklärung benötigen, wird das Problem für einige Therapeuten immer schwieriger, da sie der Meinung sind, dass ihr finanzielles Wohlergehen gefährdet sein könnte, wenn sie dies tun würden, weil andere Therapeuten ihren Klienten nichts von diesen Problemen erzählen. Doch auch wenn es gesetzlich vorgeschrieben ist, haben viele „alternative Therapeuten" das Gefühl, dass sie nicht an die gleichen Gesetze gebunden sind und vermeiden es in der Regel, diese anzuwenden, was zu demselben Konflikt mit zugelassenen Therapeuten führt.

Lassen Sie uns zunächst auf die moralische Frage eingehen (die meiner Meinung nach die einzig relevante ist). Die goldene Regel im Christentum ist die Idee, dass du andere so behandelst, wie du selbst behandelt werden möchtest. Sie würden diese Dinge vor Beginn der Therapie wissen wollen und Ihre Klienten verdienen die gleiche Ehrlichkeit. Aber leider wird diese Aussage die Überlebensängste und Gedankengänge vieler Therapeuten rund um dieses Thema nicht beeinflussen.

Lassen Sie uns also einen Blick auf die praktischen Aspekte werfen:

1. Ihr Klient könnte tatsächlich Probleme durch die Therapie bekommen. Er ist kein Experte in diesem Bereich und hat normalerweise keine Ahnung, dass Probleme überhaupt existieren können. Seine frühzeitige Information darüber erhöht sein Wohlbefinden und seine Geborgenheit, sodas er bei Problemen wahrscheinlich angemessen reagieren wird.

2. Wenn Sie keine unterschriebene Offenlegung machen, können Sie verklagt werden - dies kann insbesondere ein Problem mit Klienten sein, die Vertrauensprobleme haben oder tatsächlich Probleme während der Therapie haben. (Übrigens empfehlen wir Ihnen, Ihre Sitzungen mit Klienten immer aufzuzeichnen, sowohl zu Ihrem eigenen Rechtsschutz als auch, um Veränderungen für Klienten nachweisen zu können, da ihre Erinnerung an das Ursprungsthema wegen des Apex-Effekts nicht mehr da sein wird.)

Die informierte Zustimmung in ein Leistungsmerkmal verwandeln

Interessanterweise haben wir festgestellt, dass Therapeuten, die Angst vor einer informierten Einwilligung haben, nicht einmal erkennen, dass sich diese in ein mächtiges Marketinginstrument verwandeln könnte. Klienten wollen das Gefühl haben, dass Sie der beste Therapeut sind, den man bekommen kann, dass Sie ein Experte sind und Sie derjenige sind, der ihnen helfen kann. Indem Sie erklären, dass Sie ein Experte sind, der über diese Art von Problemen Bescheid weiß und dass Sie das einfach in Ihrer Praxis berücksichtigen, erhöhen Sie das Ihnen entgegengebrachte Vertrauen. Denken Sie daran, Sie sind der Experte - und wenn Sie ruhig und sachlich über diese Themen sprechen, wird auch der Klient so reagieren. Wenn Sie ängstlich oder widerstrebend sind, können Klienten das wahrnehmen. Wir haben festgestellt, dass sich Klienten einfach nicht um das Thema der Einwilligungserklärung kümmern werden, wenn Sie selbst kein Thema damit haben.

Wenn Sie über die Einwilligung nach Aufklärung sprechen, teilen Sie mit, dass andere Therapeuten entweder diese Themen nicht kennen - was oft wahr ist - und Sie damit in den Augen der Klienten viel mehr zu einem Experten werden; oder dass andere Therapeuten nicht bereit sind, die Wahrheit zu sagen - was auch oft wahr ist. Indem Sie diese Risiken als Thema bei allen Therapien angehen, eliminieren Sie auch die Idee, dass der Klient zu einem anderen Therapeuten gehen muß, um seine Sicherheit zu gewährleisten - denn Sie haben erklärt, dass diese Probleme genau so sind, wie sie sind, wie Hitze in den Tropen. Sie machen

Ihren Klienten zu einem Verbündeten, der von Anfang an auf Ihre Ausbildung, Ihr Fachwissen und Ihr Urteilsvermögen vertraut.

Es kann sein, dass der Klient nach dem Lesen und Verstehen der möglichen Probleme wirklich das Gefühl hat, dass das Risiko zu groß für ihn ist, zum Beispiel hat er vielleicht kleine Kinder und will keine Risiken eingehen, die die Betreuung seiner Kinder beeinträchtigen könnten. Was auch immer der Grund ist, der Therapeut kann entweder eine einfache Beratung anbieten (mit einem sehr minimalen „Bezahlen für Ergebnis"-Vertrag) oder einen anderen Therapeuten dafür empfehlen. Oder vielleicht würden diese Klienten von einem anderen Service profitieren, z.B. von einem lizenzierten Sozialarbeiter. In diesen Fällen ist ein Partner-Netzwerk, auf das Sie diese Klienten verweisen können, ein echter Vorteil sowohl für Ihren Klienten als auch für Ihre Kollegen.

Ethische Probleme

Im Laufe der Jahre haben wir mit unserer Forschung in der subzellulären Psychologie eine Reihe von berufsethischen Fragen in institutszertifizierten Therapeuten und in unseren Mitarbeitern wahrgenommen. Nachfolgend finden Sie einige Beispiele für Probleme, die wir gesehen haben und die einzigartig für unsere Arbeit sind.

Um zur Lösung von Sicherheits- und Ethikfragen beizutragen, haben wir die Ethikrichtlinien der International Breathwork Training Alliance an unsere Arbeit angepasst. Wir haben zwei Punkte zu ihrer Liste hinzugefügt, die einzigartig für unsere Arbeit sind: das Prinzip „Berechnen für Ergebnis" und ethisches Verhalten bei der Verwendung von Techniken, die andere Menschen ohne ihre Teilnahme beeinflussen können. Diese Richtlinien finden Sie auf unseren Webseiten und am Ende dieses Kapitels. Als weitere Sicherheitsmaßnahme unterzeichnen Mitarbeiter und zertifizierte Therapeuten auch Arbeits- oder Lizenzverträge, in denen die Grenzen festgelegt sind, die wir dem Einsatz dieser neuen Techniken auferlegen.

In diesem Handbuch werden wir nicht auf ethische Fragen von Standardtherapeuten eingehen. Es gibt eine Reihe guter Beispiele im Internet und in College-Lehrbüchern, und wir verweisen Sie darauf.

Bezahlen für Ergebnis

Wie wir in Kapitel 3 besprochen haben, wird die Frage der Abrechnung nach Zeit statt nach Ergebnissen von den meisten Therapeuten oder alternativen Heilern seltsamerweise nicht als ethisches Problem angesehen. Leider geht dieses unethische Verhalten aufgrund des historischen Kontextes und des Anspruchsgefühls, das viele Therapeuten und Heiler haben, nicht nur weiter, sondern wird von den meisten in diesem Bereich als akzeptable Praxis angesehen. Dies hat zu vielen ethischen Problemen geführt: zum Beispiel Therapeuten, die versuchen, ihre Klienten in der Therapie zu behalten, damit sie unabhängig von der erbrachten Dienstleistung weiterhin ein Einkommen erzielen können und sich gegen neue Ansätze und Schulungen wehren, weil diese tatsächlich funktionieren könnten und ihre Einkommensquelle schwächen könnten. Im Wesentlichen sind es diese Therapeuten, denen die Verzweifelten und Hilflosen zum Opfer fallen. Glücklicherweise kann man in den letzten Jahrzehnten in vielen Fällen die Klienten tatsächlich heilen. Daher ist es heute, unabhängig von den bisherigen konventionellen Praktiken, eindeutig unethisch, die aufgewendete Zeit und nicht die Ergebnisse zu berechnen. Daher ist das Berechnen für Ergebnis sowohl ethisch vertretbar als auch automatisch förderlich für die Kompetenz des Therapeuten. Das Berechnen für Ergebnis hat weitere wichtige Vorteile. Es klärt die Ziele, reduziert das Potenzial für rechtliche Probleme und Klagen erheblich und kann für Werbezwecke genutzt werden.

Einige Therapeuten hatten bei ihrer Arbeit immer das Prinzip „Bezahlen für Ergebnis" angewandt. In den Jahren 2006 oder 2007 wurde dieses Prinzip für alle vom Institut zertifizierten Therapeuten eingeführt. Diese Veränderung veranlasste viele Menschen, das Institut zu verlassen, sowohl bei den Mitarbeitern als auch bei den Lizenznehmern. Seitdem hatten wir einige Beschwerden von Klienten, die sich an das Institut wegen Themen wendeten, die durch das „Berechnen für Ergebnis" ausgelöst wurden, weil der Therapeut die ethischen Grundsätze ignoriert oder verzerrt hat, um sein persönliches Einkommen zu maximieren. Bisher waren die meisten Klientenbeschwerden berechtigt.

Beispiel: Ein zertifizierter Therapeut sprach mit einem Klienten über Spitzenbewusstseinszustände, schrieb aber nichts auf. Der Klient rief das ISPS an und beschwerte sich, dass der Therapeut das Vereinbarte nicht geliefert hatte. Da der Therapeut weder etwas aufgeschrieben noch die Sitzungen aufgezeichnet hatte, gab es keine Möglichkeit festzustellen, ob der Klient oder der Therapeut die Wahrheit sagte. Später stellte sich heraus, dass der Therapeut auch die Prozesse der Spitzenbewusstseinszustände ungerechtfertigt den Klienten verkaufte, um mehr Geld zu verdienen und nicht auf die Bedürfnisse der Klienten einging.

Beispiel: Noch ein weiteres Beispiel dafür, wenn man die Erfolgskriterien für „Bezahlen für Ergebnis" nicht aufschreibt. Es stellte sich heraus, dass der Klient die Borderline-Erkrankung hatte, so dass nichts, was er sagte, als wahr angenommen werden konnte. Da aber nichts aufgeschrieben wurde, gab es keine Möglichkeit zu ermitteln, was tatsächlich vereinbart worden war. Der Therapeut musste daher einen beträchtlichen Betrag Geld zurückgeben.

Offenlegung von unsicheren oder eingeschränkten Methoden

Beispiel: Vor kurzem rief eine zertifizierte Therapeutin die Zentrale an, weil sie ihrem Klienten von der Existenz subzellulärer insektenähnlicher Parasiten erzählt hatte. Sie hatte dies getan, weil sie dem Klienten nicht inkompetent erscheinen wollte. Der Klient, der die Fähigkeit hatte, in der

Primärzelle zu „sehen", begann zu versuchen, diese loszuwerden, ohne unsere bewährten Techniken anzuwenden. Es stellte sich heraus, dass die Vorgehensweise des Klienten bereits von uns getestet und wegen der Gefahr von langfristigen Schäden abgelehnt wurde. Sobald der Klient über das Thema informiert wurde, konnte er jedoch nicht glauben, dass er sich schaden konnte.

Beispiel: Eine Freiwillige brauchte ständige Aufmerksamkeit. Sie veröffentlichte ein nichtöffentliches Dokument von Gaia-Befehlen für verschiedene Entwicklungsereignisse, damit sie die Aufmerksamkeit der anderen bekommen würde und sie sich wichtig fühlen konnte. Sie wusste, dass viele dieser Befehle den Menschen schaden würden, doch es war ihr einfach egal.

Krisen im Leben des Therapeuten

Beispiel: Eine zertifizierte Therapeutin war durch ihr eigenes emotionales Drama inkompetent geworden. Anstatt sich mit ihren eigenen Problemen zu befassen, behandelte sie die Klienten weiterhin in unrechtmäßiger Weise, was zur Vernachlässigung mehrerer Klienten führte, die Hilfe für die in früheren Sitzungen ausgelösten Traumata benötigten. Normalerweise wäre das kein Thema gewesen, doch die Therapeutin hat die Klienten nicht an jemand anderen überwiesen. Diese Situation dauerte Monate und verursachte viele unnötige Leiden und arbeitsbedingte Themen.

Unzureichende oder nicht vorhandene Folgemaßnahmen

Beispiel: Wir haben dieses Thema in mehrfacher Hinsicht angetroffen. Wir stellten es nach dem Training fest, als der Lehrer seine Schüler nicht weiter beobachtete, um zu sehen, wie es ihnen ging. In einem Fall war der Student in einen spirituellen Notfall geraten, in dem er sich wohl fühlte, aber nicht in der Lage war, sein Zuhause zu verlassen. Weil er uns nicht kontaktiert hatte, dauerte es Wochen, bis die betroffene Familie uns um Hilfe bat.

Beispiel: In einem anderen Fall hatte ein Klient eine schlechte Reaktion auf die Silent Mind Technique aufgrund der extremen Gefühle, die durch den Prozess ausgelöst wurden. Da der Klient nicht vor dieser normalen Reaktion gewarnt worden war, meldete er sich nicht bei dem zertifizierten Therapeuten, weil er das Gefühl hatte, dass dieser ihn verletzt hätte. Dieser Zustand hielt monatelang an, bevor unsere Mitarbeiter von der ziemlich verzweifelten Situation des Klienten erfuhren.

Zertifizierte Therapeuten in der Forschung

Unsere Forschungsarbeit hat eine Vielzahl von Sicherheitsthemen. Um diese abzufangen, haben wir ein sehr umfangreiches Sicherheitsprotokoll. Normalerweise dauert es ein paar Jahre, bis die erforschten Methoden an zertifizierte Therapeuten abgegeben werden. Wir haben einige Personen zu unseren Trainings zugelassen, damit sie an sich selbst forschen können. Obwohl das potenziell sehr gefährlich ist, verstehen wir sicherlich, warum einige Personen dies tun wollen, und zum größten Teil akzeptieren wir diese Tätigkeit als eine persönliche Entscheidung jedes einzelnen.

Wenn eine Person jedoch unsere Methoden verwenden möchte, um mit einer Gruppe von Menschen zu forschen, ist die Wahrscheinlichkeit sehr groß, dass jemand verletzt oder getötet wird, der die Risiken nicht versteht. Aus diesem Grund werden wir keinen Therapeuten in unserer Arbeit zertifizieren, der unsere Ausbildung dazu nutzt, in einer Gruppe außerhalb des Instituts zu forschen; und wir entziehen die Zertifizierung demjenigen, der dies tut. Das bedeutet nicht, dass wir das Gefühl haben, dass diese Person falsch oder schlecht ist - aber wir wollen die Anzahl der möglichen Klagen gegen das Institut minimieren, falls (oder viel wahrscheinlicher, wenn) Verletzungen oder Tod bei den betroffenen Testpersonen vorkommen.

Fernheilung („spirituelle" Heilung)

Das Institut unterrichtet unsere Mitarbeiter in der Klinik und Forschung über eigene Techniken, mit denen Klienten aus der Ferne geheilt werden können. Sie wurden für Klienten entwickelt, die sich nicht selbst helfen können, wie z.B. Katatoniker oder Autisten und werden auch in unserer Forschung zur Suche nach neuen Behandlungen bei Krankheitsbildern eingesetzt. Wenn wir diese Techniken neuen Klinikmitarbeitern beibringen, unterzeichnen sie eine Vereinbarung, sie nicht zu verwenden, wenn sie das Institut aus Sicherheitsgründen verlassen. Leider hat die Erfahrung gezeigt, dass einige Therapeuten das Gefühl haben, dass sie berechtigt sind zu lügen, Vereinbarungen zu brechen und jede Technik anzuwenden, unabhängig von der experimentellen und möglicherweise gefährlichen Natur der Techniken.

Beispiel: Vor kurzem hatten wir einen Klienten aus Großbritannien, der unsere Zentrale anrief und sich beschwerte, dass er sein Geld zurückhaben wollte, weil er die versprochenen Ergebnisse nicht erhalten hatte und schlimmer noch, verletzt worden war. Er hatte über ein Jahr lang für die Behandlung gespart. Die Therapeuten hatten bei ihrer Arbeit Fernheilungstechniken eingesetzt. Bei der Untersuchung stellte sich heraus, dass die Therapeuten behauptet hatten, dem Institut zugehörig zu sein, aber sie hatten bei uns nie einen Kurs besucht. Ihnen wurden von einer Frau sehr gefährliche, ungetestete und unzuverlässige Techniken beigebracht, und diese Frau war bereits vom Institut wegen Veruntreuung und Klientenverletzungen entlassen worden. Wie ihre Lehrerin wiesen

auch diese beiden Therapeuten das schlimmste unethische Verhalten vor
- Vertragsbruch, Lügen, Diebstahl und Schaden für den Klienten.

Beispiel: Ein studierender Therapeut entschloß sich zu prüfen, ob er aus
der Ferne heilen konnte, nachdem er herausgefunden hatte, dass so etwas
möglich war. Er entschied sich, an Menschen zu experimentieren, die er
kannte, obwohl sie ihm die Erlaubnis dazu verweigert hatten; aber er
ignorierte dies, weil er glaubte, dass Gott ihm gesagt hatte, er solle an
ihnen arbeiten, weil sie „die Heilung brauchten". Da jede Heilmethode
Probleme auslösen kann, ist es ein grober Verstoß gegen unsere
Sicherheits- und Ethikgrundsätze, dies an Menschen ohne deren
Erlaubnis oder Gewahrsein auszuprobieren - auch wenn es nur eine
Fantasie war und er es nicht wirklich tun konnte. Ihm wurde die Erlaubnis
verweigert, vom Institut zertifiziert zu werden, und die Personen, mit
denen er experimentierte, wurden kontaktiert und darüber informiert.

Illegales, unethisches oder bizarres Verhalten bei Freiwilligen und Mitarbeitern des Instituts

Ethische   Probleme   reichen   über   einfache   Klienten-
Therapeutenbeziehungen hinaus. Als Organisation hatten wir sicherlich unseren
Anteil an Problemen mit freiwilligen Mitarbeitern. Aufgrund dieser Erfahrungen
sind wir viel zögerlicher geworden, mit neuen Freiwilligen auf Mitarbeiterbasis
zu arbeiten. Dies ist ein Grund, warum wir nur zertifizierte Therapeuten für
Mitarbeiterpositionen haben möchten, um ihnen Zeit zu geben, ethisches
Verhalten zu zeigen und sicherzustellen, dass sie eine angemessene Ausbildung
erhalten, bevor sie in unserer Arbeit weiterarbeiten.

Beispiel: Eine Forscherin log über ihre Tätigkeiten wegen den großen
verdienbaren Geldbeträgen, indem sie Sicherheitsfragen völlig ignorierte
und experimentelle oder geradezu gefährliche Methoden verwendete oder
lehrte. Am Ende schadete sie weit über einem Dutzend Menschen, die die
freiwilligen Mitarbeiter des Instituts finden und versorgen mussten (was
wir kostenlos taten). Dies dauerte Hunderte von Stunden und die Hilfe
für diese Menschen zog unser kleines Team über ein Jahr lang von
unserer Forschung ab.

Beispiel: Ein Geschäftsmann wurde gebeten, bei der Erstellung unserer
Mitarbeiterverträge mitzuwirken. Anstatt dies zu tun, versuchte er, die
Organisation zu stören, wollte die Gründer loswerden und die
Organisation selber kontrollieren. Als er damit konfrontiert wurde, sagte
er: „Ich muss der Chef in jeder Organisation sein, in der ich tätig bin".

Beispiel: Nachdem ein freiwilliger Mitarbeiter in fortgeschrittenen
Techniken ausgebildet worden war, wurde er dem Institut und seinem
Gründer gegenüber sehr negativ und überzeugte mehrere Personen, das

Institut zu verlassen, um sich ihm anzuschließen. Er hat zusätzlich auch gegen seine Vereinbarung verstoßen, anderen Personen kein experimentelles und gefährliches Material beizubringen, offenbar weil er damit viel vedienen konnte. Jahre später stellten wir fest, dass diese Person viele S-Löcher hatte, die ihn zu diesem Verhalten geführt haben.

Der Verhaltenskodex des Instituts für Ethik

Ausbilder, Therapeuten und Auszubildende des „Institute for the Study of Peakstates" verpflichten sich, den folgenden Ethikkodex zu beachten: „Ich erkläre mich damit einverstanden, die Prinzipien des ISPS zu akzeptieren und anzustreben und den folgenden Kodex der Berufsethik wie unten beschrieben einzuhalten."

Diese Richtlinien sind das Ergebnis jahrelanger Arbeit von Jim Morningstar und seinen Kollegen der International Breathwork Training Alliance. Wir haben die Richtlinien leicht modifiziert, um sie an unser „Institute for the Study of Peakstates" anzupassen. Der Originaltext kann unter http://breathworkalliance.org/form_1.htm eingesehen werden. Wir danken Jim für seine Freundlichkeit, dass wir seine Arbeit verwenden und anpassen durften.

Die vom Institut zertifizierten Therapeuten verwenden viele hochmoderne Techniken und wie alle leistungsfähigen Techniken haben sie ihre eigenen Einschränkungen und Verfahrensanforderungen. Dieser Leitfaden wurde erstellt, um sowohl ethische als auch Sicherheitsfragen bei einigen dieser Techniken (sowohl vom Institut als auch von anderen Technikentwicklern) anzusprechen.

Praktiker, die sich zur Anwendung dieses Ethik-Kodexes verpflichtet haben, sind auf der Peak-States-Webseite unter „Ausgebildete Therapeuten finden" aufgeführt.

1. Klientcntauglichkeit
   a. Stellen Sie die Fähigkeit eines Klienten fest, Trauma-Heilung so weit wie möglich zu nutzen und gesund zu integrieren.
   b. Keine Diskriminierung aufgrund von Rasse, ethnischer Zugehörigkeit, Geschlecht, Religion, sexueller Orientierung, Alter oder Aussehen.

2. Vertrag mit Klienten
   a. Schaffen Sie klare Verträge mit den Klienten über die Anzahl und Dauer der Sitzungen und die finanziellen Bedingungen.
   b. Legen Sie klare Grenzen fest und besprechen Sie den möglichen Einsatz von Berührung.
   c. Einsatz meiner Fähigkeiten in erster Linie zum Nutzen des Klienten und nicht nur zum finanziellen Vorteil.
   d. Wahrung der Vertraulichkeit der Klienteninformationen und der Sicherheit der Aufzeichnungen über die Inhalte der Klientensitzungen.

3. Therapeuten-Kompetenz
    a. Praktizieren Sie innerhalb Ihrer Fachkompetenz, Ausbildung und Expertise; machen Sie dies Ihren potenziellen Klienten deutlich und erheben Sie keine unbegründeten Ansprüche auf Ihre Dienstleistung.
    b. Entwickeln Sie sich persönlich weiter, üben Sie die Techniken, die Sie anderen anbieten, an sich selbst, während Sie Leidenschaft und Ehrfurcht für die von Ihnen geleistete Arbeit haben und ein gesundes Gleichgewicht zwischen Ihrer Arbeit und Selbstfürsorge einhalten.
    c. Holen Sie gegebenenfalls Anleitung und Beratung ein.

„Wenn psychologische, medizinische, rechtliche oder andere relevante Fragen vom Klienten gestellt werden, die außerhalb des Tätigkeitsbereichs des Peak States Therapeuten liegen, wird der Therapeut eine Überweisung an den jeweiligen Anbieter vornehmen oder den Klienten an die entsprechenden Ressourcen verweisen."

4. Therapeuten/Klientenbeziehung
    a. Legen Sie gesunde, angemessene und professionelle Grenzen fest und bewahren Sie diese unter Achtung der Rechte und der Würde derjenigen, denen Sie dienen.
    b. Unterlassen Sie es, Ihren Einfluss zu nutzen, um Macht auf Ihre Klienten auszuüben oder unangemessen auszunutzen.
    c. Unterlassen Sie es, Ihre Praxis zur Förderung Ihrer persönlichen religiösen Überzeugungen zu nutzen.
    d. Unterlassen Sie alle Formen von Sexualverhalten oder Belästigung mit Klienten, auch wenn der Klient ein solches Verhalten einleitet oder dazu einlädt.
    e. Versorgen Sie Klienten mit deren Einverständnis und im Rahmen Ihres Wissens mit Informationen über Community-Netzwerke, Bildungsressourcen und ganzheitlichen Lebensstil.
    f. Verweisen Sie Klienten auf geeignete Ressourcen, wenn sie Probleme aufweisen, die über Ihren Ausbildungsumfang hinausgehen.

5. Beziehungen zwischen Therapeuten
    a. Pflegen Sie gesunde Beziehungen zu anderen Therapeuten.
    b. Geben Sie anderen Therapeuten, die Ihrer Meinung nach einen oder mehrere der ethischen Grundsätze nicht eingehalten haben, konstruktives Feedback. Wenn dies das Problem nicht ausreichend löst, wenden Sie sich zum Schutz der betroffenen Klienten an die am besten geeigneten Fach- und/oder Zivilbehörde in Ihrer Region.

6. Berechnen für Ergebnis
    Vom Institut zertifizierte Therapeuten verwenden in ihrer gesamten Psychotherapiearbeit (unabhängig davon, ob sie Institutstechniken verwenden

oder nicht) ein Gebührensystem von „Berechnen für Ergebnis". Das bedeutet, dass sich der Klient und der Therapeut zu Beginn der Behandlung zunächst darauf einigen, was sie erreichen wollen. Wird das Ziel erreicht, wird dem Klienten der zuvor vereinbarte Betrag in Rechnung gestellt - andernfalls wird keine Gebühr erhoben. In einigen Fällen legt das Institut fest, was das Ergebnis sein muss: Die Suchttechnik muss das Verlangen vollständig beseitigen, die Stimmen, die Schizophrene hören, müssen vollständig verschwunden sein, gezielte Spitzenbewusstseinszustände müssen die aufgeführten Eigenschaften aufweisen und so weiter. Beachten Sie, dass in einigen Fällen das Gebührensystem „Berechnen für Ergebnis" nicht anwendbar ist, z.B. in Trainingssituationen.

7. Verwenden Sie Techniken nur nach Kommunikation mit dem Klienten und mit dessen Zustimmung.

„Ich stimme zu, nur dann Fern-Heilungstechniken zu verwenden, (Surrogate EFT, WHH, usw.), wenn ich die Einwilligung des Klienten oder Erziehungsberechtigten erhalten habe und nur dann, wenn ich tatsächlich in der Lage bin, mit dem Klienten zu kommunizieren."

Zu diesem Zeitpunkt erlauben wir die Verwendung von Distant Personality Release (DPR) ohne diese Einschränkungen aufgrund der Nützlichkeit und der nachgewiesenen minimalen Probleme. Wir schlagen jedoch nachträglich vor, dass sie möglichst nur mit der anderen anwesenden Person und mit deren Erlaubnis aus ethischen und Sicherheitsgründen verwendet werden.

Schlüsselpunkte

- Viele Traumatherapeuten benötigen zur Klientensicherheit zusätzliche Schulungen in den Bereichen Suizidprävention, psychische Erkrankungen und spirituelle Notfälle.
- Es gibt bei jeder Traumaheilung unabhängig von der verwendeten Technik Risiken. Obwohl selten, kann das die Aufdeckung schwerwiegenderer Traumata oder subzellulärer Fälle sein, wie Dekompensation, kaskadierende Probleme und Traumaflut.
- Die Einwilligungserklärungen decken die Risiken der Psychotherapie ab und sind in vielen Ländern gesetzlich vorgeschrieben. Institutszertifizierte Therapeuten sind verpflichtet, sie bei allen Klienten einzusetzen.
- Therapeuten müssen auf verschreibungspflichtige Medikamente achten, die psychische Probleme bei ihren Klienten verursachen können.
- Die Ausbildung des Instituts in subzellulärer Psychobiologie ist nicht für Schüler mit suizidalen Themen oder psychischen Problemen geeignet; sie erfordert, dass Therapeuten für eine gewisse Zeit nach dem Training Sicherheitsvorkehrungen treffen.
- Die subzelluläre Psychobiologie bringt neue ethische Probleme für Therapeuten mit sich. Angemessene Sicherheittrainings, Probleme mit

Parasiteninteraktionen, Fernheilung und unangemessene Offenlegung experimenteller Arbeiten sind nur einige davon.

- Die Vernetzung mit anderen Therapeuten, die sich auf bestimmte Gebiete spezialisiert haben, für die Sie nicht qualifiziert (oder interessiert) sind, ist sowohl nützlich als auch im Interesse Ihres Klienten.

Empfohlene Lektüre

- *Therapeutic and Legal Issues for Therapists Who Have Survived a Client Suicide*, Kayla Weiner ed. (2005).
- *Surviving Schizophrenia, 6th edition* von E. Fuller Torrey MD (2013).

Online-Ressourcen zum Thema Suizid
- 211 Big Bend suicide hotline unter www.211bigbend.org. (USA)
- Stop a Suicide Today unter www.stopasuicide.org
- National Alliance on Mental Illness unter www.nami.org.
- Metanoia unter www.metanoia.org
- HelpGuide unter www.helpguide.org
- Centre for Suicide Prevention unter www.suicideinfo.ca

Online-Ressourcen zur Psychopathologie
- National Alliance on Mental Illness unter www.nami.org.
- HelpGuide unter www.helpguide.org

Online-Ressourcen zur Berufsethik in der Psychotherapie
- What Should I Do? – Ethical Risks, Making Decisions and Taking Action. Ein online Kurs unter www.continuingedcourses.net.

Online-Ressourcen zur spirituellen Notlage
- DSM-IV Religious and Spiritual Problems und Ethical Issues in Spiritual Assessment von Dr. David Lukoff unter www.spiritualcompentency.com.

Abschnitt 3

Subzelluläre Krankheiten und Störungen

Kapitel 7

Die vier biologisch unterschiedlichen Trauma-Typen

Die *übliche* Ursache für das Problem der meisten Klienten ist einer der drei Trauma-Typen: biographisch, assoziativ oder generationsbedingt (ein vierter Typ existiert, den wir „Kerntrauma" nennen, wobei aber selten Klienten wegen dieses Typs zu einem Therapeuten kommen. Die DSM-Diagnosekategorie „Posttraumatische Belastungsstörung" (PTBS) gehört in der Regel zu dem biographischen Trauma-Typ. Therapeuten können bei vielen und wahrscheinlich den meisten Klientenproblemen helfen, indem sie nur Empfindungen heilen, die direkt auf ein Trauma zurückzuführen sind, während sie alle subzellulären Fälle ignorieren. Ein kompetenter Therapeut jedoch hat Erfahrung mit mehreren traumaheilenden Ansätzen. Einige Klienten oder Probleme reagieren besser auf den einen Ansatz oder auf einen anderen. (Übrigens, dieses Verständnis, dass die meisten Klientenprobleme direkt auf Trauma zurückzuführen sind, ist eine relativ neue Entwicklung auf dem Gebiet der Psychotherapie. Die meisten Therapeuten glauben immer noch, dass Trauma ein eher seltenes Problem ist und eher zu den schwerwiegenden Erfahrungen einer PTBS gehört.

In der Praxis wird jeder Trauma-Typ ganz unterschiedlich erlebt. Daher kann der Therapeut in der Regel auf die Art des Traumas eingehen und die entsprechende Technik dazu wählen und sich normalerweise ziemlich schnell Richtung Heilungsprozess bewegen. Doch oft stellen wir fest, dass zwei oder mehr unterschiedliche Trauma-Typen betroffen sind. In diesem Fall gilt immer die Faustregel, mit den Körperhirnassoziationen zu beginnen, denn das hält den Körper davon ab zu versuchen, die vorhandenen Symptome mit allen Mitteln nachzustellen. Danach kommen wir zu den Generationstraumata, da dies der Typ ist, der mit der Struktur der Zelle selbst zu tun hat und das Gefühl hervorruft, dass etwas Grundlegendes mit der Person nicht stimmt, und das Gefühl ist sehr „persönlich". Danach schließlich werden biographische Traumata geheilt. Diese verursachen unangemessene, festgefahrene Gefühle und feste Glaubenssätze.

In Bezug auf die Behandlung konzentriert sich der Therapeut bei der Technik auf das offensichtliche Symptom, sobald der Trauma-Typ bestimmt ist. Der Behandlungserfolg wird klar und eindeutig gemessen, das Symptom verschwindet danach, es kann nicht mehr hervorgerufen werden und wird durch ein Gefühl von Ruhe, Gelassenheit und körperlicher Leichtigkeit abgelöst. Daher bezeichnen wir die verschiedenen Trauma-Typen manchmal als „einfaches" Trauma, da das Gefühl in der Gegenwart das gleiche wie in der Vergangenheit ist. Obwohl die Trauma Heilung von dem Prozedere her einfach sein kann, kann sie aber auch überwältigend schmerzhaft sein und manchmal sind therapeutische Fähigkeiten erforderlich, um den Klienten dazu zu bringen, sich dem Schmerz der Heilung zu stellen.

Aus subzellulärer biologischer Sicht ist die Anfälligkeit für den Erwerb eines Traumas auf bereits bestehende biologische Schäden im frühesten Urkeimzellstadium unserer Entwicklung zurückzuführen. Ein Trauma ist nicht direkt auf äußere Umstände wie Verletzung, Missbrauch, Strenge oder Art eines traumatischen Ereignisses im Leben des Klienten zurückzuführen. Deshalb können mehrere Menschen genau die gleiche Erfahrung machen, aber unterschiedlich betroffen sein. Einige werden ein schweres PTBS bekommen, einige mit einer leicht schmerzhaften Erinnerung bleiben und einige werden ohne Trauma weiterleben. Das zugrundeliegende biologische Problem liegt in dem Histon, das die Gene einer Person umgibt. Im Wesentlichen: Wenn eine Person auf ein Ereignis reagieren muss, sei es mit einer Emotion oder einer Aktion, aktivieren ihre Zellen das entsprechende Gen, um ein benötigtes Protein herzustellen. Aufgrund von Schäden an dem Histonbelag des jeweiligen Gens bleibt der Prozess stecken und das Protein kann nicht gebildet werden. Psychologisch gesehen erleben wir dies als ein traumatisches Ereignis, das wir behalten werden.

Weil es Histonprobleme in drei verschiedenen Gruppen von Genen gibt, wird es auch drei verschiedene Typen von Traumata geben. Diese Gruppen entsprechen ihrer Verwendung in der Zelle. Einige der Gene werden speziell von Ribosomen im Zytoplasma verwendet (biographisches Trauma), andere von Ribosomen im endoplasmatischen Retikulum (Körperhirnassoziationstrauma) und wieder andere von nicht-ribosomalen Strukturen im Zytoplasma (Generationstrauma).

Empfohlene Lektüre

- *The Basic Whole-Hearted Healing™ Manual* 3rd Edition (2004) von Dr. Grant McFetridge und Dr. Mary Pellicer. Die Regressionstechnik des Instituts für Trauma und Forschung.
- *Peak States of Consciousness*, Volumes 2 (2008) und 3 (noch nicht erschienen) von Dr. Grant McFetridge et al. Gibt eine detaillierte Diskussion über die subzelluläre Basis von Trauma.
- *Trauma-informed: The Trauma Toolkit* 2nd Edition (2013) von der Klinic Community Health Centre - Für Dienstleister, die mit traumatisierten Klienten arbeiten, einschließlich Abschnitten über Missbrauch und Ureinwohnerfragen. Kostenlos online.

- *The Whole-Hearted Healing™ Workbook* (2013) von Paula Courteau. Liefert aktuelle Informationen über die Whole-Hearted-Healing Regressionstechnik für Traumata.

Biographisches Trauma: *„Festgefahrene Glaubenssätze, ausgelöste Gefühle"*

Das biographische Trauma ist der Trauma-Typ, den Laien und die meisten Therapeuten in Betracht ziehen, wenn sie an Trauma oder PTBS denken. Es entsteht aus einem eingefrorenen Augenblick der Zeit, mit einem außerkörperlichen Bild, einer Emotion, einer Empfindung und Glaubenssätzen oder einer Entscheidung. Biologisch gesehen geschieht dies, weil im Augenblick des Traumas ein Protein benötigt wird, aber die mRNA-Schnur, die das Gen kopiert, bleibt an dem umgebenden Histon des Gens stecken. Daraus ergibt sich eine mRNA-Kette, die sich aus dem Nukleus heraus erstreckt, wobei Ribosomen über die Länge dieser Kette angedockt bleiben. Diese Ribosome enthalten die Trauma-Informationen. Genauer gesagt ist es kristallines Pilzmaterial, das in diese festklebenden Ribosome eingebettet ist, und das erlaubt ihnen, als „Portale" zu Trauma-Augenblicken in der Vergangenheit zu fungieren. Die Gene, die biographische Traumata verursachen können, stammen alle aus der prokaryontischen Zelle, die später in der Entwicklung das Herzhirn des Dreifachhirns bilden wird.

Erst seit etwa 1995 sind leistungsstarke Therapien, die diese Art von Trauma heilen können, verfügbar geworden. Jede nutzt einen anderen biologischen Mechanismus, um zu heilen. Es stellte sich heraus, dass die Probleme vieler Menschen auf diese Art von Trauma zurückzuführen sind. Obwohl die in diesen Augenblicken getroffenen Entscheidungen das spätere Verhalten meistens unangemessen steuern, fühlen sich festgefahrene Emotionen aus dieser Art von Trauma nicht besonders persönlich an.

Es wird, nebenbei bemerkt, in einem späteren Kapitel eine Unterkategorie „positives Trauma" als subzellulärer Fall aufgenommen. Obwohl es sich biologisch nicht von der üblichen, schmerzhaften Art von Trauma unterscheidet, wird es separat behandelt, da die meisten Therapeuten nicht wissen, dass diese Art von Trauma existiert. Darüber hinaus können diese positiven Traumata auch von jeder anderen Art sein: generationsbedingt, assoziativ oder biographisch, wobei die biographische Art in der Regel die Häufigste bei Klienten ist und die Assoziationen die Zweithäufigste.

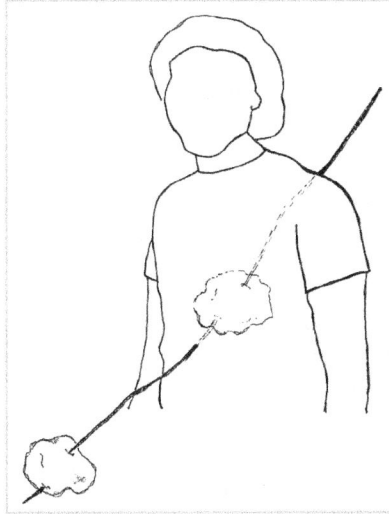

Abbildung 7.1: (a) Trauma, das als Bereich im Körper erlebt wird. Die Ribosom-Portalstruktur wird dem Körper überlagert.

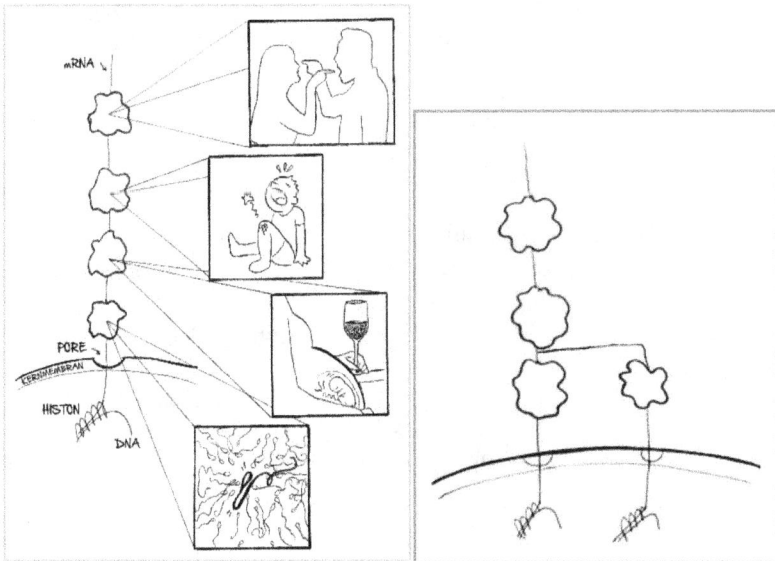

Abbildung 7.1: (b) Eine biographische Traumakette, die als festklebende mRNA im Zytoplasma mit festklebenden Traumaribosomen gesehen wird. (c) Eine „multiple Ursachen"-Traumakette (eine mRNA-Kette, die an mehrere festklebende Gene gebunden ist).

Symptom Schlüsselwörter

- Körperliches und/oder emotionales Unwohlsein: Ich fühle mich....
- Feste oder dogmatische Glaubenssätze: Ich glaube... so ist es nun mal.

Diagnosefragen

- Wie fühlt es sich an?
- Wo ist das Gefühl?

Differentialdiagnose

- Generationstrauma: Die Emotionen und Empfindungen können praktisch überall sein. Wenn sich das Problem jedoch „persönlich" anfühlt, dann ist das Trauma generationsbedingt oder biographisch mit einem Generationstrauma mit einem ähnlichen Gefühl.
- Kopie: Testen Sie erfahrungsgemäß durch Heilung. Wenn das Klopfen die Symptome verändert, haben Sie ein biographisches Trauma. Eine Kopie hat zusätzlich eine Persönlichkeit mit dem Gefühl und ist teilweise außerhalb des Körpers.
- Kerntrauma: Ein Kerntrauma hat kein Gefühl bei den Glaubenssätzen, ein von Trauma ausgelöster Glaubenssatz schon.
- Andere subzelluläre Fälle: Achten Sie auf subzelluläre Fallsymptome, um sie von einem biographischen Trauma zu unterscheiden.

Behandlung

- Jede Trauma-Heilmethode, z.B. WHH, EMDR, TIR, Meridiantherapien wie EFT usw.

Typische Fehler in der Technik

- Wenn nach 2 oder 3 Minuten Klopfen keine Änderung stattgefunden hat, hören Sie auf. Das bedeutet, dass es eine psychologische Umkehr gibt oder das Problem tatsächlich ein subzellulärer Fall ist.
- Es wurden keine relevanten Generationstraumata als Erstes geheilt, um dadurch den Widerstand gegen die Gefühle zu reduzieren.
- Bei der Verwendung der Regression: Nicht zum ersten Trauma-Ereignis zu regressieren; außerhalb des Körpers zu sein, während man versucht zu heilen; mehrere Wurzeln nicht zu erkennen.

Häufigkeit & Schweregrad der Symptome

- Sehr häufig; dies ist bei über 70% der Klientenprobleme der Fall. Der Schweregrad reicht von geringfügig bis extrem.
- Es gibt Tausende von Traumaketten in einer durchschnittlichen Person.
- Der Zustand des Inneren Friedens minimiert die Möglichkeit des Zugangs zu Traumata und deren Auslösung.

Grundlegende Ursache

- Beschädigtes Histon bei einem Gen einer Herz P-Organelle.

Risiken

- Das Übliche für die Trauma-Psychotherapie. Extreme Emotionen und Empfindungen können ausgelöst werden.
- In seltenen Fällen kann die Heilung das Bewusstwerden eines schwerwiegenderen darunterliegenden Grundproblems auslösen.
- In Ausnahmefällen kann es zu einer „Traumaflut" (Auslösung von Problemen nacheinander über einen längeren Zeitraum) kommen.

ICD-10 Codes

- F43, F45, F48.1, F51, F52, F62, F93, F94, R45.
- Viele andere mehr indirekt.

Körperhirnassoziationen: *„Irrationale Motivationen und Abhängigkeiten"*

Diese Art von Trauma führt dazu, dass Pavlovs Hunde speicheln, wenn eine Glocke geläutet wird. Sie bewirkt, dass sich eine oder mehrere Empfindungen oder Emotionen miteinander verbinden und das völlig ohne logischen Grund. Dies wird zur Grundlage für viele verschiedene Arten von sehr seltsamen emotionalen Problemen, Verhaltensweisen und Krankheiten. Der subzelluläre Mechanismus ist ähnlich wie beim biographischen Trauma. Gene, die aus der prokaryotischen Zelle stammen, die später zum endoplasmatischen Retikulum (ER) wird, sind die Grundlage dieses Trauma-Typs. Wenn das ER ein Protein benötigt, wird eine mRNA-Kette als Kopie des Gens hergestellt und durch das ER freigesetzt. Wenn der Histonbelag des Gens beschädigt ist, bleibt die Kette leider stecken und ein Ribosom wird sich auf der Oberfläche der Membran daran verankern. Dieses ist der Ursprung vom „rauen ER". Das Assoziationsgefühl oder die Emotion befindet sich im Inneren des verklebten Ribosoms auf der Oberfläche des ER. Das ist erstmal schlimm genug, aber es verbindet sich zusätzlich mit anderen Ribosomen über die mRNA-Ketten. Diese Verbindungen bilden die Grundlage für die oft bizarren und unlogischen Körperhirnassoziationen. Die Empfindungen und Emotionen in den Assoziationen können positiv oder negativ sein.

Die Körperhirnassoziationen bringen das Körperhirn dazu, auf sehr seltsame Weise zu reagieren, was einen glauben machen könnte, dass der Körper völlig verrückt sei. Leider hat der Körper kein Urteilsvermögen (wenn er vom Verstandeshirn getrennt ist), also verwendet er diese Assoziationen, um sein Verhalten zu steuern. Dieser Trauma-Typ hat einen großen Einfluss auf das eigene Leben und sollte geheilt werden, um den Körper davon abzuhalten, auf eine Weise zu handeln, die für den Menschen schädlich ist.

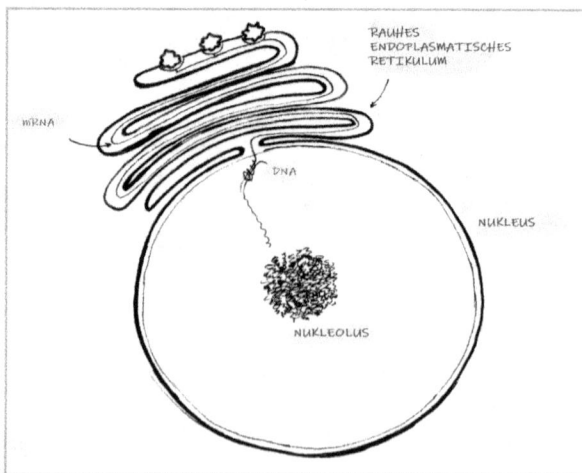

Abbildung 7.2: (a) Ribosom und mRNA, die in dem rauen ER (Endoplasmatisches Retikulum) stecken geblieben sind.

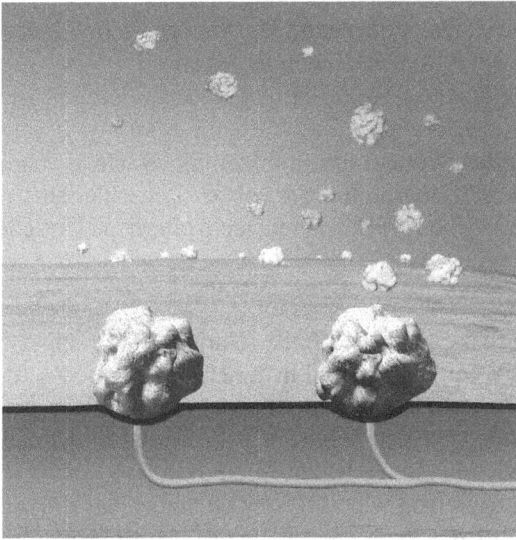

Abbildung 7.2: (b) Eine detailliertere Seitenansicht der Membran des ER mit mRNA dargestellt.

Ein Schlüsselkonzept, das Körperhirnassoziationen einbezieht, ist das des „Sinnenersatz"-Konzeptes. Im pränatalen Trauma können die Empfindungen der fötalen Umgebung (z.B. der Emotionalton der umgebenden Mutter) während der Verletzung mit den Bemühungen des Fötus um das Überleben in Verbindung gebracht werden. Nach der Geburt wird dann der Körper versuchen, einen Ersatz zu finden, der sich ähnlich anfühlt, entweder innerhalb der Primärzelle oder in der Außenwelt oder beides. (In diesem Beispiel wird der Erwachsene sexuell von jemandem angezogen, der oft den gleichen Emotionalton hat wie die Mutter). Dieses Prinzip ist auch die Grundlage für die meisten Süchte. Dieses Konzept kann auch auf Körpersymptome ausgedehnt werden. Wenn der Körper das eigene Überleben mit einem Symptom (z.B. Taubheit) verknüpft hat, wird er neue Wege finden, das Symptom zu ersetzen, egal was Sie heilen werden und zwar so lange bis Sie die Verbindung zwischen dem Symptom und dem Überleben beseitigen.

Symptom Schlüsselwörter

- Sucht, Entzug.
- Allergie.
- Es ergibt keinen Sinn. Unlogische Assoziationen.
- Positive Assoziationen.
- Sexuelle Gefühle. Es geht mir nicht besser.
- Der Versuch zu heilen macht es schlimmer.

Diagnosefragen

- Ist das ein sich wiederholendes Muster in Ihrem Leben?

Differentialdiagnose

- Sippenblockade: Widerstand vs. Antrieb. (Ich will etwas tun, kann aber nicht vs. ich will nichts tun, muss es aber).
- Positives Trauma: Test erfahrungsgemäss durch biographische Trauma-Heilung.
- Zeitschleifen: Kommt das Problem immer wieder, nachdem die Ursache behoben ist? Überprüfen Sie, ob es Zeitschleifen sind, die genau die gleiche Ursache zurückbringen, nicht eine neue Ursache mit den gleichen Symptomen.

Behandlung

- Körperhirnassoziationstechnik: Variation mit einer Hand oder zwei Händen. Wenn kein Gefühl in der Hand gefunden wird, dann ist es keine Körperhirnassoziation. Ein weniger zuverlässiger Ansatz ist es, Liebe und Freude über den Schlauch in der Hand in den Körper zu schicken, um den Gen-Histon-Schaden aufzulösen.
- Meridiantechniken wie EFT können manchmal Körperhirnassoziationen heilen, aber das kann eben bei einem bestimmten Klienten oder einem Problem funktionieren oder auch nicht. Eine Technik die dieses Problem explizit anspricht (wie die Assoziationtechnik), ist in der Regel nützlicher.

Typische Fehler in der Technik

- In der liebenden Version der Technik ist ein häufiger Fehler der, Liebe in das Ribosom (den zerknitterten Beutel) zu schicken, anstatt in den Schlauch in der Handfläche unter dem Ribosom.
- In der Klopfversion der Technik ist ein häufiger Fehler der, nicht die linke und rechte Hand getrennt zu überprüfen oder zu vergessen, dass es viele Körperhirnassoziationstraumata mit dem angestrebten Gefühl geben kann; oder Visualisierungen durchzuführen, anstatt das Erlebnis zu spüren.

Häufigkeit & Schweregrad der Symptome

- Sehr verbreitet.
- Möglicherweise sehr störend.

Grundursache

- Beschädigtes Histon bei dem Gen einer Körper P-Organelle.

Risiken

- Das Übliche für die Trauma-Psychotherapie.
- Könnte das Interesse an einer Person, einem Job oder einer Aktivität verlieren, die durch eine Assoziation mit dem Klienten verbunden war.
- Im Falle einer sexuellen Sucht kann der Klient verärgert sein, dass sich sein Sexualtrieb geändert hat.

ICD-10 Codes

- F48.1, F63, F93.

Generationstrauma: *„Ich bin grundlegend schmerzhaft unzulänglich"*

Generationentraumata werden in Biologietexten heute als „epigenetische Schäden" bezeichnet. Es wird allerdings nicht erkannt, wie man auf diese Probleme mit scheinbar psychologisch ähnlichen Techniken zugreifen und sie heilen kann, wobei es sich eigentlich um Eingriffe in die Primärzelle selbst handelt. Diese Art von Trauma wird durch den gleichen Mechanismus verursacht, den auch die anderen Trauma-Typen haben: Ein Gen (aus der prokaryontischen Zelle, die später zum Perineumhirn wird) hat einen beschädigten Histonbelag. Wenn das Perineum oder die Organelle des „dritten Auges" (diese sind komplementäre Organellen aus der Eizelle bzw. dem Spermium) ein Protein benötigt, wird eine mRNA-Kopie erstellt. Im Falle eines Traumas bleibt die mRNA-Kette wegen des Histons hängen. Die mRNA-Kette erstreckt sich außerhalb der Nukleusmembran in das Zytoplasma und Strukturen, die wie Perlen aussehen, fädeln sich auf der gesamten Länge auf. Diese „Perlen" enthalten traumatische Informationen. In diesem Fall sind es die Bild- und Trauma-Empfindungen der Vorfahren des Klienten, die ebenfalls das gleiche Generationenproblem hatten. Beachten Sie, dass Generationstraumata keine „kollektiven" Traumata sind, bei denen große Gruppen von Menschen im Laufe der Geschichte ein gemeinsames Gefühl teilen, stattdessen sind sie ein gemeinsames Gefühl aus einer Reihe von Vorfahren.

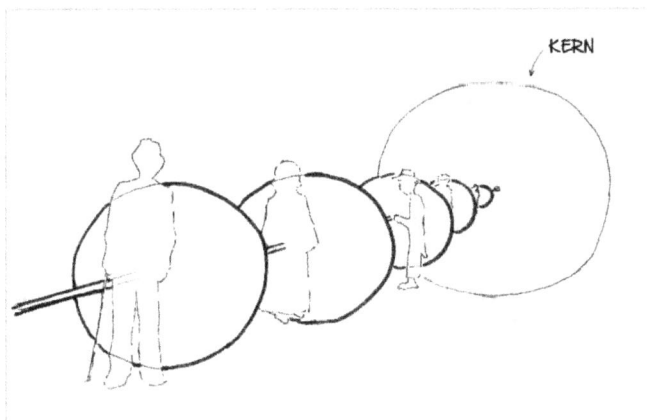

Abbildung 7.3: (a) Die kugelförmigen Strukturen auf der mRNA enthalten Portale zu generationsübergreifenden Traumaaugenblicken in der Vergangenheit.

Oftmals lassen sich die Symptome des Klienten leicht auf eine Generationskette zurückführen, da sich das vorliegende Symptom in dem Trauma der Vorfahren genauso anfühlt. Psychologisch gesehen lösen Generationstraumata schmerzhafte Gefühle aus, die sich sehr persönlich anfühlen, als ob die Person an sich unzulänglich wäre. Die Aufmerksamkeit auf die Anwesenheit der Großeltern im oder in der Nähe des Körpers zu lenken, kann leicht auf diesen Trauma-Typ hinweisen. Von hier aus kann die Traumakette der Generationen leicht geheilt werden. Interessanterweise sind diese „Großeltern" eigentlich ein amöbischer Parasit der Klasse 3 und deshalb kann man immer noch auf seine Großeltern zugreifen, auch wenn man sie nie getroffen hat.

Viele Generationstraumata haben jedoch eine indirekte Wirkung und es wird keinen Vorfahren geben, der das vorliegende Symptom hat. Generationstraumata verursachen Schäden in der Art und Weise, wie die Primärzelle aufgebaut ist. Sie verursachen „strukturelle Probleme" in der Primärzelle. Der Schaden, den sie verursachen, gibt dem Klienten Gefühle und Empfindungen, die sich von dem Gefühl des Traumas selbst unterscheiden. Analog dazu: Wenn das Dach Ihres Hauses aufgrund eines Fehlers in den Bauplänen eines Hauses (das Generationstrauma) ein Loch aufweist, sind Sie verärgert über das feuchte, schimmelige Durcheinander und dass Ihre Möbel nach einem Regen nass werden (das Symptom) und dies ist nicht dasselbe wie Ihr ursprüngliches Gefühl über den Fehler im Bauplan des Hauses.

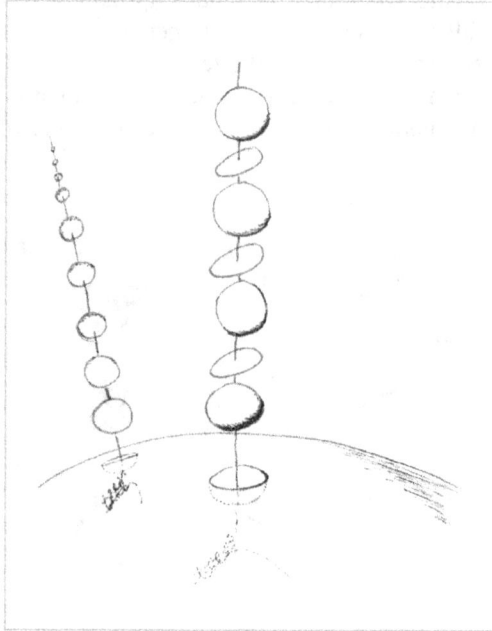

Abbildung 7.3: (b) Festklebende mRNA-Ketten, die aus dem Nukleus kommen.
Ketten mit Scheiben kleben an den Genen des Dritte-Auge-Hirns;
Ketten ohne Scheiben sind an die Gene des Perineumhirns gebunden.

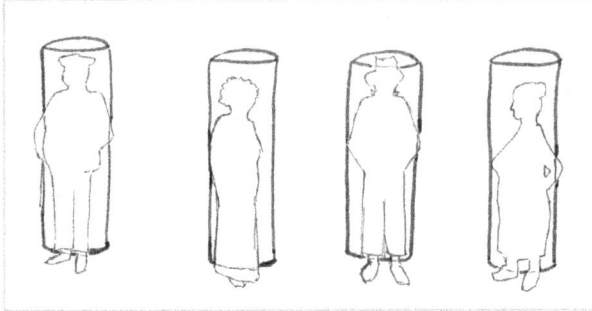

Abbildung 7.3: (c) Die Anwesenheit der vier Großeltern ist außerhalb des Körpers zu spüren. Dieses sind eigentlich zylindrische Strukturen, die über kleine Röhrchen an ein Bakterium gebunden sind.

Symptom Schlüsselwörter

- Etwas stimmt nicht mit mir; das, was ich bin, ist unzulänglich; ich bin in meinem Innersten unzulänglich.
- Das Thema fühlt sich sehr persönlich an; es geht darum, wer ich bin; ich hatte das schon immer.
- Andere Familienmitglieder oder Vorfahren haben das gleiche Thema.

Diagnosefragen

- Fühlt es sich persönlich an?
- Gehört es zu Ihrer genetisch verwandten Großfamilie (Geschwister, Großeltern, Cousinen)?

Differentialdiagnose

- Biographisches Trauma: Das ist nicht persönlich.
- Kollektives Trauma: Der Klient spürt das Gruppenleid von Menschen in der Vergangenheit, wie z.B. Überlebende von Konzentrationslagern, Inzestüberlebende, usw. Im Gegensatz dazu sind Generationentraumata individuelle Vorfahren, die die gleichen traumatischen Gefühle hatten.
- Kopien: Hat das Gefühl die Persönlichkeit von jemand anderem? Ist es teilweise außerhalb deines Körpers?
- Selbstsäule: Eine Lücke in der Selbstsäule verursacht Gefühle von Angst oder Vernichtung. Starr gehaltene Rollen oder Selbstidentitäten geben die Möglichkeit, diese Gefühle zu blockieren. Erst der Verlust der Rolle(n) löst diese Gefühle aus.
- Vorleben: Du kannst dich selbst in einem Vorleben erkennen, aber im Generationstrauma fühlen sich deine Vorfahren nicht wie Du an.

Behandlung

- Generationstrauma-Technik.

Typische Fehler in der Technik

- Vergessen, die Vorfahren der Großeltern während des Heilungsprozesses zu spüren.
- Bleibt an dem Bild des Vorfahren hängen, wenn dieses sich auflösen will.
- Vergessen, alle 4 Großeltern auf ähnliche Probleme zu überprüfen.

Häufigkeit & Schweregrad der Symptome

- Sehr verbreitet

Grundursache

- Beschädigtes Histon bei dem Gen einer Perineum- oder Drittes-Auge P-Organelle.

Risiken

- Das Übliche für die Trauma-Psychotherapie.
- Nicht aktivierte Gene können existieren und später aktiviert werden (siehe die „Dreierregel").

ICD-10 Codes

- F43, F44, F48.1, R45.

Kerntrauma (Spinaltrauma): *„So ist die Welt nun mal"*

Wir haben vor einigen Jahren festgestellt, dass es traumatische Empfindungen und Gefühle innerhalb der Wirbel der Wirbelsäule gibt. Es stellte sich heraus, dass diese spinalen „Kerntraumata", wie wir sie nennen, dazu führen, dass eine Person Glaubenssätze hat, die die Welt der Person definieren. Diese Kerntraumata werden bei Klienten selten bearbeitet, obwohl sie für die Menschen immense Probleme verursachen, weil sie die Basisglaubenssätze ohne ungewöhnlich schwierige Anstrengungen einfach nicht fühlen, sehen oder bemerken können. Gelegentlich muss ein Therapeut eines heilen, um das Problem eines Klienten zu lösen. Die oft emotional schmerzhaften Folgen eines Kerntraumas im Leben sind viel leichter zu erkennen als die Glaubenssätze selber. Einen Glaubenssatz in einem Kerntrauma zu finden ist mit den aktuellen Techniken nicht einfach, aber man kann proaktiv sein und einfach die Wirbelsäule hinunter arbeiten und die Kerntraumata durch Druck und Bewusstsein stimulieren und dann diese heilen.

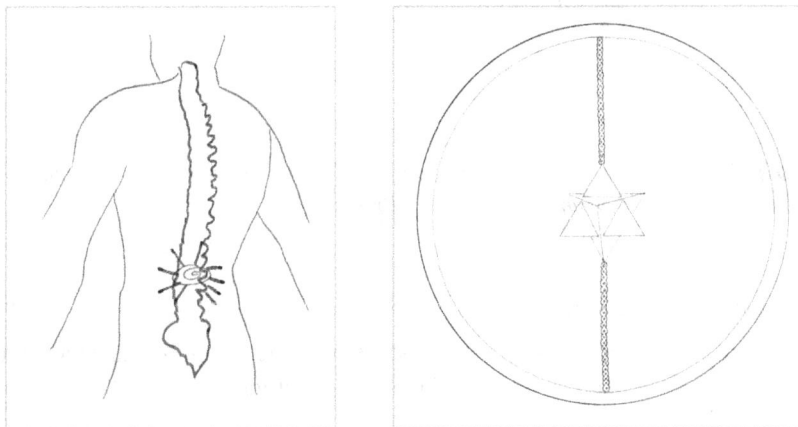

Abbildung 7.4: a) Ein Kerntrauma wird als ein schmerzender Bereich im Wirbelkörper empfunden.
(b) Die entsprechende Kette, die den Ring mit der Merkaba verbindet (ebenso eine Pilzstruktur) im Nukleuskern.

Kerntraumata haben keinen Einfluss auf die Ausrichtung der Wirbelsäule. Auch verursachen Kerntraumata keine Rückenschmerzen. Um Schmerzen durch ein Kerntrauma zu spüren, müssen Sie Ihr CoA in den Wirbel senden.

Biologisch gesehen können Kerntraumata als miteinander verbundene, festklebende Traumata im Nukleus gesehen werden. Die Wirbelempfindungen entsprechen einer Schädigung der Glieder innerhalb der Pilzkette, die den Ring mit der Merkaba im Nukleus verbindet.

Eine Person wird beim Versuch, vorwärts im Leben zu kommen, ein Kerntrauma als ein entsprechendes Monolithensteinobjekt vor oder teilweise in ihrem Körper sehen oder spüren. Diese Objekte, die sich während eines Traumas bilden, auch wenn die Person das Gefühl hat, zu sterben (z. B. bei einem Autounfall), bewahren das Todesgefühl des Ereignisses. Sie befinden sich im

Zytoplasma und verbinden sich mit einem bakteriellen Parasiten auf der Kernmembran. Kerntraumata haben immer ein entsprechendes Monolithensteinobjekt im Raum und dieses zu finden und aufzulösen, ist viel einfacher, als Kerntraumata zu finden und zu beseitigen.

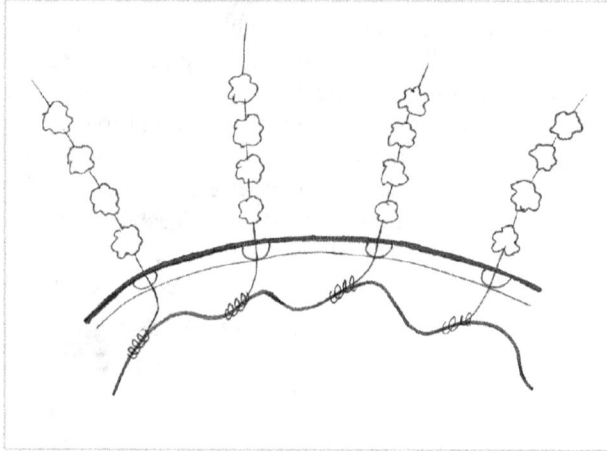

Abbildung 7.4: (c) Ein Kerntrauma,
als eine Kette von verbundenen Genen mit zugehörigen mRNA-Trauma-Schnüren, wie es in der Primärzelle zu sehen ist.

Symptom Schlüsselwörter

- Das ist einfach so, wie es eben ist, es ist so; ich kann nichts dagegen tun.
- Es ist einfach wahr, es ist einfach offensichtlich.
- Ich kann dieses Problem nicht lösen.

Diagnosefragen

- Was würde passieren, wenn das nicht wahr wäre?
- Haben Sie dieses Problem in vielen Aspekten Ihres Lebens (Dinge wie ich bin nicht gut genug oder ich bin schlecht)?

Differentialdiagnose

- Biographische Trauma-Glaubenssätze: Im Gegensatz zu biographischen Traumata gibt es kein zugrundeliegendes emotionales Gefühl für den Glaubenssatz des Kerntraumas. So ist der Trauma-Glaubenssatz des Kerntraumas viel schwerer erkennbar als der biographische Trauma-Glaubenssatz.

Behandlung

- Kerntraumatechnik (Spinales Trauma).

Typischer Fehler in der Technik

- Zeitverschwendung durch Klienteninterpretationen. Gehen Sie so schnell wie möglich in die Wirbelsäule.
- Wenn ein Monolith (oder ein Kerntrauma) nach der Heilung zurückkehrt, prüfen Sie auf Zeitschleifen.

Häufigkeit & Schweregrad der Symptome

- Kerntraumata sind in praktisch jedem Menschen vorhanden, aber sehr schwer zu bemerken. Einige Menschen haben viele Kerntraumata.
- Klienten kommen selten wegen dieses Problems in die Therapie, da diese Traumata sehr schwer zu erkennen sind.

Grundursache

- Schädigung der Pilzkettenstruktur im Nukleus.

Risiken

- Das Übliche für die Trauma-Psychotherapie.

ICD-10 Codes

- Noch nicht bestimmt.

Kapitel 8

Subzelluläre Fälle - Häufigste Fälle

Die meisten typischen Klientenprobleme sind direkt auf ein Trauma zurückzuführen und dadurch ist die Behandlung unkompliziert, wenn auch manchmal schmerzhaft oder schwierig. In etwa 20-30% der Fälle sind die körperlichen oder emotionalen Symptome nicht mit einem Gefühl aus einem vergangenen Trauma verbunden, sondern eine direkte Erfahrung von aktuellen Defekten der Primärzelle, Verletzungen oder Parasiteninteraktionen. Wir nennen diese Probleme der Primärzelle „subzelluläre Fälle". Diagnostisch gesehen bedeutet dies, dass Sie einen subzellulären Fall vorliegen haben, wenn die Heilung des Traumas ein Symptom nicht beseitigt.

Viele der subzellulären Fälle (die in diesem und den folgenden Kapiteln bchandclt werden) sind jedoch indirekt auf ein Trauma zurückzuführen. Daher ist die Beherrschung verschiedener Techniken der Trauma-Heilung nach wie vor notwendig, um viele der subzellulären Fallprobleme zu heilen. Darüber hinaus stellen Therapeuten manchmal fest, dass die Heilung eines vorliegenden Traumas dazu führen kann, dass ein subzellulärer Fall aufgedeckt wird, mit Symptomen, die der Klient möglicherweise als weitaus schlimmer empfindet als das ursprüngliche Symptom.

In unseren Trainingskursen wird vom Therapeuten erwartet, dass er sich jeden der subzellulären Fälle und ihre Behandlungstechnik merkt, damit er eine effiziente Sofort-Diagnose an Patienten durchführen kann. Dieses Handbuch ist sowohl als Studienhilfe als auch als Referenz für die verschiedenen subzellulären Fälle und deren Feinheiten bei der Arbeit mit Klienten gedacht. Es enthält auch visuelle Bilder der subzellulären Probleme, um die Erinnerung und Unterscheidung verschiedener Diagnosemöglichkeiten zu erleichtern. Sobald die Art der Zellschädigung herausgefunden wird, kann der Therapeut in der Regel die Gefühle und Empfindungen erkennen, die sich aus der Verletzung oder Dysfunktion eines bestimmten subzellulären Falls ergeben. Dies ist vergleichbar mit einer medizinischen Ausbildung, bei der vom Arzt erwartet wird, dass er eine Diagnose aufgrund seines Wissens über verschiedene Krankheiten und Zustände stellt.

Leider ist es für den Gelegenheitsleser oft schwierig oder unmöglich, von einem Symptom auszugehen und die Diagnose anhand der Namen der subzellulären Fälle zu stellen. Tatsächlich beschreiben viele Namen der subzellulären Fälle das subzelluläre Problem und nicht das psychologische Symptom. Da sich die Symptome stark überschneiden, ist zudem oft eine Differentialdiagnose erforderlich. Wir haben empirisch herausgefunden, dass es viel besser ist, eine Diagnose aus dem Verständnis der Natur der subzellulären Probleme und ihrer daraus resultierenden psychologischen Manifestationen heraus zu stellen. Kapitel 12 behandelt dazu eine Vielzahl von häufigen Klientenproblemen und deren mögliche Ursachen, von denen einige recht knifflig sein können.

Empfohlene Lektüre

- Detaillierte Anweisungen zur Heilung subzellulärer Fälle finden Sie unter *The Basic Whole-Hearted Healing™ Manual* und *The Whole-Hearted Healing™ Workbook*.
- Eine detaillierte Diskussion über subzelluläre Probleme und deren Ursachen finden Sie unter *Peak States of Consciousness*, Volume 3.

Kopie: „*Mein Gefühl kommt von jemand anderem*"

Kopien sind genau das - eine Kopie der Symptome eines anderen, die aber im eigenen Körper verbleiben. Dieses Problem wird in der Regression beobachtet, wenn das eigene Herz den Körper verlässt und während des Trauma-Augenblicks in den Herzbereich einer anderen Person geht. Auf der subzellulären Ebene sieht eine Kopie aus wie ein Ballon, der an einem Ribosom an einer Traumakette befestigt ist. Dieser Ballon enthält die Empfindung und das Gefühl der Persönlichkeit der Person, die kopiert wurde. In Wirklichkeit sind die physischen Kopiestrukturen Teil eines größeren Hot-Dog-förmigen Bakterienorganismus im Zytoplasma der Primärzelle.

Dies ist ein sehr wichtiger subzellulärer Fall, denn er ist der häufigste Grund, warum eine richtig durchgeführte Meridian- oder andere Traumatherapie keine Wirkung hat - das Gefühl kommt eben nicht von einem Trauma. Kopien können jedes mögliche Gefühl vermitteln und können in jedem Klientenproblem auftauchen, wie z.B. Sucht, körperliche Probleme, usw. Im Gegensatz zum Trauma ist eine Kopie jedoch nicht mit einem festgefahrenen Glaubenssatz oder einer Entscheidung verbunden - es ist nur eine Emotion, eine Empfindung oder eine Kombination der beiden.

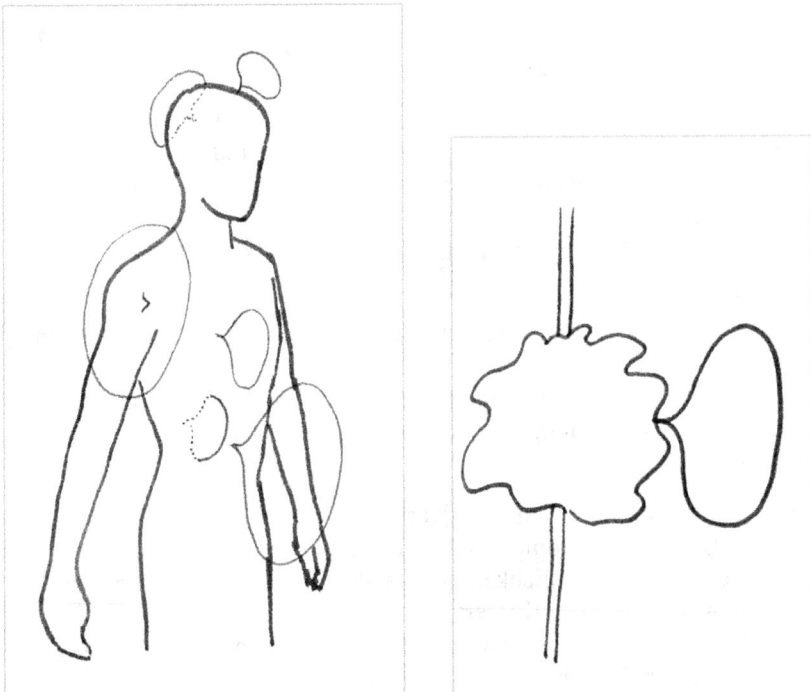

Abbildung 8.1: (a) Wie ein Mensch Kopien erlebt, als teils in und teils außerhalb seines Körpers. (b) Eine Kopie sieht aus wie ein Ballon, der an einem biographischen Ribosomen-Trauma befestigt ist.

Abbildung 8.1: (c) Ein Bild der Primärzelle mit zwei Kopien (ein bakterieller Organismus) an Ribosomen einer mRNA-Traumakette innerhalb des Zytoplasmas gebunden. Beachten Sie die Schläuche, die zum Körper des Parasiten führen (nicht dargestellt).

Symptom Schlüsselwörter

- Ich kann es nicht aufgeben. Das Klopfen funktioniert nicht.
- „Ich fühle mich wie meine ... (Mutter, Vater, Freundin)."
- Diese Emotion hat die Persönlichkeit eines anderen und ragt halb aus dem Körper heraus.
- Kann jedes Gefühl von emotional positiv bis körperlich sein.

Diagnosefragen

- Scheint das Gefühl innerhalb und außerhalb des Körpers zu sein wie in einem Ballon?
- Hat das Gefühl die Persönlichkeit eines anderen (besonders, wenn man sein Bewusstsein in die Struktur der Kopie bewegt)?

Differentialdiagnose

- Biographisches Trauma: Kopien haben keinen Glaubenssatz oder Entscheidung; Klopfen funktioniert nicht bei Kopien; eine Kopie hat das Gefühl der Persönlichkeit eines anderen; das Gefühl der Kopie erstreckt sich außerhalb des Körpers.
- Generationstrauma: Kopien fühlen sich nicht persönlich an. Sie haben nur ein Gefühl in sich.
- Kronenhirnstruktur: Eine Struktur hat eine geometrische Form, kinästhetisch steif, verursacht oft Schmerzen, ist fast immer im Inneren des Körpers und hat kein Gefühl einer Persönlichkeit.

- Fluch: Er hat das spezifische Gefühl eines Nagels oder einer Pfeilspitze im Körper in Kombination mit dem Gefühl der Persönlichkeit eines anderen. Ein Fluch hat auch einen Satz, der von ihm ausgeht - eine Kopie hat das nicht.
- Strippe: Das Gefühl ist in jemand anderem außerhalb des Körpers des Klienten.

Behandlung

- Am einfachsten: Senden Sie Liebe in die Verbindung zwischen dem Ribosom und der Kopie, als ob Sie Lösungsmittel an die Düse eines Ballons schicken würden.
- Schwieriger: Regression zum Augenblick des Traumas und Fühlen der eigenen Emotion statt der der anderen Person. (Die Beseitigung der Traumakette ist nicht notwendig.)
- Am schwierigsten, aber mit dem globalsten Effekt: die bakteriellen Kopieorganismen beseitigen (es können mehrere sein). Dies ist ein Peak States zertifizierter Prozess.

Typische Fehler in der Technik

- Der Klient versucht, Mitgefühl für die Kopie zu haben und für (Mutter, Vater, Freund) Liebe zu empfinden, anstatt Liebe wie ein Lösungsmittel in die Verbindung zwischen der Kopie und dem Ribosom zu senden.
- Kopien von Eltern sind in der Regel schwer zu bemerken, da Überreste des Spermium-/Eibewusstseins (das sich wie junge Versionen der Eltern anfühlt) bei den meisten Menschen noch vorhanden sind. Klienten müssen gezielt angewiesen werden, um diese Möglichkeit zu prüfen.

Häufigkeit & Schweregrad der Symptome

- Sehr verbreitet, besonders bei Therapeuten und anderen Arten von Heilern (die dazu neigen, empathisch zu sein).
- Kopien bleiben erhalten, es sei denn, sie werden absichtlich geheilt.
- Sie können eine beliebige Intensität oder einen beliebigen Inhalt haben.

Grundursache

- Kopien sind Teil eines größeren bakteriellen Parasiten.
- Sie treten auf, wenn die Person ihr „Herz" in das Herz der anderen Person schickt. (Dies kann aus verschiedenen Gründen geschehen, wie z.B. dem Wunsch zu helfen, Einsamkeit, usw.).
- Kopien bedecken manchmal eine Person (wie von Airbags umgeben), weil sie dem Klienten ein Gefühl von Sicherheit oder Schutz vermitteln.

Risiken

- Die Üblichen für die Trauma-Psychotherapie.
- Einige Leute benutzen Kopien als Schutzschild, so dass Gefühle der Offenheit und Verletzlichkeit nach dem Heilen ausgelöst werden können.

ICD-10 Codes

- F45, F93.
- Kopien können viele andere Codes nachahmen.

Strippen: *„Ich kann die Persönlichkeit oder das Gefühl einer anderen Person spüren"*

Das Wort „Strippe" stammt aus der vom Berkeley Psychic Institute bekannt gemachten psychischen Tradition, weil sie als „Röhren" gesehen werden können, die zwei Menschen verbinden. Erfahrungsgemäss spürt man die Emotionen einer anderen Person aus der Ferne. Es ist ein Gefühl, das normalerweise als ihre „Persönlichkeit" beschrieben wird. Diese Gefühle können positiv oder negativ sein. Strippen „verbinden" die komplementären Traumata zweier Menschen. Es gibt auch einen „Traumasatz", der von jedem Trauma an die andere Person geschickt wird, als wäre die Strippe ein Telefon. Verursacht wird dieses Phänomen durch einen „Borgpilz".

Dieses Thema tritt oft in der Paarberatung auf, wenn einem Partner der Emotionalton, den er beim anderen Partner wahrnimmt, nicht gefällt. Strippen können ein Trauma in dem Gegenüber stimulieren und dadurch bestimmte Verhaltensweisen und Erfahrungen in der anderen Person anstoßen; z.B. sexuelle Gefühle hemmen, eine Person soweit bringen, dass diese sich dumm oder ungeschickt verhält, usw. Die Behandlung kann für jede einzelne Strippe erfolgen oder global durch die Schaffung einer Immunität gegen den Pilz.

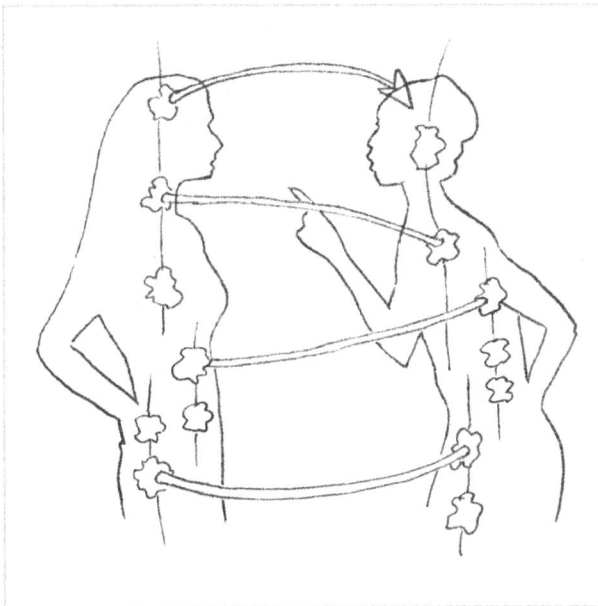

Abbildung 8.2: (a) Strippen, die die Ribosome zweier Menschen verbinden (erfahrungsgemäß).

Abbildung 8.2: (b) Borgpilz, der sich mit Ribosomen in der Primärzelle einer Person verbindet. (c) Borgpilz bei zwei verschiedenen Personen, die sich wie Mobiltelefone miteinander verbinden.

Symptom Schlüsselwörter

- Diese Person fühlt... (Emotion oder Persönlichkeitsempfinden) für mich.
- Ich benehme mich anders, wenn die Person da ist.
- Probleme mit dem Partner.
- Normalerweise denken verschiedene Menschen anders.
- Ich kann nicht aufhören, an die Person zu denken, nachdem wir eine Interaktion hatten.

Diagnosefragen

- Wie fühlt sich die Emotion oder Persönlichkeit der anderen Person für Sie an?
- Die Strippen sind richtungsweisend. Einige Leute können ein zerrendes Gefühl spüren, wenn sie sich umdrehen.

Differentialdiagnose

- Projektion: Eine Person, die projiziert, kann Rollen umdrehen (d.h. Täter und Opfer); man projiziert normalerweise das gleiche Gefühl auf mehrere Personen; auch Objekte können projiziert werden. Strippen können diese Eigenschaften nicht haben. Man kann sich nicht mit Objekten verbinden, sondern nur mit Menschen.
- Fluch: Es handelt sich um Strukturen, die am Ende einer frei schwebenden Strippe befestigt sind. Flüche fühlen sich körperlich schmerzhaft an. Strippen verursachen keine körperlichen Schmerzen.
- S-Loch: Eine Person mit einem S-Loch kann sich fühlen, als würde sie Energie aus dem Anderen saugen; oder sie kann das Gefühl der „Liebe" als Köder benutzen, um den Energieabzug zu ermöglichen. Strippen ermöglichen es einem, den traumatischen Emotionalton des anderen zu spüren, der jedes Thema beinhalten kann.

- B-Strippe/B-Loch: Bei der B-Strippe hat der Emotionalton in der anderen Person ein zugrundeliegendes bösartiges Gefühl, doch das ist nicht immer ganz schlüssig, da dieses selten auch bei Strippen vorkommen kann; die Lokation und das Gefühl in der anderen Person sind die gleichen wie beim Klienten - das ist schlüssig.

Behandlung

- Distant Personality Release (DPR). Hinweis: DPR funktioniert auch mit B-Strippen. Dies ist die einfachste Methode und funktioniert immer nur bei jeweils einer Strippe.
- Silent Mind Technique (SMT). Dies ist ein viel aufwendigerer Prozess, der dieses Thema jedoch dauerhaft und global beseitigt.
- Heilen Sie das Trauma, das an Ihrem Ende aktiviert wird, wobei es schwierig sein kann, das Trauma zu identifizieren.

Typischer Fehler in der Technik

- DPR: In Schritt 2 der Methode ist das Gefühl der Liebe nicht bedingungslos.

Häufigkeit & Schweregrad der Symptome

- Sehr verbreitet. Viel häufiger als die Projektion.
- Strippen stimulieren mit einem großen Spektrum an Schweregrad und Stärke direkt das Trauma.

Grundursache

- Eine Strippe ist ein Tentakel eines Borgpilzes, das sich mit Trauma-Ribosomen in der Primärzelle verbindet. Haben zwei Menschen komplementäre Traumata, interagieren eigentlich ihre Pilze und kommunizieren die Emotionen und Traumasätze, als wären die Tentakel eine Art altmodisches Sprachrohr. Die beteiligten Personen mögen eine Verbindung in der Gegenwart haben wollen oder auch nicht; der unbewusste Antrieb besteht darin, die Mehrpersonen-Interaktion des ursprünglichen Traumaaugenblickes wiederherzustellen.

Risiken

- Das Übliche für die Trauma-Psychotherapie.

ICD-10 Codes

- F52.

Ribosomalstimmen *(Obsessive Gedanken, Schizophrenie): „Ich kann meinen Verstand nicht zum Schweigen bringen"*

Dieses Primärzellproblem ist die Hauptursache für gewöhnliches, alltägliches unfreiwilliges Denken beim Menschen. Dieses Problem ist eigentlich eine Spektrums-Störung; einige Menschen haben leichte Symptome („Gedanken", „unfreiwilliges Denken", „beschäftigter Geist"), einige schwerwiegendere („obsessive Gedanken") und einige extreme („Stimmen hören", Channeling, Schizophrenie). Dieses Problem ist das Ergebnis einer indirekten Wirkung des Borgpilzes. Der Pilz kann ein kristallines Material in ein bestimmtes Ribosom injizieren, das im endoplasmatischen Retikulum eingebettet ist. Dieses Ribosom wird danach ganze Persönlichkeiten enthalten, so als wären echte Menschen an festen Stellen im oder außerhalb des Körpers des Klienten gefangen. Der Klient „hört" diese „Menschen", was zur Wahrnehmung von Gedanken im Kopf führt. Die Emotion jeder Ribosomalstimme ist fixiert, variiert aber von Ribosom zu Ribosom und sie kann negativ oder positiv sein. Ein durchschnittlicher Mensch hat ungefähr 15 Ribosomalstimmen. Leider ist fast jeder mit diesem Parasiten infiziert, daher hält die Gesellschaft das Haben von „Gedanken" für normal. Die meisten Menschen gehen davon aus, dass diese Gedanken ihre eigenen sind. Werden jedoch entweder diese Ribosome oder der Pilz eliminiert, wird der Verstand des Klienten still, er ist ohne Hintergrundgedanken. Wir nennen diesen Zustand den Zustand Silent Mind (stiller Vestand).

Die Ribosome der jeweiligen Körperhirnassoziationen, die „Stimmen" haben können, entstehen während eines Überlebenstraumas *in der Gebärmutter*. Die Assoziation verbindet das eigene Überleben mit der Emotion der Mutter während des Ablaufs des Traumas. Diese Assoziationen verursachen bei fast jedem auch andere seltsame Auswirkungen. Sie sind die Hauptursache für sexuelle Anziehungen und erzeugen einen unbewussten Drang, andere zu manipulieren, so dass sie jedesmal einen bestimmten emotionalen Zustand erreichen. Dieser Mechanismus kann beispielsweise einen Wutanfall bei einem Kind auslösen, weil das Kind damit verzweifelt versucht, eine angestrebte Zielemotion (positiv oder negativ) im Elternteil wiederherzustellen.

Abbildung 8.3: (a) Gedanken (oder „Stimmen"), die an festen Orten im Raum um den Körper herum erlebt werden.

Wenn der Therapeut mit psychoaktiven oder emotional oder mental instabilen Patienten arbeitet, ist eine spezielle Ausbildung erforderlich. Weitere Informationen finden Sie in unserem Buch *Silence the Voices*. Ähnliche Probleme mit „Hören von Stimmen" können auch durch andere Krankheitsmechanismen verursacht werden, aber die sind weitaus seltener.

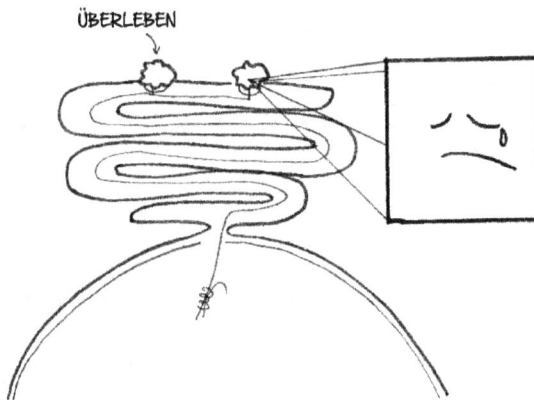

Abbildung 8.3: (b) Eine Ribosomalstimme, die in das endoplasmatische Retikulum eingebettet ist.

Symptom Schlüsselwörter

- „Ich habe… (ängstliche) Gedanken"; obsessive Gedanken; unfreiwilliges Denken; mein Geist rast; ich habe schreckliche Gedanken.

- Stimmen hören; Schizophrenie.
- Channeling; dämonische Besitzergreifung.
- Besessenheit, Sexsucht, sexuelle Anziehungskraft auf Menschen.

Diagnosefragen

- Kommt Ihr Gefühl genau genommen von einem Gedanken?
- Fühlen Sie sich sexuell zu jemandem hingezogen, den Sie nicht wirklich mögen?
- Haben Sie einen obsessiven Gedanken?
- Hat dieser Gedanke die emotionale Stimme eines anderen?
- Befindet sich der Gedanke an einem festen Ort außerhalb Ihres Körpers?
- Sieht die Stimme aus wie eine graue oder dunkle Wolke außerhalb des Körpers?

Differentialdiagnose

- Klang-Schleifen: Sie sind nur aufgenommene Audiodateien ohne eine Emotion.
- S-Loch: Die Sucht konzentriert sich darauf, Liebe/Aufmerksamkeit zu bekommen.
- Trauma: Gedanken verursachen das Gefühl, es ist nicht das Gefühl, das Gedanken verursacht.
- Amöbenparasit der Klasse 3: Ein einfacher, sich wiederholender, obsessiver Gedanke oder Satz, der jedoch an verschiedenen Stellen und in der Regel im Körper dupliziert wird.
- Insektenähnlicher Parasit der Klasse 1: Die Stimmen sind nicht an festen Orten und sie fühlen sich eher wie Telepathie an.

Behandlung

- Für eine individuelle Stimme: Verwenden Sie die Body Association Technique, die auf den Emotionalton der Stimme ausgerichtet ist.
- Für eine globale Heilung: Verwenden Sie die Silent Mind Technique (SMT), die den auslösenden Pilz beseitigt und dadurch zur Immunität führt.

Typische Fehler in der Technik

- Unkenntnis darüber, dass das Klientenproblem durch einen Gedanken und nicht durch ein Gefühl verursacht wird.
- Bei schwerer Schizophrenie ist die grundlegende Motivation für Stimmen die Einsamkeit. Wenn Sie eine Stimme heilen, entwickelt der Klient weitere Stimmen, um zu kompensieren. Diese Menschen brauchen den vollständigen Prozess Silent Mind Technique (SMT).

Häufigkeit & Schweregrad der Symptome

- Fast jeder hat dieses Problem, es ist nur eine Frage der Unterdrückung.
- Eine Person in dem Bewusstseinszustand Beauty Way hat keine Stimmen (d.h. keine Hintergrundgedanken).

Grundursache

* Verursacht durch eine Kombination aus dem Borgpilz und einem bestimmten lebensbedrohlichen pränatalen Trauma, das zur Entwicklung von einem Zwang führt, sich mit einem bestimmten Emotionalton (Sinnenersatz) zu umgeben.

Risiken

* Mehr als üblich für die Trauma-Psychotherapie. Globale Heilung (SMT) kann bei Partnern und Kindern Anpassungsprobleme verursachen, da sich die Person nun möglicherweise „distanzierter" und „liebloser" anfühlt. Sie können wegen ihren Gefühlen Behandlungen benötigen; in einigen Fällen benötigen sie auch SMT.

* Die Heilung kann extreme Einsamkeit auslösen und man versucht, die fehlenden Stimmen zu kompensieren.

* Therapeuten benötigen eine spezielle Ausbildung, um instabile oder medizinische Patienten zu behandeln; diese Patienten müssen während und nach der Behandlung medizinisch überwacht werden, um die Auswirkungen und Veränderungen von Medikamenten zu überprüfen.

ICD-10 Codes

* F20, F44.3, R44.

Seelenverlust: *„Ich vermisse jemanden (oder einen anderen Ort)"*

Unsere Verwendung des Wortes „Seelenverlust" stammt aus der schamanischen Tradition, wie sie von Sandra Ingerman (*Soul Retrieval*) und Michael Harner (*The Way of the Shaman*) bekannt ist. Es beschreibt das Gefühl, ein fehlendes Stück Bewusstsein zu haben. Wenn dieses Phänomen auftritt, sieht man während einer Regression, wie sich ein Bild von uns selber vom Körper entfernt. In der Primärzelle kann dieses Problem als Fehlen von Zytoplasma um die Traumakette herum gesehen werden. Die Traumakette enthält den Augenblick, in dem der Seelenverlust stattfand. Auf einer grundlegenderen Ebene ist es fehlendes Material in der Struktur, die das Körperbild verursacht. In dem Bewusstseinszustand „Spaciousness State" kann man dieses Problem „sehen": Ein Teil des Körpers fehlt, als ob eine Schaufel einen Teil des Fleisches entnommen hätte.

Wenn Beziehungen enden, wird das Thema häufig bewusst. Die Traurigkeit, die Einsamkeit oder der Verlust ist nicht auf ein ausgelöstes Trauma oder die Abwesenheit des Partners zurückzuführen, sondern darauf, dass auf das fehlende Stück in der Primärzelle aufmerksam gemacht wird. Diese Gefühle werden von den Klienten manchmal als „Depression" bezeichnet.

In einigen extremen Fällen, in denen es so viel Seelenverlust gibt, dass der größte Teil des Körperbildes verschwunden ist, kann der Klient sagen, dass er sich emotional „taub" oder „nicht wahrnehmbar" fühlt. Das Fehlen der üblichen „Verlustgefühle" kann diesen Fall schwer diagnostizierbar machen.

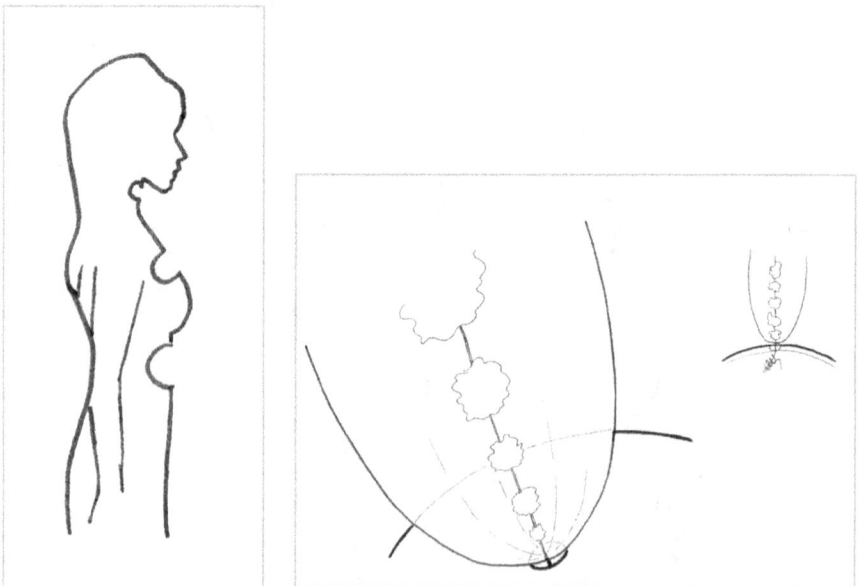

Abbildung 8.4: (a) Der Seelenverlust fühlt sich an und sieht aus wie fehlende Körperstücke. (b) Seelenverlust als leere Fläche entlang der entsprechenden biographischen Traumakette. Links ist die Ansicht des Zytoplasmas - rechts ist eine Schnittansicht durch den Nukleus.

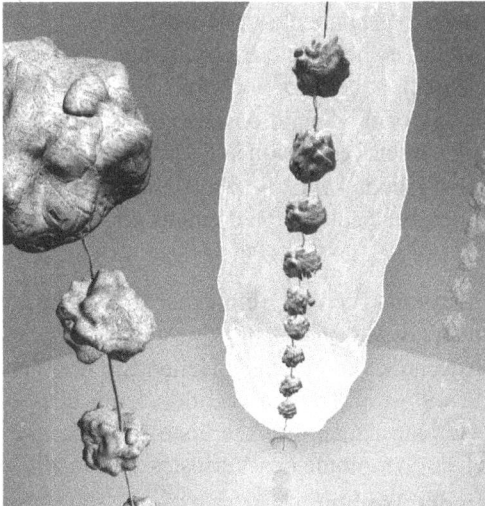

Abbildung 8.4: (c) Eine 3D-Zeichnung der Traumakette in der Primärzelle, die mit dem Seelenverlust verbunden ist.

Symptom Schlüsselwörter

- Sehnsucht, Verlust, Einsamkeit, Vermissen von jemandem oder eines Ortes, Traurigkeit.
- Besessenheit.

Diagnosefragen

- Vermissen oder sehnen Sie sich nach einer bestimmten Person oder einem Ort?
- Fühlt es sich an, als ob eine Region Ihres Körpers fehlt?
- Wollen Sie etwas und bekommen es nie?

Differentialdiagnose

- Abgrund: Der Klient hat das Gefühl, dass „im Leben vorwärts zu kommen" bedeutet, vernichtet zu werden. Im Seelenverlust will der Klient die Vergangenheit bewegen, handeln oder verändern („wenn nur....."), um sich besser zu fühlen.
- Kopien: Eine Kopie hat die Persönlichkeit eines anderen; sie fühlt sich teilweise außerhalb des Körpers an (im Gegensatz zum Seelenverlust, der das Fehlen eines „Stückes" des Körpers ist). Klopf- und Trauma-Heiltechniken wirken nicht bei Symptomen des Seelenverlustes oder bei Kopien.
- S-Loch: Sie sind auf dem Körper entlang der vorderen Mittellinie. Der Klient wird an jedem „saugen", den er finden kann, während das Problem des Seelenverlustes spezifisch für eine Person oder einen Ort ist.

- Loch: Das Loch fühlt sich deutlich unzulänglich und bodenlos an, ist meist mit Angst verbunden und es wird versucht, es mit Empfindungen zu füllen; wobei es beim Seelenverlust nur um Verlust, Traurigkeit und und Etwas zurück haben wollen, geht.
- Biographisches oder generationsbezogenes Trauma: Ein Trauma wird durch Klopfen oder Regression heilen; Seelenverlust nicht.
- Strippen: Der Klient kann die Persönlichkeit eines anderen über eine Strippe spüren; bei Seelenverlust gibt es nur das Verlustgefühl.

Behandlung

- Generationstrauma-Technik (einfacher): Heilen Sie das Gefühl des Seelenverlustes direkt.
- Regressionstechnik (komplexer): Heilen Sie den Traumaaugenblick des Seelenverlustes - die Trauma-Emotion kann alles sein, außer Verlust. Nach der Heilung singen Sie die erste Melodie, die Ihnen in den Sinn kommt, bis die Symptome des Verlustes vollständig verschwunden sind.

Typische Fehler in der Technik

- Versehentlich anzunehmen, dass das Gefühl des Seelenverlustes das gleiche ist wie das Gefühl, das man hatte, als der Seelenverlust stattgefunden hat.
- Nicht lange oder laut genug zu singen, um das Gefühl des Verlustes während der Sitzung vollständig zu beseitigen.

Häufigkeit & Schweregrad der Symptome

- Sehr verbreitet, wenn auch meist unterdrückt.
- Für die meisten kein Dauerproblem, denn sie finden Strategien, um das Gefühl zu vermeiden.

Grundursache

- Schädigung der Körperstruktur durch einen Parasiten der Klasse 1. In der Regel ausgelöst durch die Weigerung, eine Situation zu fühlen/erleben, bis hin zur Ablehnung des Schmerzes/der Emotion.

Risiken

- Das Übliche für die Trauma-Psychotherapie.

ICD-10 Codes

- F32, F33, F34.

Saugendes-Loch (S-Loch): „*Ich muss im Mittelpunkt der Aufmerksamkeit stehen*"

Dieses Problem ist die Ursache für das Bedürfnis der meisten Menschen nach ständiger Aufmerksamkeit und das endlose Bedürfnis zu hören, dass sie besonders und einzigartig sind. Manche Menschen haben leichte Symptome, während andere stark betroffen sind. Kinästhetisch betrachtet hat der Klient das Gefühl, dass er durchgehend ein Loch oder mehrere Löcher in der vorderen Mittelachse seines Körpers hat, von dem er meint, diese ständig auffüllen zu müssen. Solange man die Aufmerksamkeit der Klienten nicht darauf hinlenkt, wird diese Empfindung interessanterweise von diesen nicht wahrgenommen. In der Regel versuchen die Klienten entweder, mit dem schrecklichen Gefühl des endlosen Mangels in ihrem Körper zu leben; oder andere Menschen zu finden, die sich „liebend" anfühlen, damit sie sich von deren Energie „ernähren" können (im Allgemeinen hat diese liebende Person auch das S-Loch-Problem und sie „ernähren" sich voneinander); oder sie decken das Saugende-Loch mit einem insektenartiken Parasiten ab, der sich mit einer anderen Person verbindet, von der sie sich „ernähren" können. Normale Traumaheilung der Bedürftigkeit oder des Sauggefühls funktioniert nicht.

Biologisch gesehen bildet sich ein Saugendes-Loch in einer Lücke zwischen paarigen Dreifachhirn-Blöcken (diese sind normalerweise eng miteinander verbunden). In der Lücke sitzt ein amöboider Organismus mit einem insektenartigen Parasiten darin; das Sauggefühl kommt von dem Erreger. Ein S-Loch kann asymmetrisch sein, da die Anfälligkeit für dieses Problem in den Ei- und Spermien-Blöcken unterschiedlich sein kann.

Dieses Thema ist *sehr* häufig bei den Psychotherapie-Klienten zu finden. Diese Menschen neigen dazu, „alles ausprobiert" zu haben, und nichts hat funktioniert; sie geben normalerweise dem Therapeuten die Schuld am Scheitern. Einige sind sich des Problems bewusst; andere wiederum gehen erst zum Therapeuten, wenn ihre Bewältigungsstrategien gescheitert sind. Menschen mit diesem Thema verursachen oft ein Organisations- und Trainingsdrama. Sie werden versuchen, die Organisation zu stören, damit sie zum Anführer oder Mittelpunkt der Aufmerksamkeit werden können.

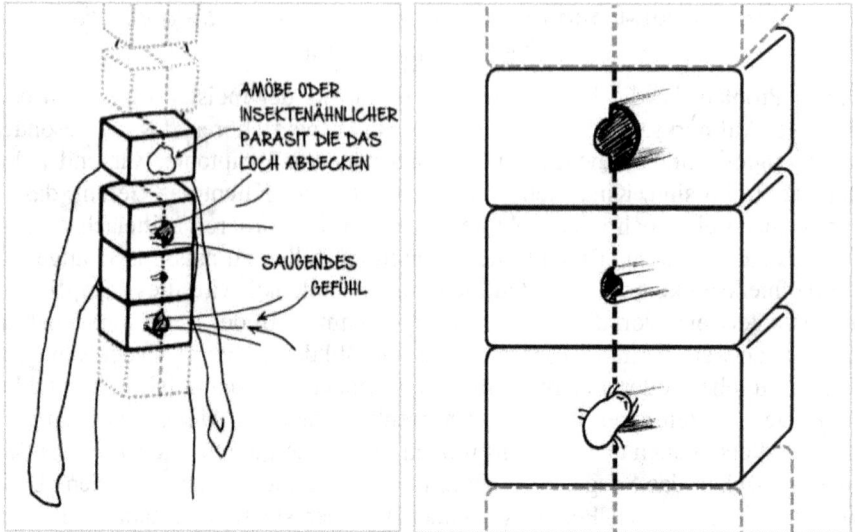

Abbildung 8.5(a): „Saugende-Löcher" entlang der vertikalen vorderen
Mittelachse des Körpers (zwischen den Dreifachhirn-Blöcken). (b). Eine
Nahaufnahme des Klasse-1-Insektenartigen Parasiten in einer Klasse-3-Amöbe.
Beachten Sie, dass die linke und rechte Seite des Lochs unterschiedlich ist. Das
untere Loch wird von einem Parasiten bedeckt, der das Saugende-Loch
„versorgt".

Symptom Schlüsselwörter

- Gestörte Beziehung; Verlangen nach Aufmerksamkeit/Liebe; süchtig nach Liebe; wollen Liebe; nehmen die Dinge persönlich; bedürftig; unersättlich; verzweifelt; ängstlich, wenn sie allein sind, fühlen sich zutiefst mangelhaft, es ist die Schuld der anderen, dass meine Bedürfnisse nicht erfüllt sind; Energie-Vampir, der meine Energie saugt.
- Heilung funktioniert nicht; nichts funktioniert bei mir; ich fühle mich nie besser; ich kann nicht heilen.
- Ich brauche Anerkennung; ich verrate Menschen, die mir vertrauen; ich störe die Organisation, in der ich bin.
- Seltsames irrationales (unkontrollierbares) Verhalten: Ich tue verrückte Dinge, um das zu bekommen, was ich im Augenblick brauche (Liebe, Aufmerksamkeit); ich lehne Menschen ab, die mich nicht die ganze Zeit lieben.
- Borderline-Persönlichkeitsstörung: übermäßige Besorgnis, Egozentrik Selbstherrlichkeit.

Diagnosefragen

- Haben Sie ein Saugen an Stellen entlang Ihrer Mittelachse des Körpers, bei vorliegenden Symptomen? Gibt es ein klaffendes Loch, das sich saugend anfühlt?

Differentialdiagnose

- Loch: Ein Loch hat kein saugendes Gefühl.
- Generationstrauma: Man kann keine Löcher wegklopfen; Generations-Traumata verursachen, dass man menschliche Interaktionen vermeidet, während S-Loch-Klienten Interaktionen benötigen.
- Seelenverlust: Das Gefühl des Verlustes oder Bedürftigkeit ist spezifisch für nur eine Person.
- Kerntrauma: Beide verursachen in vielen Situationen Probleme, aber Kerntraumata haben keinen emotionalen Inhalt oder Körperempfindungen.

Behandlung

- Dieses ist derzeit eine lizenzierte Technik, ausgeführt von Peak States zertifizierten Therapeuten.

Typischer Fehler in der Technik

- Ein S-Loch, das von einem Parasiten bedeckt ist, wird vom Klienten nicht gespürt, also nicht gefunden und geheilt. Der Trick besteht darin, unter der Hautoberfläche den Parasiten zu spüren, um das leere S-Loch darunter zu finden.

Häufigkeit & Schweregrad der Symptome

- Sehr häufig bei Klienten (~70%).
- Diese Menschen finden sich oft in dysfunktionalen Organisationen wieder; sie finden auch in der Regel Arbeit, bei welcher sie im Mittelpunkt stehen können (z.B. Schauspieler, Lehrer, Politiker, Manager, spirituelle Lehrer oder Gurus usw.).

Grundursache

- Das Gefühl des Saugenden-Loches wird von einer Amöbe verursacht, welche in einem Riss in einem normalerweise verbundenen Dreifachhirn-Block (Spermium und Ei) lebt. Mehrere S-Löcher sind auf andere Dreifachhirn-Blöcke zurückzuführen, die ebenfalls dieses Problem haben.

Risiken

- Das Übliche für die Trauma-Psychotherapie.

ICD-10 Codes

- F24, F60.3, F60.4, F60.81, F94.2

Sippenblockade: *„Ich tue, was meine Familie und Kultur erwarten"*

Die Sippenblockade ist eines der schwerwiegendsten Themen, die die Menschheit hat. Sie wird durch einen Pilzorganismus (wir nennen ihn den Borgpilz) verursacht, der die Handlungen der Menschen beeinflussen und bei einigen Menschen vollständig kontrollieren kann. Unsere Spezies hat sich an dieses Problem angepasst. Es ist dasjenige, welches dazu führte, dass sich auf der ganzen Welt verschiedene unterschiedliche Kulturen entwickelt haben. Es ist das, was einem Menschen die „Regeln" einer Kultur vermittelt.

Der Pilz nötigt die Menschen, Einschränkungen zu befolgen, sei es kulturelle oder die der eigenen Familiengruppe. Besonders hochfunktionale Klienten bemerken diesen Einfluss, wenn sie in ihrem Leben neue Wege gehen wollen und spüren können, dass sie irgendwie blockiert werden. Es zeigt sich auch bei Menschen, die entweder bikulturell sind oder dabei sind, es werden zu wollen.

Abbildung 8.6: (a) Der Borgpilz verhält sich wie eine Gruppe von Menschen, die dem Klienten sagen, was er tun soll.

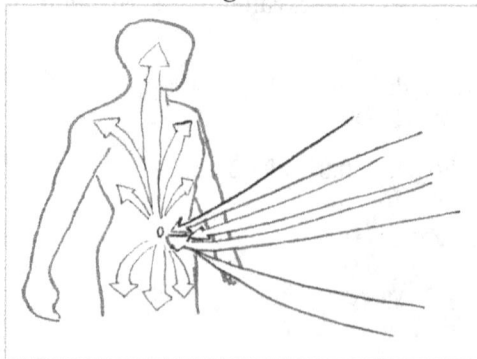

(b) Der Borgpilz kontrolliert den Klienten, indem er Emotionen in seinen Nabel schickt.

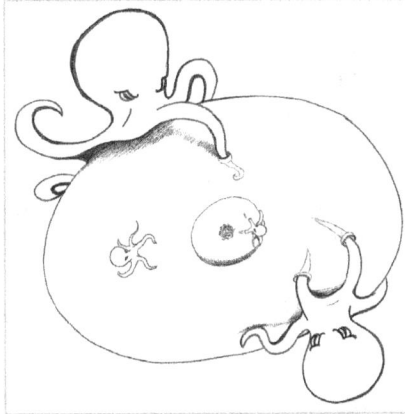

Abbildung 8.6: (c) Der Borgpilz, der wie ein Oktopus aussieht, dringt in die Primärzellmembran ein. Er hat eine Vielzahl von Größen und lebt sowohl innerhalb als auch außerhalb der Zelle.

Symptom Schlüsselwörter

- Fühlen starken Widerstand oder fühlen sich schwer an (wie das Tragen eines Rucksacks); wenn Klienten sich zum Besseren wenden wollen (z.B:.Ich möchte mich ändern/ wachsen/ besser fühlen/ glücklicher sein/ positiver sein), können sie es nicht ausführen.
- Ist eine Person dem Einfluss der Sippenblockade erlegen, verliert die Person den Enthusiasmus oder empfindet gedämpfte Emotionen bei der Durchführung eines Wunsches.
- Verursacht multikulturelle Probleme (Ort, Kultur, Konflikte).
- Jeder Satz, der das Wort „Last" enthält, wie z.B. „Ich trage eine Last auf meinen Schultern"

Diagnosefragen

- Sippenblockadethemen sind die wahrscheinlichste Ursache für das Thema eines hochfunktionierenden Klienten.
- Haben Sie das Gefühl, dass Sie im Leben nicht vorankommen? Fühlen Sie sich dadurch schwer?
- Versuchen Sie, eine positive Veränderung in Ihrem Leben herbeizuführen?
- Haben Sie ein neues Projekt gestartet, aber es fällt Ihnen sehr schwer, es fortzusetzen?
- Hat das Thema mit Ihrer alten oder neuen Kultur zu tun? Sind Sie vor kurzem in ein neues Land/eine neue Kultur gezogen?
- Wenn Sie über das Thema nachdenken, können Sie Gefühle spüren, die von außerhalb des Bauchnabels auf Sie zukommen?

Differentialdiagnose

- Abgrund: „Im Leben voranzukommen" weckt Gefühle der Vernichtung; die Sippenblockade gibt einer Person das Gefühl, schwer zu sein oder das

Gefühl, dass Menschen ihre Wünsche blockieren oder sich ihnen widersetzen. Die Erfahrung des Abgrunds ist weitaus weniger verbreitet.

- Biographisches Trauma: Im Gegensatz zum Trauma werden die Gefühle der Sippenblockade nach außen verlagert; Menschen, die sich dem Einfluss der Sippenblockade widersetzen, fühlen sich schwer, während der Widerstand gegen Traumata ihre emotionalen Symptome verstärkt; man kann viele Traumata um ein Thema herum haben; während der Druck der Sippenblockade völlig aufhört, wenn man aufhört, sich zu ändern zu wollen.
- Generationstrauma: Ein Generationstrauma vermittelt das Gefühl, persönlich fehlerhaft zu sein, während die Sippenblockade es nicht tut.
- Körperhirnassoziation: Wenn das Gefühl in der Hand zu finden ist, dann ist es eine Körperhirnassoziation.
- Gedämpfte Emotionen: Der Bereich aller Gefühle wird reduziert. Eine Sippenblockade kann dazu führen, dass sich die Person schwer fühlt, sobald sie sich widersetzt; und sich emotional gedämpft und ruhig fühlt, wenn sie es nicht tut, aber nur in Bezug auf das jeweilige Thema.

Behandlung

- Verwenden Sie für ein bestimmtes Thema die Sippenblockadetechnik.
- Für eine globale Lösung verwenden Sie die Silent Mind Technique (SMT), um den Borgpilz endgültig zu beseitigen.
- Wenn dieser geheilt ist, hebt sich die Schwere, so dass ein Gefühl der Leichtigkeit entsteht und das Gefühl eines Hindernisses für das Vorwärtskommen ist verschwunden.

Typische Fehler in der Technik

- Statt auf die Emotionen im Nabel zu achten, beachten Sie Ihre Reaktion auf diese Emotionen.
- Ausblenden der Emotionen, die auf Sie zukommen. Die Bilder sind nicht wichtig, können aber als Leitfaden für die Anwesenheit von Emotionen nützlich sein.
- Der Klient wechselt von Problem zu Problem, ohne es zu merken, so dass die Sitzung nie enden kann.
- Die Aussendung des CoA aus dem Nabel heraus kann bei einigen Menschen zu ernsthaften Problemen (Unmenschlichkeit usw.) führen.

Häufigkeit & Schweregrad der Symptome

- Fast jeder hat dieses Problem und nur wenige Menschen versuchen diesem zu widerstehen und bemerken erst dann die Symptome.
- Verursacht Konflikte zwischen Kulturgruppen.

Grundursache

- Eine Art von Pilzinfektion, die die Primärzelle betrifft.

- Eine schwerwiegendere Form der Infektion tritt auf, wenn der Klient sein Bewusstsein dem Borgpilz abgibt und sich damit selbst aufgibt, um sich kraftvoll/kräftig zu fühlen.

Risiken

- Das Übliche für die Trauma-Psychotherapie.
- Extreme emotionale Reaktionen auf Gefühle, die während der Behandlung in den Nabel gelangen.
- Übelkeit und andere unangenehme körperliche Empfindungen während der Behandlung.

ICD-10 Codes

- F43.2

Kapitel 9

Subzelluläre Fälle - weniger häufig

Obwohl diese subzellulären Fälle bei den meisten Menschen existieren, gehen Klienten normalerweise dafür nicht in eine Praxis, weil die meisten Menschen unbewusste, kompensierende Strategien haben, um ihr Bewusstsein dafür zu blockieren. Der Therapeut sollte jedoch diese Möglichkeiten im Hinterkopf behalten, wobei er sie nicht bei jedem Klienten vermuten sollte. Einige dieser Fälle sind ziemlich ungewöhnlich. Menschen, die sie haben, suchen oft schon lange nach einer Heilung ihres speziellen Problems. Sie erklären oft fälschlicherweise ihr Symptom mit konventionellen Ideen (ihrer sozialen Gruppe entsprechend): „Es ist ein medizinisches Problem", „Außerirdische haben es mir angetan", „Es ist ein Ungleichgewicht in meinem Chi" und so weiter.

Bakterielle Parasitenprobleme (Klasse 3): *„Ich fühle mich vergiftet, müde und taub"*

In dieser subzellulären Fallbeschreibung werden wir die allgemeineren bakteriellen Symptome behandeln. Andere bakterielle Fälle in diesem Handbuch stammen von bestimmten Arten. Sie verursachen das Phänomen von Kopien, Klangschleifen, B-Löchern, Trauma-Umgehungen und die Anwesenheit von Großeltern in der Nähe des Körpers. Wir schlagen vor, dass die Therapeuten den allgemeinen bakteriellen subzellulären Fall lernen, indem sie eine Bakterienzelle innerhalb der Primärzelle visualisieren und dann über die Probleme nachdenken, die sie verursachen kann, anstatt nur zu versuchen, sich eine Liste von Symptomen zu merken.

Praktisch hat jeder ein gewisses Maß an bakteriellen Parasitenproblemen in der Primärzelle. Für die meisten Menschen gibt es keine offensichtlichen Symptome, da sie gelernt haben, alle Aktivitäten zu vermeiden, die bakterielle Reaktionen stimulieren können. In einigen Fällen hat der Klient jedoch entweder etwas, das dieses Problem ausgelöst hat, oder es ist bereits ein chronisches Problem.

Obwohl die meisten Bakterien eher weich, ballonartig und durchsichtig sind, haben einige eine festere Oberfläche, wie die einer Kugel oder eines Wurms und einige haben Filamente, die sie in die Primärzellstrukturen des Klienten einbohren können. Wenn der Klient ein Bakterium oder eine Region mit Bakterien darin wahrnimmt (sie können innerhalb oder außerhalb des Körpers wahrgenommen werden), ist das primäre Symptom in der Regel Toxizität. Beachten Sie, dass das Gefühl von Bakterien Toxizität oder Vergiftung ist, im Gegensatz zu dem Gefühl von Übelkeit, welches von den Pilzen ausgelöst wird. Angst, Empfindungen des Bösartigen, Empfindungen von Grenzen oder Blockaden sind weitere mögliche Symptome. Es kann auch Druckempfindungen geben, die von leichten bis zu extremen Schmerzen reichen können, wenn ein Bakterium gegen eine Zellmembran drückt. Klienten, die ihr CoA in eine Bakterienzelle oder teilweise in eine Bakterienzelle ausdehnen, haben in der Regel Symptome wie Müdigkeit, körperliche und emotionale Taubheit und können aus Sicht des Klinikers in der Regel auch Paranoia und/oder ungewöhnliche Negativitätsgrade aufweisen.

Es gibt noch eine weitere Reihe von störenden bakteriellen Parasitenproblemen, die zwischenmenschliche Probleme beinhalten. Meist als unbewusste Abwehrreaktion projizieren einige Menschen ihr Bewusstsein in eine der Bakterienzellen des Klienten, um sich an den Klienten zu „binden". Dies gibt dem Klienten das Gefühl, dass das Gegenüber sich unangenehm „in seinem Raum" befindet. Das Gefühl dabei ist, wie angegriffen oder bedroht zu werden, da Filamente in den „Körper" des Klienten eingeführt werden. Dies führt zu Reaktionen, die von Angst/Furcht bis hin zu Ärger/Wut reichen. Ein weiteres seltsames zwischenmenschliches bakterielles Parasitenproblem ist folgendes: Bei den meisten Menschen befinden sich große Cluster von transparenten Bakterien an der inneren Zellmembran. Einige Menschen hinterlassen einen negativen emotionalen Abdruck in diesen Organismen (was ihnen eine dunklere Farbe verleiht), und das kann von anderen wahrgenommen werden, als gäbe es eine negative „Aura", die sich über eine ganze Entfernung um die Person herum erstreckt. Schlimmer noch, wenn jemand sein CoA auf diese Person ausdehnt, kann er dieses Gefühl versehentlich in seinen eigenen Zytoplasma-Bakterien duplizieren. Dieser Mechanismus ist ähnlich wie der Fall der Kopien, aber allgemeiner und nicht nur in Augenblicken des Traumas.

Es kann noch ein weiteres, glücklicherweise selteneres Bakterienproblem existieren. Einige Menschen haben Bakterienzellen, die das Bewusstsein von extrem bösartigen Vorfahren enthalten. Es sind keine Vorfahren aus einer generationsbedingten Traumakette, sondern sie leben und agieren in der Gegenwart innerhalb der Primärzelle. Schlimmer noch, bei einigen Menschen können diese Bakterienzellen den Klienten vorübergehend „besetzen". Da dieses Problem bereits vorgeburtlich auftritt, erlebt der Klient den Wechsel in einen negativen Zustand als völlig normal. In einer milderen Version kann ein emotional negatives Bakterium in den Körper des Klienten „drücken" und eine Reihe von sehr negativen Gefühlen und Gedanken stimulieren (auch bei Klienten, die keine Ribosomalstimmen mehr haben). Übrigens gibt es einen direkten Zusammenhang zwischen der Negativität (oder dem inneren Übel) einer Person, dem Ausmaß der bakteriellen Infektion in ihrer Primärzelle und deren Notwendigkeit, um jeden Preis zu überleben.

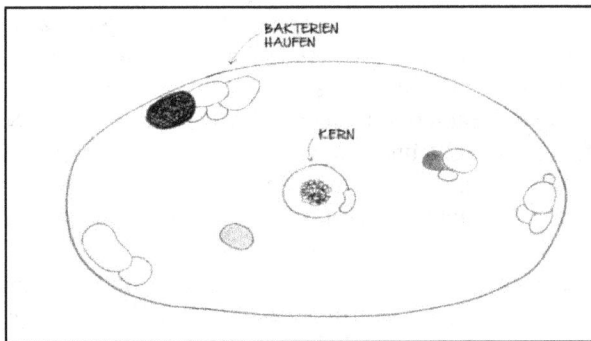

Abbildung 9.1: Bakterienparasiten im Zytoplasma der Primärzelle. Es gibt Bakteriencluster, die häufig an der Innenfläche der Zellmembran zu finden sind.

Symptom Schlüsselwörter

- Ich kann nichts fühlen.
- Unförmige Masse, alt, klebrig, gallertartig.
- Gift, giftig, müde, erschöpft, taub, grippal.
- Bösartig, negativ, „ißt" gute Gefühle auf.

Diagnosefragen

- Fühlt es sich an, als ob Sie in der Gegenwart an diesem Ort verletzt wurden?
- Fühlt es sich an, als wenn eine unförmige Masse auf Sie drückt?

- Haben Sie das Gefühl, dass Sie jemanden ablehnen oder wegstoßen wollen, als hätte derjenige Fäden in Ihren Körper gebohrt?
- Spüren Sie eine gallertartige Masse oder etwas, das sich giftig anfühlt?
- Können Sie Ihr Bewusstsein kurz aus dem tauben Gefühl herausbewegen?
- Fühlt sich das Problem an, als hätte es ein eigenes Leben oder fühlt es sich an wie jemand anderes?

Differentialdiagnose

- Traumaerinnerung: Mit beiden können Symptome kommen und gehen; aber das Bakteriengefühl ist in der Gegenwart und nicht in der Vergangenheit; die Konzentration auf das Symptom in der Gegenwart kann es verschlimmern.
- Fluchdecke: dies bearbeitet DPR; die Fluchdecke hat das Empfinden einer anderen Persönlichkeit; sie macht einen müde. Das Bakterium ist in der Regel ohne Persönlichkeit und DPR wird darauf keinen Einfluss haben. Als Test verwenden Sie die verschiedenen Behandlungen.
- Kronenhirnstruktur: Eine Struktur bewegt sich nicht; die Struktur fühlt sich mechanisch an, nicht weich und organisch.
- Borg-giftiges „Spray": aktiviert von einer anderen Person, die Sie hasst oder nicht will, dass Sie die Wahrheit sehen; das Spray fühlt sich sauer an und macht Sie müde, wenn es lange genug fortgesetzt wird. Alle Pilze und Pilzsprays verursachen Übelkeit; im Gegensatz dazu setzt das Bakterium Toxine frei, die das Gefühl erwecken, vergiftet zu sein.
- Klasse 1 Parasit: Der Parasit ist hart und kann den Klienten ritzen, reißen oder brennen. Bakterien bleiben im Allgemeinen in der Nähe derselben Stelle, reißen nicht und haben ein weicheres Äußeres. Beide können Erweiterungen in die Person senden, aber die des Parasiten sind fest wie ein harter Schlauch, während die des Bakteriums eher wie weiche Filamente sind.
- Chakra: Der Chakra-Pilzorganismus kann auf Aufmerksamkeit reagieren, indem er das Gefühl von (oft schmerzhaftem) Druck an einer oder allen klassischen Chakren-Positionen (Stirn, Herz usw.) stimuliert. Bakteriendruckstellen befinden sich an jeder Stelle im Körper, wobei die obere Stirn sehr häufig ist.
- Kopie: Eine Kopie kann fast jedes Gefühl oder Empfindung vermitteln, aber sie hat die Persönlichkeit der kopierten Person und befindet sich teilweise außerhalb des Körpers.

Behandlung

- Beginnen Sie, indem Sie alle Körperhirnassoziationen, die zu den Empfindungen des Körpers des Bakteriums gehören und deren emotionalen Inhalt beseitigen.
- Beseitigen Sie Generationstraumata mit diesen physischen Bakterienempfindungen (nicht deren emotionalem Inhalt).
- Regressieren Sie zu dem Augenblick, in dem das Bakterium erworben wurde und heilen Sie das Ereignistrauma (insbesondere das

Generationstrauma), damit der Parasit nicht mehr in den Organismus gelangen kann. (Achtung: dies kann auch einen Schaden durch einen Parasiten auslösen).

- Für ein Bakterium, das emotionale Taubheitsgefühle verursacht, verwenden Sie eine modifizierte Version der Courteau-Projektionstechnik mit dem Gefühl von „Behaglichkeit". Dies löst die Traumata aus, die den Klienten veranlasst haben, das Bakterium anzuziehen. Konzentrieren Sie sich auf die negativen Reaktionen auf die Projektion und heilen Sie diese. Dadurch löst sich das Bakterium auf und die Fähigkeit zum Fühlen stellt sich wieder her.

Typischer Fehler in der Technik

- Der Versuch, die Symptome zu heilen, die das Bakterium verursacht und nicht das Empfinden des Bakteriumkörpers selbst.

Grundursache

- Die Symptome werden durch parasitäre Bakterien in der Primärzelle verursacht. Sie können Druckgefühle verursachen, das Gefühl, sich in einem Glaskasten zu befinden oder Toxine ausstoßen, die Übelkeit verursachen.

Häufigkeit & Schweregrad der Symptome

- Etwa 1% bis 10% der Klienten haben Symptome, ausgelöst durch Psychotherapie, spirituelle Praktiken oder Lebensumstände, die von leicht bis qualvoll schmerzhaft und vollständig lähmend reichen können.
- Die Dauer der Symptome kann kurz, intermittierend oder langfristig sein.

Risiken

- Kann von keiner bis lebensbedrohlich variieren. Darf nur von geschultem Fachpersonal bearbeitet werden.

GEFAHR

Dieser subzelluläre Fall ist potenziell gefährlich und für den Klienten sogar lebensbedrohlich, wenn das Problem schwerwiegend ist. Zu den Problemen können schwere Taubheitsgefühle, Toxizität, Stromschlagempfindungen und Herzinsuffizienz gehören. Nur Therapeuten mit Training und Unterstützung sollten versuchen, mit diesem Fall zu arbeiten.

GEFAHR

Versuchen Sie nicht, Primärzell-Parasiten abzutöten noch lassen Sie Ihren Klienten damit experimentieren. Wenn dieses Vorgehen erfolgreich ist, kompensiert der Körper dieses, indem er mehr Parasiten erstellt, was dazu führt, dass die Symptome verschlimmert oder gefährlicher werden.

ICD-10 Codes

- Noch nicht bestimmt.

Insektenähnliche Parasitenprobleme (Klasse 1): *„Ich habe ein brennendes, reißendes oder stechendes Gefühl"*

Wir haben diese Schmerzprobleme bei unseren Studenten und Klienten erlebt und bei Klienten, welche andere Therapien angewendet haben. Die Symptome können kurz, manchmal intermittierend und manchmal jahrelang anhaltend sein. Dieses Problem wird durch Parasiten der Klasse 1 (die wie insektenähnliche Parasiten aussehen) in der Primärzelle verursacht. Wir sagen unseren Therapeuten, dass sie dieses Problem den Klienten *nicht* erklären sollen, denn wenn sich der Klient darauf konzentriert, kann das Thema noch mehr angeregt werden. Im Extremfall kann dies lebensbedrohlich sein. Dieses Thema ist extrem gefährlich für die Forschung. Verwenden Sie nur die Techniken, die wir angegeben haben, da diese in der Anwendung sicher sind. Wir hatten Klienten, die versuchten, durch Willenskraft diese insektenähnlichen Parasiten zu töten, weil sie nicht verstehen konnten, dass ihre Primärzelle mit dem Vorhandensein dieser Parasiten im Gleichgewicht ist. Daher können sie die Dinge verschlimmern, da die Organismen nach so einem Eingriff an Zahl zunehmen, um zu kompensieren, und danach können sie aggressiv reagieren.

Abbildung 9.2: (a) Insektenähnlicher Parasit, der eine ätzende, brennende Substanz auf die Membran ausscheidet.

Abbildung 9.2: (b) Insektenähnlicher Parasit beim Aufreißen der Membran.

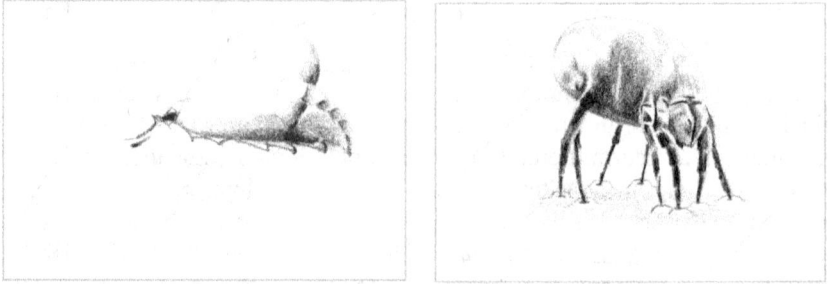

Abbildung 9.2: (c) Insektenähnlicher Parasit, der sich in die Membran eingräbt.
(d) Insektenähnlicher Parasit, der auf die Membran tritt und sie durchdringt.

Symptom Schlüsselwörter

- Brennend, reißend, stechend, kriechend, etwas bewegt sich auf meinem Körper.

Diagnosefragen

- Fühlt es sich an, als ob Sie in der Gegenwart an diesem Ort verletzt werden?
- Bewegt sich die Position des Schmerzes?
- Fühlt es sich an, als hätte es ein eigenes Leben?

Differentialdiagnose

- Alle anderen subzellulären Fälle: Die Schmerzen bewegen sich nicht, während insektenähnliche Parasiten-Schmerzen es können.
- Traumaerinnerung: mit beiden können Symptome kommen und gehen; aber das insektenähnliche Parasitengefühl ist in der Gegenwart (obwohl es manchmal durch eine Regression oder durch eine andere Heilweise aktiviert werden kann); der insektenähnliche Parasitenschmerz ist schwerer als eine Traumaerinnerung und hat eine andere Qualität; die Konzentration auf das Symptom in der Gegenwart kann ihn verschlimmern.
- Fluch: DPR funktioniert nicht bei insektenähnlichen Parasiten, Generationsheilung funktioniert nicht bei Flüchen, also verwenden Sie die verschiedenen Behandlungen als Test. Das Gefühl bei einem Fluch ist kontinuierlich im Gegensatz zu insektenähnlichen Parasiten, die sich bewegen oder aufhören können, den Klienten zu verletzen.
- Kronenhirnstruktur: Eine Struktur bewegt sich nicht; es gibt kein Gefühl in einer Struktur; es gibt keine Emotionen in einer Struktur; die Konzentration auf das Symptom verändert nichts.
- Kopie: Das Gefühl einer Kopie ist stabil; eine Kopie hat ein Persönlichkeitsgefühl; eine Kopie ist halb-in halb-außerhalb wie ein Ballon. Der insektenähnliche Parasit ist entweder auf, über oder in der Oberfläche des Körpers und verursacht dort Schmerzen.

- Giftiges „Spray" des Borgpilzes Klasse 2. Es wird von einer anderen Person verursacht (die dich hasst, die nicht will, dass du die Wahrheit siehst); das Spray ist ätzend und macht dich müde und reizbar, wenn es lange genug eingesetzt wird.

Behandlung

- Identifizieren Sie die fixierte Emotion, die der insektenähnliche Parasit als „Tarnung" verwendet, eliminieren Sie die entsprechende Körperhirnassoziation und eliminieren Sie dann die Generations-Traumakette, die sich genauso anfühlt. Die meisten insektenähnlichen Parasiten verwenden nur eine Emotion; sehr große insektenähnliche Parasiten haben bis zu drei Emotionen.

Typische Fehler in der Technik

- Erklären Sie den Klienten nicht die Ursache des Problems. Dies kann schwerwiegendere Symptome hervorrufen oder den Klienten veranlassen, mit dem Problem zu experimentieren.
- Nicht zuerst die Körperhirnassoziationen zu machen.
- Das Gefühl des Problems verlieren, also aufhören, bevor die Heilung abgeschlossen ist.
- Im Falle von Problemen steht kein geschultes Backup zur Verfügung.

Grundursache

- Die Symptome werden ausgelöst durch parasitäre Organismen in der Primärzelle, die die Membranen schädigen oder saure Toxine ausscheiden.

Häufigkeit & Schweregrad der Symptome

- Etwa 1% bis 10% der Klienten haben Symptome (ausgelöst durch Psychotherapie, spirituelle Praktiken oder Lebensumstände), die von leicht bis qualvoll schmerzhaft und vollständig lähmend reichen.
- Die Dauer der Symptome kann kurz, intermittierend oder langfristig sein.

Risiken

- Kann von keinem bis lebensbedrohlich variieren. Darf nur von geschultem Fachpersonal bearbeitet werden.

GEFAHR

Dieser subzelluläre Fall ist potenziell gefährlich und wenn das Problem schwerwiegend ist, kann es für den Klienten sogar lebensbedrohlich werden. Nur Therapeuten mit Training und Unterstützung sollten versuchen, mit diesem Fall zu arbeiten.

GEFAHR

Versuchen Sie nicht, Primärzell-Parasiten abzutöten noch lassen Sie Ihren Klienten damit experimentieren. Wenn erfolgreich, kompensiert der Körper dies, indem er mehr Parasiten erstellt, was wiederum die Symptome verschlimmert oder gefährlicher macht.

ICD-10 Codes

- F45, R20.2, R52.

Selbstsäule - Leere: *„Ich fühle mich schrecklich, seit ich meine Rolle als ____ verloren habe"*

In fast jedem Menschen haben die Dreifachhirne *Selbstidentitäten*. Sie geben vor, jemand oder etwas zu sein. Sie verhalten sich wie Fünfjährige, die vorgeben, Feuerwehrleute zu sein. Das ist normalerweise kein ernsthaftes Problem, auch wenn es ein bisschen wie ein Kind ist, dass seinen Feuerwehrhut nicht abnehmen will. Aber es wird zu einer großen Herausforderung, wenn die Person einen fehlenden Teil (eine „Leere") in der Mittelachse dessen hat, was wir die „Selbstsäule" nennen. Das Bewusstwerden des fehlenden Teils verursacht die Symptome. Menschen mit dieser Lücke haben das Gefühl, dass sie vernichtet werden, sobald sie ihr „Bewusstseinszentrum" CoA vollständig in ihrem Körper entlang der Mittelachse bewegen. Diese Menschen halten normalerweise ihr CoA von ihrem Innersten fern, indem sie in dem Bewusstsein eines der Dreifachhirne bleiben. Der Klient wird so mit seiner „vorgetäuschten" Identität identifiziert. Wenn durch äußere Umstände ihre Rollen im Leben wegfallen, bewegt sich ihr CoA unwillkürlich in Richtung ihres Innersten und dabei entstehen Gefühle von Furcht und Vernichtung.

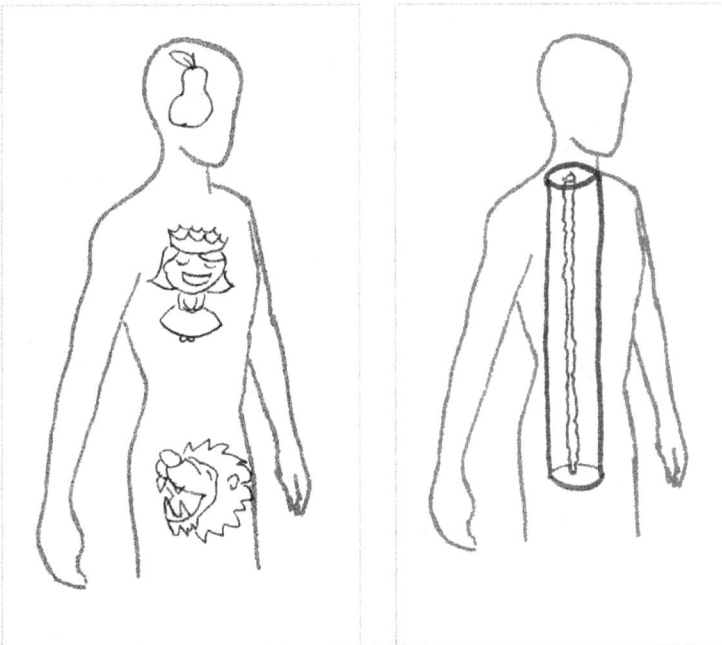

Abbildung 9.3: (a) Das Dreifachhirn, das vorgibt, jemand oder etwas zu sein. (b) „Selbstsäule" (Pilz) Struktur, die dem Körperbild überlagert ist. Diese ist mit einer Lücke in der Mittelachse dargestellt, die Symptome von Angst verursachen kann bei dem Versuch des Klienten, sein Zentrum zu spüren.

Typischerweise spüren die Klienten keine Symptome, solange sie an ihrer Rolle festhalten (obwohl diese auch aufgrund ihrer Verzweiflung, die Rolle zu behalten oder weil sie eine dysfunktionale Rolle benötigen, Probleme verursachen kann). Erst nach dem Rollenverlust suchen sie einen Therapeuten auf, weil sie einfach nicht in der Lage sind, mit der entstandenen Situation umzugehen. Dieses Thema kann auch durch Meditation oder andere spirituelle Praktiken ausgelöst werden, die den Klienten veranlassen, sein CoA in die zentrale Region seines Körpers zu bringen. Dies ist ein gutes Beispiel für ein schwerwiegendes emotionales Problem, das direkt auf einen strukturellen Schaden in der Primärzelle zurückzuführen ist. Daher funktionieren Trauma-Heiltechniken bei diesen auftretenden Symptomen nicht.

Die Selbstsäule ist eine sehr verbreitete Pilz-Struktur der Klasse 2. Die Menschen identifizieren sich damit, als ob sie Teil ihres eigenen Körpers wäre. Sie ist in der Regel vom Damm bis zum Hals zu spüren.

Symptom Schlüsselwörter

- „Wenn ich keine Rolle (Arzt, Mutter usw.) übernehmen kann, bin ich ein Wrack." „Ich kann einfach nicht damit umgehen, meinen Job/Rolle zu verlieren." „Jetzt, da die Kinder weg sind, fühle ich mich die ganze Zeit schrecklich." „Seit ich gefeuert wurde, bin ich so deprimiert, dass ich nicht mehr funktionieren kann."
- „Ich würde alles tun, um eine Rolle (Arzt, Mutter usw.) zu haben, sonst fühle ich mich schrecklich, fürchte mich, vernichtet oder getötet zu werden, bin verängstigt.
- Kann nicht in meinem Körper sein.

Diagnosefragen

- Haben Sie kürzlich Ihren Job (oder Ihre Rolle im Leben) verloren? (Hinweis: Die Person hat manchmal eine andere Identität als Reserve.)
- Wenn Sie Ihr Bewusstsein sanft in die Mittelachse Ihres Körpers bewegen, wie fühlen Sie sich dann? Haben Sie Angst? Sind Sie nicht in der Lage, in den Körper zu gehen? Fällt es Ihnen schwer, in die Mitte Ihres Körpers zu gehen?

Differentialdiagnose

- Biographisches Trauma: Trauma, das ein Selbstbild schafft (Ich bin ein netter Kerl; ich bin ein dominanter Mann). Das emotionale Gefühl, das dieses antreibt, reagiert auf die Trauma-Heilung. Das Verschieben des CoA in die zentrale Säule des Körpers führt nicht dazu, dass plötzlich Gefühle von Angst oder Vernichtung auftauchen.
- Generationstrauma: Der Verlust der Rolle könnte sich sehr persönlich, schmerzhaft anfühlen, mit dem Gefühl fehlerhaft oder defekt zu sein, aber nicht zu einem Gefühl der Angst oder Vernichtung führen. Selbstidentitäten hingegen fühlen sich gut an.
- S-Loch: Sie können die Strategie leicht wechseln, um „gefüttert" zu werden („Ich bin bereit, alles zu tun, um deine Liebe zu bekommen").

- Sippenblockade: Der Versuch, eine neue Rolle zu bekommen, kann die Sippenblockade auslösen, wodurch sich eine Person schwer fühlt oder von Umständen und Menschen Widerstand erlebt, was aber keine extremen Symptome durch den Verlust der Rolle auslöst.
- Dominierendes Trauma: Obwohl bei beiden eine Person teilweise außerhalb des Körpers ist, lässt das dominierende Trauma die Kindheit sehr negativ erscheinen oder die Person wird unfähig, sich an vieles davon zu erinnern. Die Leere beeinträchtigt die Erinnerungen nicht.

Behandlung

- Dies ist derzeit ein lizenzierter, von Peak States zertifizierten Therapeuten ausgeführter Prozess.

Typische Fehler in der Technik

- Fehldiagnose, weil der Klient es vermeidet, sein Bewusstsein in die Mitte seiner Selbstsäule zu verschieben.
- Überbetonung der Vorteile der Heilung, wenn keine Symptome vorhanden sind.

Grundursache

- Das Bedürfnis nach einer Selbstidentität ist ein Weg, um zu vermeiden, dass man die Symptome einer Leere in der „Selbstsäule" spürt.

Häufigkeit % Schweregrad der Symptome

- Fast jeder hat Dreierfachhirne mit Selbstidentitäten. Dies verursacht in der Regel kein Thema.
- Etwa ein Drittel der Menschen haben ein erhebliches Maß dieses Themas, unterdrücken es aber einigermaßen gut (dies ist bei den Klienten häufig der Fall). Der Grad der Schädigung der Struktur variiert ebenfalls stark. Klienten kommen meistens erst, wenn ihre Rollen im Leben blockiert oder verloren sind.

Risiken

- Das Übliche für die Trauma-Psychotherapie.

ICD-10 Codes

- F43.2.

Kronenhirnstruktur: *„Ich habe dort chronische Schmerzen"*

Dieser interessante subzelluläre Fall zeigt deutlich die physischen und emotionalen Folgen einer unangemessenen „Hilfsbereitschaft" des Kronenhirns. Seine Aufgabe ist es, die Integrität und Form der Membran der Primärzelle zu erhalten, aber es kann auch unpassend Strukturen innerhalb der Zelle schaffen. Diese Strukturen fühlen sich an, als wären sie im Inneren des Körpers oder als verankern sie verschiedene Teile des Körpers miteinander. Sie verursachen in der Regel Schmerzen oder andere Empfindungen. Diese Strukturen entstehen oft bei physischen Verletzungen des Körpers. Diese Strukturen sehen nicht organisch aus und fühlen sich nicht organisch an, sondern mechanisch. Nach unserer Erfahrung beschreiben Menschen, die glauben, dass sie „fremde Implantate" in ihrem Körper haben, in Wirklichkeit diese Strukturen.

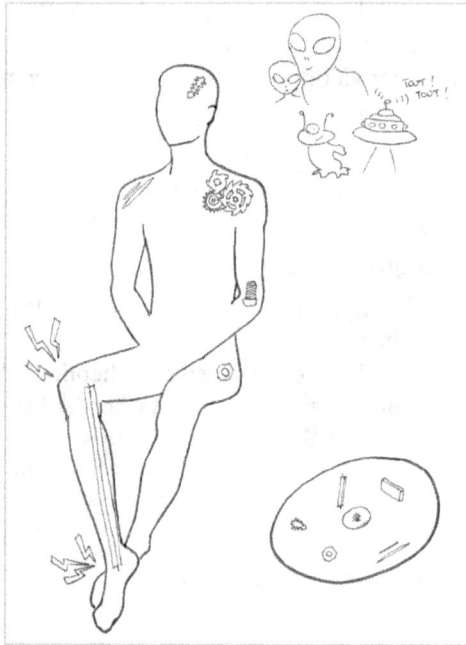

Abbildung 9.4: Kronenhirnstrukturen, die das Gefühl einer geometrischen, gefertigten Struktur im Körper vermitteln. Oben rechts: von Klienten manchmal als „Alien-Implantate" bezeichnet. Unten rechts: Die Strukturen befinden sich tatsächlich innerhalb der Zelle.

Symptom Schlüsselwörter

- Schmerz; Schmerz, wenn ich mich bewege; der Schmerz kommt und geht; das Gefühl ist chronisch und an der gleichen Stelle.
- Ich „sehe" (oder fühle) eine mechanische, kantige oder geometrische Struktur in meinem Körper.

- Alien-Implantat.
- Traumatische Verletzung, die noch Schmerzen oder Steifigkeit aufweist.

Diagnosefragen

- Sehen Sie (oder fühlen Sie) eine Art starre, geometrisch geformte Struktur in Ihrem Körper?
- Gibt es etwas, das zwei Teile Ihres Körpers umschließt (oder verbindet)?
- Gibt es chronische Schmerzen an einer festen Stelle in Ihrem Körper?
- Hatten Sie eine traumatische Verletzung, die nicht heilt und immer noch Schmerzen oder Steifheit aufweist?

Differentialdiagnose

- Fluch: Die Struktur eines Fluches hat Persönlichkeit und der Schmerz fühlt sich an wie von einem Nagel oder einer Speerspitze.
- Kopien: Eine Kopie hat Persönlichkeit; sie befindet sich teilweise innerhalb und teilweise außerhalb des Körpers und ist wie ein Ballon geformt.
- Biographisches Trauma: Die Form des Traumas ist unregelmäßig oder im ganzen Körper. Das Klopfen funktioniert bei einer Kronenhirntruktur nicht. Sie tut einfach weh; es gibt keinen entsprechenden Glaubenssatz wie bei einem Trauma.
- Zeitschleife: Eine Zeitschleife hat die Form und fühlt sich an wie eine Eierschale und umschließt eine Reihe von Traumata; in der Regression befindet man sich in einer sich wiederholenden „Zeitschleife".

Behandlung

- Vorübergehend: Dank an das Kronenhirn für den Aufbau der Struktur (kann auch zur Diagnose verwendet werden).
- Dauerhaft: Regression zum Augenblick des auslösenden Traumas und Heilung der Notwendigkeit, diese Struktur zu benötigen.

Typischer Fehler in der Technik

- Nicht überprüfen, ob die Struktur dauerhaft verschwunden ist.

Grundursache

- Das Kronenhirn erzeugt und erhält das Stützgerüst, das die äußere Membran der Primärzelle formt. Es versucht fälschlicherweise, einen gebrochenen Teil des physischen Körpers zu reparieren oder zu unterstützen, indem es eine Struktur innerhalb der Zelle aufbaut.

Häufigkeit & Schweregrad der Symptome

- Die meisten Menschen haben diese Strukturen an Orten, die selten Schwierigkeiten oder Schmerzen verursachen.
- Die meisten Psychotherapie-Klienten kommen nicht wegen dieses Themas.

Risiken

- Das Übliche für die Trauma-Psychotherapie.

ICD-10 Codes

- R52.

Fluch: *„Diese Person hasst mich wirklich"*

Überraschenderweise hat die märchenhafte Vorstellung, dass jemand einen anderen „verfluchen" kann, tatsächlich eine Grundlage in der subzellulären Biologie. Sie tritt auf, wenn jemand einen anderen verletzen oder hindern will und unwissentlich den Borgpilz dazu anregt. Der Pilz stösst in das Opfer eine scharfkantige, schwarze, Obsidian-artige Scherbe (der physische Behälter des „Fluches"), das am Ende eines Tentakels im Zytoplasma ist. Dies verursacht oft körperliche Schmerzen, (aber nicht immer, da das Gefühl unterdrückt werden kann), die sich anfühlen wie ein Nagel, Messer oder eine Pfeilspitze, die sich im Körper in dem Bereich befinden, welcher der Lage des Fluches im Zytoplasma entspricht. Wenn das eigene CoA in das Objekt des Fluches hinein bewegt wird, spürt man die Persönlichkeit der „angreifenden" Person darin inklusive eines Satzes, der sich immer wieder wiederholt. Viele Menschen versuchen unbewusst, dem Fluchsatz zu gehorchen und erschaffen dadurch in sich weitere Probleme. Wie eine Strippe „verbindet" der Fluch sich mit einem Trauma in der angreifenden Person. Im Gegensatz zu einer Strippe kann der Klient ohne bewusste oder unbewusste Beteiligung dabei verletzt werden.

Obwohl dieses Thema häufig auftritt, sind die Symptome eines „Fluches" entweder mild oder vorübergehend, so dass eine Behandlung nicht erforderlich ist. In einigen Fällen verursacht ein Fluch jedoch sehr schwere, langfristige körperliche und emotionale Symptome. Diese Symptome können dazu führen, dass der Klient wegen den verursachten körperlichen oder geistigen Problemen einen Arzt aufsucht. Ein einzelner Fluch kann relativ schnell beseitigt werden. Die beste langfristige Strategie ist jedoch, die Immunität gegen den Borgpilz zu erwerben, da dieses Problem dadurch dauerhaft beseitigt wird.

Wir identifizieren auch eine zweite Art von Fluch: Es fühlt sich an wie eine Decke, die einen Teil des Körpers (oder den ganzen) bedeckt und in diesem Bereich extreme Müdigkeit verursacht. Das Symptom ist auf eine Teilabdeckung der Nukleusmembran zurückzuführen und hat auch die Persönlichkeit der „angreifenden" Person in sich und ist durch ein Tentakel mit dem Borg verbunden.

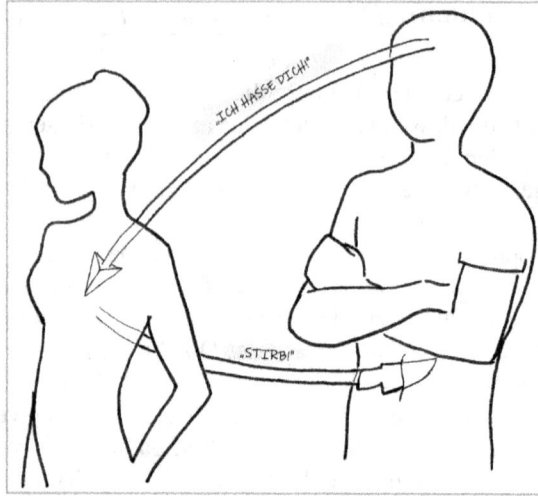

Abbildung 9.5: (a) Ein Obsidian-pfeilähnlicher Fluch zwischen zwei Menschen.

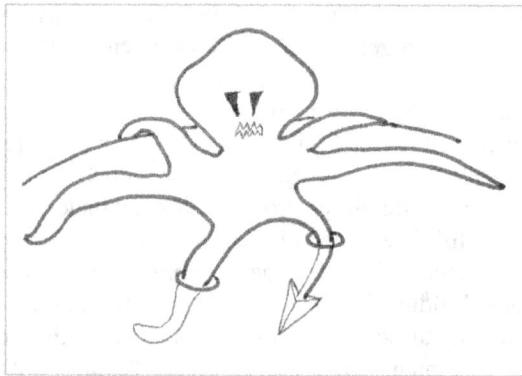

*Abbildung 9.5: (b) Ein Borgpilz, der eine Obsidian-Pfeilspitzenähnliche Struktur
in das Zytoplasma einführt.*

Symptom Schlüsselwörter

- „Pfeil"-Typ: stechender Schmerz; kann die Ursache eines mentalen oder körperlichen Problems nicht finden; sich behindert fühlen; ich spüre ihre Wut, ihren Hass oder ihre Unterdrückung mir gegenüber.
- Fluchdecke: Ein Teil oder der gesamte Körper fühlt sich müde, schwer, wie in eine Decke gehüllt, bedeckt, erschöpft an.

Diagnosefragen

- War jemand sehr wütend auf Sie, als das Problem anfing?
- Fühlt es sich an, als wäre ein Nagel oder eine Pfeilspitze in Ihrem Körper?
- Sind Sie nur an einigen Stellen Ihres Körpers müde?

Differentialdiagnose

- Sippenblockade: Vermittelt dir das Gefühl schwer zu sein; der allgemeine Fluch macht dich in den Bereichen, die er bedeckt, müde.
- Kopien: Obwohl Kopien Schmerzen verursachen können, ist es nicht das Gefühl eines Nagels im Körper.
- Kronenhirnstruktur: Man kann Schmerzen von einer Struktur haben, doch die hat keine Persönlichkeit.
- Blockierte Nukleusporen: Der Grad der Müdigkeit variiert und es ist ein Ganzkörpererlebnis; während ein pauschaler Fluch dich die ganze Zeit in einem bestimmten Bereich des Körpers müde macht.

Behandlung

- Ein Fluch: Verwenden Sie die Distant Personality Release (DPR) Methode.
- Für alle Flüche und um eine Immunität gegen das Thema zu erhalten: Verwenden Sie die Silent Mind Technique (SMT).

Typischer Fehler in der Technik

- DPR: nicht in der Lage zu sein, die bedingungslose Liebe zum negativen Gefühl in der „angreifenden" Person vollständig zu spüren.

Grundursache

- Verursacht durch eine Person, die dich verletzen, blockieren oder hemmen will und dieses mit Hilfe des Borgpilzes ausführt.

Häufigkeit & Schweregrad der Symptome

- Gewöhnlich vorhanden im Menschen. Selten schwer oder langfristig; aber wenn es so ist, muss es behandelt werden.

Risiken

- Das Übliche für die Trauma-Psychotherapie.
- Einige „Angreifer" senden viele Flüche - SMT wäre in diesem Fall die bessere Wahl.

ICD-10 Codes

- F45.4, F45.9.

Dilemma: *„Was soll ich wählen?"*

Dieses Problem tritt bei den meisten Menschen ab und zu mal auf. Nur selten ist es so schwerwiegend, dass die Patienten für diese Behandlung bezahlen wollen. Das Gefühl ist ganz deutlich: Die Person fühlt sich in eine Richtung gezogen, dann in eine andere, hin und her. Es kann keine Entscheidung getroffen werden, ohne auf die andere(n) Wahl(en) zurückgezogen zu werden. Dieses Problem ist auf eine ungewöhnliche Konfiguration mehrerer festklebender biographischer Traumaketten in der Primärzelle zurückzuführen. In diesem subzellulären Fall verbinden sich zwei (oder mehr) Ketten innerhalb eines gegebenen Ribosoms.

Abbildung 9.6: (a) Ein Dilemma hat das Gefühl, gleichzeitig in zwei Richtungen gezogen zu werden.

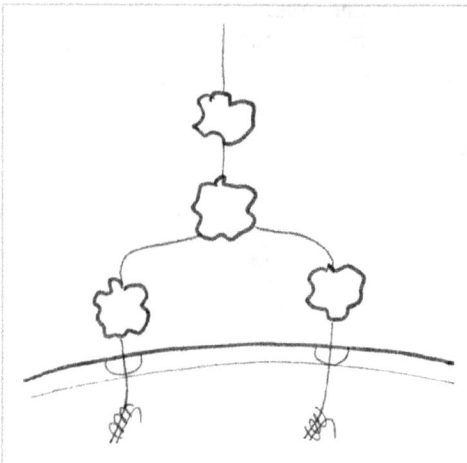

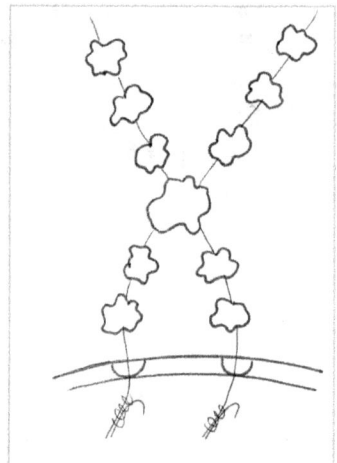

Abbildung 9.6: (b, c) Dies wird dadurch verursacht, dass die Ribosome versuchen, zwei mRNA-Ketten gleichzeitig in verschiedene Richtungen zu lesen.

Symptom Schlüsselwörter

- Dilemma; kann mich nicht entscheiden; zwei gegensätzliche Gedanken oder Ansichten sind wahr.
- In verschiedene Richtungen gezogen werden (durch ein Problem oder eine Entscheidung).

Diagnosefragen

- Fühlt es sich körperlich an, als würden Sie in verschiedene Richtungen gezogen?

Differentialdiagnose

- Sippenblockade: Die Sippenblockade hat auch eine Polarität, aber sie liegt zwischen dem gewünschten Ziel (mit einem starken Gefühl im Körper) und dem Nichtstun (was sich viel einfacher anfühlt).
- Bewachende Traumata: Es gibt keinen Zug zwischen den Polaritäten.
- Projektion: Obwohl Rollen in einer Projektion flippen, wird die Person nicht kontinuierlich hin und her gezogen.
- Verstandeshirnsperre: Das Dilemma besteht nur in einem bestimmten Bereich; die Sperre hemmt alle Urteile.

Behandlung

- Heilen Sie jeden Teil des Dilemmas separat mit jedwelcher Trauma-Heilmethode.

Typischer Fehler in der Technik

- Sich von der anderen Wahl ablenken lassen und die Heilung nicht am Ausgangsteil des Dilemmas abschließen.

Grundursache

- Eine ungewöhnliche Konfiguration von biographischen Traumaketten.

Häufigkeit & Schweregrad der Symptome

- Dies ist ein häufiges Thema, aber deswegen gehen Klienten selten zu einem Therapeuten.

Risiken

- Das Übliche für die Trauma-Psychotherapie.

ICD-10 Codes

- Noch nicht bestimmt.

Loch (Leere): „Ich bin ängstlich an dieser Stelle"

Löcher werden als bodenlose Löcher im Körper erlebt, die sich schrecklich leer und mangelhaft anfühlen. Sie sehen innen typischerweise schwarz aus, mit erhabenen, harten Rändern um eine Öffnung in der Haut (obwohl sie auch vollständig im Körper eingeschlossen sein können). Teilweise verheilte Löcher sind innen grau und fühlen sich nicht bodenlos an. Löcher werden fast immer durch verschiedene traumatisch ausgelöste Strategien dem Bewusstsein vorenthalten, indem das Empfinden in dem Loch maskiert wird (wie z.B. Muskelkontraktion oder Emotionen im Bereich des Lochs). So können Löcher versehentlich durch Trauma-Heilungsprozesse oder durch Meditation freigelegt werden, da dadurch das Bewusstsein einer Person erhöht wird. Löcher werden durch körperliche Verletzungen des Körpers verursacht; große Löcher entstehen fast immer bei prä- oder perinatalen Schäden. In der Primärzelle haben die Traumaketten, die den Augenblick beinhalten, in welchem sich ein Loch gebildet hat, festklebende, sich tot anfühlende Gene.

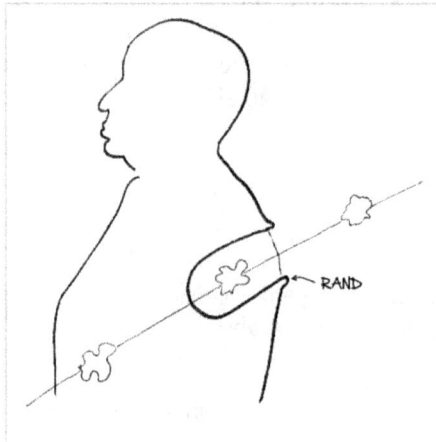

Abbildung 9.7: Erfahrungsgemäß ist das ein bodenloses Loch im Körper. Ein biographisches Trauma wird in der Mitte innerhalb des Loches darübergelegt.

Symptom Schlüsselwörter

- Angst (oder Furcht); unzureichende Leere; bodenloses Loch oder dunkler leerer Punkt im Körper.
- Muskel-Verspannungen.
- Das Gefühl, nicht hier in der Welt präsent zu sein.
- Spiritueller Notfall (der Klient hat Meditation oder verwandte Praktiken wie Yoga oder Tantra praktiziert, die das Loch in den Vordergrund gestellt haben).
- Besessenheit (selten).

Diagnosefragen

- Wo ist die Angst in Ihrem Körper?
- Gibt es eine körperliche Verformung in Ihrem Körper (eine Delle oder eine erhabene Stelle)?

Differentialdiagnose

- Kronenhirnstruktur: Diese haben keine Emotionen, Empfindungen oder Trauma Bilder in sich.
- S-Loch: Sie befinden sich immer in der Mittellinie der Körperfront; sie haben ein saugendes Gefühl in sich; sie lösen ein „Wunschverhalten" nach Aufmerksamkeit aus.
- Biographisches Trauma: Das Gefühl mangelnder Leere ist bei Traumata nicht vorhanden; Klopfen oder andere Trauma-Techniken werden es heilen.
- Kopien: Überprüfen Sie die Persönlichkeit in der Kopie und ob sie sich sowohl innerhalb als auch außerhalb des Körpers befindet, wie in einem Ballon.
- Ribosomalstimmen: Die Stimme kann ängstlich sein. Löcher haben keine Stimme.
- Selbstsäule: Die Vernichtung befindet sich im vertikalen Innersten des Körpers. Das fühlt sich anders an als der Mangel bei einem Loch.

Behandlung

- Optional kann das Gefühl mangelnder Leere durch Generationsheilung beseitigt werden. Dadurch werden die verbleibenden Empfindungen der Löcher wesentlich besser wahrnehmbar.
- Wahl 1: Gehen Sie in das Loch bis zu dessen Mitte und heilen Sie dort das vorgefundene Trauma Bild bzw. den Augenblick.
- Wahl 2: Gehen Sie in das Loch und akzeptieren Sie den Verletzungsschmerz an der untersten Schicht des Loches. (Das Loch fühlt sich bodenlos an, hat aber tatsächlich einen Boden, der mit etwas Entschlossenheit erreicht werden kann.)

Typische Fehler in der Technik

- Der Klient sagt, dass nichts geschieht, er muss aber tiefer in das Loch eindringen oder länger drin bleiben.
- Es kann mehrere, sich überlappende Löcher geben, die individuell behandelt werden müssen.
- Der Klient heilt das Loch nur teilweise (es ist grau oder hat noch einen Oberflächenrand).

Grundursache

- Verursacht durch schwere körperliche Verletzungen an einer bestimmten Stelle im Körper.

Häufigkeit & Schweregrad der Symptome

- Häufig, aber unterdrückt, kompensiert durch andere Mittel (Muskelspannung).

Risiken

- Das Übliche für die Trauma-Psychotherapie.

ICD-10 Codes

- Dieser Fall kann in verschiedenen F40-F48-Codes und anderen angezeigt werden.

Vorleben: *„Es gab ein sofortiges Wiedererkennen"*

Zu unserer Überraschung existieren Vorleben-Traumata. Sie sind auf ein beschädigtes „Überseelen"-Netzwerk auf der Innenseite der Membran der Primärzelle zurückzuführen. Das Vorleben-Netzwerk auf der Zellmembran ist ein Pilzorganismus. Wenn ein Knoten im Netzwerk austritt, entsteht eine Struktur im Zytoplasma, die sich an einer festklebenden mRNA-Traumakette anschließt und die Erfahrung eines Vorleben-Traumas vermittelt. Daher gibt es drei offensichtliche Möglichkeiten, dieses Verhalten zu heilen: die Behandlung des individuellen Traumas, die Reparatur des beschädigten und undichten Netzwerks des Vorlebens oder die Beseitigung des Pilzorganismus des Vorlebens.

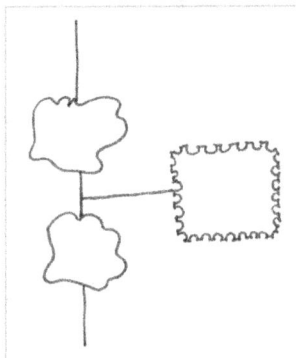

Abbildung 9.8: (a) Eine Portalstruktur aus dem Vorleben, die an einer mRNA-Traumakette befestigt ist.

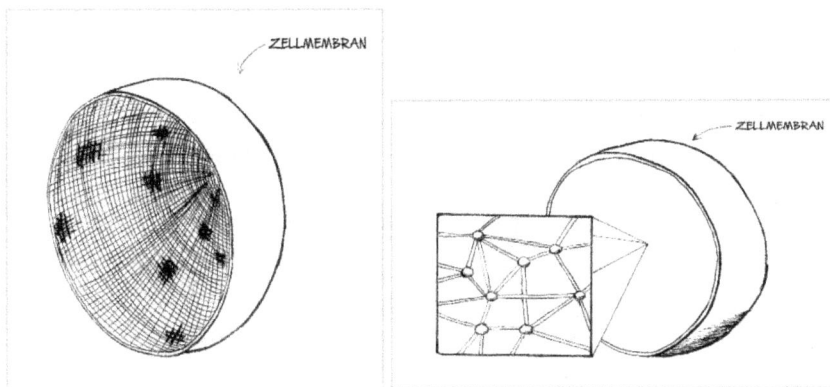

Abbildung 9.8: (b) Das Überseelen-Netzwerk auf der Innenfläche der Zellmembran.
(c) Eine Nahaufnahme von Knoten, die einzelnen Vorleben entsprechen.

Symptom Schlüsselwörter

- Vorleben; Reinkarnation; Karma; spirituelle Notlage; Konflikt mit dem religiösen Glauben; wie wenn ich die Person schon immer kannte.

Diagnosefragen

- Löst dieses Problem oder Gefühl ein Bild oder ein Gefühl von Menschen oder Orten aus, die Sie aus Ihrem Leben nicht kennen?
- Handelt es sich bei diesem Problem um Menschen, die Sie vom ersten Augenblick an gekannt oder irgendwie wiedererkannt haben?

Differentialdiagnose

- Generationstrauma: Ihre Vorfahren sind nicht Sie; Sie erkennen sich selbst und andere Menschen in Vorleben-Erinnerungen, auch wenn Sie einen anderen Körper haben.
- Biographisches Trauma: Ein unechtes Vorleben strahlt Prunk aus oder ähnliche Arten von wahnhaften Gefühlen, die es antreiben.
- Kopie: Der Klient spürt die in eine Kopie eingebettete Persönlichkeit und verwechselt sie mit einem Vorleben. Kopien sind teilweise innerhalb und außerhalb des Körpers, Vorleben werden über ein Portal in der Vergangenheit erlebt.

Behandlung

- Benutzen Sie WHH für das Vorleben.
- Heilen Sie das beschädigte Überseelen-Netzwerk mit Hilfe von Generationstraumata - dies ist derzeit ein Prozess für lizenzierte Peakstates-Therapeuten.
- Beseitigen Sie das Pilz-Netzwerk der Vorleben.

Typische Fehler in der Technik

- Das Vorleben-Ereignis beurteilen anstatt zu akzeptieren, was geschah (einschließlich Tod und Verletzung).
- Sich zu verschiedenen Ereignissen im Vorleben bewegen, anstatt nur den ursprünglichen Trauma-Augenblick des Vorlebens zu heilen.

Grundursache

- Beschädigtes „Überseelen" Netzwerk auf der Innenseite der primären Zellmembran.

Häufigkeit & Schweregrad der Symptome

- Nicht üblich; Menschen mit diesem Problem haben jedoch oft viele Vorleben-Traumata.

Risiken

- Das Übliche für die Trauma-Psychotherapie.

ICD-10 Codes

- Noch nicht bestimmt.

Peakstates Parasit: *„Ich habe plötzlich meinen höheren Bewusstseinszustand verloren und er kam nie wieder zurück"*

Dieses tragische Problem betrifft Menschen mit höheren Bewusstseinszuständen, unabhängig davon, ob diese neu erworben sind oder schon lebenslang existierten. Während einer emotional geladenen Begegnung mit jemandem verlieren sie plötzlich ihren Zustand und schlimmer noch, er kommt nie wieder zurück. Wir nannten dieses Problem in Band 2 von *Peak States of Consciousness* „verschleierte Spitzenbewusstseinszustände".

Dieses Problem kann auftreten, wenn jemand wahrnimmt, dass der Klient einen höheren Bewusstseinszustand hat (wie Liebe, Glück, Freude usw.); dies löst im Gegenüber unbewusst Gefühle von Mangel und Verzweiflung darüber aus, weil er diesen Zustand selber nicht hat. Ein außenstehender Beobachter und der Klient werden an diesem Gegenüber ohne ersichtlichen Grund Verärgerung wahrnehmen, zumal der Klient in einer sehr positiven Stimmung ist. Im Laufe des Szenarios geht der positive Zustand des Klienten plötzlich verloren und in diesem Augenblick wird das Gegenüber normalerweise plötzlich ruhig. Der Klient gewinnt diesen besonderen positiven Zustand nie wieder zurück. Der Verlust tritt tragischerweise auf, weil der Klient unbewusst versucht hat, der anderen Person zu helfen, indem er seinen positiven Zustand teilt.

Es stellte sich heraus, dass der Schlüssel zu diesem Problem eine insektenähnliche Parasitenart ist, die im Zellnukleus des Gegenübers als auch des Klienten lebt. Die emotional belastete Person dehnt ihr Bewusstsein durch den eigenen Parasiten auf den Parasiten des Klienten aus (wie die Verwendung einer Fernsteuerung in einem Kernkraftwerk), um zu versuchen, den Zustand des Klienten zu beenden oder zu erlangen. Der Parasit im Klienten wiederum beschädigt dann einen Teil einer Torusstruktur im Zellnukleus des Klienten und verursacht den vollständigen oder teilweisen Verlust des Zustands. Diese Schädigung wiederum führt dazu, dass relevante Genexpressionen gehemmt werden, was die Stoffwechselwege stört, die als Spitzenzustand erlebt werden. Für den Klienten fühlt sich der ferngesteuerte Parasit in seinem Zellnukleus an, als wenn er die andere Person wäre. Seine Bemühungen, sich zu verbinden und seinen Zustand zu teilen, ermöglicht es dem Parasiten, in seinen Torus einzutreten. Um den Klienten zu schädigen, werden mehrere Klassen von Parasiten eingesetzt.

Dieses Problem ist recht häufig, kann aber aufgrund des emotionalen Dramas während des Treffens unbemerkt bleiben. Dieses ist ein weit verbreitetes Problem, welches bereits in der Kindheit beginnt und der Grund dafür ist, dass hohe Bewusstseinszustände bei der erwachsenen Bevölkerung so selten sind. Interessanterweise haben einige Menschen unbewusst eine Strategie entwickelt, um dieses Problem zu vermeiden - sie fühlen sich „distanziert", wenn andere Menschen sich über sie ärgern und dadurch wird dieser parasitäre Mechanismus blockiert. In der traditionellen Kultur der Ureinwohner wird großen Wert darauf gelegt, dass die Schamanen ihre hohen Bewusstseinszustände bewusst verschleiern. Dieses könnte unter anderem auch deshalb ein kulturelles Tabu sein, um diesen Krankheitsprozess zu vermeiden. Dieses Thema tritt auch häufig bei spirituellen Lehrern und Heilern auf. Ihre Fähigkeit, ihr Bewusstsein mit dem des

Schülers/Klienten zu verschmelzen, umgeht normale Tarnungsstrategien und kann dazu führen, den anderen über diesen Parasitenmechanismus zu schädigen.

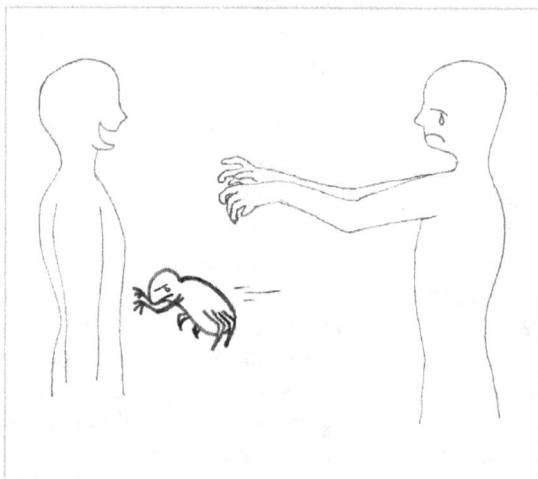

Abbildung 9.9: Ein Erfahrungsbild des Peakstates Parasiten in Aktion.
Obwohl sich der Parasit eigentlich in der Primärzelle des Opfers befindet,
fühlt es sich an, als wäre die andere Person vor ihr der insektenähnliche Parasit.

Symptom Schlüsselwörter

- Ich verlor mein Gefühl; kann nicht mehr lieben; fühle mich einfach nicht mehr wie früher; mein Leben änderte sich in diesem Augenblick zum Schlechteren; Depression.

Diagnosefragen

- Haben Sie Ihr positives Gefühl dauerhaft verloren, als Sie mit jemandem zusammen waren, der über Sie aufgebracht war?

Differentialdiagnose

- Trauma: Instabile Zustände können verloren gehen, wenn ein relevantes Trauma ausgelöst wird. Allerdings kehrt der Zustand schließlich zurück. Dies steht im Gegensatz dazu, den Zustand durch die Parasiten der höheren Bewusstseinszustände dauerhaft zu verlieren.

Behandlung

- Verwenden Sie den lizenzierten Prozess von Peak States.

Typischer Fehler in der Technik

- Dieses Problem betrifft die meisten hohen Bewusstseinszustände. Zustände aus der Gruppe „Beauty Way" gehen durch diesen Mechanismus nicht verloren.

Grundursache

- Der Peakstates Parasit beschädigt selektiv den Torus im Zellnukleus. Dadurch geht der hohe Bewusstseinszustand verloren.

Häufigkeit & Schweregrad der Symptome

- Fast jeder hat dieses Problem. Dies ist eine Spektrum-Störung. Einige Menschen sind davon mehr betroffen als andere. Es hat auch einen statistischen Aspekt; der Angriff und die Verletzlichkeit werden von den entsprechenden Umständen ausgelöst.

Risiken

- Mehr als üblich bei der normalen Psychotherapie, da der Klient oft immer wieder der Person ausgesetzt ist, die ihn verletzen will. Dieser Mechanismus kann zu erheblichen und möglicherweise tödlichen Schäden an der Primärzelle führen.
- Der Therapeut, der zu helfen versucht, kann dieses Problem bei seinem Klienten auslösen, wenn der Klient höhere Bewusstseinszustände hat, die der Therapeut unbewusst auch haben möchte.

ICD-10 Codes

- Kein spezifischer Code für diesen Fall.

Positives Trauma: *„Ich will ein positives Gefühl nicht aufgeben!"*

In diesem Fall hat der Klient ein Verhalten, welches von einem Trauma gesteuert wird, das ein positives Gefühl hat und nicht ein schmerzhaftes oder negatives. Klienten erkennen diese Art von Trauma im Allgemeinen nicht als Problem, also kommen sie deshalb nicht zur Behandlung. Therapeuten ignorieren oder übersehen diese Art von Trauma, da sie sich im Allgemeinen auf die Schmerzen und Leiden ihres Klienten konzentrieren. Schlimmer noch, positive Traumata werden manchmal fälschlicherweise als ein gutes Ergebnis der Therapie angesehen. Da positive Traumata auch Glaubenssätze oder Entscheidungen mit sich bringen, führen sie leider immer noch dazu, dass Menschen dysfunktional oder fixiert handeln. Da das richtige Ergebnis eines geheilten Traumas ein Gefühl von Ruhe, Frieden und Leichtigkeit (CPL) ist, sollten alle positiv empfundenen Ergebnisse ohne CPL als Trauma behandelt werden; das Gefühl eines authentischen hohen Bewusstseinszustandes wird durch Trauma-Heilung nicht beseitigt. Positive Traumata, ob generationsbezogen, assoziativ oder biographisch, haben genau die gleiche biologische Grundstruktur wie die negativ fühlende Variante und werden mit den gleichen Techniken geheilt.

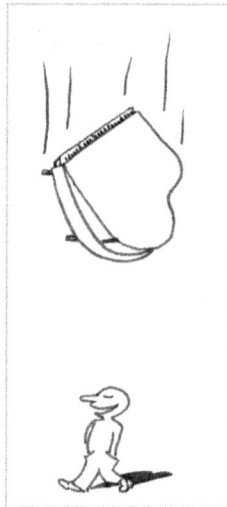

Abbildung 9.10: Ein Trauma durch ein positives Gefühl wird durch ein negatives Gefühl, das sich darunter verbirgt, an Ort und Stelle gehalten. In der Illustration zum Beispiel ist der glückliche Kerl dabei, traumatisiert zu werden, wenn das Klavier auf ihm landet und er verbindet danach ein glückliches Gefühl mit einem Gefühl von Schmerz.

Es gibt zwei verschiedene Arten von „positiven" Inhalten: ein negatives Gefühl, das während des Trauma-Augenblickes als positiv empfunden wird, wie in „Ich verprügele gerne Menschen"; oder ein an sich positives Gefühl, das ein negatives Gefühl verbirgt, wie in „Ich pfiff glücklich, gerade als das Klavier auf mich fiel". Eine weitere Variation dieses Problems ist, wenn ein positiver hoher

Bewusstseinszustand mit einem Trauma verbunden ist, wie „Ich fühle mich überfordert, wenn ich glücklich bin".

Symptom Schlüsselwörter

- Es fühlt sich gut an! Positive emotionale (süchtig machende) Gewohnheiten.

Diagnosefragen

- Haben Sie Probleme in Ihrem Leben, wenn Sie das schöne Gefühl haben?
- Gibt es ein Gespür, dass dieses schöne Gefühl durch etwas anderes ausgelöst wird?

Differentialdiagnose

- Körperhirnassoziation: Eine Assoziation hat keinen logischen Zusammenhang (z.B.: übermäßiges Essen); Sie können testen, indem Sie nach assoziativen Ribosomen suchen; es gibt keinen festen Glaubenssatz oder Schlussfolgerung über das Leben.
- Ein hohes Bewusstseinserlebnis: Das positive Gefühl ist kontinuierlich, ohne das Gefühl eines zugrundeliegenden Traumas; es verursacht kein festgefahrenes Verhalten während der Erfahrung (kann aber ein Verhalten auslösen, um das Erlebnis wieder erleben zu können).
- Kopie: Sie hat ein Gefühl der Persönlichkeit von jemandem, ist halb in und halb außerhalb des Körpers und hat eine Ballonform.

Behandlung

- Jede Methode der Traumaheilung (EFT, WHH, TIR usw.)

Typische Fehler in der Technik

- Man nimmt an, das positive Gefühl während der Behandlung sei ein gutes Ergebnis.
- Nicht zu erkennen, dass das positive Gefühl auf ein Trauma zurückzuführen ist.

Grundursache

- Ein positives Gefühl wurde gleichzeitig mit einem negativen traumatischen Erlebnis gefühlt.
- Ein negatives Gefühl als ein positives zu betrachten.

Häufigkeit & Schweregrad der Symptome

- Häufig, aber meist ignoriert oder als wünschenswert eingestuft.

Risiken

- Das Übliche für die Trauma-Psychotherapie.
- Einige Klienten sind vielleicht nicht glücklich, das positive Gefühl aufzugeben, es sei denn, es ist ihnen klar, dass es ihr Verhalten auf eine problemfördernde Weise steuert.

ICD-10 Codes

- Noch nicht bestimmt.

Projektion: *„Sie (oder es) haben (hat) ein schlechtes Gefühl"*

Projektionen sind Folgendes: Wir spüren in anderen (oder in Objekten) Gefühle, die wir von uns selbst getrennt haben. Egal wie sehr wir das Gefühl im Anderen nicht mögen, fühlen und verhalten wir uns selber interessanterweise manchmal so (Polaritäten), merken aber nicht, dass wir das, was in anderen so unangenehm ist, gelegentlich selbst tun und wir uns dabei gut fühlen. Der zugrundeliegende Mechanismus ist auf das CoA der Person zurückzuführen, die ihr Bewusstsein abwechselnd in Dreifachhirne sendet, die sich widersprechen und ablehnen und die bei dem Versuch zu verschmelzen traumatisch blockiert wurden. Interessanterweise ist der subzelluläre Fall der Hirnsperre ein extremes Beispiel für dieses Projektionsproblem.

Beispiele für Projektion: In einer Beziehung fühlen Sie sich verletzt, wenn Sie von jemandem verlassen werden, aber Sie fühlen sich gut dabei, wenn Sie jemand anderen verlassen. Ein weiteres Beispiel: Ich bin der Wegbereiter bei einer Person und niederträchtig mit einer anderen Person. Eine Reihe von innigen Verquickungen mit ein und demselben Thema kann auch eine Projektion sein (obwohl das auch Körperhirnassoziationen sein können).

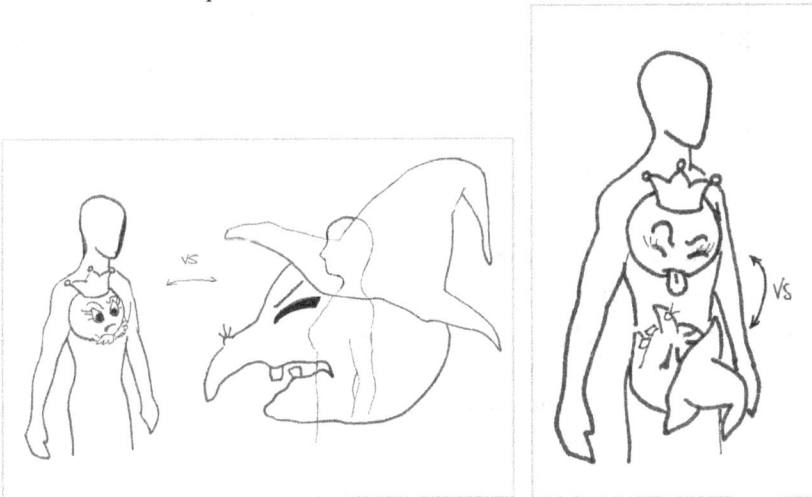

Abbildung 9.11: Die projizierende Person spielt eine Rolle und sieht die andere Rolle anderswo. Intern spielen zwei Dreifachhirne diese Rollen.

Symptom Schlüsselwörter

- Haben Sie Probleme mit dem Verhalten anderer Leute? Sie haben es! Sie fühlen sich an wie…
- Viele Menschen sind wie …
- Ein Objekt strahlt ein … Gefühl aus.
- Ich fühle in ihnen...

Diagnosefragen

- Fühlen Sie dieses Problem bei mehreren Menschen? Oder in einem Objekt?
- Haben Sie sich zu irgendeinem Zeitpunkt in Ihrem Leben auch so verhalten oder gefühlt?

Differentialdiagnose

- Strippen: Sie bewirken nicht, dass man Rollen umdreht; man hat selten die gleiche Strippe bei mehreren Personen; man kann nur mit Personen, nicht mit Objekten eine Strippe aufbauen; DPR funktioniert nicht bei Projektionen.
- Biographisches Trauma: Klopfen funktioniert nicht bei Projektionen; Traumata haben festgefahrene Glaubenssätze, Traumata bewirken nicht, dass andere Menschen oder Objekte das unangenehme Gefühl ausstrahlen.
- Sippenblockade: sie betrifft in der Regel die Familie oder Personen mit einer persönlichen Verbindung; die Projektion erfolgt auf zufällige Personen.
- Körperhirnassoziation: Die Sucht nach dem Gefühl im anderen Menschen verursacht in der Regel auch sexuelle Anziehungskraft.
- Dilemma: Das Dilemma zieht eine Person zwischen zwei Handlungsweisen hin und her; die Projektion bewirkt, dass sie Verhaltensweisen und Gefühle wechselt.

Behandlung

- Courteau Projektionstechnik.

Typische Fehler in der Technik

- Vergessen, mehrere Personen auszuwählen, um ihre gemeinsamen Eigenschaften zu finden.
- Wenn der Klient die projizierte Eigenschaft in der externen unförmigen Masse nicht spüren kann, dann ist es keine Projektion.
- Unvollständige Heilung der Projektion ist leicht zu übersehen. Der ganze Körper muss Empfindungen haben und in den Prozess einbezogen werden. Achten Sie darauf, dass Sie das präsentierte Thema erneut überprüfen, wenn Sie denken, dass Sie damit fertig sind.

Grundursache

- Ein emotionaler Konflikt zwischen zwei Dreifachhirnen (der Widerstand gegen das Überlappen, obwohl dies für die Person, die projiziert, nicht offensichtlich ist). So kann es erlebt werden als ein Konflikt zwischen männlicher und weiblicher Seite, Ober- und Unterkörper usw.

Häufigkeit & Schweregrad der Symptome

- Häufig, aber nicht so häufig wie die Strippe. Meistens kommen diese Menschen nicht zur Therapie, weil die Projektion real zu sein scheint.
- Die Projektionen können stark oder leicht sein.

Risiken

- Das Übliche für die Trauma-Psychotherapie.

ICD-10 Codes

- Noch nicht bestimmt.

Klang-Schleife: „Ich kann das Lied nicht aus meinem Kopf bekommen"

Diese bemerken wir in der Regel, wenn wir einen Werbesong oder ein Lied nicht mehr aus dem Kopf loswerden können. Kleine Donut-förmige Strukturen auf der Oberfläche des Zellnukleus enthalten jeweils eine kurze Aufnahme von etwas, das die Person gehört hat, das sich immer wieder abspielt. Diese Strukturen sind Teil eines großen bakteriellen Parasiten im Inneren des Nukleus. Die Klangschleifen sind mit dem Bakterium verbunden und zwar dort, wo sich dieses durch die Nukleusporen durchdrückt. (Anmerkung: Wir glauben derzeit, dass es sich um eine Bakterienart handelt, aber es könnte auch eine Amöbe sein.) Es ist interessant, dass das Verstandeshirn jede dieser Klangschleifen auswählen kann, um sie im Bewusstsein der Person wiederzugeben. Das Verstandeshirn kann diese Fähigkeit nutzen, um die Person oder die anderen Dreifachhirne zu manipulieren; es tätigt normalerweise diese Wiedergabe, um hilfreich zu sein.

　　　Dieses Verhalten hat fast jeder, aber einige haben es so stark, dass es zu einem Problem wird, welches Hilfe erfordert.

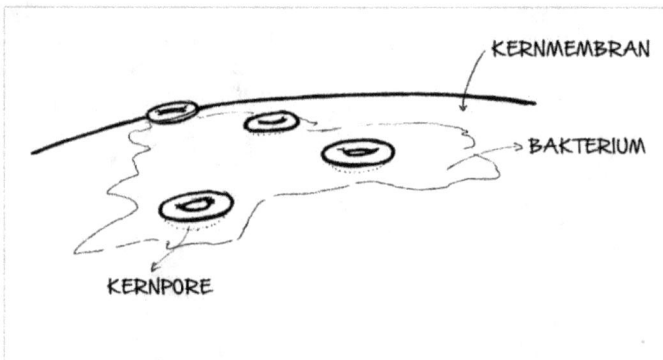

Abbildung 9.12: (a) Klangschleifen sehen aus wie Lebensringe auf der Oberfläche der Nukleusmembran.

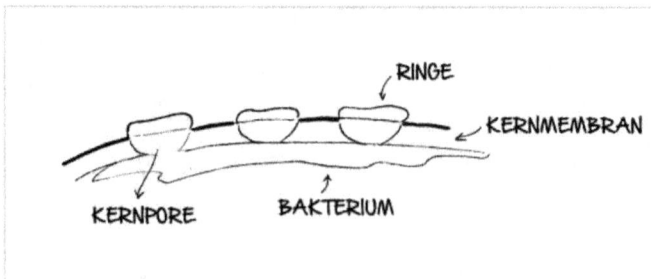

Abbildung 9.12: (b) Sie sind Teil eines viel größeren Bakterienorganismus, der teilweise innerhalb und teilweise außerhalb des Nukleus existiert.

Symptom Schlüsselwörter

- Ich kann die Musik in meinem Kopf nicht loswerden. Ich kann mich nicht konzentrieren. Es sind zu viele Gedanken in meinem Kopf.

Diagnosefragen

- Klingt die Musik (oder der Gedanke) in Ihrem Kopf wie wiederholte Aufnahmen?
- Werden verschiedene Lieder oder Gedanken durch verschiedene Situationen in Ihrem Leben ausgelöst?

Differentialdiagnose

- Ribosomalstimmen: unfreiwilliges Denken klingt wie von einer Person. Die Klangschleife ist eine Tonbandaufnahme von etwas, das einmal gehört wurde.

Behandlung

- Verwenden Sie den Prozess bei einem lizenzierten Peak States Therapeuten, um diese Bakterienorganismen zu eliminieren.

Typischer Fehler in der Technik

- Es kann mehr als ein Bakterium vorhanden sein, das die Klangschleifen verursacht.

Grundursache

- Sie sind Teil eines bakteriellen Parasiten, der im Zellnukleus lebt und sich durch Nukleusporen in das Zytoplasma ausdehnt.

Häufigkeit & Schweregrad der Symptome

- Fast jeder hat dieses Problem. Dies ist eine Spektrum Störung. Einige Menschen sind davon mehr betroffen als andere.

Risiken

- Das Übliche für die Trauma-Psychotherapie.

ICD-10 Codes

- Kein spezifischer Code für diesen Fall.

Schwindel: *„Mir ist schwindelig und übel"*

Dies ist die Ursache für das Gefühl des Drehens, das bei den meisten Menschen üblich ist, wenn sie zu viel Alkohol trinken oder an Reisekrankheit leiden. Die Ursache ist ein Mitochondrium im Zytoplasma, das intern beschädigt ist. Es saugt kontinuierlich Zytoplasma an und erzeugt einen sich drehenden Wirbel aus Flüssigkeit, um etwas auszuspülen, das ihm Schmerzen verursacht. Der Klient wird sich dieser wirbelnden Flüssigkeit bewusst und spürt den Schwindel, da er im Wirbel ist.

Das Bewusstsein eines Schwindels wird manchmal während der Trauma-Psychotherapie ausgelöst. Es können auch dysfunktionale Assoziationen sein, z.B. greifen einige Menschen unbewusst auf diese Übelkeit als Strategie, um Aufmerksamkeit zu erlangen (um unbequeme Gefühle wie Einsamkeit zu blockieren).

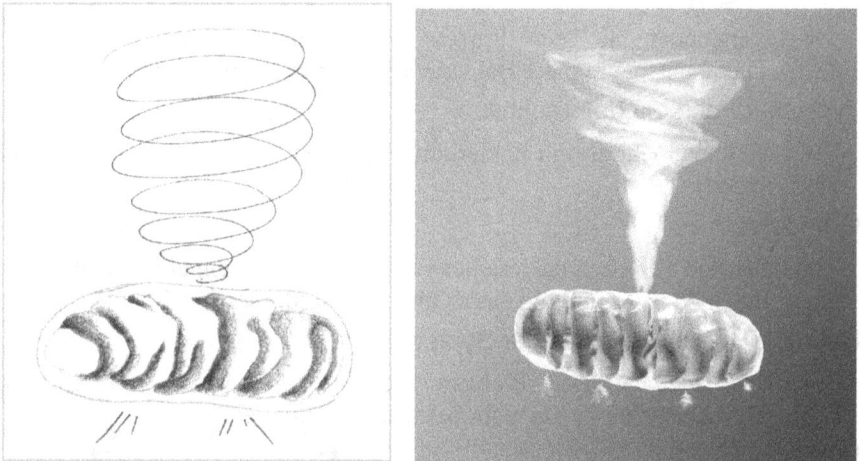

Abbildung 9.13: (a) Ein Mitochondrium, das nonstop das Zytoplasma einsaugt, verursacht einen Wirbel. Diese Flüssigkeit wird aus vielen kleinen Öffnungen in seinem Boden herausgespritzt. (b) Eine 3D-Ansicht.

Symptom Schlüsselwörter

- Drehschwindel. Schwindelanfälle. Reisekrankheit. Übelkeit.
- Benommen (muss sich drehen, nicht ein Gefühl von Hin und Her).

Diagnosefragen

- Fühlt es sich an, als würden Sie sich in einem Wirbel drehen wie bei einem Tornado?

Differentialdiagnose

- Pilz der Klasse 2: Eine Hin- und Her-Bewegung oder eine Zufallsbewegung (ohne einen Drehschwindel) wird durch einen Pilzparasiten verursacht, der Primärzellstrukturen im Nukleus bewegt.

- Schwindel kann auch durch Innenohrschäden (Kalziumkristalle usw.) verursacht werden, obwohl unserer Erfahrung nach eine mechanische Fehlfunktion des Innenohres selten die Ursache für Drehschwindelsymptome ist. Dieses biologische Innenohrproblem ist in der Regel abhängig von der Kopfhaltung.

Behandlung

- Verwenden Sie die Crosby Vortex Technik.

Typische Fehler in der Technik

- Es wurde nicht der „Anführer" oder das Schlüsselobjekt zur Heilung ausgewählt; danach befinden sich immer noch beschädigte „Gegenstände" innerhalb des Mitochondriums und der Wirbel ist immer noch vorhanden.
- Vergessen, das Unbehagen in den Mitochondrien zu „spüren", die in der Nähe von dem beschädigten Mitochondrium sind. Dieser Schritt ist selten erforderlich.

Grundursache

- Verursacht durch die Wahrnehmung eines Mitochondriums, das das Zytoplasma kontinuierlich in seinen Körper saugt und einen Wirbel in der Flüssigkeit bildet.

Häufigkeit & Schweregrad der Symptome

- Fast jeder hat viele Wirbel, aber selten kommt einer ins Bewusstsein.
- Das Drehgefühl kann verschiedene Größen, Intensitäten und Positionen innerhalb und außerhalb des Körpers haben.

Risiken

- Das Übliche für die Trauma-Psychotherapie.

ICD-10 Codes

- H81, R42.

Kapitel 10

Subzelluläre Fälle - Seltene Fälle

Bei der nächsten Gruppe von subzellulären Fällen ist es eher unwahrscheinlich, dass diese die Ursache für das Problem eines Klienten sind. Bis jetzt gehen wir davon aus, dass der durchschnittliche Therapeut nur zufällig auf Klienten trifft, die die gesamte Bandbreite möglicher Fälle haben können. Daher werden aus dieser Perspektive die Fälle in diesem Kapitel nur selten angetroffen, vielleicht einmal von 10 oder 20 Fällen.

Jedoch haben viele Menschen so manchen Fall aus dieser Gruppe, verwenden aber verschiedene Strategien, um das Bewusstsein dafür zu blockieren. Sie können einen Sinnenersatz verwenden, um innerhalb der Primärzelle zu kompensieren bzw. ihr Leben, ihre Entscheidungen, ihre Arbeit oder ihre Beziehungen starr einschränken, um eine Auslösung des Problems zu vermeiden. Oder sie können externe Umstände wählen, die helfen, die Empfindungen zu übertönen. So sehen wir diese Menschen dann als Klienten, weil entweder ihre Kompensationsstrategie fehlgeschlagen ist oder weil das Problem latent, aber nicht aktiv war, bis etwas es ausgelöst hat. Häufige Auslöser sind therapeutische Prozesse, spirituelle Praktiken oder schwierige Beziehungen. In diesem Fall müssen Sie das subzelluläre Problem sowohl identifizieren als auch herausfinden, was es ins Bewusstsein gebracht hat. Wahrscheinlich müssen beide Bereiche geheilt werden.

Einige dieser Fälle verursachen spezifische, einzigartige Probleme, auf die sich Therapeuten spezialisieren können (z.B. Hirnschäden). Wie wir an anderer Stelle in diesem Buch gesagt haben, empfehlen wir Therapeuten, den Bereich zu finden, den sie für überzeugend oder faszinierend halten und sich darauf zu konzentrieren und die entsprechenden Klienten dazu zu finden.

Abgrund: *„Ich kann nicht weitermachen, sonst werde ich vernichtet"*

Der Abgrund ist eine ganz besondere Erfahrung. Der Klient steht auf einem Felsvorsprung und blickt in einen bodenlosen Abgrund hinunter. Wenn er geradeaus schaut, gibt es eine weitere Klippe auf der anderen Seite des Abgrunds, und dort ist (oder sollte) ein helles Licht sein, zu dem er versucht zu gelangen, es aber nicht schafft. Achtung: Der Klient soll nicht in den Abgrund steigen. Die meisten Menschen haben dieses Abgrundproblem, sind sich dessen aber nicht bewusst. Bei manchen Menschen kann der Blick über den Rand einer Klippe oder eines hohen Gebäudes das Gefühl des Abgrunds auslösen; man hat Angst vor dem Fallen und will es gleichzeitig. Andere haben einfach das Gefühl, dass sie im Leben nicht vorankommen können. Wieder andere können den Abgrund sehen und ihre Beschreibungen spiegeln Empfindungen von Sinnlosigkeit und Einsamkeit wider.

Die Erfahrung des Abgrunds tritt ein, wenn die Eizelle den Eierstock verlässt. Der Spalt zwischen der Eizelle und dem Eileiter ist der Abgrund. Die Spermien haben im gleichen Reifungsstadium in den Hoden eine ähnliche Erfahrung. Nach der Heilung bedeckt der Eileiter die Eizellen-Öffnung, so dass die Erfahrung des Abgrunds entfällt. Ähnliche Erfahrungen treten auch in verschiedenen späteren Entwicklungsstadien auf. Diese Erfahrung hat eine väterliche und eine mütterliche Komponente; Generationsheilung ist erforderlich.

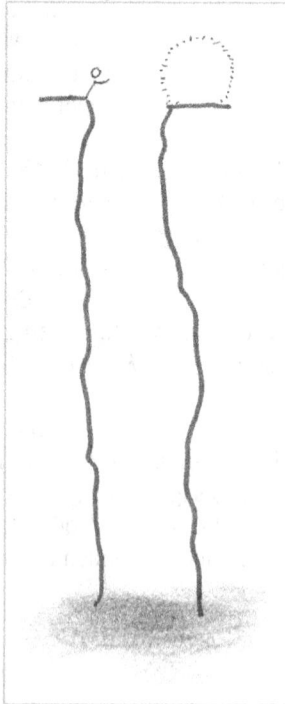

Abbildung 10.1: Die Person muss auf die andere Seite gelangen, wo das Licht ist, kann es aber nicht. Dies wird von der Person, die oben auf einem Felsvorsprung steht, normalerweise als bodenloser Abgrund erlebt.

Symptom Schlüsselwörter

- Einsamkeit; der Abgrund; auf einer hohen Klippe in der Nähe des Ozeans stehen; ich fühle mich hoffnungslos; ich kann mich im Leben nicht weiterentwickeln.
- Wenn ich nach oben schaue und das Licht sehe, sehne ich mich danach. Ich möchte wirklich dorthin gehen, aber es ist zu weit und unmöglich zu erreichen.
- Ich bin am Rande, wenn ich mich ein wenig nach vorne bewege, habe ich Angst, nach unten zu schauen.
- Ich bin am Grunde der Verzweiflung und kann da nicht raus.

Diagnosefragen

- Fühlt es sich an, als ob Sie, wenn Sie sich nach vorne bewegen, ins Leere / schwarzes Nichts fallen werden?
- Ist das Thema Einsamkeit / Verzweiflung / völlige Isolation?
- Ist es ein Gefühl, als ob es keinen Ausweg aus dieser Verzweiflung gibt?

Differentialdiagnose

- Seelenverlust: Wenn Sie das Gefühl haben, dass etwas fehlt, wollen Sie wirklich, dass etwas zurückkommt. Bei dem Abgrund entsteht das Gefühl aufzugeben.
- Sippenblockade: Sie fühlen sich schwer und leisten Widerstand, wenn Sie versuchen sich vorwärts zu bewegen, während der Abgrund sich anfühlt, als würden Sie ins Nichts fallen und dabei zerstört werden.

Behandlung

- Generationsheilung mit der Erfahrung des Abgrunds auf beiden Seiten der Familie, bis der Abgrund sich füllt; weiter heilen, bis die Person mit dem Licht auf der anderen Seite verschmilzt.

Typischer Fehler in der Technik

- Es gibt zwei Abgründe in der Entwicklung eines Menschen, in jedem Elternteil eines. Man benötigt für beide je eine Generationsheilung.

Grundursache

- Ein sehr frühes Entwicklungsereignis, das schiefgelaufen ist.

Häufigkeit und Schweregrad der Symptome

- Die meisten Menschen haben dieses subzelluläre Fallproblem, unterdrücken es aber.

ICD-10 Codes

- F33, F34.1.

Archetypische Bilder (intern): *„In mir ist ein eigenartiges göttliches Wesen"*

Die Dreifachhirne der meisten Menschen haben getrennte Identitäten voneinander, als wären sie jeweils ein kleines Kind. Sie geraten oft in Konflikt- und Kontrollsituationen, weil jedes von ihnen einen bestimmten Antrieb hat, den es erfüllen will. Wenn eines von ihnen ein anderes „sieht", kann es projizieren. Der dramatischste Fall ist, wenn eines der Gehirne auf das Körperhirn schaut und es als ein großartiges göttliches Wesen wahrnimmt. Wenn diese Projektion negativ ausfällt, könnte Ihr Klient sagen, dass es ein „Monster im Keller" gibt. Diese internen Wahrnehmungen gehen ständig weiter. Der Klient wird sich dessen bewusst, wenn sein CoA mit demjenigen Dreifachhhirn verschmilzt, das ein anderes Dreifachhirn wahrnimmt.

Dieser Fall ist eine verinnerlichte Version des Projektionsphänomens. Dieser subzelluläre Fall wird wegen seiner eigenartigen Empfindung als spiritueller Notfall eingestuft.

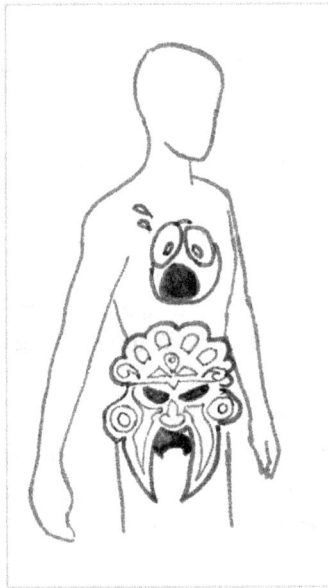

Abbildung 10.2: Gelegentlich erleben Klienten ein göttliches Wesen (von monströs bis wundersam) in ihrem Bauch. So erleben andere Dreifachhirne manchmal das Körperhirn.

Symptom Schlüsselwörter

- Gottheiten, Dämonen, ein alter Gott, Monster im Keller, eigenartige Präsenz, überwältigendes göttliches Wesen.

Diagnosefragen

- Ist diese eigenartige Präsenz oder das Sein, das Sie wahrnehment, in Ihrem Körper?

Differentialdiagnose

- Wahrnehmung eines großen Parasiten: Parasiten fühlen sich nicht eigenartig an.

Behandlung

- Die Courteau Projektionstechnik ist der einfachste Ansatz; nutzen Sie das extern projizierte Gefühl für den Prozess.
- Stattdessen kann Trauma-Heilung verwendet werden, um den Widerstand gegen das Verschmelzen der relevanten Dreifachhirne zu heilen, wobei es schwierig ist, die relevanten Traumata zu finden.
- Das funktioniert manchmal: während der Geburt den Augenblick heilen, bevor sich der Gebärmutterhals öffnet; den Klienten dafür in die Geburtsposition bringen. Es besteht ein gewisses Risiko, dass Suizidgefühle dabei ausgelöst werden können.

Typische Fehler in der Technik

- Es wird nicht die vollständige Heilung der Projektion durchgeführt. Der ganze Körper muss Empfindungen haben und in den Prozess einbezogen werden. Wenn Sie denken, dass Sie damit fertig sind, achten Sie darauf, dass Sie das vorliegende Problem erneut überprüfen.
- Die Projektion kann positiv oder negativ sein. Beide Projektionen sollten geheilt werden.

Grundursache

- Ein Dreifachhirn nimmt ein anderes Dreifachhirn wahr und das Trennungsproblem wird in die Wahrnehmung eines eigenartigen Wesens übertragen.

Häufigkeit & Schweregrad der Symptome

- Es ist sehr selten, dass Menschen dieses Problem haben.
- Es kann sich sehr überwältigend anfühlen und einen dazu bringen, den eigenen Verstand zu hinterfragen

Risiken

- Das Übliche für die Trauma-Psychotherapie.

ICD-10 Codes

- F22.0.

Asperger-Syndrom (leichter Autismus): „Ich bin von einer Glaswand umgeben"

Diese Klienten sind nicht in der Lage, Emotionen zu empfinden oder sich einfühlsam mit anderen Menschen zu verbinden. In offensichtlicheren Fällen wird dies als Asperger-Syndrom diagnostiziert, eine leichte Form von Autismus. Dieses spezifische Problem ist eigentlich eine Spektrumstörung, bei der einige hochfunktionierende Menschen nicht einmal erkennen, dass sie das Problem haben, da es immer da war und sie es gewohnt sind. Das Gefühl des Klienten ist das einer Glaswand, die den Körper in Form einer Säule umgibt, die von der Haut bis zu einigen Metern Entfernung vom Körper reichen kann.

Dieses Problem wird durch eine Bakterienzelle verursacht, die die pilzartige „Selbstsäule" bedeckt und das Gefühl auslöst, von einer Glaswand umgeben zu sein. Das kann durch Eliminierung der abdeckenden bakteriellen Organismen behandelt werden.

Abbildung 10.3: Die Selbstsäule des Klienten ist von einer dicken Bakterienzelle umgeben. Für den Klienten fühlt es sich an, als wäre er in einem Glasrohr stecken geblieben, das oben und unten versiegelt ist.

Symptom Schlüsselwörter

- Ich kann keine Emotionen spüren; kann mich nicht emotional mit anderen verbinden.
- Ich fühle mich eingeschlossen; ich kann den leeren Raum am Himmel nicht spüren; ich kann mich nicht „ausstrecken" und die Welt berühren.

Diagnosefragen

- Haben Sie das Gefühl, dass Sie von einer Glaswand umgeben sind?

- Fühlen Sie sich von Ihren Emotionen und denen anderer Menschen blockiert?

Differentialdiagnose

- Hirnsperre: Es entsteht kein Gefühl, von einer Glaswand innen oder außen blockiert oder umgeben zu sein.
- Blasen: Dies führt dazu, dass die Person geistig und körperlich in unterschiedlichem Maße behindert wird. Die Grenzen von Asperger begrenzen ihre Fähigkeit, die Welt zu erspüren oder sich emotional zu verbinden, blockieren sie aber nicht.

Behandlung

- Dies ist derzeit ein Prozess für zertifizierte Peak-States-Therapeuten.

Typischer Fehler in der Technik

- Fehlende Bereiche der „Glaswand".

Grundursache

- Eine bakterielle Infektion.

Häufigkeit & Schweregrad der Symptome

- Wir schätzen, dass etwa 10% der durchschnittlichen Bevölkerung dieses Problem teilweise haben. Erwachsene Patienten kommen selten zur Behandlung, da sie es in der Regel als „normal" für sich selbst betrachten.
- Dies ist eine Spektrums Störung, von mild bis extrem: In der milden Form haben viele gut funktionierende Menschen dieses Problem und erkennen es erst, wenn es behandelt wird und verschwindet.

Risiken

- Das Übliche für die Trauma-Psychotherapie.

ICD-10 Codes

- F80, F94 **F84.5**.

Hirnschäden (pränatale oder traumatische Verletzungen): *„Ich kann es einfach nicht tun"*

Wir haben ursprünglich an pränatalen Hirnschäden gearbeitet, weil wir dachten, dass sie Autismus-Symptome verursachen könnten. Es stellte sich heraus, dass dem nicht so war; unserer Erfahrung nach wurde Autismus diagnostiziert, obwohl es sich um einen Gehirnschaden handelte. Wir fanden heraus, dass die Resilienz gegenüber Hirnverletzungen von Person zu Person unterschiedlich war. Wir entwickelten einen Prozess, der diese Resilienz maximierte, so dass frühere Verletzungen wenig oder gar keine Wirkung mehr hatten. Diesen Prozess haben wir noch nicht an vielen TBI-Klienten (intrakranielle Verletzung) getestet, so dass wir noch nicht wissen, ob er in Fällen von Narbenbildung oder krankheitsbedingten Schäden wirksam ist.

Die Symptome von Hirnschäden können von extrem bis subtil reichen und können fälschlicherweise wie die Folge eines einfachen Traumas erscheinen. So hatte beispielsweise ein Klient mit einem kleinen Bereich pränataler Hirnschäden Schwierigkeiten, sich Namen zu merken. Überraschenderweise fanden wir heraus, dass die meisten durchschnittlichen Menschen in verschiedenen Bereichen ihres Gehirns einen gewissen Grad an Hirnschäden haben. Ein Klient kann dies bemerken, wenn er sich mit anderen vergleicht. Fälle von traumatischen Hirnverletzungen durch einen Unfall haben einen klaren Vorher-Nachher-Vergleich, was die Überprüfung der Behandlung wesentlich erleichtert.

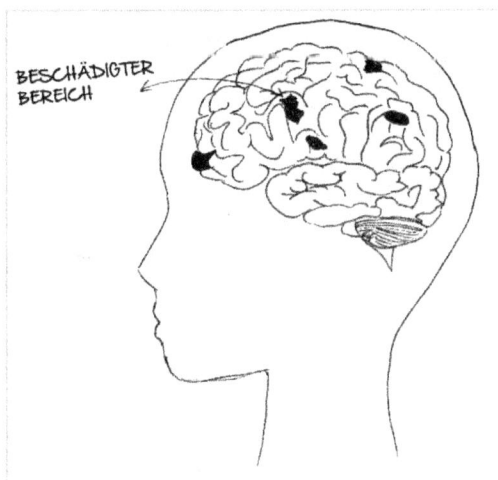

Abbildung 10.4: Bereiche mit Hirnschäden „sehen" schwarz aus. Das Gehirnmaterial sollte transparent „aussehen".

Symptom Schlüsselwörter

- „Ich kann nichts tun"; „Ich kann es wirklich nicht tun"; „Es funktioniert nicht bei mir".
- Frustration darüber, etwas zu tun; Kompensation; Verletzung, Verlust einer Kapazität; nie in der Lage gewesen zu sein, etwas zu tun.
- Der Klient hat Strategien, um die Behinderung in seinem Leben zu umgehen.

Diagnosefragen

- Ist diese Unfähigkeit immer da?
- Fühlt sich diese Unfähigkeit einfach so an, als ob etwas in Ihnen fehlt?

Differentialdiagnose

- Hirnsperre: Die Abschaltung des Verstandes verursacht den Verlust der Fähigkeit, sämtliche Urteile - positiv oder negativ - zu fällen; Hirnschäden beinhalten den teilweisen oder vollständigen Verlust spezifischer Fähigkeiten oder eine allgemeine Lernbehinderung.
- Trauma-Entscheidungen: Trauma verursacht die Unterdrückung der Gefühle, die von einem emotionalen Schmerz ausgelöst wurden, im Gegensatz zu einer Abwesenheit der Fähigkeit, Schmerz zu fühlen durch Hirnschäden. Bei Hirnschäden gibt es keinen anderen emotionalen Inhalt des Symptoms als die Gefühle wegen der Behinderung (keine direkte emotionale Ladung). Klopfen funktioniert bei Symptomen von Hirnschäden nicht.
- Blasenproblem: Das Blasenproblem verursacht eine umfassende Unfähigkeit und den Verlust der Funktionsfähigkeit gegenüber spezifischen Unfähigkeiten bei Hirnschäden; die Personen fühlen sich, als wären sie in einer Blase im Gegensatz zu ihrem normalen Selbst; in einer Blase zu sein ist schmerzlos im Gegensatz zu einer traumatischen Hirnverletzung, bei welcher es auch andere Symptome geben wird wie Schmerzen, behinderte motorische Fähigkeiten usw.
- Kopie: Eine Kopie ist wie ein Trauma, das Symptome hervorruft; Hirnschäden verursachen eine Abwesenheit oder ein teilweises Fehlen einer Fähigkeit.

Behandlung

- Dies ist derzeit ein Prozess für zertifizierte Peak-States-Therapeuten.

Typische Fehler in der Technik

- Das Problem wird nicht vollständig behoben, da der Klient nicht weiß, wie sich der gesunde Endzustand anfühlt.
- Wenn man nicht jemanden hat, der Hirnschäden „sehen" kann, dann sollte die Heilung doppelt überprüft werden.

Grundursache

- Verletzung des Gehirns, die zum Verlust einer bestimmten Funktion führt.

Häufigkeit & Schweregrad der Symptome

- Bei Unfalltraumata gibt es eine Reihe von Symptomen und Intensitäten.
- Pränatale Schäden sind häufig, aber meist nicht schwerwiegend.

Risiken

- Das Übliche für die Trauma-Psychotherapie.

ICD-10 Codes

- F07.8, F70-F79, F80, S06, I64.

Blase: *„Ich fühle mich plötzlich unfähig"*

Dieser subzelluläre Fall tritt auf, wenn eine Person plötzlich, aber vorübergehend bis zu einem gewissen Grad geistig und körperlich behindert wird. Dieses Problem ist für den Betrachter offensichtlich, da der Klient plötzlich dumm und inkompetent ist. Dies geschieht, weil eine Person ihr Bewusstsein vorübergehend in eine kleine „Blase" versetzt, die im Zellnukleus schwebt. Die Person tut dies, weil es ein Gefühl der Sicherheit vermittelt, ein bisschen wie ein Kind, das sich unter der Bettdecke versteckt. Klienten haben typischerweise eine Reihe von Blasen. Der Klient kann sie manchmal als schwebend außerhalb seines Körpers wahrnehmen.

Diese Blasen wurden von ihrer eigentlichen Position aus der Struktur des Kiefernzapfens ausgestoßen. Sie sind beschädigt und enthalten im Inneren einen insektenähnlichen Parasiten der Klasse 1. Die Heilung besteht aus drei Teilen: Den Klienten aus der Blase herauszuholen; das Bedürfnis des Klienten, in die Blase zu gehen, zu eliminieren und dann die jeweilige Blase zu heilen.

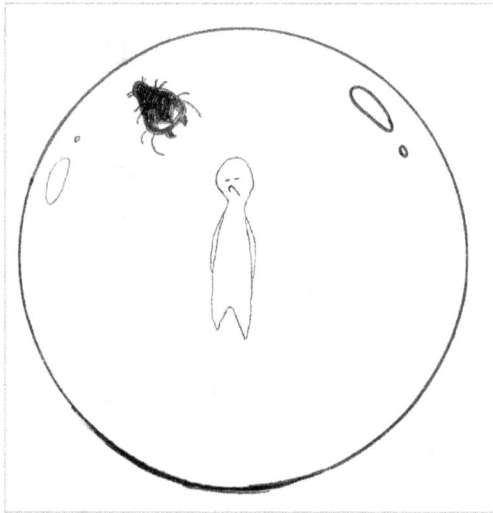

Abbildung 10.5: (a) Die Person fühlt sich, als wäre sie ganz oder teilweise in einer Blase. Es gibt ihr das Gefühl der Sicherheit, auch wenn zeitgleich der Parasit mit dabei ist.

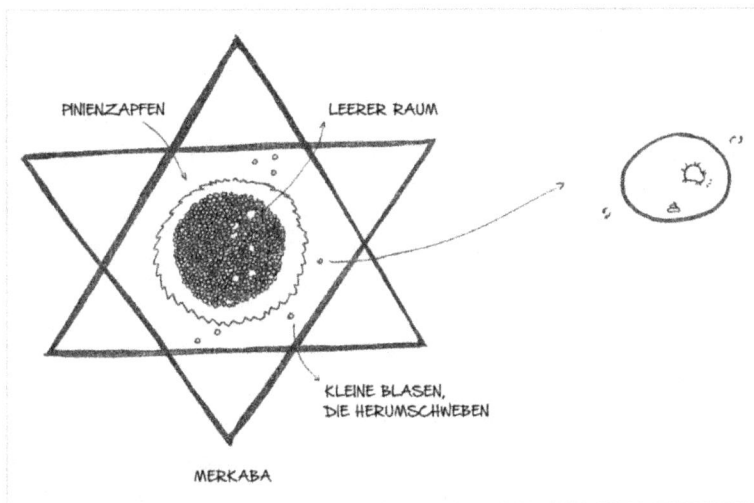

(b) Die Blase schwebt außerhalb des Kiefernzapfens; sie sollte sich innerhalb des Kiefernzapfens befinden.

Symptom Schlüsselwörter

- Unfähig; behindert; dumm; untauglich; verschwommen; kann keine normalen Aktivitäten ausführen (Fahren, Mathe usw.).
- Umschlossen; Blase; sich wie in einer Decke fühlen.

Diagnosefragen

- Haben Sie das Gefühl, dass Sie sich in einer runden Blase befinden? Fühlen Sie sich manchmal abgekapselt?
- Wenn Sie sich erweitern, fühlt es sich an, als würden Sie wieder normal werden?

Differentialdiagnose

- Autismus: Glaskasten, nicht unbedingt dumm, nicht behindert.
- Biographisches Trauma: Fühlt sich nicht in einer Blase.
- Hirnsperre: kein Selbstangriff, kein Blasengefühl.
- Seelendiebstahl: Es „sieht" aus wie eine Wolke, nicht wie eine Blase; Gefühle sind im Raum verstreut.

Behandlung

- Lassen Sie den Klienten sein Bewusstsein erweitern. Dann heilen Sie die Assoziationen des Sicherheitsgefühls. Dann machen Sie eine Generationsheilung für diesen insektenähnlichen Parasiten in der Blase.

Typischer Fehler in der Technik

- Das Sprechen über Parasiten verursacht unnötige Aktivierung und kann den Heilungsprozess beeinträchtigen. Es ist viel besser, harmlose

Umschreibungen zu verwenden, wenn man an der Heilung von Parasiten arbeitet.

GEFAHR

Sobald einige Menschen erfahren, dass Parasiten existieren, werden sie in sich selbst nach ihnen suchen und versuchen, auf der Ebene der Primärzelle einzugreifen. Dies ist potenziell sehr gefährlich: Die Parasiten können reagieren und den Wirt schädigen; der Körper kann, um zu kompensieren, eine parasitäre Überbesiedlung auslösen und dadurch unnötige Angst und Paranoia beim Klienten verursachen.

Grundursache

- Das CoA des Klienten ist teilweise oder vollständig in eine beschädigte Blase eingedrungen und diese ist außerhalb ihres normalen Platzes in der Struktur des Kiefernzapfens innerhalb des Zellnukleus.

Häufigkeit & Schweregrad der Symptome

- Viele Menschen tun dies, aber es ist in der Regel von kurzer Dauer. Die Person kann sich ganz oder teilweise in der Blase befinden, z.B. befindet sich ihr Oberkörper in der Blase, dafür ihre Beine nicht.

Risiken

- Das Übliche für die Trauma-Psychotherapie.

ICD-10 Codes

- F43.2, F44.9, F70-79, F80.

Undichtigkeit der Zellmembran: *„Ich fühle mich schwach"*

Dieses seltene Problem verursacht ein Gefühl der Schwäche beim Klienten; im Extremfall kann es dazu führen, dass eine Person in ein Krankenhaus geht. Es entsteht, wenn Membranen in der Primärzelle porös werden und Flüssigkeit daraus entweicht. Die Membran kann entweder zu dünn sein und Löcher aufweisen oder spröde und gerissen sein. Dieses Problem ist umfassend: Es tritt in allen Membranen auf, nicht nur in den Zell- oder Kernmembranen. Der Ursprung ist eine defekte elterliche Membran in der elterlichen Genesis-Zelle, zum Zeitpunkt, wenn die p-Organellen zum ersten Mal gebildet werden.

Laut unserer begrenzten Erfahrung haben Menschen mit diesem Problem es als eine bestehende Erkrankung. Wir haben jedoch gesehen, dass sich die Symptome bei einigen Patienten während der Traumatherapie oder bei Lebensereignissen deutlich verschlimmern können.

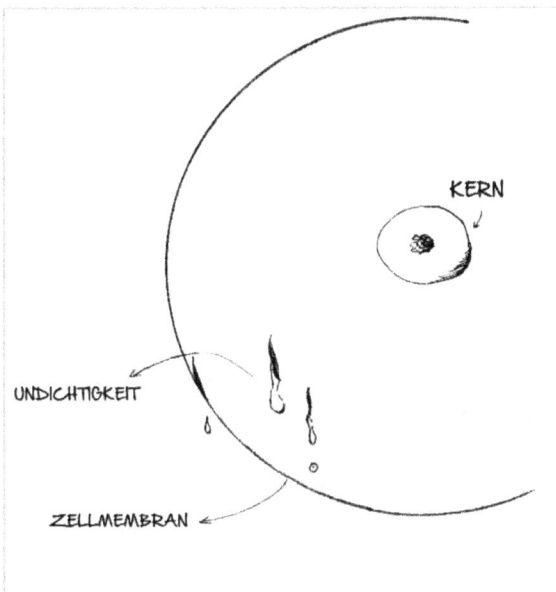

Abbildung 10.6: Jede Membran in der Zelle kann das Problem der Undichtigkeit haben. Einmal ausgelöst, kann das in schweren Fällen zu einem Krankenhausaufenthalt oder zum Tod führen.

Symptom Schlüsselwörter

- Übelkeit, Schwäche, Erschöpfung, zu wenig Energie zum Atmen, fühlt sich an, als würde ich bluten; das Problem ist schlimmer, wenn man versucht zu _____;

Diagnosefragen

- Welche Umstände lösen Ihre körperliche Schwäche aus?

Differentialdiagnose

- Eine Fluchdecke: Sie befindet sich normalerweise in einem Gebiet, kann aber auch um die ganze Person herum sein. Sie gibt einem Menschen das Gefühl, müde zu sein, nicht aber, schwach zu sein.
- Verletzungen durch insektenähnliche Parasiten der Klasse 1: Ein insektenähnlicher Parasit kann durch eine Membran reißen. Wenn der Riss groß genug ist, hat der Klient das Gefühl zu verbluten, während das Zytoplasma aus der Primärzelle austritt und es gibt starke Schmerzen; aber nur an einem Ort. Das Austreten der Flüssigkeit aus den Zellmembranen ist überall und in der Regel nicht schmerzhaft.
- Chronische Müdigkeit: Den Klienten ging es gut, bis sie dieses Problem hatten; Undichtigkeits-Symptome werden durch Ereignisse ausgelöst, können aber auch ein lebenslanges Problem sein.

Behandlung

- Da es sich um mögliche Sicherheitsrisiken handelt, ist dies derzeit ein Prozess für zertifizierte Peak-States-Therapeuten.

Typischer Fehler in der Technik

- Einige Bereiche der Membran der Genesis-Zelle sind nicht vollständig verheilt.

Grundursache

- Schäden in den ursprünglichen Zellmembranen, aus denen die primäre Keimzelle aufgebaut ist.

Häufigkeit & Schweregrad der Symptome

- Es ist in der Regel mild, kann aber bei einigen Menschen unter bestimmten Umständen lebensbedrohlich sein.

Risiken

- Viele Menschen haben ein Problem mit der Integrität ihrer Zellmembranen, aber es ist sehr ungewöhnlich, dass sie eine signifikante Undichtigkeit aufweisen.
- Die Verwendung von Therapien für andere Probleme kann schwerwiegendere Symptome anstoßen.

ICD-10 Codes

- Es wurde noch kein spezifischer Code identifiziert.

Chakra-Problem: *„Ich spüre schmerzhaften Druck auf meinem Chakra"*

Es gibt viele schwere körperliche und emotionale Probleme, die mit Chakren verbunden sind. Chakren haben eine physische Basis in der Primärzelle; sie sind Teil eines einzigen Klasse-2-Pilzorganismus, der in der Nukleusmembran eingebettet ist. Da die Organismen am Leben sind, reagieren sie auf Versuche, sie zu schieben oder zu manipulieren. Dies kann durch Zufall geschehen, wenn der Klient eine Aktivität in seinem Leben ausführt, die eine entsprechende Aktivität in der Primärzelle auslöst. Beispiele: Gewichtheben, welches die Chakren Bereiche belastet; Meditieren mit intensivem Fokus auf das 3. Auge usw. Symptome sind in der Regel Schmerzen oder Druck an den Stellen des Körpers, die den Positionen der Chakren entsprechen, einzeln oder gleichzeitig an allen Stellen.

Auslöser für die Aktivierung eines Chakras sind interessanterweise die Bewegungen und die Gefühle, die die Mutter hatte, als sie ihre eigenen Chakren benutzte. Der Fötus *im Mutterleib* lernt, wie man sie benutzt, indem er kopiert, was die Mutter in diesen Augenblicken tat.

Die Eliminierung dieses Pilzorganismus verändert radikal die Pulse, die zur Diagnose in der chinesischen Medizin verwendet werden und eliminiert die Fähigkeit, Klopftechniken zu verwenden, aber auch die Notwendigkeit dafür. Wenn ein Trauma einfach gefühlt wird, wird jetzt dadurch die gesamte Traumakette geheilt.

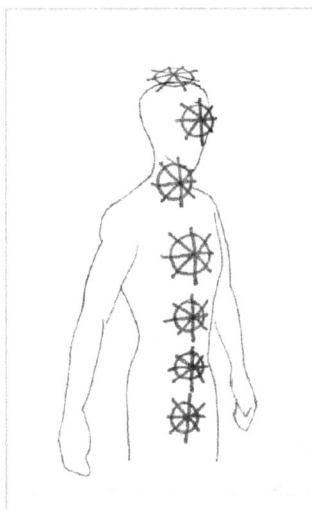

Abbildung 10.7a: Symbolische Darstellungen der Chakren in ihren ungefähren Positionen im Körper. Sie werden aufgrund ihrer Wahrnehmung als Segelschiffsräder dargestellt.

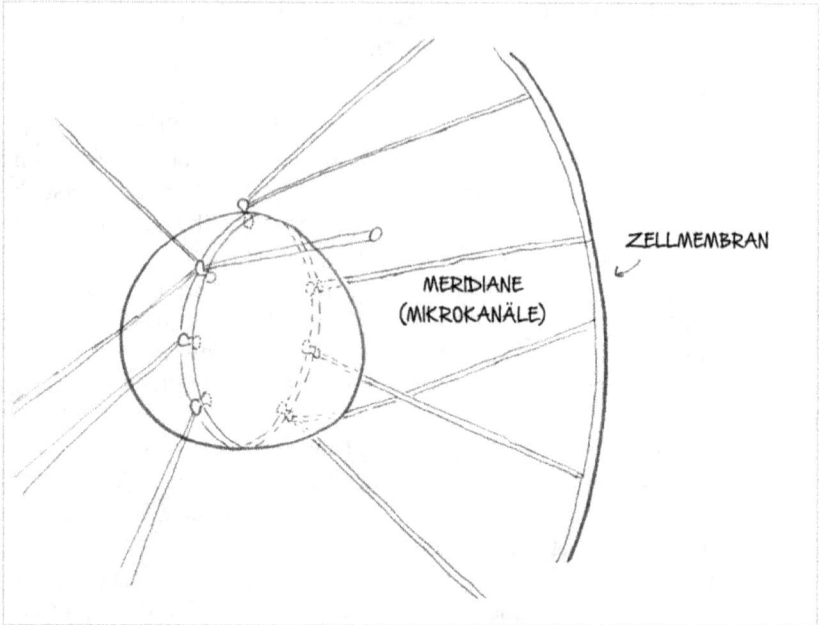

Abbildung 10.7: (b) Der Chakra-(Pilz-)Organismus auf der Nukleusmembran entlang der linken/rechten Mittellinie mit angebrachten Meridianschläuchen.

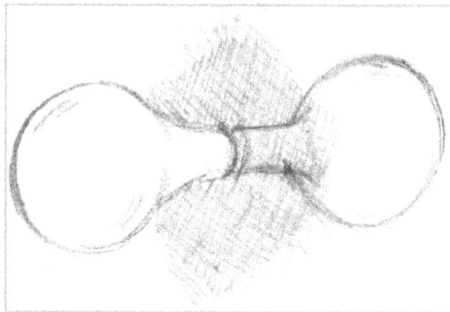

Abbildung 10.7: (c) Eine Nahaufnahme eines Chakras, einer hantelartigen Struktur, die in die Nukleusmembran eindringt.

Symptom Schlüsselwörter

- An den klassischen Chakrapositionen herrscht ein Gefühl von „Druck" im Körper.

Diagnosefragen

- Bekommen Sie diese Symptome, wenn Sie eine bestimmte körperliche Aktivität ausführen?

Differentialdiagnose

- Bakterien: Sie können Druckschmerzen verursachen, aber meist im Kopf.
- Trauma: Aktivierte Schmerzen oder Verletzungen können sich zufällig an Chakrapositionen befinden. Die Prüfung mit einer Traumatherapie ist der einfachste Test.
- Kronenhirnstruktur: die ist selten an Chakrapositionen. Beide können durch Bewegung Schmerzen verursachen; irgendwann umschließt die Kronenhirnstruktur einen schmerzhaften Bereich. Ein teilweiser Test löst vorübergehend die Kronenhirnstrukturen auf.

Behandlung

- Bei Drucksymptomen heilen Sie das Trauma des Widerstandes gegen den „Druck" an der Grenze. Fahren Sie an jeder festsitzenden Stelle fort, bis kein Widerstand mehr vorhanden ist und infolgedessen kein Druckgefühl mehr vorhanden ist.
- Verwenden Sie eine lizenzierte Peak States-Technik, um den Chakra-Pilzorganismus zu beseitigen.

Typischer Fehler in der Technik

- Nicht den gesamten Chakra-Pilzorganismus zu beseitigen.

Grundursache

- Ein Pilzorganismus der Klasse 2, der in die Nukleusmembran entlang der äußeren Mittelachse eingebettet ist.

Häufigkeit & Schweregrad der Symptome

- Sehr verbreitet, aber in der Regel nicht sehr schwerwiegend.
- Die meisten Menschen vermeiden automatisch die Handlungen, die Schmerzen auslösen.

Risiken

- Zurzeit nicht bekannt. Gehen Sie davon aus, dass es die üblichen Risiken für die Trauma-Psychotherapie gibt.

ICD-10 Codes

- F45, R52.

Selbstsäule - Blasen: *„Ich bin verwirrt"*

Die Struktur im Nukleus der Primärzelle, die wir die „Selbstsäule" nennen, kann eine Vielzahl von Problemen haben. Eines ist etwas seltsam - die Anwesenheit von Luftblasen in der Säule. Diese Blasen verursachen einen ausgeprägten psychologischen Effekt: Die Person fühlt Verwirrung und ein Gefühl der Fragmentierung. Dieses Problem variiert je nach Größe und Anzahl der Blasen in der Selbstsäule.

Die „Selbstsäule" ist eine sehr verbreitete Klasse-2-Pilzstruktur, die die meisten Menschen als Teil von sich selbst erleben.

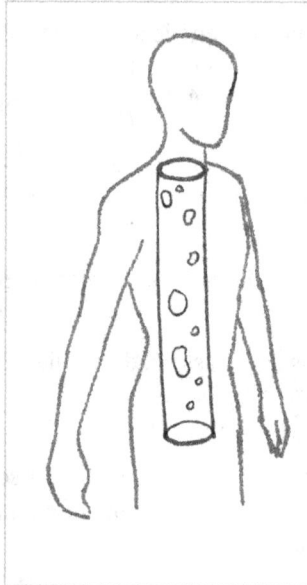

Abbildung 10.8: Die Selbstsäule (eine Pilzstruktur) kann Blasen enthalten. Dies führt - möglicherweise von Geburt an - zu Verwirrung bei einer Person.

Symptom Schlüsselwörter

- Verwirrung an Körperstellen; Fragmentierung; Fokuszerstörung in Bereichen; innere Verwirrung; das Problem ist immer da; verstreute Aufmerksamkeit; ich bin ständig verwirrt.

Diagnosefragen

- Ist das Gefühl der Verwirrung an verschiedenen Stellen in Ihrem Körper?

Differentialdiagnose

- Zerschmetterte Kristalle: Die Kristalle verursachen eine Unfähigkeit zur Fokussierung. Wenn Sie nicht fokussieren, gibt es kein Problem. Es tritt auf, wenn man die Aufmerksamkeit nach außen richtet. Bei den Blasen der Säule geht es um Verwirrung, die immer an verschiedenen Stellen des

Körpers vorhanden ist und auch dann existiert, wenn man nicht an ein Konzept denkt.

Behandlung

- Dies ist zurzeit ein Prozess für zertifizierte Peak-States-Therapeuten.

Typischer Fehler in der Technik

- Das Problem ist nicht vollständig geheilt, da Teile der Säule gerissen oder abgelöst sind und diese Bereiche vom Bewusstsein des Klienten ausgeschlossen sind.

Grundursache

- Bereiche der Selbstsäule, die bei ihrer ersten Bildung nicht vollständig ausgefüllt wurden.

Häufigkeit & Schweregrad der Symptome

- Gelegentlich bei Klienten zu finden, aber selten ist es ausgeprägt genug, um eine Behandlung zu benötigen; normalerweise haben Menschen angemessene Bewältigungsstrategien.

Risiken

- Das Übliche für die Trauma-Psychotherapie.

ICD-10 Codes

- R41.0.

B-Löcher/ B-Strippen (bösartig): *„Ich bin empört über ein wirklich bösartiges Gefühl in dir"*

Dieses B-Loch (b=„bösartig") Problem ist auf eine Lücke in der Struktur des Kiefernzapfens zurückzuführen. Die Lücke hat das Gefühl einer negativen Emotion mit einer zugrundeliegenden bösartigen Verdrehung. Zum Beispiel: „Ich bin traurig, also werde ich dich auch unglücklich machen". Jede Lücke hat eine andere negative emotionale Belastung. Die meisten Menschen füllen die Lücke im Allgemeinen mit einem Bakterienparasiten, um zu versuchen, das Gefühl zu blockieren. Wenn die Person jedoch eine andere Person mit genau der gleichen beschädigten Stelle in ihrem Kiefernzapfen trifft, wird sie das negative Gefühl *in der anderen Person* spüren. Diese Wahrnehmung erfolgt über einen bakteriellen Parasiten innerhalb des Hohlraums im Kiefernzapfen, der mit einem Bakterium in den Hohlräumen der anderen Person in Resonanz geht. Es gibt eigentlich keine „Strippen"-Verbindungen wie beim Borgpilz der Klasse 2, aber aus Bequemlichkeit nennen wir es eine „B-Strippe" (bösartige Strippe), da sich beide Arten von emotionalen Verbindungen ähnlich anfühlen und beide mit DPR (Distant Personality Release) beseitigt werden können.

Das B-Loch-Problem ist weit verbreitet, aber es ist sehr ungewöhnlich, es in sich selbst wahrzunehmen. Es in einem anderen zu bemerken ist nicht so selten, aber es bedarf des Zufalls, dass beide Menschen genau den gleichen Schadensbereich in ihren Strukturen des Kiefernzapfens haben. Gelegentlich sehen wird dieses Problem bei Paaren, obwohl diese oft nicht genau wissen, warum sie sich miteinander unwohl fühlen.

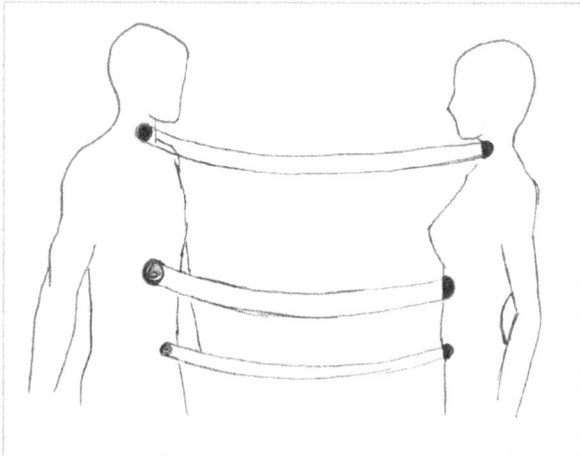

Abbildung 10.9: Die Person bemerkt beim anderen ein Gefühl an einem Ort, der mit dem gleichen bösartigen Gefühl übereinstimmt, dass sie in ihrem eigenen Körper hat. Diese Löcher befinden sich tatsächlich in der Struktur des Kiefernzapfens.

Symptom Schlüsselwörter

- Jemand anderes fühlt sich bösartig an oder gibt ein bösartiges Gefühl ab; Diese Person fühlt sich an einer bestimmten Körperstelle bösartig an.
- Ich fühle mich unwohl bei einer bestimmten Person.
- Ich habe ein bösartiges Gefühl an einer bestimmten Stelle in meinem Körper.

Diagnosefragen

- Wo im Körper des anderen Menschen spüren Sie das negative Gefühl? Haben Sie das gleiche Gefühl am gleichen Ort in Ihrem eigenen Körper?

Differentialdiagnose

- Trauma: Trauma-Techniken wie EFT oder WHH haben keinen Einfluss auf das negative Gefühl im B-Loch.
- Projektion: Es gibt kein zugrundeliegendes Böses in der projizierten Emotion; noch gibt es eine bestimmte Körperstelle für das Gefühl im anderen oder in sich selbst.
- Strippen: Sie haben keine bestimmte Position im Körper des anderen Menschen und haben selten einen bösartigen Unterton für das gespürte Gefühl.

Behandlung

- Das B-Loch ist ein Generationstrauma-Problem.
- DPR kann verwendet werden, um die Verbindung zu einer anderen Person zu unterbinden, aber es heilt nicht das B-Loch im Klienten.

Typischer Fehler in der Technik

- Manchmal gibt es überlappende B-Löcher mit unterschiedlichen Gefühlen.

Grundursache

- Lücken im Inneren der Struktur des Kiefernzapfens im Nukleus können sich mit einer bösartigen emotionalen Belastung füllen. Das ist ein Generationsproblem.

Häufigkeit & Schweregrad der Symptome

- B-Löcher sind in der Bevölkerung verbreitet, aber es ist selten, jemand anderen zu finden, mit dem man so in Resonanz tritt, dass man es fühlen kann.
- Das Gefühl im anderen Menschen (und in sich selbst) kann sehr störend sein, wegen des bösartigen Untertons darin.

Risiken

- Das Übliche für die Trauma-Psychotherapie. Da es sich um Empfindungen des Bösartigen handelt, ist es darüber hinaus für einige Menschen schwierig, sich selbst anzuerkennen oder sich selbst gegenüberzustehen.

ICD-10 Codes

- Es wurde noch kein spezifischer Code identifiziert.

Gedämpfte Emotionen: *„Meine Gefühle, ob gut oder schlecht, sind gedämpft"*

Zum ersten Mal stießen wir auf dieses Problem, als wir die Aufmerksamkeit schnell zwischen der Gegenwart und einem Augenblick der Vergangenheit hin und her bewegten („Zeitsprung"). Nach etwa vier Zyklen ist der emotionale Inhalt des vergangenen Augenblicks verschwunden oder sehr gedämpft. Leider heilt dieses das Trauma nicht. Stattdessen werden alle emotionalen Inhalte (sei es angenehm oder schmerzhaft) ebenfalls abgedämpft. Ohne Behandlung verschwindet dieser Zustand nicht und Menschen, die ihn eine Weile haben, beschreiben ihn oft als „depressiv". Dieses Problem tritt auf der Ebene der Dreifachhirne auf. Das Herzhirn sieht aus, als wäre es mit einer harten Schale bedeckt, anstatt eines normalen, flauschigen, ausgedehnten Aussehens.

Diese „Zeitsprünge" lösen ein sehr frühes Entwicklungsereignis aus, welches bei den meisten Menschen ein Trauma beinhaltet, das sie für dieses Problem anfällig macht. Die Heilung dieses Ereignisses bringt die Klienten schnell wieder in einen normalen emotionalen Bereich.

Wir haben die zugrundeliegende Biologie noch nicht identifiziert, da unsere Behandlung so gut funktioniert hat, dass wir sie nicht weiter untersuchen mussten. Es gibt jedoch ein Problem mit ähnlichen Symptomen, das das gleiche zugrundeliegende Problem haben könnte. Dabei wird die Verbindung zwischen dem emotionalen Herzhirn und den anderen Gehirnen in der Merkaba (einer Pilzstruktur) beschädigt. Menschen mit dieser Erkrankung können manchmal wieder positive Gefühle empfinden, aber nur in Anwesenheit von Menschen, die diese Erfahrung in ihnen anregen. Dieser Merkaba-Schaden ist auch die Ursache für ADD oder ADHS bei den meisten Menschen. Die Reparatur der parasitären Struktur beseitigt diese Symptome.

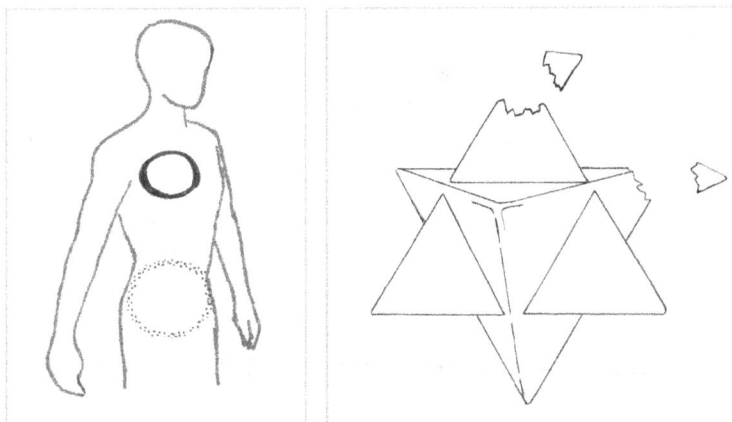

Abbildung 10.10 (a): Das Problem der „gedämpften Emotionen" führt dazu, dass ein Dreifachhirn eine harte Oberfläche bildet. (b) Schäden an den Verbindungspunkten der Merkaba-Pilzstruktur blockiert die Funktion des Dreifachhirns, die von emotionaler Gedämpftheit bis hin zu ADD/ADHS reichen kann.

Symptom Schlüsselwörter

- Depressionen. „Blah". „Ich fühle nicht viel". Monoton oder monotone Stimme.
- „Mein Partner ist nicht glücklich mit mir." „Es war mal anders."
- Gedämpfter emotionaler Bereich (positiv & negativ).

Diagnosefragen

- Sind negative und positive Gefühle noch vorhanden, aber sehr abgestumpft?
- Wann hat das angefangen? (Nach einem „Zeitsprung" oder nach Einnahme von Halluzinogenen?)

Differentialdiagnose

- Bakterielles Problem: Das Bakterium bedeckt wichtige Teile der Zelle. Meistens wird das von Müdigkeit begleitet.
- Blase: Die Blase deaktiviert eine Person teilweise körperlich und geistig; gedämpfte Emotionen beeinflussen nur die emotionale Reichweite.
- Seelenverlust: Die emotionale Gedämpftheit verbirgt extreme Einsamkeit oder Verlust.
- Asperger-Syndrom (leichter Autismus): Es gibt ein Gefühl der „Glaswand" um eine Person herum oder um ihren inneren Kern, das die Verbindung zu anderen und/oder ihren eigenen Emotionen blockiert. Das ist lebenslang.
- Herzhirnsperre: Menschen fühlen sich als Objekt an, sowie der Verlust von Emotionen.
- Pilzbefall: Es gibt noch dazu ein Gefühl des Widerstandes gegen alle Aktionen.
- Bewusstseinszustand des Inneren Friedens: Man hat immer noch den vollen positiven emotionalen Bereich.
- Spitzenbewusstseinszustand der Hirnverschmelzung. In der Regel fühlt man sich teilweise oder vollständig hohl an. Der Mangel an Emotionen fühlt sich angemessen an, man fühlt sich nicht deprimiert und es fühlt sich nicht wie ein Problem an.

Behandlung

- Dies ist zurzeit ein Prozess für zertifizierte Peak-States-Therapeuten.

Typischer Fehler in der Technik

- Nicht zu erkennen, dass die „Depression" des Klienten eigentlich gedämpfte Emotionen sind, da der Klient nicht weiß, wann oder wie das Problem entstanden ist.

Grundursache

- Es wird ein frühes Entwicklungsereignis ausgelöst (über Medikamente, Zeitsprung), welches dieses Problem verursacht. Oder es war immer schon seit der Kindheit oder Geburt da.

Häufigkeit & Schweregrad der Symptome

- Selten in der Bevölkerung. Sehr verbreitet, wenn man bewusst den Zeitsprung einsetzt.
- Wir haben dieses Problem gelegentlich bei Menschen gesehen, die Halluzinogene verwendet haben. Sie haben es am Ende der Drogenerfahrung.

Risiken

- Das Übliche für die Trauma-Psychotherapie.

ICD-10 Codes

- F34.1.

Pilzbefall: *„Ich fühle nicht viel; ich bin voll von weißem Zeug"*

In diesem subzellulären Fall handelt es sich um eine Pilzart innerhalb der Primärzelle, die wie weiße Zuckerwatte „aussieht". Sie kann die Größe von kleinen Flecken haben bis hin zur vollständigen Ausfüllung des Körpers des Klienten. Das primäre Symptom ist emotionale und körperliche Taubheit, die leicht bis extrem sein kann. Dies wird manchmal als Unfähigkeit wahrgenommen, normale positive Emotionen wie Liebe oder Glück zu fühlen. Es kann auch das Gefühl vermitteln, dass die Person physisch „gefesselt" ist, als ob sie Gulliver wäre und die Liliputaner sie mit winzigen Fäden gefesselt hätten. Es kann auch als Gefühl erlebt werden, festgefahren oder eingeschränkt zu sein, wobei alles im Leben viel Mühe und Willenskraft erfordert. Diese Pilzart verursacht jedoch keine emotionalen oder anderen Verbindungsprobleme zwischen Menschen (wie im Falle des Borgpilzes).

Dieses Problem der Pilzüberwucherung kann bei einigen Menschen auftreten, wenn sie zur Koaleszenz oder Empfängnis zurückkehren. Die dort erlebten sexuellen Gefühle lösen ein Überwuchern des Pilzes in ihrer Primärzelle in der Gegenwart aus. Glücklicherweise ist dies keine häufige Erfahrung und wenn sie auftritt, erholt sich der Klient in der Regel in ein paar Tagen, da seine Primärzelle die Homöostasis wiedererlangt. In einigen Fällen dauert das Problem jedoch an und dann ist eine aktive Intervention erforderlich.

Bis zum Zeitpunkt dieses Schreibens trafen wir selten Klienten an, die mit diesem Problem der Pilzüberwucherung konfrontiert wurden. Wir haben es jedoch bei zwei sehr kranken Menschen in der Langzeitpflege gesehen; wir wissen nicht, ob das Pilzwachstum eine Folge oder eine Ursache ihrer Unfähigkeit war, das Bett zu verlassen oder ihr Gewicht zu halten.

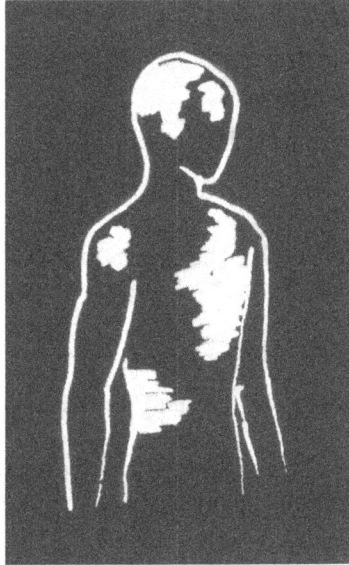

Abbildung 10.11: Ein Pilznetz kann in verschiedenen Teilen der Primärzelle wachsen. Es wird wie im Inneren des Körpers erlebt. Normalerweise sieht es für Menschen, die in der Ebene der Primärzelle sehend sind, aus wie weiße Zuckerwatte.

Symptom Schlüsselwörter

- Widerstand, Anstrengung, kann nicht fühlen, weiß im Inneren, gefesselt, kann nicht sehen, keine Wahrnehmungen, eingeschränkt.

Diagnosefragen

- Haben Sie das Gefühl, dass Ihr Körper mit weißer Zuckerwatte gefüllt ist, was Ihnen das Gefühl gibt, dass Sie nichts richtig verstehen oder fühlen können? Wann hat das angefangen?

Differentialdiagnose

- Biographisches Trauma: Klopfen oder Regressionsmethode. Das Pilzproblem wird nicht auf eine einfache Traumatherapie reagieren.
- Kopien: Kopien haben ein Gefühl der Persönlichkeit in ihnen, das Pilzproblem nicht.
- Gedämpfte Emotionen: ähnlich wie das Pilzproblem in Bezug auf Emotionen. Aber der Pilzprozess führt dazu, dass sich eine Person in Bezug auf emotionale Bindung und körperliche Symptome behindert fühlt.
- Seelenverlust: Emotionale Taubheit durch ausgedehnten Seelenverlust wird durch die Unterdrückung von extremer Einsamkeit oder Traurigkeit angetrieben. Das Pilzproblem hat keinen Emotionalton.

Behandlung

- Dies ist zurzeit ein Prozess für zertifizierte Peak-States-Therapeuten.

Typischer Fehler in der Technik

- Nur teilweise Heilung des Problems, da die Wahrnehmung durch den Pilz verloren geht.

Grundursache

- Ein Pilzwachstum von verschiedenen Arten und an verschiedenen Stellen in der Primärzelle. Manchmal ausgelöst, wenn man zur Empfängnis zurückkehrt.

Häufigkeit & Schweregrad der Symptome

- Relativ häufig, aber die meisten Menschen halten die Symptome für normal.
- Die Symptome können auf negative Weise sehr störend sein, da sie Gefühle und Empfindungen abschwächen, wie mit weißer Zuckerwatte gefüllt.

Risiken

- In einigen Fällen kann sich beim Heilungsversuch das Problem verschlimmern; außerdem können die üblichen Probleme der Trauma-Psychotherapie ausgelöst werden.

VORSICHT

Der Versuch, dieses Problem zu heilen, kann die Symptome drastisch verschlimmern. Führen Sie diesen Prozess nur unter Aufsicht und im Falle von Problemen mit einer unterstützenden Person aus.

ICD-10 Codes

- F70-F79.

Bildüberlagerung: *„Ich erinnere mich an etwas, das ich auf einem Foto gesehen habe"*

Bei Regressionen „überlagern" viele Menschen Bilder, die ihnen vertraut sind, anstatt das zu sehen, was tatsächlich vorhanden ist. Dies ist selten ein Problem. Die mit dem überlagerten und dem realen Bild verbundenen Gefühle sind normalerweise die gleichen, so dass die Heilung immer noch funktioniert. Wenn pränatale Ereignisse mit dem realen Leben verwechselt werden, kann dieses Phänomen der Überlagerung sich auf das Leben der Menschen übertragen. Zum Beispiel: Der Klient glaubt, dass er sich nur an ein Foto aus der Kindheit erinnert; oder während der Regression sah ein Mann ein Bild von sich selbst, auf dem er sich schnell auf einem Motorrad bewegte, während er in Wirklichkeit erlebte, wie er sich als Spermium bewegte. Dies kann sich manchmal bei Klienten abspielen, wenn sie glauben, dass Eltern oder Verwandte ihnen schlechte Dinge angetan haben, während sie sich in Wirklichkeit an ein pränatales Trauma erinnern, das mit vertrauten Menschen überlagert ist. Leider ist echter Missbrauch unserer Erfahrung nach weitaus häufiger als eine Überlagerungs-„Erinnerung".

Manchmal können Bildüberlagerungen in der Regression noch bizarrer sein, da der Klient versucht, den Zugriff auf ein besonders schmerzhaftes Ereignis zu blockieren und dafür was auch immer verwendet. Diese Überlagerungsbilder stimmen nicht mit dem Rest der Erfahrung überein, beispielsweise wie ein Gemälde, eine Vase oder ein gelbes Flugzeug, das den Fluss hinaufschwimmt. Das eigentliche Bild des Traumas ist unter oder in der Überlagerung.

Abbildung 10.11: (a) Ein Beispiel für eine Trauma-Regression. Der Klient erlebte sich selbst als auf einem Motorrad rasend - in Wirklichkeit erlebte er das Spermium, das zur Eizelle schwimmt.

Es gibt eine weitere Klasse von unbewussten Überlagerungen, die fast jeder hat und die für die Menschen eine Herausforderung darstellen. Sie existieren in der Gegenwart: Alle Frauen werden mit einem überlagerten Bild der Mutter des Betrachters gesehen; alle Männer mit einem überlagerten Bild des Vaters (ähnlich wie ein Geist über der Person, wie ein Videoeffekt). Das ist ein Problem, weil Menschen diese ungenauen Wahrnehmungen im wirklichen Leben unbewusst fühlen und darauf reagieren. Insbesondere Therapeuten sollten diese elterlichen Überlagerungen beseitigen, um ihre Klienten besser wahrnehmen zu können. Dies ist selten ein Thema, das Klienten ansprechen, da dieses Phänomen für fast jeden unbewusst ist und sie es für normal halten.

Überlagerungen sind eine Verzerrung des biographischen Traumas, die - wenn sie einmal erkannt sind - mit den üblichen Trauma Methoden behandelt werden.

Abbildung 10.11: (b) Die größte Problematik mit Überlagerungen ist, deine Mutter auf alle Frauen und deinen Vater auf alle Männer zu legen.

Symptom Schlüsselwörter

- Ein geisterhaftes Bild zu sehen, dass jemanden überlagert; alle Frauen sind wie meine Mutter; alle Männer sind wie mein Vater.
- Ich erinnere mich an ein Foto; ich erinnere mich nicht, dass ich das schon einmal gesehen habe und es ist irgendwie seltsam; ich wurde missbraucht; meine Eltern haben mir schlechte Dinge angetan.

Diagnosefragen

- Erinnern Sie alle Männer (oder Frauen) an Ihren Vater (oder Ihre Mutter)?
- Haben Sie fast zwei verschiedene Erinnerungen an diese Person, als wären sie sehr unterschiedliche Menschen?

Differentialdiagnose

- Biographisches Trauma: Die Überlagerungs-Bilder machen nicht wirklich Sinn oder passen nicht in den Rest der Erfahrung des Klienten.
- Multiple Persönlichkeitsstörung (MPS): In Missbrauchssituationen kann der Täter MPS haben und handelt daher völlig anders als sonst, ohne sich danach daran erinnern zu können. Überlagerungserinnerungen beschreiben in der Regel Ereignisse, die einfach keinen Sinn ergeben ("er hat mich viele Nächte betäubt").

Behandlung

- Bei Bildüberlagerungen verwenden Sie Trauma-Heilung mit den Gefühlen und den Körperempfindungen.
- Für Vater- und Mutterprojektionen verwenden Sie die Courteau-Projektionstechnik.

Typischer Fehler in der Technik

- Vergessen, sowohl Mutter als auch Vater zu heilen.

Grundursache

- Ein unbewusster Versuch, pränatale Bilder zu erklären, die außerhalb der Erfahrung der Person liegen; oder Bildern zu entkommen, die einfach zu traumatisch sind, um sie direkt anzusehen (z.B. Parasitenbilder).

Häufigkeit & Schweregrad der Symptome

- Etwa 1/3 der Patienten sehen gelegentlich Überlagerungen bei der Regression, aber es wird nicht zum Problem, wenn der Therapeut es erkennt und die Trauma-Heilung fortsetzt.
- Therapeuten behandeln die Mutter-Vater-Überlagerung selten, da die meisten Patienten sie nicht erkennen, obwohl sie da ist.

Risiken

- Das Übliche für die Trauma-Psychotherapie.

ICD-10 Codes

- Es wurde noch kein spezifischer Code identifiziert.

Kundalini: *„Ich bin sehr spirituell fortgeschritten"*

Leider ist Kundalini zu einem Sammelbegriff geworden, der viele voneinander unabhängige Phänomene umfasst. In diesem Handbuch beziehen wir uns auf die ursprüngliche Definition: ein kleiner Bereich an der Wirbelsäule, der Wärme abgibt, während er sich langsam aus dem Beckenbereich nach oben bewegt und traumatische Gefühle, spirituelle Erfahrungen und eine Schlafunfähigkeit auslöst. Dies kann mit Energieflüssen über die Wirbelsäule einhergehen oder auch nicht. Es ist auch gekennzeichnet durch abwechselnde Perioden von Ego-Aufblähung und Abbau. Wir haben auch gesehen, dass einige Klienten mit diesem Zustand unbeabsichtigt ein prickelndes oder summendes Gefühl bei anderen in ihrer Nähe hervorrufen, als ob die Umstehenden neben einer Hochspannungsleitung wären. Obwohl viele Menschen glauben, dass Kundalini ein Zeichen für den spirituellen Fortschritt ist, haben wir keinen überzeugenden Beweis dafür gesehen. Stattdessen verursacht es nach unserer Erfahrung jahrelange, ja jahrzehntelange Qualen für den Betroffenen. Die Ursache ist einfach: Das Körperhirn gibt dem ganzen Rest des Wesens die Schuld für seine eigenen Probleme. Die Beseitigung von Kundalini ist ebenfalls einfach: Heilen Sie die Schuldgefühle des Körperhirns mit Trauma- oder Projektionstechniken.

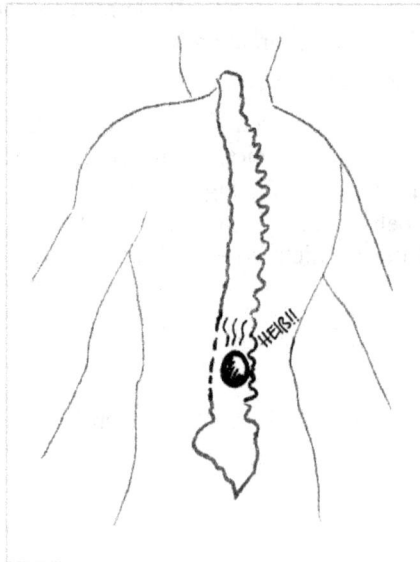

Abbildung 10.12: Während Kundalini gibt es einen physischen heißen Punkt an der Wirbelsäule, der sich über Monate langsam nach oben bewegt.

Symptom Schlüsselwörter

- Spiritueller Notfall; Ich bin verrückt geworden; Visionen; Ich bin so unglaublich; Ich bin wertlos.
- Kann nicht schlafen; angespannt; Angst.

Diagnosefragen

- Sie können nicht schlafen und werden ständig von traumatischen Gefühlen und spirituellen Erfahrungen überflutet?
- Hat dieses Problem damit begonnen, spirituelle Praktiken anzuwenden oder ungewöhnlich starke sexuelle Erfahrungen zu machen?
- Gibt es einen Bereich an Ihrer Wirbelsäule, der sich heiß anfühlt und sich langsam nach oben bewegt?

Differentialdiagnose

- Traumaflut: Es gibt keine Hitze an der Wirbelsäule und Ego-Aufblähung und Abbau finden nicht statt.
- Psychose: Dabei gibt es keine Verbindung mit Energie in der Wirbelsäule.

Behandlung

- Verwenden Sie die Courteau-Projektionstechnik auf Schuldgefühle, die der Klient in oder zwischen anderen Menschen spürt und/oder verwenden Sie Traumaheilung auf Schuldgefühle, die im Bauch sind. Der Satz „Es ist alles deine Schuld" fängt im Allgemeinen den emotionalen Hintergrund der Projektion des Körperhirns ein.

Typischer Fehler in der Technik

- Einige der Schuldgefühle im Bauch werden übersehen.

Grundursache

- Das Körperhirn aktiviert den Kundalini-Mechanismus, weil es den Rest des Organismus für seine eigenen Probleme verantwortlich macht.

Häufigkeit & Schweregrad der Symptome

- Kommt sehr selten vor. Menschen mit diesem Problem sind jedoch in der Regel stark betroffen und können oft nicht arbeiten oder normale Beziehungen führen.

Risiken

- Das Übliche für die Trauma-Psychotherapie.

ICD-10 Codes

- F51.

Mitochondrien-Klumpen: *„Ich bin der Boss"*

Beschädigte Mitochondrien führen in der Regel zur Bildung von Wirbeln. Es gibt aber noch ein weiteres Problem, das sie auslösen können: Sie können sich verklumpen. Da sich die Mitochondrien das Bewusstsein teilen (sie sind Teil des Solarplexus-Dreifachhirns), kann dasjenige, welches am meisten beschädigt ist, als „Anführer" für die anderen fungieren. Dieses verhält sich wie ein Napoleon, es kontrolliert die anderen und bringt sie dazu, sich von ihren richtigen Positionen in der Zelle fort zu bewegen. Dieses subzelluläre Problem kann zu einem psychologischen Problem im wirklichen Leben führen, zu einer autokratischen und kontrollierenden Identifikation (und Verhalten) mit dieser beschädigten Organelle. Dies hat nicht immer diesen Effekt, da es davon abhängt, inwieweit sich der Klient mit seinem Solarplexushirn identifiziert.

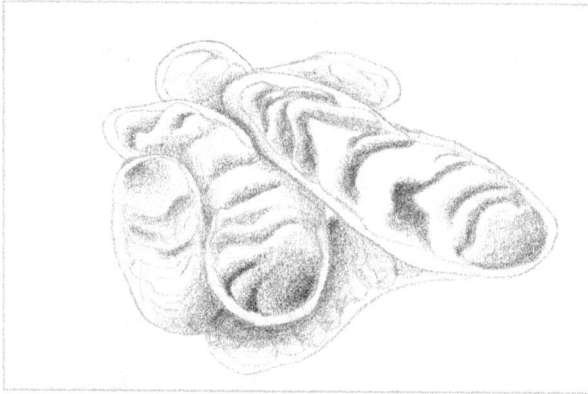

Abbildung 10.13: Verklumpte Mitochondrien, wie ein Durcheinander von Hot Dog Brötchen.

Symptom Schlüsselwörter

- Überlegenheit; Herrschaft; andere sind kleiner; ich bin der Führer.

Diagnosefragen

- Kommt dieses Gefühl von Ihrem Solarplexus?
- Gibt es einen Wirbel (rotierend, schwindelig), der irgendwie mit diesem Gefühl zusammenhängt?

Differentialdiagnose

- Biographisches oder generationsbezogenes Trauma: Dieses Problem wird mit der Trauma-Heilung nicht verschwinden. Im Gegensatz zu einem Trauma, das man überall spüren kann, strahlt dieses Gefühl nur vom Solarplexus aus.

Behandlung

- Finde den Mittelpunkt des Gefühls. Fühle den zugrundeliegenden Schaden für dieses Gefühl. Heilung durch WHH oder die Crosby-Wirbeltechnik.

Typischer Fehler in der Technik

- Nicht den „Anführer" für die Heilung zu identifizieren.

Grundursache

- Eine geschädigte Gruppe von Mitochondrien verursacht Symptome; die Person identifiziert sich mit ihrem Solarplexus.

Häufigkeit & Schweregrad der Symptome

- Selten. Wenn vorhanden, können die Symptome von leicht bis extrem reichen, aber typischerweise variiert die Intensität nicht sehr stark.

Risiken

- Das Übliche für die Trauma-Psychotherapie.

ICD-10 Codes

- Es wurde noch kein spezifischer Code identifiziert.

Multiple Persönlichkeitsstörung (Gebrochene Selbstsäule): *„Das habe ich nicht gesagt!"*

Im Jahr 2006 sagte eine meiner Kolleginnen etwas zu mir, das sie nur wenige Augenblicke später bestritt. Bei der Untersuchung fanden wir heraus, dass zu unserer großen Überraschung bei etwa 70% unserer Schüler verschiedene Grade von Multipler Persönlichkeitsstörung (Multiple Persönlichkeitsstörung; derzeit dissoziative Identitätsstörung genannt) existierten. Dieses Problem kann Persönlichkeiten beinhalten, die sich verbinden und dann trennen können bis hin zu einer oder mehreren völlig unterschiedlichen Persönlichkeiten. Dieses Problem ist die Norm und nicht selten! Interessanterweise kann es besonders schwer erkennbar sein, da wir annehmen, dass Gedächtnislücken normal sind und in vielen Fällen sind die Persönlichkeiten der MPS sehr ähnlich.

Dieses Verhalten konnten wir untersuchen, weil es in der Primärzelle in einer Struktur zu sehen war, die wir die „Selbstsäule" nennen. Eine MPS wird als separates Stück der Säule angezeigt, oder als eine Säule, die noch befestigte Stücke aufweist, die aber durch Risse voneinander getrennt sind. Jedes Stück enthält eine einzigartige Persönlichkeit mit eigenen Erinnerungen und Einstellungen. Angesichts der Beschädigung der Säule, wenn alle Stücke etwa gleich groß sind, ist es eine Herausforderung zu definieren, welche Persönlichkeit die wichtigste davon ist. Der Klient kann das Vorhandensein einer MPS als einen Bereich in seinem Körper erkennen, in dem er sein Bewusstsein „ausblendet". Es dauerte zwei Jahre, bis wir eine Behandlung entwickeln konnten, die durch Lebensereignisse nicht wieder rückgängig gemacht werden konnte.

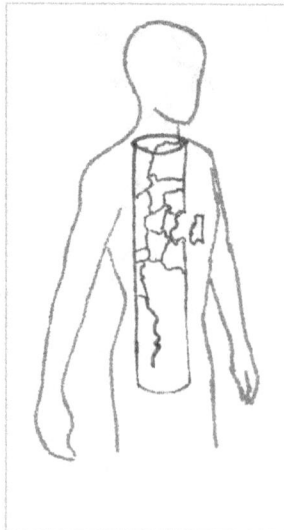

Abbildung 10.14: Abgebrochene Stücke der „Selbstsäule" enthalten Bewusstsein. Wenn sie voneinander getrennt sind, hat die Person MPS (und erkennt es normalerweise nicht).

Eine weitere Variation dieses Problems tritt während der Empfängnis auf. Sowohl das Spermium als auch die Eizelle bringen ihre eigenen Gene und ihre eigenen Säulen mit; man fühlt sich wie die Mutter, man fühlt sich wie der Vater. Wenn die Empfängnis abgeschlossen ist, verschmelzen die Gene, Säulen und andere Strukturen und bilden aus ihrer Substanz die neue Person mit dem Gefühl, dass sich ein neues Selbst entlang der Mittellinie des Körpers bildet, das sich nach rechts und links ausdehnt. Die meisten Menschen schließen diesen Prozess nicht ab, sondern bleiben mit drei Persönlichkeiten (und drei Säulen) zurück, die sich wie die Mutter, der Vater und ihre eigene anfühlen. Die Säulen der Mutter und des Vaters scheinen sich nicht wie MPS zu verhalten, verursachen aber Probleme im Leben. Diese Säulen sind normalerweise gleich hoch und schrumpfen im Verhältnis zur neuen, doch einige Leute haben zu Beginn einen Mangel an Säulenmaterial, so dass die neue Selbstsäule nicht vollständig geformt werden kann.

Ein Pilzorganismus der Klasse 2 erstellt die Selbstsäulen. Fast alle Menschen haben diese Strukturen.

Symptom Schlüsselwörter

- Verwirrung oder Irritation durch das, was sich wie unangemessene Intimität von anderen anfühlt.
- Verhaltensänderungen oder Handlungen oder Dialoge, an die sich der Klient nicht erinnert und die anderen stellen das fest.
- Ich erinnere mich nicht mehr an viel (oder gar nichts) aus meiner Kindheit.
- Wegen der vorhandenen Mutter-Vater-Säulen: Meine Mutter/Vater ist immer in mir; ich rufe jeden Tag meine Mutter/Vater an; meine Mutter/Vater ist die ganze Zeit in meinem Leben und ich bin in ihrem Leben; ich habe jeden Kontakt mit meiner Mutter/Vater abgebrochen.

Diagnosefragen

- Wenn Sie Ihr Bewusstsein um Ihren Körper herum bewegen, wo fühlen Sie sich „ausgeblendet"?

Differentialdiagnose

- Biographisches Trauma: Sowohl bei Trauma als auch bei MPS kann die Person ausblenden, was sie gefühlt oder gesagt hat, wobei die MPS-Person auch einen oder mehrere Bereiche ihres Körpers hat, die sie nicht kennt.
- Dreifachhirn-Selbstidentität oder Projektion: Es überwältigt mich, aber ich kann mich noch erinnern, wie ich war. Mit dem MPS sind Sie sich dessen nicht bewusst, oder Sie können es in einem Teil Ihres Körpers spüren, jedoch ablehnen (wenn es teilweise noch befestigt ist).
- Ei- oder Samenseite: Sie können Ihr CoA von links (Eizellseite) nach rechts (Spermiumseite) verschieben, um sich anders zu fühlen, aber Sie sind sich dessen immer noch bewusst, dass Sie das tun.

Behandlung

- Dies ist zurzeit ein Prozess für zertifizierte Peak-States-Therapeuten.

Typischer Fehler in der Technik

- Vergessen, Folgeprobleme anzusprechen, wenn neue Erinnerungen auftauchen.

Grundursache

- Abgebrochene oder abgelöste Stücke in der Selbstsäule.

Häufigkeit & Schweregrad der Symptome

- Das Bewusstsein für völlig getrennte Persönlichkeiten ist sehr selten. Teilweise getrennte Persönlichkeiten werden oft automatisch abgelehnt oder als „anders als ich" unterdrückt. Stress kann die Schwere der Abspaltung aktivieren oder ändern.

- Dieses Problem ist in irgendeiner Weise bei etwa 70% der Bevölkerung vorhanden. Es tritt häufig bei Klienten auf.

Risiken

- Das Übliche für die Trauma-Psychotherapie. Darüber hinaus können die Erinnerungen und Gefühle einer getrennten Persönlichkeit für eine Person, die beginnt, sich dessen bewusst zu werden, störend sein.

ICD-10 Codes

- F44.0, F44.8, F62.

Überidentifikation mit dem Schöpfer: *„Ich brauche keine Hilfe, weil alles in Ordnung ist"*

In diesem subzellulären Fall hat der Klient sein Bewusstsein mit dem Bewusstsein des Schöpfers verschmolzen und ist teilweise in dieser Erfahrung stecken geblieben. Leider können die Klienten dabei auch die Fähigkeit verlieren, das Leiden anderer als Problem zu sehen und jeden Wunsch einzugreifen, wenn jemand Hilfe braucht. (Für weitere Details zu diesen Konzepten siehe Band 2 in *Peak States of Conciousness*.) Die üblichen Auslöser sind Meditation oder andere spirituelle Praktiken, Regression zu frühen Entwicklungsereignissen und der Gebrauch von Halluzinogenen. Dieser subzelluläre Fall wird bei Klienten selten gesehen, weil Menschen, die ihn haben, nicht glauben, dass sie ein Problem haben. Sie fühlen sich tatsächlich gut damit, obwohl wir gesehen haben, dass sie im Laufe der Zeit anfangen können zu erkennen, dass etwas mit ihnen nicht stimmt und sie Hilfe suchen.

Dieses Problem entsteht, weil es eine Pilzstruktur „über" dem Kopf der Person (im Nukleuskern) gibt, in die sie ihr Bewusstsein versetzen. Sie erleben dann ihr eigenes Leben aus der Perspektive dieses Pilzorganismus, die durch eine extreme Akzeptanz aller Lebensumstände, ob gut oder schlecht, gekennzeichnet ist, aber ohne jede Neigung ist, anderen zu helfen oder ihre eigene Situation zu verbessern.

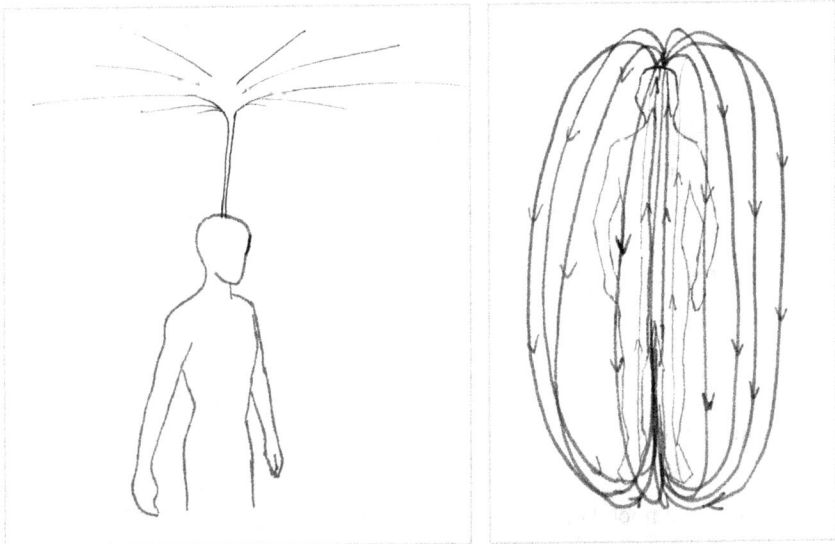

Abbildung 10.15: (a) Das Bewusstsein steckt in einem Pilzparasiten, der sich „über" dem Körper anfühlt. (b) Die normale Funktion wird wiederhergestellt (und das Trauma dazu beseitigt), indem das Gefühl eines Flusses in der Mitte des Körpers nach oben steigend und an der Außenseite nach unten fließend empfunden wird und dann geheilt wird.

Symptom Schlüsselwörter

- Alles ist so, wie es sein sollte; es ist ihr Karma; ich fühle mich nicht beteiligt.

Diagnosefragen

- Wenn jemand leiden würde und Ihre Hilfe gebrauchen könnte, würden Sie den Drang verspüren, ihm zu helfen?
- Fühlt es sich an, als ob Sie alles akzeptieren können und alles ist in Ordnung, wie es ist?

Differentialdiagnose

- Biographisches oder generationsbezogenes Trauma: Dem Symptom liegt ein körperlicher und/oder emotionaler Schmerz zugrunde. Standard-Trauma-Techniken beseitigen die Symptome.

Behandlung

- Konzentrieren Sie sich darauf, einen Strom von der Erde zum Himmel zu erzeugen, dann wieder außerhalb des Körpers nach unten und den Körper in einem kontinuierlichen, brunnenartigen Strom zu halten. Sobald das Problem verschwunden ist, verwenden Sie Standard-Trauma-Techniken, um den Widerstand gegen die Fortsetzung dieses Flusses zu heilen.

Typischer Fehler in der Technik

- Eine Nachbearbeitung ist notwendig, um sicherzustellen, dass sich das Problem nicht wiederholt, da der Klient keine schmerzhaften Symptome bemerkt.

Häufigkeit & Schweregrad der Symptome

- Selten in der allgemeinen Bevölkerung.
- Selten in der Therapie zu sehen, da der Klient nicht glaubt, dass er ein Problem hat.

Grundursache

- Das Bewusstsein steckt teilweise in der Schöpferstruktur im Inneren des Nukleuskerns fest.

Risiken

- Das Übliche für die Trauma-Psychotherapie.

ICD-10 Codes

- Es wurde noch kein spezifischer Code identifiziert.

Egoismus-Ring: *„In Wirklichkeit tue ich die meisten Dinge zu meinem eigenen Nutzen"*

Es ist ein rätselhafter Aspekt des menschlichen Verhaltens, warum Menschen die Menge der positiven Gefühle begrenzen, die sie bereit sind zu genießen. Dafür gibt es mehrere Gründe, wobei die Sippenblockade ein wichtiger davon ist. Aber eine noch direktere Begrenzung wird durch eine Struktur verursacht, die wir den „Egoismus-Ring" nennen. Er befindet sich im Inneren des Nukleuskerns und veranlasst die Menschen, ihre Erfahrungen mit allen altruistischen Gefühlen einzuschränken und kehrt ihre Handlungen in selbstsüchtige Zwecke um. Diese Struktur ist auch mit dem verbunden, was manchmal als „Panzerung" bezeichnet wird. Das Ringproblem ist eine Spektrum-Störung, wobei es einige Menschen schlimmer trifft als andere und einige Glückliche haben es überhaupt nicht. Der Ring wird während der Geburt gebildet und die Panzerung wird früher gebildet. Diese Struktur wird durch einen Pilz der Klasse 2 gebildet.

Es ist sehr unwahrscheinlich, dass Menschen wegen dieses Problems zu einem Therapeuten kommen, da das Blockieren sowohl positiver altruistischer Gefühle als auch der entsprechenden Handlungen ihnen ein größeres Wohlbefinden verschafft. Menschen, die persönliches Wachstum anstreben oder stärkere positive Gefühle empfinden wollen, die könnten daran interessiert sein, dieses Thema zu heilen.

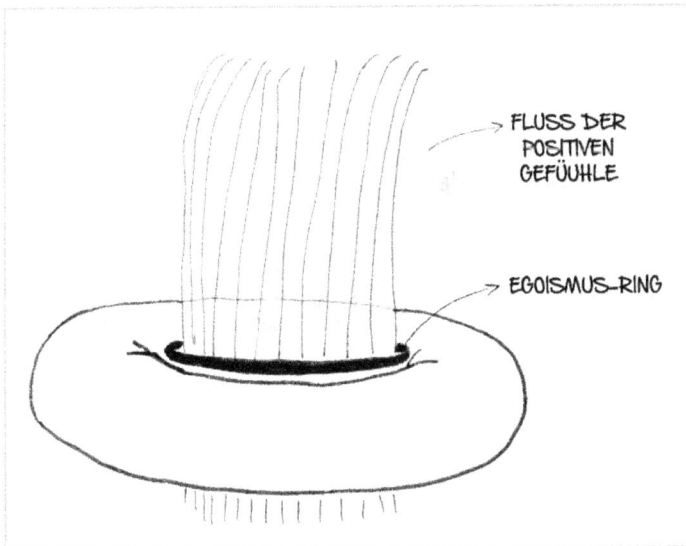

Abbildung 10.16: Der Torus hat einen inneren Ring, der bewirkt, dass das Bewusstsein aus dem Fluss der positiven Gefühle durch das Zentrum verdrängt wird.

Symptom Schlüsselwörter

- „Freunde sind Menschen, die ich benutze." Gute Gefühle sind schmerzhaft. Ich fühle mich wohl und fühle mich ruhig.

Diagnosefragen

- Fühlen Sie Schmerzen oder unangenehme Gefühle, wenn Sie versuchen, selbstlose, positive Emotionen zu fühlen?

Differentialdiagnose

- Generationstrauma: Das Ringproblem führt nicht dazu, dass sich eine Person defekt oder traumatisiert fühlt.
- Biographisches Trauma: Das Ringproblem ist kontinuierlich und tritt nicht in einzelnen Augenblicken wie in einem Trauma auf. Das Problem ist seit der Geburt da, also fühlt es sich normal an.
- Sippenblockade: Sie vermittelt einer Person, die versucht, der Sippenblockade gegen altruistische positive Gefühle zu widerstehen, das Gefühl, schwer zu sein; der Egoismus Ring hingegen nicht (er fühlt sich stattdessen schmerzhaft an).

Behandlung

- Dies ist zurzeit ein Prozess für zertifizierte Peak-States-Therapeuten.

Typischer Fehler in der Technik

- Fehlende andere Probleme in Bezug auf die Bereitschaft zu Veränderung und dauerhaften, positiven Gefühlen.

Grundursache

- Diese Ringstruktur entsteht bei der Geburt.

Häufigkeit & Schweregrad der Symptome

- Fast jeder hat diesen Ring, aber er merkt nicht, dass es ein Problem ist. Es ist eine Spektrum-Störung: Einige Menschen haben das Verhalten schlimmer als andere und einige Menschen haben eine Asymmetrie der linken/rechten Seite, was die Auswirkung auf sie anbetrifft.

Risiken

- Zurzeit nicht bekannt. Ausgenommen sind die üblichen Risiken für die Trauma-Psychotherapie.

ICD-10 Codes

- F60.8.

Zerschmetterte Kristalle (Aufmerksamkeitsdefizitstörung): *„Ich kann mich nicht konzentrieren"*

Im Inneren des Zytoplasmas befindet sich etwas, das wie zerschmetterte Glas- oder Kristallstücke aussieht. Die Ursache davon ist ein Pilzproblem der Klasse 2, das in der frühen Entwicklung auftritt. Versucht der davon betroffene Mensch, seine Aufmerksamkeit auf etwas zu richten, wird der Fokus in Stücke zerfallen, wie bei einem Kaleidoskop. Dieses Verhalten ist in der Regel von Geburt an vorhanden, aber die Menschen erlernen Strategien, um damit umzugehen. Sie können ihre Aufmerksamkeit diffus halten, oder sie bündeln die Kristalle zusammen und vermeiden es, diesen Bereich ihrer Psyche zu benutzen, wenn sie ihre Aufmerksamkeit auf etwas richten.

Schwere Fälle, die dieses Problem haben, werden oft als ADD oder ADHS diagnostiziert. In einigen Fällen wird das Problem zusätzlich durch ungewöhnlich geschädigte Dreifachhirne erschwert. Das führt dazu, dass die Aufmerksamkeit des Klienten ständig in verschiedene Richtungen gelenkt wird, da zuerst eines der Gehirne, dann ein anderes die Vorherrschaft gewinnt. Obwohl dieses Thema in der Regel von Geburt an vorhanden ist, wird es bei einigen Menschen erst später im Leben ausgelöst, wenn das entsprechende Entwicklungstrauma aktiviert wird. Das erste Mal wird oft während einer spirituellen Notfallerfahrung erlebt.

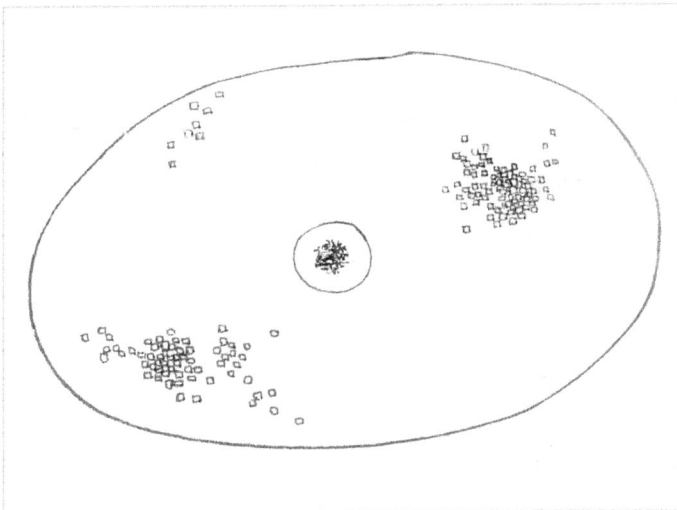

Abbildung 10.17: Klumpen von zerschmetterten Kristallen im Zytoplasma. Die meisten Menschen mit diesem Problem haben es geschafft, sie in Gruppen zu verschieben, damit sie sich konzentrieren können, indem sie diesen Bereich ihrer Zelle meiden.

Symptom Schlüsselwörter

- Kann mich nicht konzentrieren, kann mich nicht auf „Dinge" konzentrieren, konnte nie gut lernen, der Versuch zu fokussieren ist, wie durch zerbrochenes Glas zu schauen; Kaleidoskop.
- Eine ADD- oder ADHS-Diagnose.

Diagnosefragen

- Wenn Sie versuchen, Ihre Aufmerksamkeit auf etwas zu richten, fühlt es sich an, als würde es in Stücke zerfallen?

Differentialdiagnose

- Gehirnschaden: verursacht in der Regel kein Problem bei der Fokussierung, die Klienten können sich konzentrieren, aber sie können es einfach nicht begreifen. Beide Fälle fühlen sich dumm/behindert an, aber Hirnschäden sind psychisch und physisch spezifischer; beide Fälle können stabil und kontinuierlich sein.
- Blasen in der Selbstsäule: Diese führen zu Verwirrung, wenn das Bewusstsein unabhängig von äußeren Aktivitäten an bestimmten Orten platziert wird, während bei dem Thema der zerschmetterten Kristalle beim Versuch, sich auf die äußere Welt oder innere Aktivitäten zu konzentrieren, die Aufmerksamkeit oder das Bewusstsein fragmentiert wird. Blasen verursachen ständig ein Problem, während bei zerschmetterten Kristallen kein Problem besteht, wenn man nicht versucht, die Aufmerksamkeit auf etwas zu fokussieren.
- Dreifachhirnschäden: Die Klienten können sich voll und ganz auf das Wesentliche konzentrieren, aber ihre Aufmerksamkeit wird auf verschiedene Themen gelenkt.
- Ablenkende Stimmen.

Behandlung

- Dies ist zurzeit ein Prozess für zertifizierte Peak-States-Therapeuten.

Typischer Fehler in der Technik

- Eine falsche Vorgehensweise kann dieses Problem hervorbringen oder verschlimmern.

Grundursache

- Das Material, welches hilft, Bewusstsein zu bilden, war zu fest und gebrochen, so dass es nicht richtig absorbiert werden konnte.

Häufigkeit & Schweregrad der Symptome

- Seltenes Problem bei Klienten. Eine beträchtliche Anzahl von Menschen hat allerdings dieses Problem, sie kompensieren es aber einfach angemessen durch Vermeidung oder partielle Fokussierung.

Risiken

- Das Übliche für die Trauma-Psychotherapie.

ICD-10 Codes

- F80, F90.

Schaden des Dreifachhirns (Sakralwesen): „Da ist etwas grundlegend beschädigt in mir"

Wir haben eine erstaunliche Anzahl von verschiedenen Arten von subzellulären Fällen und Traumata verfolgt, die zu Schäden in den Dreifachhirnstrukturen führten. Die Sakralwesen sind die grundlegendste Form der Dreifachhirne - ihr Bewusstsein erstreckt sich nach außen in größere und komplexere Strukturen: Zuerst zu den Punkten der Merkaba im Nukleus der Primärzelle, dann zu den Zellorganellen, dann zu den anatomischen Strukturen im Gehirn. Am wichtigsten ist, dass Schäden in den Blöcken der Sakralwesen nach außen in diese größeren Strukturen widerhallen, wenn sie während der prä- und postnatalen Entwicklung entstehen und auch alle Arten von Traumata, Symptomen und subzellulären Fällen verursachen. Gesunde Sakralwesen haben eine Blockform mit abgerundeten Kanten und Ecken (es sei denn, sie werden in ihrer üblichen Totempfahl-Konfiguration oder als einzelner verschmolzener Block verbunden). Sie sollten hart, glatt und glänzend schwarz „aussehen" mit einem massiven Goldinneren. Die meisten Menschen haben sowohl Pilz- als auch Bakterienparasiten in den Blöcken. Der Pilz lässt die Sakralwesen wie menschliche Kinder erscheinen.

Die Arbeit mit den Sakralwesensblöcken ist potenziell sehr gefährlich. Ein Großteil ihrer Schäden ist auf Parasiten zurückzuführen und die Arbeit an ihnen kann weitere Schäden durch Parasiten auslösen. Eine weitere Herausforderung, auf die wir stießen, sind Heilmethoden (nicht unsere), die Symptome beseitigen, indem sie bewirken, dass der Sakralwesensblock transparent oder weich wird. Dieses hemmt wiederum deren Funktionsfähigkeit und muss daher so schnell wie möglich rückgängig gemacht werden.

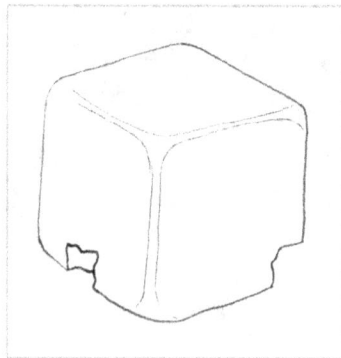

Abbildung 10.18: Die Sakralwesensblöcke sind der Ort, an dem sich das Bewusstsein der Dreifachhirne befindet. Diese Strukturen können durch Generationstraumata oder durch Parasitenaktionen beschädigt werden.

Symptom Schlüsselwörter

- Schaden des Nukleus; kann nie geheilt werden; es war und wird immer schrecklich sein; ich bin nie in der Lage, diesen Schmerz zu heilen.

- Mit mir stimmt etwas grundlegend nicht und ist irreparabel.

Diagnosefragen

- Gibt es das Gefühl einer blockartigen Struktur unter all Ihren Problemen?

Differentialdiagnose

- Generationstrauma: Dieses Trauma ist themenspezifisch; es handelt sich um einen sehr persönlichen Fehler in einem selber. Der Schaden an den Sakralwesensblöcken verursacht viele gleichzeitige Probleme aufgrund dieses grundlegenden Themas.
- Parasiten: Die verschiedenen Arten von Parasiten fühlen sich nicht sakral an, obwohl die Schalen einiger insektenähnlicher Parasiten der Klasse 1 sich wie die Fläche der Sakralwesensblöcke anfühlen können.

Behandlung

- Dies ist zurzeit ein Prozess für zertifizierte Peak-States-Therapeuten.

Typischer Fehler in der Technik

- Versehentliche Stimulierung von Parasiteninteraktionen.

Grundursache

- Schäden an den Sakralwesen durch Parasitenaktionen oder ursprüngliche in Entwicklung begründete Probleme.

Häufigkeit & Schweregrad der Symptome

- Dies ist ein sehr häufiges Problem, insbesondere bei den Klienten. Die Folgen sind in der Regel schwerwiegend, obwohl die meisten Menschen Wege finden, das Problem zu verschleiern oder zu vermeiden.

Risiken

- Die Arbeit an diesem Thema muss als experimentell und potenziell gefährlich angesehen werden. Sie kann weitere Themen auslösen wie Müdigkeit, mangelnde Fähigkeit, sich mit der Außenwelt zu verbinden und eine Vielzahl anderer wichtiger Themen.

GEFAHR

Die Arbeit an Schäden der Sakralwesen ist potenziell gefährlich. Tun Sie dies nur unter der Aufsicht von jemandem, der in diesem Zusammenhang geschult und erfahren ist, mit Parasitenproblemen umzugehen.

ICD-10 Codes

- Dies kann zu einer Vielzahl von sehr unterschiedlichen Symptomen führen.

Dreifachhirnsperre: *„Ich habe eine wesentliche Fähigkeit in mir selbst verloren"*

Dies geschieht, wenn sich ein Dreifachhirn so zurückgewiesen und von den anderen Dreifachhirnen angegriffen fühlt, dass es sich sperrt. Im Wesentlichen begeht es reversiblen Suizid. Dies führt dazu, dass die Person die wesentliche Fähigkeit dieses Gehirns verliert. Bei der Verstandeshirnsperre verlieren Sie die Fähigkeit, Urteile zu fällen, wie z.B. sich nicht entscheiden zu können zwischen zwei Produkten in einem Laden. Bei dem Herzhirn verlieren Sie die Fähigkeit zu fühlen, dass andere Menschen wie Sie selber sind und nicht nur Objekte. Bei dem Körperhirn verlieren Sie das Gefühl, dass die Zeit vergeht. Die Sperre kann teilweise oder vollständig sein, so dass die Symptome teilweise oder auch extrem sein können. Wir haben dieses Thema bei Menschen erlebt, die Halluzinogene verwendet haben und am Ende ihrer Erfahrung gab es eine Hirnsperre.

Mit Hilfe des Bewusstseinszustandes, den wir einfach „Sehen der Gehirne" nennen, sieht das betroffene Gehirn eher flach aus statt kugelförmig, als ob es von einem Auto überfahren worden wäre. Aus Sicht der Primärzellbiologie ist der Merkaba-Punkt, der dem Gehirn entspricht, beschädigt.

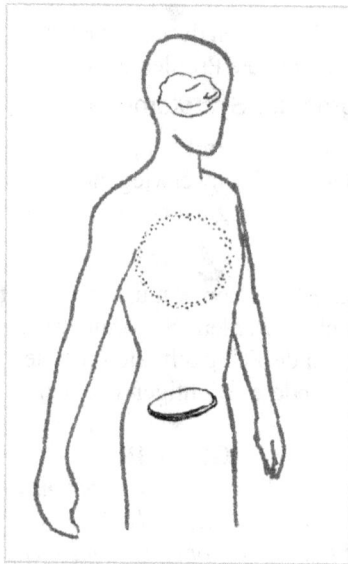

Abbildung 10.19: Normalerweise sieht das Gehirnbewusstsein aus wie unscharfe Kugeln. Das Bewusstsein des gesperrten Gehirns sieht abgeflacht aus, wie von einem Auto überfahren. (Diese Ansichten des Dreifachhirns kommen von einer Pilzinfektion innerhalb der Sakralwesensblöcke.)

Symptom Schlüsselwörter

- „Ich fühle mich behindert", Mangel an normalen Fähigkeiten.

- Ich kann keine Entscheidungen treffen; die Menschen fühlen sich jetzt wie Objekte an; die Zeit scheint stehen geblieben zu sein.

Diagnosing Questions

- Was hat dieses Problem ausgelöst? (Suche nach Konflikten des Dreifachhirns.)

Differentialdiagnose

- Gedämpfte Emotionen: Eine partielle Herzhirnsperre kann wie ein gedämpfter Emotionsfall erscheinen. Mit gedämpften Emotionen fühlen sich Menschen jedoch nicht wie Objekte an. Sie können auch testen, indem Sie sehen, ob die Courteau-Projektionstechnik bei diesem Problem funktioniert.
- Autismus: Mit Autismus fühlen Menschen andere Menschen auch als Objekte. Es gibt aber auch das Gefühl, sich in einem Glaskasten zu befinden, während dies beim gesperrten Gehirn nicht der Fall ist.

Behandlung

- Verwenden Sie die Courteau-Projektionstechnik.

Typischer Fehler in der Technik

- Der Therapeut vergisst, mehrere Personen mit der Projektion auszuwählen und die Gemeinsamkeiten zu finden.

Grundursache

- Im Wesentlichen die Entscheidung eines Dreifachhirns, sich selbst abzuschalten.

Häufigkeit & Schweregrad der Symptome

- Dieses Problem ist sehr selten und kann teilweise oder vollständig vorhanden sein.
- Menschen die das haben, fühlen sich oft erleichtert, weil das Gehirn sich gesperrt hat und damit verschwunden ist, sind aber frustriert über den daraus resultierenden Funktionsverlust.

Risiken

- Das Übliche für die Trauma-Psychotherapie.

ICD-10 Codes

- F60.2, F60.9.

Virales Netz: *„Ich habe Druck oder Migräne-Kopfschmerzen"*

Viele und vielleicht die meisten Migräne-Kopfschmerzen werden durch eine virale Aktivität verursacht. Diese Klienten haben Viruspartikel, die sich zu einem „Netz" (das an ein Spitzendeckchen erinnert) verbinden, und dieses umgibt einen Teil oder alle Gene des Nukleolus, etwa auf halbem Weg zwischen dem Genbündel und der Nukleusmembran. Dieses virale Material hat das Bedürfnis, in die Mitte des Nukleus zu gelangen, anscheinend damit es seine eigene Lebensfunktion aktivieren kann. Dieses virale Netz drückt sich nach innen und erzeugt einen entsprechenden, meist schmerzhaften Druck in einem Teil oder dem gesamten Kopf (da sich der Nukleus für die meisten Menschen wie ihr Kopf anfühlt).

Einige Klienten haben dieses virale Netzproblem kontinuierlich (mit entsprechend anhaltenden Kopfschmerzen), andere nur vorübergehend. Noch beunruhigender ist, dass Klienten mit diesem Netz die Bildung dieses Netzes auch bei anderen anfälligen Personen auslösen können. Diese virale Netzinduktion kann einzeln erfolgen, zum Beispiel zwischen Mutter und Tochter, ist aber auch innerhalb von Organisationen möglich. Menschen mit diesem Problem rufen Symptome bei anderen hervor, indem sie sie dazu bringen, an einem emotionalen Drama teilzunehmen. Dieses Auslösen kann auch in Gruppen stattfinden. Das Problem des viralen Netzes wird durch einen von Peak States zertifizierten Therapeutenprozess behoben. Der Druck verschwindet danach sofort.

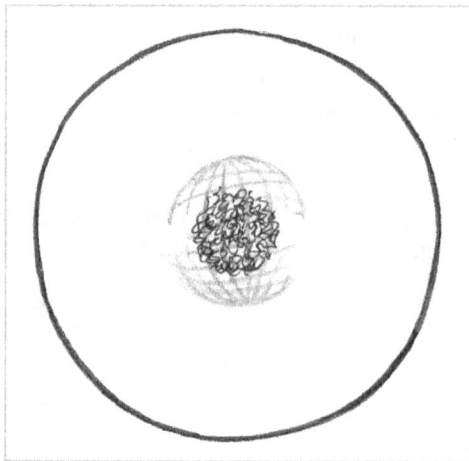

Abbildung 10.20: Ein Netzwerk von Virussträngen bildet ein Spitzengeflecht um den Nukleolus und drückt ihn zusammen, was Kopfschmerzen oder Migräne verursacht. Das Netz kann den Nukleus vollständig umschließen oder teilweise sein.

Symptom Schlüsselwörter

- Ich habe Druckkopfschmerzen; ich habe Migräne; mein Kopf fühlt sich zusammengepresst an.

- Eine Person stimuliert das emotionale Drama und zieht andere mit hinein, sich dem Lehrer/Boss zu widersetzen oder sich von ihm zu trennen.
- Ich verrate Menschen, die mir vertrauen; ich störe die Organisation, in der ich bin; ich muss im Mittelpunkt der Aufmerksamkeit stehen.

Diagnosefragen

- Was hat dieses Problem ausgelöst? (Mein Elternteil/Partner ist sehr verärgert über mich.)
- Ist das schon mehrmals passiert? (d.h. die Gruppe / Organisation zu stören.)
- Haben Sie meistens oder immer Druckkopfschmerzen in einem bestimmten Bereich Ihres Kopfes?

Differentialdiagnose

- S-Löcher: braucht ständig Liebe und Aufmerksamkeit, aber der Kopf fühlt sich nicht komprimiert an.
- Biographisches Trauma: Der Schmerz ist auf eine langfristige Muskelspannung zurückzuführen. Das virale Netz verursacht nur Druck auf den Kopf.
- Körperhirnassoziation: Ich brauche aus irgendeinem Grund genau diesen Schmerz. Der Druck durch das virale Netz kann sich ausdehnen oder zusammenziehen.
- Chakra: Ich fühle, wie etwas meine Knochen eindrückt oder zerreißt, zentriert an einer der traditionellen Chakra-Stellen. Im Gegensatz dazu ist der virale Netzdruck wie eine Schädelkappe, die den Kopf zusammendrückt.
- Insektenähnliche Parasiten: Es fühlt sich an, als würde man gestochen/gerissen/verbrannt werden, aber überall am Körper. Es gibt kein Druckgefühl.
- Klangschleife: Dieser Bakterienorganismus kann einen Druck nach außen auf die Nukleusmembran (Kopf) ausüben. Das Virennetz drückt sich nur nach innen in Richtung Zentrum des Nukleolus (Kopf).

Behandlung

- Bei einigen Patienten kann das Heilen eines Traumas im Solarplexusbereich während der Migräne (oder die Regression zu einem Migräneereignis) die Symptome reduzieren oder beseitigen.
- Die Eliminierung des Virennetzes ist derzeit ein lizenzierter, von Peak States zertifizierter Therapeutenprozess.

Typischer Fehler in der Technik

- Fehldiagnose der Ursache des Drucksymptoms.

Grundursache

- Ein virales Netzwerk innerhalb des Nukleus, das den Nukleolus zusammendrückt und entsprechende Symptome im Kopf verursacht.

Häufigkeit & Schweregrad der Symptome

- Dieser quetschende Schmerz wird bei den meisten Menschen eher selten stimuliert und geht in der Regel weg, wenn die Person diejenige Person meidet, die das emotionale Drama in ihr stimuliert hat.
- Die Menschen, die das Problem dauerhaft haben und es in anderen auslösen, sind selten, sind aber in ihrem familiären oder beruflichen Umfeld sehr auffällig.

Risiken

- Das Übliche für die Trauma-Psychotherapie.

ICD-10 Codes

- F24, F60.3, G43, R51.

Kapitel 11

Subzelluläre Fälle, die Trauma-Heilung blockieren (oder nachahmen)

So wie in vielen der subzellulären Fälle, die in den vorangegangenen Kapiteln beschrieben wurden, können Klientenprobleme direkt oder *indirekt* auf ein Trauma zurückzuführen sein. Daher ist die Fähigkeit, Traumata schnell und effektiv zu heilen, eine entscheidende Fähigkeit des Therapeuten. Doch trotz der Anwendung der richtigen Technik für die Therapie funktioniert jedoch allzu oft die Heilung nicht.

In den vorangegangenen Kapiteln wurde beschrieben, wie eine Traumatherapie an einer falschen Diagnose scheitern kann - der Klient konnte einem subzellulären Fall zugeordnet werden und hatte nicht ein einfaches Trauma. („Einfach" in dem Sinne, dass das Symptom von einer festklebenden mRNA-Traumakette stammt und so bekannte Standardtechniken angewendet werden können und nicht im Sinne, wie das Trauma das Leben der Person beeinflusst.) Bei der Verwendung einer *Meridiantherapie gilt als Faustregel, dass eine Veränderung in zwei oder drei Minuten eintreten sollte.* Ist das nicht der Fall, müssen Sie die Therapie abbrechen und nach Gründen suchen, warum sie nicht funktioniert. Da Sie davon ausgehen, dass Sie die Therapie richtig ausführen, könnte eine Überprüfung der vorherigen Kapitel zur Erkenntnis führen, dass das Thema des Klienten nicht auf einem direkten Trauma beruht, sondern höchstwahrscheinlich ein subzellulärer Fall, oft eine „Kopie" sein kann.

In diesem Kapitel untersuchen wir andere nicht standardisierte, meist unbekannte oder unerkannte Gründe, die wir bisher gefunden haben, die dazu führen, dass eine Trauma-Heilungstherapie scheitert, entweder allgemein oder in bestimmten Bereichen. Diese Gründe können auch als „subzelluläre Fälle" betrachtet werden. Der Klient kann mehr als einen dieser Fälle zur gleichen Zeit haben. Auch wenn viele dieser Fälle nicht allgemein bekannt sind, bedeutet das nicht, dass sie selten auftreten - im Gegenteil. Sie fragen sich jetzt wahrscheinlich, welche der Fälle in diesem Kapitel die häufigsten sind, aber das ist schwer zu sagen, da dies von Fall zu Fall und von Klient zu Klient unterschiedlich ist. Daher muss der Therapeut die Eigenschaften jedes einzelnen Falls kennen (genau wie bei den anderen subzellulären Fällen), um sie im

Hinterkopf zu behalten, falls sein Therapieprozess stecken bleibt oder nicht funktioniert.

Nebenbei bemerkt kann es auch eine Reihe von gewöhnlichen Gründen geben, warum Ihr Trauma-Heilungsprozess mit einem Klienten nicht funktioniert. Zum Beispiel beinhalten einige Themen so intensive Gefühle, dass der Klient nicht in der Lage oder nicht bereit ist, sich ihnen zu stellen. Die meisten Therapien beinhalten verschiedene Tricks, um dem Klienten in diesen Fällen zu helfen. (Aus unserer Sicht sollte der Therapeut prüfen, ob es Generationstraumata gibt, bei denen sich das Problem sehr persönlich anfühlt.) Die gewählte Traumatherapie kann auch einfach nicht gut für den jeweiligen Klienten oder das jeweilige Trauma sein. Verschiedene Therapien neigen dazu, bei einigen Arten von Problemen effektiver zu arbeiten als bei anderen. Oder vielleicht merkt der Klient nicht, dass er die Therapie falsch durchführt. Der Wechsel zu einer neuen Traumatherapie kann in diesen Fällen helfen. Für den Therapeuten ist es natürlich notwendig, über einen guten „Werkzeugkasten" von Traumatherapien und Erfahrungen zu verfügen.

Wir haben empirisch festgestellt, dass es drei Hauptgründe gibt, warum Klienten nicht geheilt werden können. Der häufigste Grund ist, dass der Therapeut ein eigenes „gleichschwingendes" Trauma hat, welches gleich oder komplementär zum dem des Klienten ist. Der Klient kann die unbewusste Reaktion des Therapeuten auf das Problem spüren und fühlt sich daher möglicherweise nicht sicher genug, um fortzufahren. Der zweithäufigste Grund ist, dass der Therapeut unbewusst nicht will, dass sich der Klient ändert. Dies ist in der Regel auf unlogische Körperhirnassoziationen zurückzuführen, bei denen der Klient unbewusst den Therapeuten an jemanden aus seiner Vergangenheit erinnert, eifersüchtig auf den anderen Menschen ist usw. Seltsamerweise ist der am geringsten verbreitete Grund derjenige, mit dem wir die meiste Zeit verbringen und zwar ist die Technik nicht gut genug für das Problem. Auf der anderen Seite gibt es einige sehr interessante Gründe, warum der Klient geheilt wird, selbst wenn die Technik nicht ausreichend oder für das Problem ungeeignet war: zum Beispiel musste sich der Klient einfach nur sicher genug fühlen, um das Problem zu lösen, oder der Therapeut hilft dem Klienten unbewusst bei der Heilung, indem er vorübergehend einen hohen Bewusstseinszustand induziert; oder der Therapeut führt unwissentlich eine Methode zur Heilung aus der Ferne wie DPR, Ersatz-EFT oder anderes durch.

Psychoaktive Medikamente: *„Ich kann es einfach nicht spüren"*

In diesem Abschnitt konzentrieren wir uns auf die Wirkung von Medikamenten, die verschreibungspflichtig und psychoaktiv sind, die während der Trauma-Heilung eingenommen werden. Konkret berichten wir über unsere Erfahrungen mit der Anwendung von Whole-Hearted Healing (WHH). Es ist wahrscheinlich, dass andere Therapien ein ähnliches Verhalten aufweisen.

Glücklicherweise können nur wenige psychoaktive Medikamente die Trauma-Heilung blockieren oder dramatisch verlangsamen. Wenn die Klienten jedoch nicht ausdrücklich gefragt werden, vergessen viele zu erwähnen, dass sie verschreibungspflichtige oder andere Medikamente einnehmen. Daher müssen die Annahmeformulare für Klienten gezielt Fragen nach diesen Substanzen beinhalten. Für weitere Informationen zum Thema Medikamente, Nebenwirkungen, Entzug und andere Probleme verweisen wir Sie auf das *„The Whole-Hearted Healing Workbook"* von Paula Courteau.

Viele Medikamente können Nebenwirkungen haben, die Symptome von Schizophrenie oder anderen schweren psychischen Erkrankungen hervorrufen. Bei der Diagnose der Medikamentenanamnese achten Sie darauf, nach dem aktuellen Verbrauch zu fragen.

Benzodiazepine

Valium (Diazepam), Klonopin, Xanax, Ativan (Lorazepam), Librium und einige andere gehören zu einer Klasse von Medikamenten namens Benzodiazepine, die als Depressivum des zentralen Nervensystems wirken. Mit anderen Worten, sie verlangsamen die Aktivität des zentralen Nervensystems. Matt Fox schreibt: „Wenn ich WHH an Klienten ausprobiert habe, die Benzos einnehmen, sind entweder die Ergebnisse ungewöhnlich langsam oder der Klient kann emotional nicht genug zusammenbekommen, um sich auf die Heilung zu konzentrieren. Ich mag es nicht, WHH oder EFT bei Klienten anzuwenden, während sie Benzos einnehmen und rate den Klienten, mit ihren Ärzten darüber zu sprechen, wie sie von ihnen wegkommen können."

SSRIs und Lithium

Unsere Erfahrung und die anderer Anwender von Powertherapien weisen darauf hin, dass weder Lithium noch selektive Serotonin-Wiederaufnahmehemmer (SSRIs, wie Paxil und Prozac) den Regressionsprozess stören. Beachten Sie, dass der Klient seine Medikamente während der Therapie einnehmen kann und soll.

Trizyklische Antidepressiva

Das trizyklische Antidepressivum Desipramin kann Menschen vor einem Rückfall bewahren. Dieses Problem zeigte sich bei einem Klienten, der das Medikament in voller Dosis einnahm. Heutzutage, mit dem Aufkommen von SSRIs, verschreiben Ärzte typischerweise Desipramin und andere trizyklische Antidepressiva gegen chronische Schmerzen und nicht gegen Depressionen. Die abends verabreichte Dosis zur Schmerzkontrolle beträgt nur etwa ein Zehntel der Antidepressiva-Dosis und es ist unwahrscheinlich, dass sie ein Problem verursacht. Wir wissen, dass es durchaus möglich ist, auch mit einem etwas eingeschränkten emotionalen Bereich zu regressieren und effektiv zu heilen. Achten Sie darauf, dass der Klient seine Medikamente nicht ohne ärztliche Überwachung absetzt.

Psychologische Umkehrung (Bewachendes Trauma): *„Ich klopfe seit Stunden und nichts ist passiert"*

Der wahrscheinlich häufigste Grund, der eine Trauma-Heilungstherapie blockiert, ist eigentlich ganz einfach, wenn man ihn versteht. Der Klient hat ein „Bewachendes Trauma". Das ist ein Trauma, welches dem Klienten sagt, dass er ein anderes Trauma braucht. Zum Beispiel könnte das Bewachende Trauma lauten: „Ich muss auf der Hut bleiben, oder die Leute werden mich ausnutzen", während das Trauma, das der Klient erfolglos versucht loszuwerden, lautet: „Ich fühle mich unsicher". Sie können auch ein Bewachendes Trauma haben, das ein anderes Trauma bewacht, das wiederum anderes Trauma bewacht und so weiter. Glücklicherweise können Sie das Bewachende Trauma heilen und sobald das weg ist, kann das zu bewachende Trauma wiederum heilen. Die Meridiantherapie BSFF nutzt diesen Ansatz.

In der Meridiantherapie EFT wird ein anderer Ansatz verwendet, um dieses Problem zu lösen. Sie nennen dieses Phänomen des Bewachenden Traumas „psychologische Umkehr" und reiben Lymphknoten, um seine Wirkung vorübergehend zu deaktivieren. Dieses Vorgehen kann gut funktionieren, aber im Falle eines schweren Bewachenden Traumas kann das Zeitfenster in der Größenordnung von Sekunden für die Heilung sehr kurz sein, bevor das Bewachende Trauma erneut aktiviert wird.

Andere Traumatherapien sind von diesem Problem weniger betroffen. So kann beispielsweise die Regressionstechnik WHH in der Regel ein Trauma heilen trotz der Auswirkung eines Bewachenden Traumas. Im Allgemeinen ist es jedoch noch einfacher, wenn eben kein Bewachendes Trauma vorliegt.

Auf der tiefsten Ebene des Traumas widersetzen sich die meisten Menschen der Heilung bzw. der positiven Veränderung durch ein stimuliertes Erstickungstrauma. Dieses Gefühl ist in der Regel vollständig vom Bewusstsein blockiert. Wenn während der Heilung der Klient bewusst nach den Erstickungsgefühlen sucht, können sie bei einigen Klienten ins Bewusstsein kommen, soweit sie nicht unterdrückt werden.

Bei psychologisch umgekehrten Erkrankungen gibt es einen ganz anderen Mechanismus. Beispiele sind Krebs, Multiple Sklerose und das chronische Ermüdungssyndrom. Hier widersetzt sich der Klient oder vermeidet jeden Prozess, der seine Symptome beseitigt. Dieses Verhalten, das manchmal ziemlich bizarr sein kann, liegt daran, dass der Körper des Klienten das Gefühl hat, dass er die Krankheit braucht, um ein für ihn schwerwiegenderes Problem zu unterdrücken, auch wenn die verursachende Krankheit am Ende den Klienten töten wird. Die Behandlung dieser Themen besteht darin, zuerst das zugrundeliegende Problem zu beseitigen, dann die aufgetretene Krankheit.

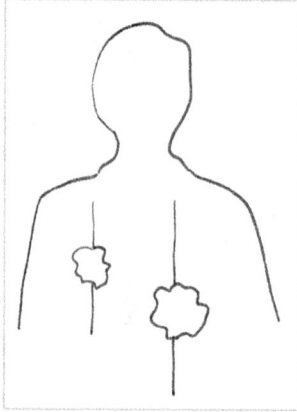

Abbildung 11.1: Etwa 10-20% der Zeit funktioniert eine Klopftherapie nicht, weil es ein anderes Trauma gibt, das dem Klienten eingibt, das ursprüngliche Trauma nicht zu heilen. Dieses wird mit zwei Trauma-Schnüren dargestellt, die in das Bild des Körpers eingeblendet sind.

Symptom Schlüsselwörter

- Nichts passiert, wenn ich versuche zu heilen.
- Die Heilung ist wirklich langsam.
- Ich kann die Heilsitzung nicht fortsetzen, ich muss jetzt etwas anderes tun (z.B. die Katze füttern).

Diagnosefragen

- Ist es schon über drei Minuten her, dass wir mit dem Klopfen begonnen haben, ohne eine Wirkung zu erzielen?
- Gibt es am Ende des Therapieprozesses einen Schatten des Gefühls, wie eine Erinnerung?

Differentialdiagnose

- Dilemma: Sie fühlen sich in verschiedene Richtungen gezogen und werden dabei nicht an der Heilung gehindert.
- Körperhirnassoziation: oft keine offensichtliche Verbindung / Beziehung zum Thema und keinen Glaubenssatz, sondern nur Empfindung.
- Sippenblockade: Das Problem fühlt sich schwer an.
- Trauma mit mehreren Wurzeln: Eine kleine Veränderung tritt in der Regel auf, wenn sich die Wurzeln einzeln auflösen.

Behandlung

- Finden Sie die traumatisierten Glaubenssätze darüber, warum der Klient das angestrebte Trauma ganz oder teilweise behalten muss. Der einfachste Weg ist, den Klienten zu bitten, sich vorzustellen, dass das zu heilende Trauma verschwunden ist. Diese Vorstellung ruft die Gefühle des Bewachenden Traumas hervor. Sobald dieses identifiziert ist, heilen Sie erst dieses und kehren dann zum ursprünglichen Trauma zurück.

- Verwenden Sie die psychologischen Umkehrschritte von EFT, um das Bewachende Trauma vorübergehend auszuschalten.
- Verwenden Sie eine Dreifachhirntherapie, damit das Dreifachhirn die Heilung nicht stört.

Typische Fehler in der Technik

- Ich wusste nicht, dass es noch ein weiteres Bewachendes Trauma gibt.
- Der Klient merkt nicht, dass dort noch ein Teil des Problems liegt.

Grundursache

- Ein Trauma kann dazu führen, dass ein Klient die Heilung bei einem anderen Trauma blockiert, z.B. „Ich brauche dieses traumatische Gefühl, um zu überleben".

Häufigkeit & Schweregrad der Symptome

- Selten bei den meisten Problemen. Relativ häufig bei chronischen oder lang anhaltenden Problemen.

Risiken

- Das Übliche für die Trauma-Psychotherapie.

ICD-10 Codes

- Es wurde noch kein spezifischer Code identifiziert.

Trauma-Umgehung: *„Ich kann mühelos und sofort heilen"*

Das Problem ist uns erstmals im Jahr 2005 aufgefallen. Eine Person, die ein selbsternannter mächtiger Heiler und Schamane war, wurde sehr krank. Bei dem Versuch, eine Diagnose zu stellen, fanden wir viele bänderartige Strukturen auf der Unterseite der Nukleusmembran, die jeweils ein festklebendes Gen enthielten. Die Beseitigung dieser Strukturen ließ diese Person plötzlich alle Traumata spüren, die durch diese Strukturen blockiert worden waren. Später fanden wir heraus, dass einige Schüler, die zur Ausbildung kamen, „sofort" Trauma-Augenblicke heilen, aber anstatt richtig zu heilen, schufen sie ähnliche Strukturen wie gerade beschrieben. Einige Therapien scheinen die Menschen darin zu schulen, wie sie dies absichtlich tun können. Obwohl die Symptome verschwinden, ist dieses eine schlechte Idee, denn das festklebende Gen kann immer noch nicht abgelöst werden; das ist ein bisschen wie das Abschneiden des Fingers, um den Juckreiz eines Moskitostichs zu beseitigen. Obwohl es möglich ist, alle Umgehungen gleichzeitig zu beseitigen, muss dieser Ansatz vor der Behandlung mit dem Klienten abgesprochen werden. Interessanterweise haben uns einige der Leute, die dies tun, gesagt, dass sie das Gefühl haben, dass die Technik (oder die selbst erstellte interne Methode), mit der sie Umgehungen machen, sie irgendwie beschädigt, obwohl sie nicht sagen können warum. Meistens tauchen diese Menschen nicht als Klienten auf. Wir finden sie in der Regel nur während der Therapeutenausbildung.

Es gibt einen anderen, viel weniger verbreiteten biologischen Mechanismus, der es einem Klienten auch ermöglicht, Trauma-Gefühle sofort zu blockieren. In diesem subzellulären Fall legt der Klient eine Kronenhirnstruktur um die Traumakette im Zytoplasma. Obwohl die Motivation zur Schmerzvermeidung und die sofortige und echte Beseitigung der Symptome in beiden Fällen gleich sind, ist die Behandlung unterschiedlich. Der Klient muss in letztem Fall angeleitet werden, das Bedürfnis des Kronenhirns zur Schaffung dieser Struktur zu heilen.

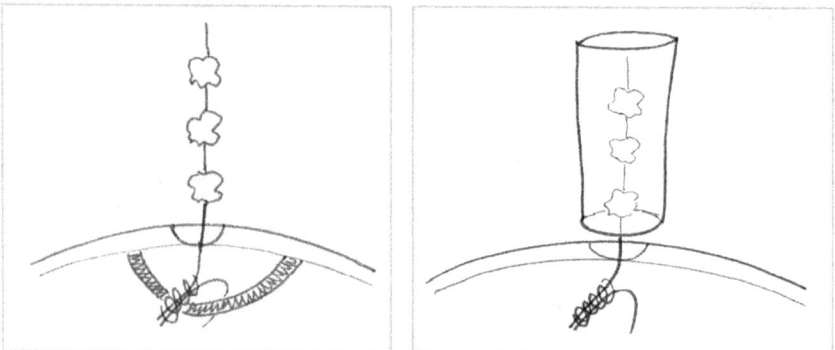

Abbildung 11.2: Gezeigt sind Schnittbilder des Nukleus. (a) Eine brückenartige Struktur umschließt ein festklebendes Gen im Nukleus. Es blockiert das Bewusstsein für die Traumakette. (b) Eine Kronenhirnstruktur umschließt die Traumakette, um das Gefühl der Trauma-Ribosomen zu blockieren.

Symptom Schlüsselwörter

- Ich kann das Trauma sofort/schnell beseitigen; es liegt daran, dass ich ein mächtiger _____(Schamane, Heiler, spiritueller Typ, Lehrer) bin.
- Der Therapeut kann eine Inkongruenz zwischen dem Auftritt (Verhalten, Gespräch) des Klienten und einer tieferen Ebene in ihm spüren.

Diagnosefragen

- Geschieht die Trauma Heilung für Sie fast sofort und einfach?
- Haben Sie am Ende der Heilung ein Gefühl von Ruhe, Frieden und Leichtigkeit erlebt, oder sind die emotionalen Schmerzen einfach verschwunden?
- (Für den Therapeuten: Erscheint der Klient in seinem Mitgefühl und seiner Akzeptanz sehr außergewöhnlich? Wenn ja, ist seine Heilung wahrscheinlich auf einen höheren Bewusstseinszustand zurückzuführen und nicht auf eine Trauma-Umgehung.)

Differentialdiagnose

- „Being present"- Bewusstseinszustand beim Klienten: Der Heilungsprozess ist schnell anstatt sofort. Überprüfen Sie die Attribute des Zustands: Sind die Klienten automatisch im Körper? Zeigen sie eine außergewöhnliche Selbstliebe und Selbstakzeptanz?
- Instabiler „Beauty Way"- Bewusstseinszustand: Wenn das Gefühl der Lebendigkeit vorhanden ist, verschwinden die Symptome. Wenn das Lebendigkeitsgefühl verloren geht, kehren die Symptome zurück.
- Kronenhirnstruktur: Testen Sie empirisch mit der entsprechenden Methode zur Beseitigung der Kronenhirnstrukturen.

Behandlung

- Für Gen-Umgehungen: Dies ist derzeit ein lizenzierter Peak States Therapeutenprozess.
- Für eine Kronenhirnstruktur: Lassen Sie den Klienten seine Symptome spüren und versuchen Sie eine Regression. Dann lassen Sie ihn die Gehirnstruktur wie eine Glocke um den Körper spüren. Machen Sie die Heilung dieser Kronenhirnstruktur. Das umgangene Trauma kann danach normal geheilt werden.

Typischer Fehler in der Technik

- Seien Sie vorbereitet auf eine Traumaflut, sobald die Strukturen weg sind.

Grundursache

- Der Klient erstellt eine „Trauma-Umgehungs"-Struktur im Nukleus, um ein festklebendes Gen zu umgeben, um dadurch die Symptome zu blockieren.

Häufigkeit & Schweregrad der Symptome

- Selten.

Risiken

- Traumaflut kann auftreten, wenn die Umgehungen geheilt sind. Es kann emotionale Schwierigkeiten geben, die Idee von Trauma-Umgehungen zu akzeptieren, da sie im Konflikt mit dem Selbstbild eines mächtigen oder erfahrenen Heilers stehen.

ICD-10 Codes

- Es wurde noch kein spezifischer Code identifiziert.

Einfluss der Sippenblockade: *„Die Heilung verlangsamt sich oder stoppt, wenn ich versuche, diesen Augenblick zu heilen"*

Bei der Heilung bestimmter Traumata kann auch das Phänomen der Sippenblockade Schwierigkeiten verursachen. Wir haben dieses Problem zum ersten Mal bemerkt, als Therapiestudenten bestimmte Entwicklungsereignisse heilen wollten. Wir verwendeten damals EFT und fanden heraus, dass das Ereignis nicht ausreichend geheilt werden konnte. Als wir zum WHH-Prozess wechselten, stellten wir fest, dass die Studenten heilen konnten, aber es war viel schwieriger, als es normalerweise sein sollte. Wir verfolgten den Ablauf und stießen auf die Sippenblockade. Jeder Gaia-Befehl eines Entwicklungsereignisses wurde von ihr blockiert.

Bikulturelle Menschen haben zwei Herausforderungen - sie haben zwei verschiedene Arten von Borgpilzen, je eine aus jeder Kultur. Besonders wenn der Klient versucht, eine der Kulturen abzulehnen, wird sich der entsprechende Borgpilz als unangenehmes Gefühl an einem bestimmten Ort in seinem Körper bemerkbar machen. Der Borgpilz der anderen Kultur wird die Nabelposition belegen. Die Heilung dieses Themas erfolgt am besten durch die Beseitigung des Borgpilzes mit der Silent Mind Technique.

Dieser subzelluläre Fall wurde bereits in einem früheren Kapitel behandelt. Wir nehmen ihn in diesen Abschnitt auf, weil er auch dazu führen kann, dass der Heilungsprozess des Traumas langsam oder unmöglich wird.

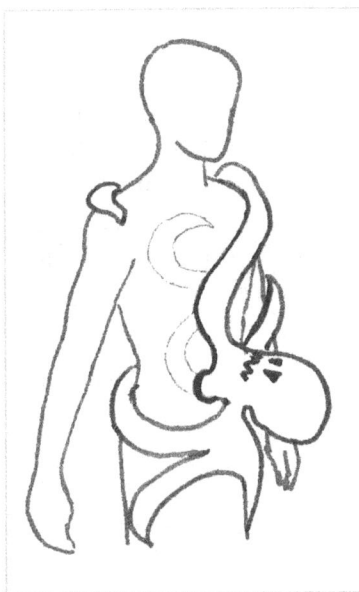

Abbildung 11.3: Ein Borgpilz, der das Verhalten des Klienten kontrolliert, ist im oder am Körper zu spüren. Der Kontrollpunkt befindet sich am Nabel. In bikulturellen Fällen hat sich der zweite kontrollierende Borgpilz an einen anderen Ort verlagert.

Symptom Schlüsselwörter

- Nichts ändert sich; die Heilung kann nicht zum Abschluss kommen; ich weiß nicht, was los ist; es ist innerhalb einer Gruppe schwieriger; ich fühle mich schwer, wenn ich versuche zu heilen.

Diagnosefragen

- Wenn Sie den Gaia-Befehl sagen und an den Traumaaugenblick denken, fühlen Sie ein Gefühl an Ihrem Bauchnabel?
- Wenn Sie sich auf ein zu heilendes Trauma konzentrieren, welches ist dann der Gefühlszustand, der an Ihrem Bauchnabel gefühlt wird?

Differentialdiagnose

- Bewachungstrauma: Das Bewachungstrauma hat sein eigenes Gefühl; aber die Sippenblockade gibt einer Person das Gefühl, schwer zu sein, als würde sie beim Versuch zu heilen einen Rucksack tragen.

Behandlung

- Verwenden Sie die Standard-Sippenblockade Technik für je einen Fall.
- Machen Sie die Silent Mind Technique (SMT), um den Pilz loszuwerden, der die Sippenblockade verursacht.

Typischer Fehler in der Technik

- Nicht auf das zu heilende Problem konzentriert bleiben oder zu einem anderen Thema wechseln, während Sie an der Sippenblockade arbeiten.

Grundursache

- Die Sippenblockade wird durch eine Pilzinfektion der Klasse 2 (Borgpilz) in Interaktion mit anderen Menschen verursacht, die von dieser speziellen Unterart (Familie und größere Sozialstruktur) infiziert sind.

Häufigkeit & Schweregrad der Symptome

- Verschiedene Kulturen können mehr Widerstand gegen Heilung aufbringen. Zum Beispiel hatten unsere polnischen Schüler damit mehr Probleme als die meisten anderen Kulturen.

Risiken

- Das Übliche für die Trauma-Psychotherapie.

ICD-10 Codes

- F43.2.

Lebensweg Trauma: *„Ich kann nicht finden, was ich wirklich im Leben tun will"*

Wir fanden dieses subzelluläre Fallproblem erstmals 2004 auf empirische Weise - unsere australischen Schüler hatten große Schwierigkeiten, bestimmte Traumata zu heilen, wenn diese etwas mit ihrem Lebenssinn oder dem optimalen Lebensweg zu tun hatten. Als wir die Techniken wechselten und sie ihren Widerstand gegen ihren optimalen Lebensweg prüfen ließen, wurden diese besonderen Traumata schnell identifiziert und relativ leicht geheilt. Der Vorteil dieses „Lebensweg"-Ansatzes war, dass er das Bewusstsein und die Heilung dieser Anregungen nicht mehr unbewusst blockierte.

Jahre später entdeckten wir, dass diese Lebenswege Teil eines Pilzorganismus waren, der auf der Innenseite der Nukleusmembran lebt. Er hat einen enormen und allgemein negativen Einfluss auf das Leben einer Person. Trauma-Wahrnehmungen, die eine Person veranlassen, den „hellen" Weg zu verlassen, stammen von Stellen auf der Membran, wo der Weg eine Nukleuspore mit den damit verbundenen Trauma-Gefühlen kreuzt. Es ist optimal, wenn das Bewusstsein eines Menschen überhaupt nicht auf dieses Netzwerk des Lebensweges ausgerichtet ist - doch nur sehr wenige Menschen sind von diesem Parasiten befreit.

Wir arbeiten mit diesem Thema auf drei Arten: für Klienten, bei denen eine Entscheidung in ihrer nahen Zukunft ansteht, heilen Sie die gesamte emotionale Belastung jeder einzelnen möglichen Entscheidung und wählen dann diejenige, die sich am „hellsten" anfühlt. Oder Sie wenden einen Peak States-Prozess an, damit der Klient seinen Lebensweg „sehen" kann und bewusst schlechte zukünftige Entscheidungen heilen kann (obwohl nur sehr wenige Klienten bereit sind, einen optimalen Weg konsequent zu gehen). Oder Sie verwenden einen Spitzenbewusstseinszustand-Prozess, um den Pilzorganismus endgültig zu eliminieren.

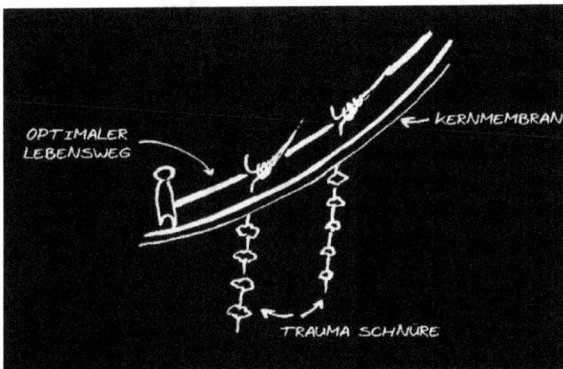

Abbildung 11.4: Der Lebensweg des Pilzorganismus befindet sich auf der Innenfläche der Nukleusmembran. Er kann auch in einem „schwarzen Raum" als ein Weg unter Ihren Füßen gesehen werden, der sich auf der Zeitschiene mit vielen Entscheidungspunkten nach vorne erstreckt.

Symptom Schlüsselwörter

- Lebensweg; was ich wirklich tun will; Angst vor dem Unbekannten; ich kann das Problem nicht finden; Heilung ist langsam oder sehr schwer.

Diagnosefragen

- Bezieht sich das Problem, das schwer zu finden oder zu heilen ist, auf das, was Sie wirklich in Ihrer Zukunft wollen (eine Zukunft, in der Sie nicht versuchen, sich besonders oder anerkannt zu fühlen)?

Differentialdiagnose

- Sippenblockade: Die Sippenblockade gibt einer Person das Gefühl, schwer zu sein, wenn sie sich ihr widersetzt und emotional gedämpft, wenn sie sich nicht widersetzt. Der Lebenszweck fühlt sich emotional neutral und schlicht leer an.

Behandlung

- Verwenden Sie die lizenzierte, von Peak States zertifizierte Therapeutentechnik für den Lebensweg.

Typischer Fehler in der Technik

- Das euphorische Gefühl nicht vollständig bekommen.

Grundursache

- Um auf dem optimalen Lebensweg zu sein, bedarf es der Heilung von Traumata, die mit normalen Techniken nur sehr schwer zu finden oder zu bewältigen sein können.

Häufigkeit & Schweregrad der Symptome

- Selten, weil es nur um Fragen geht, die den Widerstand gegen den optimalen Lebensweg betreffen.

Risiken

- Das Übliche für die Trauma-Psychotherapie.

ICD-10 Codes

- Keine spezifischen Codes.

Parasitenresistenz: *„Ich habe Angst, etwas zu tun, um etwas zu ändern"*

Wenn die Umgebung der Primärzelle durch Heilung gestört oder verbessert wird, können Parasiten in der Zelle die Veränderungen als unbequem oder bedrohlich empfinden und wollen, dass diese aufhört. Wir haben festgestellt, dass viele Menschen, insbesondere weniger gut funktionierende Klienten, der Heilung widerstehen, weil sie den Unterschied zwischen sich und den Parasiten in ihrer Primärzelle nicht erkennen können. Manchmal verursachen die Parasiten schmerzhafte Empfindungen, bei denen der Klient die Erfahrung gemacht hat, dass diese aufhören, sobald er selber aufhört, sich ändern zu wollen. Das ist ein bisschen wie ein Reiter, der ein widerspenstiges, aber gut trainiertes Pferd auspeitscht. In anderen Fällen liegt der emotionale Wunsch, dass sich das Klima der Primärzelle nicht mehr verändert, tatsächlich im Parasiten, aber der Klient fühlt diese Gefühle, als wären sie seine eigenen. (Interessanterweise spüren einige Menschen die parasitären Gefühle überhaupt nicht, wenngleich die meisten Menschen dies mehr oder weniger stark tun.) So vermeidet oder widersetzt sich der Klient aus Angst vor Strafe oder Identitätsverwirrung der Heilung oder Veränderung, auch wenn er diese wünscht.

Auch beeinflussen die Parasiten die Person, ihre innere Zellumgebung so zu verändern, dass diese angenehmer für die Parasiten wird und/oder ihre Fortpflanzung erleichtert wird. Kontraintuitiv erleichtern beispielsweise emotional positive Gruppenerfahrungen die Vermehrung einer artenübergreifenden Bakterieninfektion. Negative Emotionen wirken sich auch indirekt auf das subzelluläre Umfeld aus, was es für verschiedene Parasiten angenehmer macht. Diabetes ist ein weiteres Beispiel für einen subzellulären Parasiten, der den Wirt beeinflusst, um die primäre Zellumgebung zu verändern.

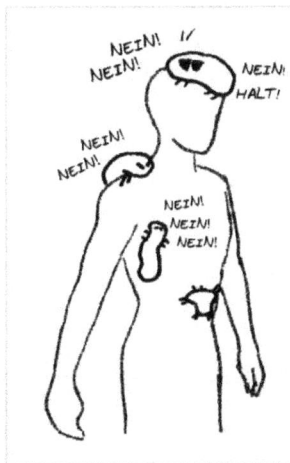

Abbildung 11.5: Fast alle Menschen verwechseln sich selber mit den Wünschen und Handlungen der Parasiten in ihren Primärzellen. Im Allgemeinen wollen diese Organismen keine Veränderungen in ihrer Umgebung, was zu einem ähnlichen Verhalten im täglichen Leben des Klienten führt.

Symptom Schlüsselwörter

- Widerstehen, nicht wollen, sich nicht ändern wollen, Angst, Furcht, Stopp.

Diagnosefragen

- Scheint es, als gäbe es eine Art Stimme, die Ihnen sagt, dass Sie die Heilung beenden sollen?
- Fühlt es sich an, als würden Sie angegriffen und dass sich diese Therapie gefährlich anfühlt?

Differentialdiagnose

- Unfreiwilliges Denken: Unfreiwilliges Denken klingt wie echt sprechende Menschen. Parasiten sind viel einfacher und verwenden keine Sprache - es scheint einfach so.
- Erstickungstrauma: Der Widerstand kommt von dem Versuch, Erstickungsgefühle zu vermeiden.

Behandlung

- Noch in der Entwicklung. Da es für die Menschen schwer zu erkennen ist, dass die Parasiten nicht sie selbst sind, ist es schwierig, diese gezielt zu eliminieren.

Typischer Fehler in der Technik

- Noch nicht bekannt.

Grundursache

- Noch nicht bekannt.

Häufigkeit & Schweregrad der Symptome

- Häufig bei vielen Menschen, insbesondere bei schwach und mittel funktionierenden Klienten.

Risiken

- Unbekannt

ICD-10 Codes

- Kann Angst in folgenden Codes auslösen F40-48.

Trauma mit multiplen Wurzeln: *„Ich heile und heile, aber die Symptome sind immer noch da"*

Wenn wir ein einfaches Trauma heilen, sei es biographisch, ein Generationstrauma oder assoziativ, sehen wir normalerweise ein oder höchstens ein paar Gene, die die festklebende Traumakette verankern. Wenn wir mehrere festklebende Gene haben, die sich mit einer mRNA-Kette verbinden, nennen wir die verschiedenen Zweige „Wurzeln" wegen ihrer visuellen Ähnlichkeit mit einer Baumwurzel. Die verschiedenen Wurzeln tragen jeweils unterschiedliche traumatische Qualitäten zu den späteren Traumata bei, als ob sie sie zusammenfassen würden. Dies entspricht der psychologischen Erfahrung, „mehr als eine Wurzel des Problems zu haben". Während wir heilen und ein Gen seine mRNA freisetzt, verliert der Klient die Trauma-Empfindung, die mit dem festklebenden Gen verbunden war. Leider haben wir gelegentlich Klienten gesehen, die viele, viele Wurzeln für ein bestimmtes Trauma hatten. Diese Menschen können tatsächlich eine oder mehrere Trauma-Wurzeln heilen, es aber nicht erkennen, weil danach die schrittweise Veränderung der vorliegenden Symptome so gering ist. Vor allem, wenn die Therapie auf der Basis eines eingeklemmten Gens langsam ist, kann diese Therapie für den Klienten als Zeitverschwendung erscheinen, obwohl sie so funktioniert, wie sie funktionieren soll.

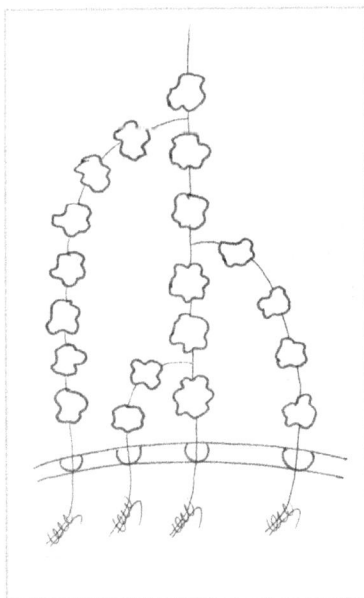

Abbildung 11.6: Diese Abbildung zeigt eine vierwurzelige Traumakette. Die obersten ribosomalen Traumata werden eine Kombination von Gefühlen aus den vier festklebenden Genen enthalten.

Symptom Schlüsselwörter

- Keine Veränderung. Heilung macht keinen Unterschied. Vergeblich. Ich hatte dieses Problem schon lange. Es funktioniert nichts.

Diagnosefragen

- Löst sich der spezifische Trauma-Ursprung tatsächlich auf; wenn ja, kommt es danach wieder zurück?
- Gibt es eine winzige Veränderung des präsentierten Symptoms?
- Ist ein Trauma-Ursprung tatsächlich geheilt, aber das Symptom ist immer noch da?

Differentialdiagnose

- Zeitschleifen: Traumata in Schleifen können beseitigt werden, kehren aber später zurück. Mehrere Wurzeln scheinen einfach nicht heilen zu wollen oder heilen nicht ganz.

Behandlung

- Verwenden Sie eine Technik, die auf der Basis eines festklebenden Genes sehr schnell ist. Wenn der Klient auf das Klopfen reagiert, verwenden Sie einfach den 9-Gamut-Punkt.

Typischer Fehler in der Technik

- Zu früh aufhören.

Grundursache

- Ein präsentiertes Thema mit einer Traumakette, die viele Wurzeln hat (festklebende Gene).

Häufigkeit & Schweregrad der Symptome

- Glücklicherweise sind mehrere Wurzeln an einer Traumakette sehr selten. Es gibt normalerweise nur eine Wurzel mit einem oberen Maximum von etwa sechs Wurzeln. In einem sehr ungewöhnlichen Fall hatte der Klient etwa 50 Wurzeln zu einer einzigen Traumakette.

Risiken

- Das Übliche für die Trauma-Psychotherapie.

ICD-10 Codes

- Keine spezifischen Codes.

Zeitschleifen: „Das Trauma kommt zurück!"

Wir haben dieses Problem ursprünglich entdeckt, als wir uns die frühesten Entwicklungsereignisse angesehen hatten. Nach der Heilung eines Trauma-Augenblicks mit WHH wird in wenigen Minuten (bis zu einigen Stunden) das ursprüngliche Trauma genauso wiederhergestellt, wie es vor der Heilung war. Zuerst dachten wir, dies könnte eine Eigenschaft der frühesten Entwicklungsereignisse sein. Aber es stellte sich heraus, dass es einen ganz anderen Mechanismus gab, den wir heute „Zeitschleife" nennen. Wie der Name schon sagt, spürt man bei einer Rückführung, dass sich ein Zeitabschnitt einfach immer wieder wiederholt. Wenn der Klient ein Trauma in dieser Zeitzone heilt, setzt sich dieses einfach wieder auf den ursprünglichen Zustand zurück. Aus Sicht des Therapeuten könnte die Funktion einer „Zeitschleife" eher als ein subzellulärer Fall mit Namen „Traumarücksetzung" bezeichnet werden. Diese Rücksetzung wird dann ausgelöst, wenn der Klient ängstlich ist oder sich ängstlich fühlt.

Die Biologie der Zeitschleifen ist faszinierend - die physische Struktur, die diesen Trauma-Reset durchführt, sieht aus und fühlt sich ein wenig wie ein Ei mit einer harten Schale an, die Blasen umschließt. Diese Struktur befindet sich in dem, was wir den „Kiefernzapfen" (einen Pilzparasiten) im Inneren des Zellnukleus nennen. Die eiförmige Struktur der Zeitschleife wird in der sehr frühen Entwicklungsphase als Abwehrmechanismus des Kiefernzapfenorganismus gegen insektenartige Parasiten der Klasse 1 und Pilzparasiten der Klasse 2 gebildet, die die nächste Generation des Kiefernzapfenorganismus fressen. Dieses Hüllenmaterial hat auch eine Emotion, typischerweise Angst oder Furcht.

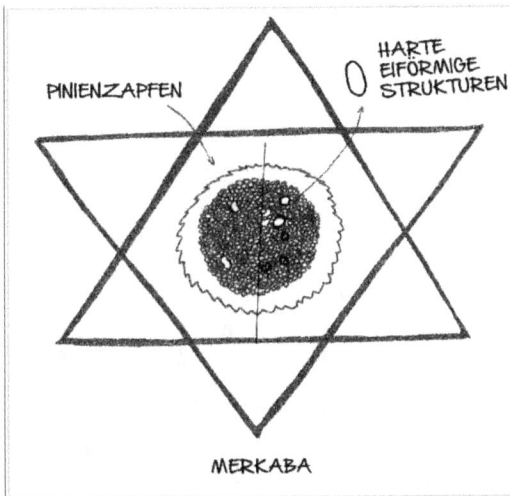

Abbildung 11.7: (a) Zeitschleifen sind eiförmige oder glattflächige Behälter, die Blasen in der (Pilz-)Kiefernzapfenstruktur im Nukleus umschließen. Die äußere Struktur ist eine dreidimensionale Merkaba, die im Diagramm als flache Linien dargestellt ist.

Zeitschleifen können während der Regression gespürt werden, so ähnlich wie eine Sportwiedergabe im Fernsehen, sobald der Klient auf das Gefühl aufmerksam gemacht wird. Die entsprechenden physischen eierartigen Strukturen sind *auch* im Körper in der Gegenwart zu spüren. Das Gefühl einer Barriere über dem Oberbauch, die den Ober- und Unterkörper blockiert, ist ein recht häufiges Beispiel für eine Zeitschleife. Sie sind auch überall im oder um den Körper zu spüren und haben jede Größe, obwohl sie sich in Wirklichkeit entweder links oder rechts von der Kiefernzapfenstruktur befinden. Sie sind bei Durchschnitts-Klienten selten, können aber in Klientengruppen mit chronischen Problemen oder Paranoia häufig vorkommen. Zeitschleifen können auch innerhalb von anderen Zeitschleifen liegen, so ähnlich wie z.B. russischen Puppen ineinander stecken. Wir haben auch einige Klienten mit Zeitschleifen gesehen, die ihre gesamte Ei- oder Spermienseite umschließen. Wenn man sich auf das Problem konzentriert und ein Gefühl von Angst oder Furcht hat, führt dies dazu, dass eine Zeitschleife entsteht, die alle Trauma-Symptome wieder herstellt, die zuvor beseitigt wurden.

Selten kann es eine andere Art von biologischer Struktur im Kiefernzapfen geben, die Zeitschleifen verursachen kann. Anstatt eine harte Schale zu haben, hat diese Struktur eine weiche Membran ohne jegliche Emotion. Sie ist an einen insektenähnlichen Parasiten gebunden, der durch eine Art Nebel oder Statik vor dem Bewusstsein des Klienten verborgen ist. Die Beseitigung des Parasiten geschieht durch die Heilung des Generationsthemas mit dem Emotionalton des Parasiten. Damit wird sowohl der Parasit als auch die Membran aufgelöst.

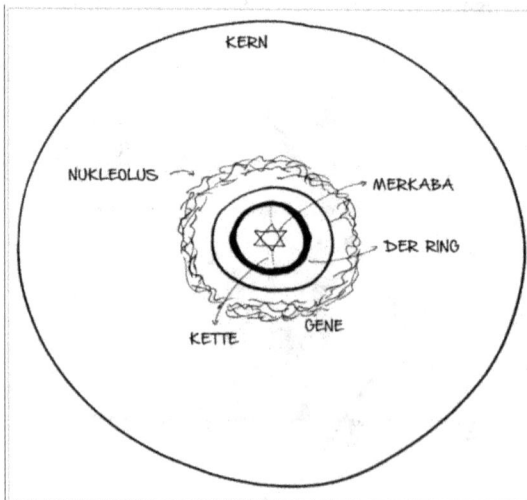

Abbildung 11.7: (b) Eine nicht maßstabsgerechte Ansicht des Nukleus mit der im Nukleolus dargestellten Merkaba (einer Pilzstruktur).

Symptom Schlüsselwörter

- Diese Therapie funktioniert nicht. Bei mir funktioniert nie etwas. Die Heilung wurde rückgängig gemacht. Die schmerzhaften Emotionen kommen immer wieder zurück.
- Ich spüre eine Barriere, die meinen Ober- und Unterkörper spaltet.

Diagnosefragen

- Kommt genau das gleiche Problem immer wieder, gleich nachdem die Therapie beendet ist?
- Spüren Sie einen harten, runden Gegenstand in Ihrem Körper?
- Wenn Sie sich auf das beseitigte Problem konzentrieren und dann versuchen, Angst oder Furcht zu fühlen, tauchen dann die gleichen Symptome wieder auf?

Differentialdiagnose

- Körperhirnassoziation: Der Körper bildet Symptome nach, verwendet dazu aber neue Methoden und Traumata; die neuen Symptome sind in der Regel schlechter; eine Zeitschleife hat keine zugrundeliegende traumatische Ursache.
- Kopien: Der Klient müsste eine neue Person zum Kopieren finden, um ein Symptom wiederherzustellen; bei Zeitschleifen kehren die Symptome schnell zurück (Minuten bis Stunden).
- Kronenhirnstruktur: Diese Strukturen fühlen sich auch hart an, sind aber eckig, wie aus Metallteilen gefertigt, nicht abgerundet wie Eier. Und die Struktur hat keinen Emotionalton.
- Bewachendes Trauma: Das Problem geht nie weg (heilt nie wirklich) vs. Zeitschleifen-Trauma, das geheilt wurde und zurückkommt.
- MPS: Der Klient kann während der Heilung die Persönlichkeit wechseln und so die Heilung vermeiden. Wenn ja, wird er sich nicht (oder nur sehr begrenzt) daran erinnern, was zuvor mit der anderen Persönlichkeit getan wurde.
- S-Loch: Sie haben nur ein energieaufsaugendes, vernichtendes Gefühl; die Zeitschleife kann jedes traumabedingte Problem zurückstellen.
- Sippenblockade: Der Klient wird sich schwer fühlen; überprüfen Sie den Nabel. Zeitschleifen befinden sich in Körperbereichen.

Behandlung

- Für Eierschalen-Zeitschleifen:
  - o Verschmelzen Sie mit der gesamten Schale der Zeitschleifenstruktur. Spüren Sie den emotionalen und körperlichen Schmerz und die Verzweiflung der Großmutter, um Sie zu verteidigen - die Hülle wird sich auflösen. Achten Sie darauf, dass Sie alle Schalenfragmente, falls vorhanden, auflösen. Wiederholen Sie die Heilung, die davor durchgeführt und wieder rückgängig gemacht wurde.

- o Um die Zeitschleife zu beseitigen, können Sie alternativ die Emotion in der Zeitschleifen-Schalen-Struktur spüren, das entsprechende Generationentrauma finden und heilen.
- Für Membranzeitschleifen:
  - o Finden Sie den insektenähnlichen Parasiten, der an der Membran befestigt ist, spüren Sie seinen Emotionalton und heilen Sie die Generationen mit dieser Emotion. Bei Bedarf können jederzeit Zeitschleifen geheilt werden, die das Generationstrauma wiederherstellen.
- Alle Zeitschleifen können gleichzeitig mit einem derzeit lizenzierten Peak-States-Therapeutenprozess behoben werden.

Typische Fehler in der Technik

- Wenn Zeitschleifen vermutet werden, spart die Prüfung auf Trauma-Rücksetzung Zeit, indem der Klient sich kurz ängstlich fühlt.
- Fehlende größere, umschließende Zeitschleifen, die zuerst geheilt werden müssen.
- Nicht zwischen einer Membranzeitschleife und einer harten Eierschalenzeitschleife unterscheiden.
- Die Beseitigung einer Zeitschleifenbarriere über den Körper hinweg kann das Gefühl erwecken, dass die untere Körperhälfte anders ist als die obere Hälfte. Dies kann mit der Courteau-Projektionstechnik behoben werden.

Grundursache

- Das Phänomen der Zeitschleife wird durch eine eiförmige Struktur verursacht, die von einem kiefernförmigen Organismus im Zellkern gebaut wird, um seine nächste Generation vor anderen Parasiten zu schützen. Diese wird während der Entwicklung beibehalten und findet sich in der Kiefernzapfenstruktur im Nukleus wieder.

Häufigkeit & Schweregrad der Symptome

- Ein häufiges Problem bei Menschen, aber sehr selten bei einem bestimmten Problem, außer bei Patienten mit chronischen Problemen oder Problemen, die durch Therapien nicht zu heilen scheinen.

Risiken

- Keine bekannten Risiken, wenn die Zeitschleife in der Gegenwart geheilt wird. Regressionsheilung kann ein Problem darstellen, da der Parasit im sich entwickelnden Klienten aktiviert wird.

ICD-10 Codes

- Keine spezifischen Codes.

Dysfunktionale Homöostasis: *„Die Symptome kamen zurück und sind noch schlimmer!"*

In diesem sehr häufigen Fall arbeitet der Körper der Person (außerhalb des Bewusstseins) aktiv daran, bestimmte Symptome oder Empfindungen kontinuierlich präsent zu halten. Dies geschieht, weil der Körper eine irrationale Assoziation hat, die besagt: „Ich muss dieses spezielle Symptom haben, sonst sterbe ich". Diese Assoziationen entstanden in traumatischen Augenblicken, in denen der Körper das Gefühl hatte, dass sein Überleben bedroht war. Normalerweise behandeln wir als Therapeuten Klienten in der Regel so, als wären sie ein Auto mit einem Problem und wir müssen nur herausfinden, welche Teile repariert werden müssen. Leider funktioniert dieser Ansatz bei der Behandlung dieser dysfunktionalen homöostasischen Körperhirnassoziationen nicht. Wenn es Ihnen gelingt, die Symptome loszuwerden, wird der Körper schnell einen neuen Weg finden, um die Symptome zurückzubekommen und normalerweise wird er überkompensieren, was das Problem noch verschlimmert. Daher müssen diese Körperhirnassoziationen *zuerst* beseitigt werden, sonst werden Sie in eine endlose Abfolge neuer Probleme geraten. (Nebenbei bemerkt ist eine der Ursachen für die „Traumaflut" die dysfunktionale Homöostasis, aber eine, bei der der Körper versucht, ein Gefühl zu vermeiden, in diesem Fall eines des Friedens.)

Abbildung 11.8: (a) Eine symbolische Darstellung des Sinnenersatz-Problems. Der Klient hält sich an Menschen (oder einem anderen Ersatz) fest, die sich bei einem frühen pränatalen Trauma wie seine Umgebung anfühlen. Wenn er an diesen Ersatzstoffen hängt, fühlt er sich wohl (obwohl die Leute, die diese Rolle spielen, nicht sehr glücklich aussehen!). (b) Die Klientin achtet darauf, aber ihr Körperhirn widersetzt sich.

Zum Beispiel hatten wir eine Klientin mit Hörverlust. Jedes Mal, wenn wir den Mechanismus herausfanden, der ihn verursachte, verbesserte sich ihr Gehör drastisch und sofort. Doch am nächsten Morgen war ihr Hörverlust noch schlimmer als zu Beginn. Es stellte sich heraus, dass sie ein Missbrauchstrauma hatte, bei dem sie Taubheit mit Sicherheit verband. Also die Gründe finden, warum sie nicht hören konnte und diese zu beseitigen, so wie z.B. defekte Teile in einem Auto ersetzt werden, machte alles noch schlimmer. Ihr Körper versuchte aktiv, den Heilungsprozess zu überlisten.

Symptom Schlüsselwörter

- Die Symptome kehren zurück; Heilung funktioniert nicht; nur vorübergehende Linderung; schlimmer dran als davor.

Diagnosefragen

- Nachdem Sie die Heilung durchgeführt hatten und die Symptome verschwunden waren, kehrten sie am nächsten Tag zurück und waren noch schlimmer?

Differentialdiagnose

- Zeitschleifen: Schleifen regenerieren die Traumata und ihre Symptome sehr schnell, in Minuten bis Stunden. Aber die Symptome sind genau die gleichen, und die Traumata sind genau die gleichen. Das Assoziationsproblem führt dazu, dass die Symptome zurückkehren, aber geheilte Traumata bleiben geheilt.

Behandlung

- Body Association Technique.

Typischer Fehler in der Technik

- Einige Assoziationen fehlen; nicht beide Hände zu kontrollieren.

Grundursache

- Eine Körperhirnassoziation, die dem Körper sagt, dass er die Symptome braucht.

Häufigkeit & Schweregrad der Symptome

- Obwohl dieses Problem in der Öffentlichkeit sehr häufig auftritt, ist es bei Klienten nur selten anzutreffen, außer bei einigen chronischen Problemen, die sich den Heilungsversuchen widersetzen.

Risiken

- Das Übliche für die Trauma-Psychotherapie.

ICD-10 Codes

- Keine spezifischen Codes.

Traumaflut: *„Es entstehen immer wieder neue schlechte Gefühle"*

Gelegentlich wird der Therapeut einen Klienten haben, der eine Trauma-Heilung durchführte und wenn er damit fertig ist, sofort in ein neues und meist in keinem Zusammenhang stehendes Trauma eintritt. Nachdem er das geheilt hat, geht der Klient dann wieder in ein neues Trauma über. Und dieser Zyklus geht einfach weiter; manchmal mit kurzer Pause nach der Heilung, manchmal aber auch ohne Pause. Andere Klienten haben Trauma-Aktivierung oder eine Flut als chronisches Problem, oft mit gleichzeitig ausgelösten Traumata, aber es hat nichts mit Trauma-Heilung zu tun. Unabhängig davon ist dies ein sehr ernstes Problem für diese Klienten und die Therapeuten müssen wissen, wie man damit umgeht.

Erstmalige Traumaflut (nach Heilung eines Traumas)

- Dreifachhirne: Traumaflut geschieht manchmal bei Klienten, die zum ersten Mal ein Trauma geheilt haben. Ihre Dreifachhirne, die wie begeisterte Kinder sind, spüren, dass dies endlich eine Chance zur Heilung ist und wünschen das. So stimulieren sie Traumata, die der Klient heilen kann, so wie ein Kind immer wieder stundenlang nach Schokolade fragen kann.

- CoA-Standort: Dies ist ein seltenes Problem, tritt aber dennoch auf. Im Laufe der Heilung eines Problems ist das CoA des Klienten in den Bereich der festklebenden Gene an der Nukleusmembran zurückgegangen. Anstatt sich nach der Heilung normalerweise woanders hin zu bewegen, erweitert der Klient sein Bewusstsein in diesem Bereich. Dies führt dazu, dass er auf zufällige weitere Traumaketten stoßen und auf deren gespeichertes Gefühl gleichzeitig zugreifen kann. Um zu heilen, muss dem Klienten gezeigt werden, wie er sein Bewusstsein von den Traumaketten wegbewegen kann und jedes traumatische Bedürfnis, sein CoA dort verweilen zu lassen, heilen kann.

Vorbestehende chronische Traumaflut

- Inner Peace: Nach unserer Erfahrung ist der häufigste Grund dafür, dass ein Trauma leicht oder kontinuierlich ausgelöst wird, eine biologische Unverträglichkeit zwischen den mRNA-Traumaketten und der Nukleusporenmembran. Jedes Mal, wenn ein Ereignis den Bedarf an einem Protein auslöst, das ein entsprechendes festklebendes Gen aufweist, entsteht ein Gefühl von leicht schmerzhafter Reizung an der Grenze zwischen der Kette und der Membran. Im Laufe der Zeit hinterlassen diese Irritationen eine Art „Anker", der aus kleinen Stücken besteht, die sich auf der Nukleuspore ansammeln. Diese biographischen Traumaketten und die dazugehörigen traumatischen Gefühle werden im Laufe der Zeit viel, viel einfacher auszulösen sein. Um dieses Problem zu lösen, verwenden wir den von zertifizierten Peak-States-Therapeuten auszuführenden „Inner Peace"-Prozess. Dieser beseitigt nicht die Traumata, sondern eliminiert die Irritationen und Verankerungen an der

Basis jeder Traumakette, wodurch sie unter normalen Umständen viel schwieriger auszulösen sind.

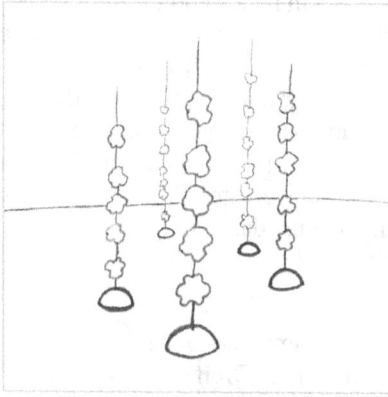

Abbildung 11.9: (a) Gebundene mRNA-Schnüre, die aus dem Nukleus kommen, mit „Ankern" am Boden. (b) Eine 3D-Ansicht im Zytoplasma, die auf die Nukleusmembran hinunterblickt.

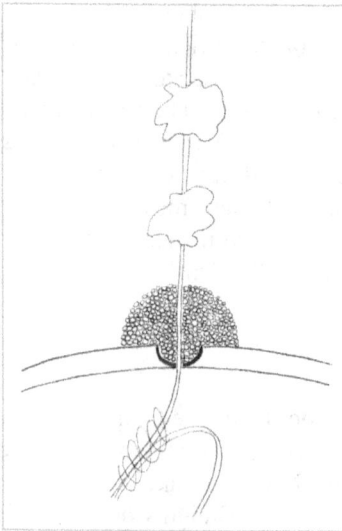

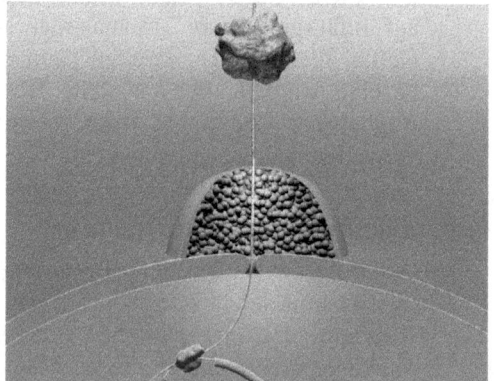

Abbildung 11.9: (c) Ein Schnitt durch eine an der Nukleusmembran verklebte mRNA-Kette. Man beachte die Materialkörner an der Nukleuspore, die die ankerartige Struktur bilden. (d) Ein 3D-Bild der gleichen Zeichnung.

- Körperhirnassoziation: Für einen Klienten mit bereits bestehender und chronischer Traumaflut ist der häufigste Grund für dieses Problem, dass der Klient eine negative Körperhirnassoziation mit dem Gefühl des Friedens hat. Im Wesentlichen fühlt sich der Körper des Klienten unsicher, wenn er kein Problem hat, sodass er eine ständige Flut von negativen Traumata auslöst. Der Schlüssel zum Erkennen dieses Problems besteht darin, dass der Klient im Augenblick oder aus seiner Erinnerung heraus das Gefühl fühlt (nicht nur ein mentales Bild davon hat) von der kurzen friedlichen Pause nach der Heilung eines Problems bzw. wenn keine Traumata aktiviert sind. Dadurch werden in der Regel die zugrundeliegenden flutauslösenden Gefühle aktiviert, so dass sie geheilt werden können.

- Unterdrückung eines zugrundeliegenden traumatischen Gefühls: Für einen Klienten mit bereits bestehender und gelegentlicher Traumaflut haben wir gesehen, dass er das Gefühl hat, dass er Symptome haben muss (z.B. Schwindel und Übelkeit von Wirbeln), sonst würde er keine Aufmerksamkeit und wahrscheinlich auch keine Fürsorge bekommen, die seine überwältigende Einsamkeit in Schach hält. Um das zu heilende Problem zu finden, lassen Sie den Klienten in dem Augenblick, in dem die traumatischen Empfindungen bei jeder Episode beginnen, nach dem unterdrückten Auslösegefühl suchen. Und heilen Sie auch die Körperhirnassoziationen über ihre bevorzugten Symptome, die sie für diese unbewusste Unterdrückung des Gefühls verwenden (d.h. das Gefühl, schwindelig zu sein, ist mein bevorzugtes Symptom).

- Kundalini: Das löst eine langfristige Reihe von traumatischen Gefühlen aus, die einfach weitergehen, egal wie viel Heilung erfolgt. Typischerweise ist der Auslöser die Meditation, eine starke sexuelle Erfahrung oder einige spirituelle Praktiken. Im Gegensatz zu normaler Traumaflut gibt Kundalini auch Augenblicke extremer spiritueller Erfahrungen und Gefühle sowie zu viel Energie und Spannung, und man kann viel oder gar nicht schlafen. Sie heilen diesen subzellulären Fall auf die normale Weise.

Risiken
- Das Übliche für die Trauma-Psychotherapie.
- Eine globale Behandlung der Ankerstrukturen der Traumata beinhaltet die Regression zum Entwicklungsereignis der Genesis-Zelle. Klienten mit einer Vorgeschichte von Herzproblemen sollten nicht zu diesem Ereignis zurückgeführt werden, da ein potenzielles Risiko besteht, einen Herzinfarkt auszulösen.

VORSICHT
Aufgrund des möglichen Risikos, einen Herzanfall auszulösen, sollten Klienten mit einer Vorgeschichte von Herzerkrankungen nicht zum Entwicklungsereignis der Genesis-Zelle zurückgeführt werden.

ICD-10 Codes

- Noch nicht bestimmt.

Abschnitt 4

Anwendungen

Kapitel 12

Probleme mit mehreren oder indirekten Ursachen

In diesem Kapitel werden wir einen Blick auf ein paar der häufigen Themen der Klienten werfen, die durch ein einfaches Trauma oder durch mehrere subzelluläre Probleme ausgelöst werden. Natürlich muss jedes Klientenproblem anhand der auftretenden Symptome diagnostiziert werden; aber es kann sehr hilfreich sein, eine Liste der möglichen subzellulären Fälle im Hinterkopf zu haben, während Sie die Diagnose stellen.

Noch wichtiger ist, dass die Symptome in einigen Fällen nicht offensichtlich auf subzelluläre Fälle zurückzuführen sind. Dieses Kapitel enthält Erklärungen der eher seltsamen und indirekten Wege, wie subzelluläre Dysfunktionen und Entwicklungstraumata die Symptome eines Problems erzeugen können, so ähnlich wie man vorgeht, um ein mathematisches Problem zu lösen. Dieses Verständnis ist oft von entscheidender Bedeutung für die Diagnose und Behandlung.

Zur Erinnerung: Therapeuten, die beabsichtigen, mit ernsten Klientenproblemen (wie Sucht oder Suizid) zu arbeiten, haben die ethischen und in der Regel gesetzlichen Anforderungen einer angemessenen und angepassten Ausbildung zu erfüllen.

Empfohlene Lektüre

- *Peak States of Consciousness, Band 2* von Grant McFetridge, Wes Gietz (2008) (deckt prä- und perinatale Entwicklungstraumata ab).

Suchterkrankungen

Therapeuten, die mit Süchten arbeiten, benötigen unbedingt eine spezielle Ausbildung, um mit dieser Klientengruppe zu arbeiten. Wenn wir uns jedoch nur leichte Suchtprobleme bei gut funktionierenden Menschen ansehen, die ihr Problem loswerden wollen, haben wir einige einfache Lösungen gefunden, die für viele Menschen funktioniert haben. Weitere Informationen finden Sie in unserem Handbuch „*Addiction and Withdrawal* Peak States Therapy manual".

Verlangen

Für die meisten Menschen wird das Verlangen durch Körperhirnassoziationen verursacht, die das Überleben mit der Suchtsubstanz verknüpft haben. Es kann ein bisschen knifflig sein, aber der Therapeut kann normalerweise die Body Association Technique auf das Verlangen machen und das Problem schnell beseitigen. Bei einigen Klienten stammen die Heißhungerattacken von Kopien. Hinweis: Dieser Ansatz funktioniert selten beim Rauchen, da dieses in der Regel zur Selbstmedikation der Symptome eines Pilzparasitenproblems verwendet wird.

Entzugserscheinungen

Die Symptome des Entzugs sind in der Regel auf eine Körperhirnassoziation zurückzuführen. Nutzen Sie einfach die Empfindungen der Entzugserscheinungen bei der Body Association Technique, um die Symptome schnell (in Minuten) zu beseitigen. Generationstraumata können auch eine Ursache sein.

ICD-10 Codes:

*   F10-F19.

Allergien

Für Allergien gibt es bereits mehrere meist wirksame Techniken, wie z.B. die Tapas-Akupunktur-Technik (TAT) oder die Nambudripad's Allergy Elimination Technique (NAET). Wir empfehlen Therapeuten, die in der Arbeit mit Allergien kompetent werden wollen, diese bestehenden Ansätze zu untersuchen. Wir haben sogar gesehen, wie z.B. der anaphylaktische Schock bei einem Baby mit dem TAT-Ansatz innerhalb von Sekunden beseitigt wurde. Unsere eigene Body Association Technique kann auch bei Allergien eingesetzt werden, indem auf die spezifischen Allergieerscheinungen eingegangen wird.

Diese Techniken funktionieren jedoch *nicht*, wenn die Leberfilterung des Klienten den Anforderungen nicht mehr gerecht wird. Das bedeutet, dass der Klient gleichzeitig gegen mehrere Allergene allergisch ist und die Symptome davon abhängen, wie gestresst die Leber im Augenblick ist. Leberschäden oder toxische Überlastung durch eine systemische Candida-Infektion sind die häufigste Ursache für dieses Problem. Eine einfache diagnostische Frage wäre: „Finden Sie, dass Autoabgase auffällig oder lästig sind?" - wenn ja, deutet dies auf einen signifikanten Mangel an Leberfunktion hin.

Angst/ Furcht

Auf der tiefsten Ebene haben alle Menschen (außer denen im Zustand des Beauty Way oder eines besseren Zustandes als diesem) eine grundlegende Angst, welche sie in ihrem Leben in Ereignisse hineinprojizieren. Leider haben wir derzeit noch keine Behandlung für dieses parasitenbedingte Problem. Auch haben wir keine Behandlung für die starke Angst bei Zwangsstörungen (OCD).

Glücklicherweise haben die meisten Klienten behandelbare Furcht- oder Angstprobleme, die auf ein Trauma oder subzelluläre Fälle zurückzuführen sind. Beachten Sie, dass der Therapeut oft eine genauere Beschreibung dessen benötigt, was die Worte „Furcht" oder „Angst" des Klienten bedeuten, um eine Differentialdiagnose durchzuführen. Hier ist eine Liste von ungefähr den häufigsten bis am wenigsten verbreiteten Ursachen.

- Löcher: Unbewusstes Wahrnehmen eines Lochs ist oft die Ursache von Angst. In einigen Fällen hat die Person mehrere Löcher, die ins Bewusstsein kommen.
- Kopien: Kopien der Ängste oder Furcht von anderen Personen sind ebenfalls üblich.
- Biographisches Trauma: Die Furcht oder Angst kommt in der Regel aus einem Ereignis aus der Kindheit oder aus einem pränatalen Ereignis. Dies kann sich auch im Traum zeigen, wenn alte Trauma-Emotionen wiedergegeben werden. Eine Unterkategorie davon ist das Trauma „Angst vor der Angst", sowie in „Ich fürchte, es wird wieder passieren".
- Körperhirnassoziation: Der Klient hat Angst, die mit dem Überleben verbunden ist, so dass er nicht aufhören kann, Angst zu haben. (d.h.: „Jemand könnte mich verletzen, wenn ich keine Angst mehr habe.")
- Bewusstsein für Parasiten: Einige Klienten empfinden Furcht oder Angst, weil sie unbewusst einen Parasiten in ihrer Primärzelle spüren.
- Leere in der Selbstsäule: Das CoA des Klienten nähert sich oder befindet sich im Innersten seines Körpers und es entstehen dabei Gefühle von Furcht und Vernichtung.
- Generations-Angst: Der Klient hat eine Generations-Angst oder Furcht.
- Spiritueller Notfall: Der Klient hat Angst oder Furcht vor einem ungewöhnlichen Ereignis, das passiert ist oder wieder passieren könnte, wie z.B. Kundalini. Die Behandlung dient lediglich der Beruhigung und der Bereitstellung von Lesestoff zu diesem Thema.
- Abgrund: Der Klient hat Angst vor jeder Art von Vorwärtskommen und befürchtet, in den Abgrund zu fallen.

Manchmal ist die Furcht oder Angst so stark, dass der Klient sich nicht auf die Diagnose konzentrieren oder einem Prozess oder Verfahren folgen kann. Wenn einfaches Klopfen nicht funktioniert, empfehlen wir die Waisel-Extreme-Emotion-Technik; starten Sie den Prozess und lassen Sie den Klienten mit seinem Körper an den Ort der intensivsten Angst gehen.

Bis zu diesem Zeitpunkt haben wir die Diagnose gestellt, dass der Klient Furcht oder Angst hat und diese emotional oder kinästhetisch in seinem Körper spürt. Aber manchmal ist dies nicht der Fall - stattdessen hat der Klient furchteinflößende oder ängstliche Gedanken, beschreibt aber seine Situation als Angstgefühl. Natürlich können diese Gedanken wiederum Furcht oder Angst in seinem Körper auslösen, sind aber nicht die Ursache des Problems. Diese Gedanken/Stimmen werden auf die übliche Weise eliminiert. Beachten Sie auch, dass ein Klient mehr als ein Problem gleichzeitig haben kann.

ICD-10 Codes:

- F40, F41, F60.6, R45.0, R45.1, R45.2.

Kontrahierte, angespannte oder ausgekühlte Körperbereiche.

Bei diesem Problem kommt ein Klient mit einem Bereich seines Körpers in Berührung, der kontrahiert, verspannt oder ausgekühlt ist. Bei der typischen körperzentrierten Therapie würde der Therapeut kurz und sanft in den Bereich vordringen, so dass der Klient Bilder oder andere Gefühle in diesem Bereich wahrnehmen kann, um die kausalen Traumata ins Bewusstsein zu bringen. Und das funktioniert oft. Die Ursache für die Verzerrungen im Körper kann jedoch von einem subzellulären Fall ausgehen. Zum Beispiel: Wir haben gesehen, dass eine komprimierte Brust ein großes Loch in diesem Bereich hatte. Wir haben gesehen, dass eine erweiterte Brust wie der Bug eines Bootes, auch ein großes Loch hatte. In beiden Fällen versuchte der Klient, in diesem Bereich des Körpers ein Gefühl zu erzeugen, um die Leere des Lochs zu „füllen".

ICD-10 Codes

- M62.88.

Depressionen

Wir haben eine ganze Reihe verschiedener Ursachen für Depressionen identifiziert. Dies ist zum Teil darauf zurückzuführen, dass das Wort „Depression" für verschiedene Menschen unterschiedliche Bedeutungen hat. So muss der Therapeut sehr vorsichtig sein, wenn er dieses Wort hört, um die genauen Empfindungen aufzuspüren, die der Klient fühlt.

- Eine tiefe Traurigkeit, die nicht aufhört. Dies ist höchstwahrscheinlich ein einfaches Trauma, eine Kopie oder ein Seelenverlust.
- Ein langweiliges, lethargisches Gefühl, ein Gefühl der „Dämpfung", oft aufgrund eines unterdrückten Gedankens. Erlebe den Augenblick, in dem dies begann und heile das Muster oder Trauma.
- Gefühle der Sinnlosigkeit des Lebens, mit Gedanken über all die schlimmen Dinge, die der Menschheit passiert sind, wie Völkermord, Nazi-Verbrechen, etc. Dies wird mit der Courteau-Projektionstechnik behandelt.

- Alle Gefühle sind gedämpft. Dies kann lebenslang oder neu aufgetreten sein. Dies wird durch den subzellulären Fall der „Gedämpften Emotionen" verursacht.
- Ein Gefühl von verminderter geistiger und körperlicher Energie oder Erschöpfung. Dies kann durch eine Fluchdecke verursacht sein, oder von einer bakteriellen Infektion, die Giftstoffe in kritische Teile der Primärzelle abgibt oder diese „erstickt".
- Wegen einer Herzhirnsperre entsteht die Unfähigkeit, sich mit anderen Menschen zu verbinden oder Liebe zu empfinden. Alternativ kann auch ein leichter Autismus vorliegen und falls ja, wäre dieser Zustand schon immer da gewesen.
- Eine Depression, die der von jemand anderem ähnlich ist. Dies kann eine Kopie sein oder wenn der andere ein Familienmitglied ist, könnte es ein Generationsproblem sein.
- Ein schweres, belastendes Gefühl. Dies ist oft ein Sippenblockadeproblem.
- Depression als häufige Reaktion auf den Verlust eines Spitzenbewusstseinszustandes. Wenn möglich ist die beste Lösung die Wiederherstellung des Zustandes.
- Abgrund.

ICD-10 Codes:

- F33, F34.1.

Träume

Der Klient kann mit starken Gefühlen aus einem Traum oder Albtraum zu Ihnen kommen. Wir haben festgestellt, dass Träume Gefühlsequenzen sind, die genau zu einem traumatischen Ereignis in der Vergangenheit passen. Ihre Handlung und ihre Bilder sind irrelevant. Einige Träume fühlen sich jedoch numinos, unaussprechlich oder sakral an. Diese Arten von Träume sind sehr selten und basieren (meist) nicht auf einem Trauma, sondern sind eher von visionärer Art und Erfahrung.

Um traumatische Traumgefühle zu heilen, kann der Klient in der Regel auf die Reihe der Gefühle (nicht auf die Handlung) zurückgreifen und sie mit WHH heilen. Sie können auch andere Trauma-Techniken wie Meridiantherapien für jedes Gefühl in der Sequenz anwenden.

Der andere Grund, warum ein Klient ein Thema mit Träumen hat, ist, dass er nicht träumt und deshalb besorgt ist. Menschen im Beauty Way Zustand träumen nicht, es sei denn, sie haben den Zustand verloren - dieser Mangel an Träumen ist normal. Sie überprüfen die Ereignisse des Tages jede Nacht im Schlaf, aber das ist keineswegs vergleichbar mit Träumen.

ICD-10 Codes:

- F51.

Halluzinogene

Wir haben im Laufe der Jahre viele Klienten gesehen, die zu uns gekommen sind, weil ein ernsthaftes Problem nach der Verwendung einer halluzinogenen Substanz (LSD, Psilocybin usw.) aufgetreten ist. Dies geschah nicht, weil die Drogen sie vergiftet haben (obwohl das immer ein Risiko ist), sondern weil die Drogen ruhende „Landminen"-Traumata ausgelöst haben. Diese Probleme, wenn auch oft sehr intensiv, können in der Regel mit Standard-Trauma-Techniken behandelt werden. In der Tat, in der psychologischen (und psychedelischen) Therapie ist die übliche Behandlung von ausgelösten Traumata eine weitere medikamentöse Sitzung zusammen mit Unterstützungstechniken zwischen den Sitzungen.

Leider haben einige der Klienten, die bei uns waren, während der Medikamentenerfahrung eine Flut von Problemen ausgelöst, deren vorliegende Symptome nicht mehr der Ursache ähnelten und so konnte der übliche Ansatz der „Traumatherapie bei Symptomen" nicht angewendet werden. Selbst die Beseitigung des anfänglichen Auslösetraumas würde die nachfolgenden Probleme in vielen Fällen nicht beseitigen. Dies liegt in der Regel daran, dass der Klient einen subzellulären Fall ausgelöst hat, dessen Symptome nicht auf ein Trauma zurückzuführen sind. In der ungefähren Reihenfolge der Häufigkeit sind die häufigsten subzellulären Fälle:

- gedämpfte Emotionen;
- unfreiwilliges Denken;
- zerschmetterte Kristalle;
- Überidentifikation mit dem Schöpfer;
- Körperverzerrungen und blockierte Muskulatur;
- und Primärzell-Parasitenprobleme, einschließlich Schmerzen und Verlust oder Beschädigung der persönlichen Identität.

Wir haben auch andere Probleme gesehen, die durch den Einsatz von Halluzinogenen ausgelöst wurden, die wir noch nicht behandeln können. So trat beispielsweise ein junger Mann in einen Zustand der Langzeitpsychose ein. Ein weiteres besonders beunruhigendes Beispiel ist ein normaler gesunder Erwachsener, der nur wenige Stunden nach der Anwendung von LSD irreversible und lähmende Multiple Sklerose erworben hat. Wenn man bedenkt, dass eine große Zahl von Menschen psychoaktive Substanzen verwendet, sind glücklicherweise ernsthafte Folgen die Ausnahme und nicht die Regel.

ICD-10 Codes:

- F1x.7

Kopfschmerzen

Es kann viele Gründe für Kopfschmerzen geben. Die Diagnose erfordert eine genaue Betrachtung der Symptome. Zu diesem Zeitpunkt sind unsere Techniken nicht perfekt - einige Menschen haben Probleme, die wir noch nicht behandeln können. Nachfolgend finden Sie einige der häufigsten Ursachen, die wir für dieses Symptom gefunden haben.

Das Problem der Druckkopfschmerzen, von dem Gefühl des Eindringens oder Herausdrückens von Etwas oder beides, kann mehrere Ursachen haben.

- Ein Verletzungsaugenblick kann die Muskulatur zum Kontrahieren gebracht haben. Wenn dieses biographische (oder generationsbezogene) Trauma später für längere Zeit aktiviert wird, kann es Schmerzen verursachen, da die umgebenden Strukturen durch die Kontraktion gestresst oder verlagert werden. (Übrigens, dieser Trauma-Effekt macht sich besonders bei der Ausrichtung der Wirbelsäule bemerkbar.)

- Eine weitere Ursache ist das Vorhandensein eines Bakteriums einer bestimmten Spezies innerhalb von Strukturen der Primärzelle, das gegen Grenzen in der Kopfregion der Primärzellstruktur drückt. Standard-Körperhirnassoziationen und bakterielle Generationsheilung können in der Regel mit diesen Problemen umgehen. (Siehe den Fall des bakteriellen Parasiten auf Seite 160.)

- Ein weiteres mögliches Problem ist ein „auseinanderziehender" Druck in der Mitte der Stirn oder ein Abwärtsdruck auf die Oberseite des Kopfes. Diese Schmerzen werden durch die Bewegung des Pilz-Chakra-Organismus auf der Nukleusmembran verursacht. Durch bewusste oder unbewusste Muskelkontraktionen in der Körperregion, die dem Bereich der Nukleusmembran entsprechen, in dem der Chakra-Pilz befestigt ist, wird der Pilz zu einer Abwehrreaktion angestoßen. (Siehe das Chakra-Problem auf Seite 215.)

- Viele und vielleicht die meisten Migräne-Kopfschmerzen werden durch Kontraktionen eines „viralen Netzes" innerhalb der Nukleusmembran verursacht. Wenn dieses Problem schwerwiegend ist, gibt es das Symptom der „Lichtempfindlichkeit" im Zusammenhang mit Migräne. (Siehe den Fall „virales Netz" auf Seite 250.) Einige Menschen reagieren gut, nachdem die weitaus weniger offensichtlichen Solarplexus-Symptome beseitigt sind.

- Viel mildere Symptome im Solarplexus oder anderen Körperteilen können ein indirekter Auslöser für die Kopfschmerzen sein. Lassen Sie den Klienten nach diesen subtilen Gefühlen suchen und sie heilen, um diese Möglichkeit zu testen.

Ein Kopfschmerz kann auch als stechender oder reißender Schmerz beschrieben werden. Diese weniger häufige Ursache von Kopfschmerzen ist auf insektenähnliche Parasiten zurückzuführen, die eine Primärzellmembran verletzen, deren Position dem Kopfbereich entspricht. (Siehe das insektenähnliche Parasitenproblem auf Seite 160.)

Und Kopfschmerzen (und zwar alle möglichen Schmerzen) können auf die Aktivierung einer „Kopie" der Kopfschmerzen eines anderen zurückzuführen sein. (Siehe Kopien auf Seite 137.)

Andere häufige Ursachen für Kopfschmerzen sind Reaktionen auf giftige Substanzen wie Sulfite oder Mononatriumglutamat und Entzugserscheinungen von Koffein. Verwenden Sie in diesen Fällen die Assoziationstechnik bei den Symptomen. Selten müssen andere medizinische Probleme berücksichtigt werden, wie z.B. ein gerissenes zerebrales Aneurysma (mit einer punktuellen Schmerzquelle, die sich schnell ausdehnt; Kopfschmerzen, die manchmal als „wie in den Kopf getreten werden" beschrieben werden).

ICD-10 Codes

- G43, R51.

Schmerzen (chronisch)

Häufig können chronische Schmerzen durch einfaches Klopfen oder andere Trauma-Techniken geheilt werden. Dies liegt daran, dass die Schmerzen, insbesondere Rückenschmerzen oft auf ein Trauma zurückzuführen sind, welches dazu führt, dass sich die Muskeln in der Gegenwart zusammenziehen und mit der Zeit Symptome verursachen. Mit anderen Worten, die kontrahierten Muskeln ziehen die Wirbelsäule aus deren Ausrichtung. Diese Traumata waren in der Regel Augenblicke der Verletzung oder zu erwartende Verletzungen, die durch das Trauma „eingefroren" wurden und aus irgendeinem Grund in der Gegenwart aktiviert wurden. Deshalb können chronische Rückenschmerzen durch einen Chiropraktiker vorübergehend korrigiert werden, kehren dann aber zurück - die traumatisch bedingten Kontraktionen sind immer noch vorhanden. Die Behandlung kann durchgeführt werden, indem man die Traumata ins Bewusstsein holt, indem man kurz in den Bereich des Körpers drückt, in welchem sich der Schmerz befindet und der Klient nach einem Trauma-Bild oder einer aufkommenden Erinnerung Ausschau hält. Das Trauma auf diese Weise zu finden ist jedoch nicht immer zuverlässig. Ein weiterer oft effektiver Ansatz ist es, den Klienten seine Emotionen über den Schmerz heilen zu lassen - wie „Ich falle auseinander, weil ich alt bin", „Ich hasse meinen Körper, weil er verletzt ist" und so weiter. Obwohl ein wenig langsam, weil es viele Gründe dafür geben kann, sinkt die SUDS der Schmerzen in der Regel schnell mit jeder Emotion, die beseitigt wird und gibt klares Feedback, wie der Prozess verläuft. Und auch Generationstrauma sollte überprüft werden - dies kann direkt zu Schmerzen führen sowie eine Anhäufung biographischer Traumaschmerzen aufbauen, da sich der schmerzhafte Bereich während der Entwicklung falsch gebildet hat.

Übrigens können Schmerzen durch eine Verletzung oft reduziert oder durch Meridianklopfen beseitigt werden, wenn es früh genug angewendet wird. Zum Beispiel benutzte ein Mann sofort EFT, nachdem er seinen Finger mit einem Hammer geschlagen hatte; der Schmerz verschwand vollständig und sein Finger hatte nicht einmal blaue Flecken. In einem anderen Beispiel hat eine Person eine Rippe gebrochen und das Klopfen auf einen Brustpunkt ließ den Schmerz verschwinden. Anscheinend muss die Muskulatur automatisch handeln, um die verletzte Zone abzustützen - eine Stunde später umarmte ihn jemand unerwartet und ließ ihn vor Schmerzen schreien, aber der Schmerz verschwand sofort wieder, nachdem losgelassen wurde.

Schmerzen entstehen oft auch durch Kopien. Diese Art von Schmerz reagiert nicht auf Traumatherapien und ist oft der Grund, warum der Klopfvorgang keine Wirkung hat.

Schmerzen können auch von Kronenhirnstrukturen ausgehen. Interessanterweise können sich diese Strukturen so anfühlen, als würden sie verschiedene Körperteile miteinander verbinden, zum Beispiel vom Arm bis zur Hüfte. Wenn also eine Person mit diesem Zustand ihren Arm schwingt, entsteht ein Schmerzgefühl an den Ankerplätzen. Offensichtlich sind diese Strukturen innerhalb der Primärzelle bewegungslos und nicht tatsächlich im Arm, aber sie reagieren auf Bewegung, als ob sie im Körper wären.

Schmerzen können auch von verschiedenen Parasiten in der Primärzelle verursacht werden. Das häufigste Problem aufgrund von Klasse 1 insektenähnlichen Parasiten ist das Verursachen eines Gefühls von Reißen, Graben oder Ausstoßen von brennender säureähnlicher Flüssigkeit, um Membranen oder Strukturen in der Zelle zu schädigen. Das ist eine Reaktion darauf, dass die Aufmerksamkeit der Person auf die insektenähnlichen Parasiten ausgerichtet war. Das nächsthäufigste Problem ist die Pilzfamilie der Parasiten - durch negative Wechselwirkungen mit einer anderen Person kann der Borgpilzparasit einen schmerzhaften „Fluch" in den Körper einlassen, der sich anfühlt, als ob ein Nagel im Körper steckt. (Er kann auch eine Flüssigkeit abgeben, die sich giftig und reizend anfühlt.) Oder ein Chakra-Pilz kann sich zusammenziehen und Druckschmerzen an einer Chakra-Position verursachen. Auch könnte sich ein bakterieller Parasit bewegen oder gegen die Kern- oder Zellmembranen drücken und Druckschmerzen verursachen. Dies ist weniger häufig, aber immer noch ein Problem für viele Menschen. Und in der Nukleusmembran kann sich ein virales Netz bilden, welches das Gefühl erweckt, dass der Kopf komprimiert wird, was im Extremfall Migränesymptome verursacht. Jedes dieser Parasitenprobleme wird unterschiedlich behandelt, und bei der Arbeit mit diesen Problemen ist Training und Vorsicht geboten.

GEFAHR

Lebensbedrohliche Verletzungen können manchmal auftreten, wenn man mit insektenähnlichen Parasiten der Zellklasse 1 arbeitet. Eine Schulung ist erforderlich. Erklären Sie außerdem den Klienten nicht die parasitäre Ursache ihrer Themen - dies kann dazu führen, dass sie sich zwanghaft auf die insektenähnlichen Parasiten konzentrieren und sie dazu anregen, die Zellmembranen weiterhin zu zerreißen oder zu beschädigen. Sehr große insektenähnliche Parasiten können den Klienten töten, wenn sie einen zu großen Bereich der Zellmembran aufreißen.

Hat ein Klient „Löcher" in seinem Körper, ziehen sich in diesen Bereichen des Körpers oft die Muskeln zusammen (oder blähen sich auf), um eine Empfindung zu vermitteln, die dem Gefühl der mangelhaften Leerheit entgegenwirkt. Da dies chronisch ist (das Loch ist ständig vorhanden), kann dies zu Muskelschmerzen und Muskelverzerrungen führen. Zum Beispiel kann ein Loch in der Brust entweder zu einer eingefallenen Brust oder einer ausgeweiteten Brust führen, die dem Bug eines Bootes ähnelt. In verletzten Körperregionen finden wir dort oft ein Loch, das die Heilung hemmt. Es ist, als ob der Körper nicht in den Bereich des Lochs spüren kann, um zu reparieren. Dies führt zu Verletzungen, die nicht richtig heilen und indirekt zu einigen Arten von Schmerzen. Oftmals kommt es auch zu Seelenverlust im verletzten Bereich, was ebenfalls die richtige Heilung behindern kann. Bei der Behandlung der Verletzung eines Klienten sollte der Therapeut von Seelenverlust ausgehen und einem vorhandenen Loch in der Verletzungszone und sich Zeit nehmen, diese als Standardteil der Behandlung zu heilen.

In Bezug auf Spitzenbewusstseinszustände gibt es einen Bewusstseinszustand, in dem es normalerweise keinen Schmerz gibt – so eine verletzte Person hat nur einen augenblicklichen Schmerzblitz und dann verschwindet dieser und hinterlässt entweder keinen Schmerz oder nur ein Gefühl von Druck. Dies ist keine Art von Taubheitsgefühl oder Unterdrückung, sondern ein Zustand, der größer ist als die übliche Gesundheit.

Schließlich ist es wichtig zu erkennen, dass Schmerzen auch eine Warnung oder ein Symptom einer schweren Körperverletzung sein können, nicht nur eine Schädigung der Primärzelle. Wie im Sprichwort „Alles sieht aus wie ein Nagel für einen Mann mit einem Hammer" wird es aufgrund der Orientierung eines Therapeuten zur Gewohnheit, anzunehmen, dass alles „psychologisch" ist, oder (aus unserer Sicht) aufgrund von Problemen in der Primärzelle. Dies ist jedoch nicht immer der Fall. Beispielsweise können Schulterschmerzen auf eine entzündete Gallenblase zurückzuführen sein. Oder Bauchschmerzen können auf einen entzündeten oder gerissenen Blinddarm oder wandernde Nierensteine zurückzuführen sein.

VORSICHT
Achten Sie darauf, mögliche medizinische Ursachen für die Schmerzen zu berücksichtigen.

Chronische Schmerzen Zusammenfassung (etwa in der Reihenfolge des Auftretens)
- Biographisches Trauma (mit Muskelkontraktion)
- Biographisches Trauma (über das Gefühl des Schmerzes)
- Generationstrauma (die schmerzhafte Stelle ist nicht ganz richtig gewachsen)
- Körperhirnassoziation (der Körper spürt, dass er den Schmerz braucht)
- Kopien (von Schmerzen)

- Kronenhirnstruktur
- Klasse 1 insektenähnlichen Parasiten (Reißen, Zerreißen, Brennen)
- Fluch (Nagel oder pfeilartiger Schmerz)
- Medizinischer Zustand (z.B. entzündete Gallenblase, Infektion usw.)
- Loch (löst Muskelkontraktion in diesem Bereich aus)
- Chakra-Kontraktion (Druckschmerzen in einem oder mehreren Chakren)
- Bakterienbewegung (schmerzhafter Druck)

ICD-10 Codes

- R52.

Prämenstruelles Syndrom (PMS)

PMS-Symptome können sehr schwerwiegend sein. Wir haben festgestellt, dass in den meisten Fällen die Ursache des Problems generationsbedingt ist und entsprechende Standardtechniken werden die Symptome schnell beseitigen. Dies lässt sich zügig erkennen, indem man fragt, ob Vorfahren, Geschwister oder Verwandte die gleichen PMS-Symptome haben. Aber auch Kopien und Körperhirnassoziationen, die die Symptome verursachen könnten, sollte der Therapeut ausschließen.

Dieser generationsübergreifende Heilungsansatz wirkt auch bei Beschwerden in den Wechseljahren.

ICD-10 Codes

- N94.3

Beziehungen (intime)

Nichts kann so befriedigend - oder schmerzhaft - sein wie eine romantische Beziehung, sei es eine neue oder langjährige. Intime Beziehungen können eine Vielzahl von Traumata und grundlegenden strukturellen Problemen auslösen, die frühe Entwicklungsereignisse (z.B. Empfängnis) betreffen, bei denen verschiedene Teile von uns miteinander verbunden oder verschmolzen werden sollen. Hochfunktionelle Paare haben in der Regel nur ein Problem, das behandelt werden muss, während typische Klienten eine Vielzahl von Problemen auf einmal haben können.

Peak-State-Themen verstärken diese Schwierigkeiten. Obwohl die meisten Menschen es nicht erkennen, suchen sie auch unbewusst nach einer Beziehung, die nur wenige Glückliche bekommen - das, was wir den Zustand der optimalen Beziehung nennen. Menschen mit diesem Zustand sind beste Freunde, finden sich unendlich faszinierend, haben fast nie Ärger miteinander, fühlen und genießen ständig die Anwesenheit ihres Partners und genießen bis ins hohe Alter hinein ein hohes Maß an körperlicher Intimität. Das Erlangen dieses Zustandes geht über den Rahmen dieses Diagnosehandbuchs hinaus; stattdessen decken wir hier ab, was der Klient normalerweise vom Therapeuten erwartet. Zwei weitere Spitzenbewusstseinszustände sind ebenfalls relevant: der männliche/weibliche Archetypenzustand, in dem die Person die Essenz des Männlichen oder Weiblichen verkörpert; und die mehr fortgeschrittene Version, der Gott/Göttin-Zustand, in dem die Person die Essenz eines Gottes oder einer Göttin verkörpert. Diese Zustände sind auch Aspekte der Beziehung, nach denen sich eine Person normalerweise unbewusst sehnt und fügen das subtile Gefühl hinzu, dass noch etwas anderes der Intimität der meisten Menschen fehlt. Andere Probleme können bei diesen Zuständen existieren: Wenn ein Partner den Zustand hat und der andere nicht, kann dies entweder zu einer Abhängigkeit des einen Partners vom anderen führen (egal wie viel Anderes in der Beziehung dysfunktional ist); oder einen Partner erschrecken, weil Missbrauch oder andere Traumata ausgelöst werden, wenn der andere Partner in diese Zustände kommt.

Nachfolgend finden Sie eine Liste typischer Probleme in Klientenbeziehungen in der ungefähren Reihenfolge der Häufigkeit:

- Strippen: Der Klient ist beunruhigt über das, was er in seinem Partner fühlt. Verwenden Sie DPR oder SMT. Dies ist in der Regel das Hauptproblem in den Beziehungen hochfunktionaler Klienten.
- Einfache biographische Traumata - der Partner löst verschiedene schwierige Gefühle beim Klienten aus. Dies wird behoben, indem eine der Standard-Trauma-Techniken verwendet wird, insbesondere Meridiantherapien, die häufig zur Selbsthilfe eingesetzt werden.
- Biographisches und generationsbezogenes Trauma: Die Beziehung löst Missbrauch oder andere extreme Trauma-Erinnerungen aus. Das häufigste Problem ist die Empfängnis, bei der sich das männliche Spermium abgelehnt und das weibliche Ei verlassen fühlte. Diese Gefühle sind extrem giftig für Beziehungen. Auch hat der Mann oft das unbewusste Gefühl, dass er durch Intimität ausgelöscht wird, so zieht er sich häufig nach der Nähe zurück, ein Spiegelbild des Tod-Traumas des Spermiums während der Empfängnis.
- Körperhirnassoziation: Der Klient ist sexuell süchtig nach einem bestimmten Emotionalton beim Partner. Dies kann ein ernsthaftes Problem sein, da es sowohl zu unangemessenen Beziehungsentscheidungen führen kann als auch dazu, dass der Klient den Partner unbewusst dazu drängt, das Bedürfnis der unbewussten Sucht zu erfüllen. Der Partner kann den Klienten auch an seine Eltern oder sogar an seine Plazenta erinnern. Dies kann mit der Body Association Technique geheilt werden.
- Sippenblockade: Der Klient spielt eine kulturspezifische Rolle, die durch die Sippenblockade vorgegeben ist. So kann beispielsweise eine Frau nach der Geburt sexuelle Gefühle verlieren, weil dies in ihrer Kulturgruppe als „angemessen" angesehen wird.
- Projektion: Der Klient projiziert auf den Partner. Dieses Problem kann bei Klienten auftauchen, die ein dysfunktionales Muster in ihren früheren

intimen Beziehungen hatten, außer aufgrund einer Körperhirnassoziation. Eine gängige Projektion ist die des Partners als Plazenta. Verwenden Sie die Courteau-Projektionstechnik, um diese zu heilen.

- Multiple Persönlichkeitsstörung: Der Partner scheint zwei verschiedene Personen zu sein (obwohl dies subtil sein kann, da die anderen Persönlichkeiten manchmal sehr ähnlich sind). Eine Möglichkeit der Feststellung ist zu bemerken, ob der Partner in seinen Erinnerungen signifikante Lücken aufweist. Dies wird mit einem Peak States Prozess behandelt.

- Egoismus-Ring: Der Klient widersetzt sich dem Partner, weil die Beziehung positive Gefühle hervorruft, die für ihn zu intensiv sind. (Gay Hendricks nennt dies das „Obergrenzen-Problem".) Dies ist derzeit ein zertifizierter Therapeutenprozess. Diese Reaktion kann auch auf verschiedene Arten von Traumata zurückzuführen sein.

- B-Löcher: Der Klient vermeidet den Partner, weil er sich plötzlich „bösartig" anfühlt.

Die Bandbreite der Probleme intimer Beziehungen ist enorm. Zum Beispiel einige interessante, wenn auch seltene Variationen: Der Partner kontrolliert unbewusst die sexuelle Erregung bei der anderen Person; der Partner verliert die Anziehungskraft auf die andere Person, weil er sich unbewusst der Anwesenheit eines Parasiten im Partner bewusst wird; und vieles mehr.

Am Ende von Beziehungen sind die häufigsten Probleme (in der ungefähren Reihenfolge der Häufigkeit):

- Seelenverlust: Der Klient fühlt sich aufgrund dieses Problems traurig oder einsam. Dies ist bei weitem das häufigste Problem.

- Einfaches Trauma: Das Ende der Beziehung wirft den Klienten in ein vergangenes traumatisches Ereignis, oder es löst aufgrund eines Generationstraumas Gefühle aus, nicht gut genug zu sein.

- Strippen: Die Klienten sind immer noch durch Strippen verbunden, welche Gefühle und Verhaltensweisen hervorrufen, die unangemessen sind.

- Ausgleich: Die Beziehung hielt andere Probleme vom Bewusstsein des Klienten fern. Beispiele sind Gefühle extremer Einsamkeit; Empfindungen aus Löchern oder B-Löchern; das Problem der Selbstidentität der Säule; Verlust der süchtig machenden Emotion; usw.

- S-Löcher: Der Partner war süchtig nach der anderen Person, weil diese sein Bedürfnis nach Liebe „fütterte", um die Leere seiner S-Löcher zu füllen.

- Spitzenbewusstseinszustände: Die Beziehung wurde gestört, weil der Klient in einen neuen Spitzenbewusstseinszustand überging, was Eifersucht beim Partner auslöste; oder es führte beim Partner dazu, den Klienten durch Parasiten zu schädigen, um den neuen Spitzenbewusstseinszustand zu verlieren. Die Behandlung dafür ist ein zertifizierter Peak-States-Prozess.

ICD-10 Codes:

- F52

Suizidgefühle: *„Ich muss sterben"*

Aufgrund der inhärenten Risiken und Komplexitäten, die damit verbunden sind, werden die Beschreibung der biologischen Ursache und die Techniken zur Beseitigung von Suizidgefühlen in einem separaten Buch, *Suicide Prevention* von Thomas Gagey M.D. und Grant McFetridge Ph.D., sehr detailliert behandelt. Die kurze Beschreibung hier ist nur für Therapeuten, die bereits in unseren Techniken ausgebildet sind.

Gefahr

Die Arbeit mit suizidalen Klientinnen und Klienten sollte nur von Therapeutinnen und Therapeuten durchgeführt werden, die im Umgang mit Suizid geschult sind und die dafür gesorgt haben, dass die Klientinnen und Klienten während der Behandlungswochen kontinuierlich betreut werden. Ohne dies ist der Versuch, das Material in diesem Buch zu verwenden, sowohl töricht als auch potenziell tödlich.

Der Hintergrund

Suizid, Suizidversuche und Suizidgedanken sind sowohl für den Klienten als auch für den Therapeuten ein enormes Problem. In den USA wird etwa die Hälfte der Therapeuten einen Klienten haben, der Suizid begeht und während der Betreuung stirbt und etwa die Hälfte dieser Therapeuten wird auch einen zweiten Klienten mit Suizid haben. Mehrere Organisationen auf der ganzen Welt lehren die Öffentlichkeit (und die Therapeuten), wie man suizidgefährdete Menschen erkennt und welche Maßnahmen zu ergreifen sind, um ihnen zu helfen.

Der Auslöser für Suizid

Zu unserer Überraschung hat unsere Forschungsarbeit das aufgedeckt, was wie die primäre (und wahrscheinlich einzige) Ursache für suizidale Gefühle und Handlungen aussieht. Es stellte sich heraus, dass Lebensereignisse oder verschiedene Arten von Therapien die Person in den Suizid treiben können. Dies geschieht, weil die Person aus ihrer Geburtserinnerung heraus Zugang zu einem Todestrauma der Plazenta hat. Diese Erinnerungen sind oft sehr stark, zum Teil aufgrund der derzeitigen Standard-Geburtspraxis, bei der die Nabelschnur des Babys zu schnell durchtrennt wird, was ein großes PTBS-Trauma (Posttraumatische Belastungsstörung) hervorruft. Wenn diese Erinnerungen ausgelöst werden, wird das aktuelle Bewusstsein der Person mit den Gefühlen, die sie bei der Geburt erlebt hat, überflutet.

Der Grund dafür, dass dieses Ereignis Suizid auslöst, liegt in der Natur des Geburtsvorgangs selbst. Damit das Kind geboren werden kann, muss die Plazenta absterben - und dieses biologische Gebot ist in die Trauma-Erfahrung eingeprägt. Wird es in der Gegenwart ausgelöst, hat der Klient das starke Gefühl, dass er sterben muss; er ist sich nicht bewusst, dass diese Gefühle aus der Vergangenheit kommen. Dieser Umstand lässt sich bei den meisten Menschen mit solchen Suizidgefühlen dadurch aufzeigen, dass sie ihren Bauchnabel berühren, während sie den Drang zum Sterben verspüren. Sie merken dann sofort, dass die Gefühle nur aus ihrem Nabel ausstrahlen; viele sagen dann: „Ich will nicht sterben, mein Nabel will sterben!" Dies kann eine enorme und sofortige Erleichterung für suizidale Klienten sein und wir empfehlen diese Technik als vorübergehende Vorgehensweise.

Da Suizidgefühle auf ein Todestrauma der Plazenta zurückzuführen sind, kann sich dieses auf verschiedene Weise manifestieren. Typischerweise gibt es eine Menge emotionaler Belastung mit dem Impuls zum Suizid, sowohl durch das Geburtsereignis als auch durch ihre aktuelle Lebensreaktion der Klienten auf das Problem. Aber einige Menschen lösen diese Geburtserinnerung aus und hatten dabei wenig emotionalen Inhalt. In diesem letzteren Fall wird die betroffene Person ruhig weitermachen und versuchen, sich umzubringen, als wäre es das Natürlichste, was man tun kann und sie wird es vielleicht im Voraus planen, sie wird versuchen, Menschen zu überlisten, von denen sie glaubt, dass sie sie vielleicht aufhalten wollen.

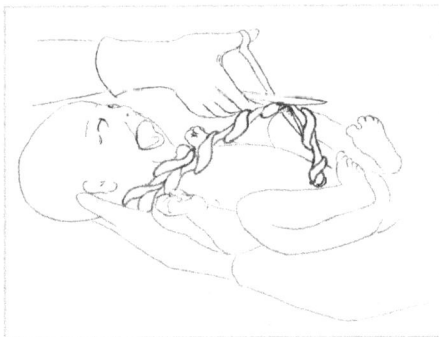

Abbildung 12.1: Die Hauptursache für suizidale Gefühle sind Traumata, die das Gefühl des Absterbens der Plazenta während der Geburt beinhalten. Es kann viele dieser Traumata während des Geburtsvorgangs geben, aber das schwerste ist in der Regel das zu frühe Durchtrennen der Nabelschnur.

Das Problem der Therapie

Die Lebensumstände sind der übliche Auslöser für die Aktivierung von Suizid-Traumata. Leider kann auch eine Therapie fast jeder Art versehentlich als Auslöser für diese suizidverursachenden Geburtstraumata der Plazenta wirken. Auch eine Regressionstherapie kann dieses Problem während einer Sitzung auslösen, hat aber den Vorteil, dass ein geschulter Therapeut feststellen kann, dass der Klient eine Geburtserinnerung ausgelöst hat und auf dieses Problem eingehen kann. Da die meisten Therapeuten die Ursache des Plazentatraumas bei Suizid nicht verstehen, lehren die meisten Therapien nicht über dieses Problem oder darüber, was zu tun ist, wenn es auftritt. Alle Therapeuten könnten jedoch auf die Auslösung dieser Traumata achten, wenn sie wüssten, dass diese überhaupt existieren.

Behandlung

Es gibt zwei Hauptprobleme bei dem Versuch, Suizidgefühle zu behandeln. Obwohl das wichtigste Suizidtrauma während des Nabelschnurdurchtrennens auftritt (aufgrund der derzeitigen medizinischen Praxis, die Nabelschnur viel zu früh zu durchtrennen), gibt es für viele Menschen normalerweise viele andere Traumata, die ebenfalls den suizidalen Impuls enthalten. Dies geschieht, weil das Geburtsereignis eine ganze Weile dauert und das plazentare Bedürfnis zu sterben mit vielen Traumaaugenblicken während der Geburt verknüpft werden kann. Eine Person hatte zum Beispiel den Impuls, sich zu erhängen; dies war darauf zurückzuführen, dass das plazentare Todesgefühl mit dem traumatischen Geburtserlebnis verbunden war, dass die Nabelschnur in der Gebärmutter um den Hals des Babys gewickelt war. Dies ist ein großes Problem für die Behandlung, denn der Therapeut kann das vorliegende Trauma heilen, wodurch sich der Klient viel besser und energiereicher fühlt. Aber später, vielleicht Stunden oder Tage danach, lösen seine Lebensumstände immer wieder diese Geburtsereignisse aus (z.B. aufgrund einer Scheidung) und der Klient hat nun die Energie und Motivation, sich wegen eines Traumas, das während der Behandlung nicht einmal sichtbar war, umzubringen.

Aus diesen Gründen muss ein Traumatherapeut, der mit suizidalen Geburtstraumata arbeitet, äußerste Vorsicht walten lassen, um sicherzustellen, dass der Klient sich während oder nach der Behandlung der auftretenden Symptome nicht umbringt. Dies muss aber in der entsprechenden physischen Umgebung erfolgen - die Behandlung per Telefon ist nicht sicher. In Notfallsituationen ist es oft erfolgreich, wenn der Klient den Nabel berührt, um die suizidalen Empfindungen zu lokalisieren. Eine Notfallbehandlung am Telefon kann auch erfolgreich sein, WENN der Klient in einer Situation ist, in der es Menschen gibt, die den Klienten rund um die Uhr für etwa zwei Wochen überwachen können und sich bewusst sind, dass das Problem zurückkehren und sogar noch schlimmer sein kann, weil der Klient sich jetzt energiereicher und handlungsfähiger fühlt.

Einige Klienten haben Suizidgedanken, sind aber nicht suizidgefährdet. Das kann für diese Klienten ziemlich verwirrend sein, weil sie keine Suizidlust oder -empfindungen in ihrem Körper haben. Statt eines aktivierten Plazentatod-Traumas hören sie eine „Stimme", die suizidale Dinge sagt. Natürlich kann jeder Klient sowohl das „Stimmen"-Problem als auch die suizidalen Gefühle eines Plazentatodtraumas haben - Therapeuten müssen beide Probleme überprüfen, um die Sicherheit ihrer Klienten zu gewährleisten.

Es können auch Kopien mit suizidalen Gefühlen in ihnen auftreten. Und in einigen Fällen können auch Generationstraumata Suizid auslösen. Und ebenso wichtig ist es, dass der Therapeut alle Körperhirnassoziationen über das Gefühl des Sterbens (das suizidale Gefühl) beheben muss.

Die Arbeit mit suizidalen Klienten erfordert eine formelle Ausbildung der Therapeuten und eine verfügbare, kontinuierliche Unterstützung der Klienten. Eine konventionelle Ausbildung, wie z.B. das „Applied Suicide Intervention Skills Training" (ASIST) ist notwendig, damit der Therapeut Anzeichen dieses Problems erkennen und die rechtlichen Auswirkungen verstehen kann.

Prävention

Die langfristige Lösung für die Suizidepidemie in den westlichen Ländern ist sowohl einfach als auch etwas, was die Familien sofort zum Schutz ihrer Kinder tun können - lassen Sie das Krankenhauspersonal NICHT die Nabelschnur unmittelbar nach der Geburt durchtrennen. Das Durchtrennen der Nabelschnur etwa 20 Minuten nach der Geburt scheint angemessen zu sein; länger kann besser sein (siehe die Technik der sogenannten „Lotusgeburt"). Diese Kinder werden in der Regel nicht die Last haben, später im Leben in suizidale Gefühle zu verfallen, es sei denn, sie hatten früher perinatale Geburtstraumata, die auch mit dem plazentaren Todesimpuls gekoppelt waren.

Der andere Grund, die Nabelschnur nicht sofort zu durchtrennen, hat mit der psychischen Gesundheit des Kindes zu tun. Wenn die Nabelschnur für längere Zeit nicht durchtrennt wird, behält das Kind (bei etwa 4 von 5 Geburten) normalerweise einen Spitzenbewusstseinszustand, den wir als „Wholeness" (Ganzheit) bezeichnen, was das Kind (und später den Erwachsenen) durchschnittlich mental weitaus gesünder macht.

Empfohlene Lektüre

- *Suicide Prevention - Peak States® Therapy Vol. 3* von Thomas Gagey M.D. und Grant McFetridge Ph.D.
- *Therapeutic and Legal Issues for Therapists Who Have Survived a Client Suicide: Breaking the Silence* von Kayla Miriyam Weiner
- Applied Suicide Intervention Skills Training (ASIST)
- *Lotus Birth: Leaving the Umbilical Cord Intact* von Shivam Rachana

Symptom-Schlüsselwörter

- Suizidal; überlegte es zu beenden; ein Plan, mich selbst zu töten. (Siehe ASIST-Kursarbeit zu diesem Thema.)

Fragen zur Diagnose

- Haben Sie sich im letzten Jahr suizidal gefühlt oder darüber nachgedacht, wie Sie Suizid begehen könnten? Jemals?
- Gab es emotionale Gefühle zusammen mit dem Wunsch zu sterben?
- Wenn Sie Ihre Hand auf den Nabel legen, strahlt das Gefühl von dort aus?

Differentiadiagnose

- Kopien: Das Suizidgefühl hat die Persönlichkeit eines anderen.
- Generationstraumata: Auch die „Großeltern" fühlen sich suizidal.
- „Stimmen": Es gibt keine Suizidgefühle - der Klient hat eine suizidale „Stimme" (Gedanken), die von einer festen Position im Raum spricht, normalerweise außerhalb seines Körpers.

Behandlung

- Wir empfehlen, dieses Problem nur dann zu behandeln, wenn der Therapeut qualifiziert und lizenziert ist und der Klient zwei bis drei Wochen lang eine angemessene und kontinuierliche Unterstützung erhält.
- Beginnen Sie mit der Nabelberührungstechnik; heilen Sie alle suizidalen Traumata (und Körperhirnassoziationen, Generationen und Kopien); gehen Sie davon aus, dass der Klient in den nächsten 1-3 Wochen in den Suizid getrieben werden könnte, da weiteres Material an die Oberfläche kommen kann.
- Alle relevanten biographischen Traumata können gleichzeitig mit einem lizenzierten Peak States Prozess beseitigt werden.

Typische Fehler in der Technik

- Das vorliegende Thema oder die Gefühle nicht vollständig zu heilen.
- Die Heilung des vorliegenden Traumas kann den Klienten energievoller machen, so dass er später tatsächlich suizidale Absichten ausführen kann, wenn neue suizidale Traumata auftreten.
- Nicht wahrnehmen, dass der Klient seine Absicht, später Suizid zu begehen, verheimlicht.
- Nicht zu erkennen, dass Suizidgefühle keinen dramatischen emotionalen Inhalt haben müssen.
- Suizidgedanken als Suizidgefühle fehldiagnostizieren.

Grundlegende Ursache

- Geburtstrauma, das das Gefühl enthält, dass die Plazenta absterben muss.

Symptom Häufigkeit & Schweregrad

- Dies kann von gelegentlich bis hin zu kontinuierlich reichen.
- Die Intensität kann im Laufe der Zeit variieren.
- Der Suizidzwang kann mit starken Emotionen verbunden sein oder auch nicht.

Risiken

- Klienten mit diesem Problem sollten als gefährdet betrachtet werden, und andere Probleme sollten nicht angegangen werden, solange sich die Klienten gegenwärtig oder erst seit Kurzem suizidal fühlen oder einen Suizid in Erwägung ziehen.

GEFAHR

Klientinnen und Klienten, die derzeit oder in jüngster Zeit Suizidgedanken, -pläne und -versuche geäußert haben, sollten als gefährdet betrachtet werden. Mit anderen Therapiefragen sollte nicht begonnen werden. Bei der Heilung des sich zeigenden Symptoms des Geburtstraumas können andere relevante Traumata oder subzelluläre Fälle wie Kopien übersehen werden.

GEFAHR

Die Konzentration auf suizidinduzierende Traumata kann auf subtile Weise andere, ähnliche Traumata aus derselben plazentaren Todeszeit der Geburt aktivieren. Bei einigen Klienten kann die Heilung des aktuellen Traumas den Klienten energetisieren und ihn vollständig geheilt erscheinen lassen, aber der Klient hat nun die Energie, um die suizidalen Impulse anderer Plazenta-Todestraumata zu verfolgen.

GEFAHR

Manche plazentaren Todestraumata können einen ruhigen, emotionslosen Drang zum Suizid auslösen. Bei der Arbeit in dieser Zeitzone ist äußerste Vorsicht geboten, da der Klient zwar rational erscheint, es aber für völlig normal hält, sofort Suizid zu begehen.

ICD-10 Codes

- R45.8, Z91.5.

Kapitel 13

Spirituelle Notfälle und damit verbundene Probleme

In den letzten Jahrzehnten hat die Akzeptanz von „spirituellen" Phänomenen außerhalb der konventionellen westlichen Überzeugungen und Modelle sowohl in der Fachliteratur als auch in bekannten Büchern und Filmen weiter zugenommen. Heutzutage wissen die meisten Menschen, worüber Sie sprechen, wenn Sie eine Nahtoderfahrung, ein Vorleben, eine außerkörperliche Erfahrung und so weiter erwähnen. Leider stehen diese Erfahrungen im direkten Konflikt mit unserer modernen wissenschaftlichen, biologisch fundierten Weltanschauung. Im Allgemeinen beschäftigen sich die Menschen mit diesem Konflikt, indem sie entweder die widersprüchlichen Phänomene ignorieren und leugnen oder ihre Welt in etwa zwei völlig unabhängige Teile aufteilen; einen alltäglichen, in dem sie zum Arzt gehen, um Medizin zu erhalten und in eine nicht-physische, „spirituelle" Welt, die man unmöglich verstehen kann.

Therapeuten haben jedoch nicht den Luxus, diese ungewöhnlichen Phänomene einfach zu ignorieren. Wenn auch selten, haben sie in ihrer Praxis reale Klienten, die an „spirituellen" Problemen leiden, die außerhalb ihres eigenen Glaubenssystems liegen können. Während viele einfach die Probleme ihrer Klienten auf verschiedene psychische Erkrankungen zurückführen und antipsychotische Medikamente vorschlagen, versuchen andere, ihre Klienten nach besten Kräften zu verstehen und zu behandeln. Deshalb empfehlen wir allen Therapeuten dringend, sich für spirituelle Notfälle ausbilden zu lassen - z.B. sind alle zertifizierten Peak States Therapeuten verpflichtet, in diesem Bereich einen Kurs zu absolvieren, bevor wir sie zertifizieren - damit sie diese Probleme erkennen und wissen, welches der aktuelle Behandlungsstand ist.

Wir ermutigen Therapeuten, eine Vielzahl von heilenden, schamanischen und spirituellen Praktiken zu kennen. Unsere Arbeit beschreibt die Grundlage für diese Phänomene und so ist es äußerst wertvoll, sie auch in anderen Kontexten kennenzulernen, sowohl als Therapeut als auch als jemand, der mit außergewöhnlichen Bewusstseinszuständen lebt und arbeitet. Spirituelle Praktiken können jedoch auch spirituelle Notfälle auslösen; und in einigen Fällen verursacht die jeweilige spirituelle Praxis tatsächlich die Probleme.

Glücklicherweise und mit einem echten Gefühl der Erleichterung können diese „spirituellen" Erfahrungen und Notfälle jetzt mit einem Verständnis für pränatale Entwicklungsereignisse und subzelluläre Fälle erstmals im Kontext westlicher biologischer Modelle und kultureller Überzeugungen verstanden werden. Dieses Kapitel (geschrieben für Therapeuten, die bereits in diesem Umfeld ausgebildet sind) gibt einen sehr kurzen Überblick über völlig neue Wege, um einige der häufigsten Probleme effektiv zu behandeln: Probleme mit extremen spirituellen Zuständen und Erfahrungen, Erfahrungen mit existentiellem Bösartigen, Probleme mit Spitzenbewusstseinszuständen und Probleme mit spirituellen Lehrern. Für eine ausführliche Berichterstattung und andere spirituelle Notfallprobleme verweisen wir Sie jedoch auf *Spiritual Emergencies - Peak States® Therapy, Volume 4.*

Empfohlene Lektüre

- *A Sourcebook for Helping People with Spiritual Problems*, von Emma Bragdon (2006).
- *Spiritual Emergency: When Personal Transformation Becomes a Crisis* von Stanislav Grof M.D. (1989).
- DSM-IV Religious and Spiritual Problems von David Lukoff (online course).
- *Peak States of Consciousness,* volumes 1-3, von Grant McFetridge *et al.*
- *Spiritual Emergencies - Peak States® Therapy, Volume 4* von Marta Czepukojc und Grant McFetridge.

Bösartige Empfindungen

Obwohl selten, kommen einige Klienten in die Therapie aufgrund von Erfahrungen, die sich bei ihnen oder jemand anderem schrecklich bösartig anfühlen. Damit meinen wir die Art von Empfindungen, die eine Person bekommen könnte, wenn sie sich einen Film wie „Der Exorzist" ansieht - wo man das Gefühl hat, dass man für immer von der Empfindung verunreinigt wird. Es gibt eine Reihe von Mechanismen, die das Gefühl des Bösartigen mit sich bringen; Wenn das bei Klienten ausgelöst ist, finden Sie Hinweise, wie Sie mit den verschiedenen Arten umgehen können.

Nebenbei bemerkt, strahlen Bereiche, denen das Material fehlt, aus dem das Bewusstsein gebildet ist, ein Gefühl des Bösartigen aus; dieses wird normalerweise vom Bewusstsein blockiert. Leider haben praktisch alle Menschen dieses besondere Problem, da es die Folge einer Schädigung durch eine Bakterienart bei der Bildung des ursprünglichen Spermium- oder Eibewusstseins bei den Eltern ist. Die Heilung dieses Problems ist ein von Peak States zertifizierter Therapeutenprozess.

VORSICHT
Einige Therapeuten sollten nicht mit diesen Problemen arbeiten, da sie ihre Kompensationsmechanismen überfordern und ihre eigenen Probleme in diesem Bereich erhöhen können. Wenn Sie beabsichtigen, mit diesem Thema zu arbeiten, empfehlen wir Ihnen, sich von Leuten ausbilden zu lassen, die Erfahrung haben und Ihnen Übungen mit geeigneten Klienten anbieten können.

Das Bösartige begegnet uns während der Regression

Der Klient begegnet Gefühlen des Bösartigen in sich selbst, seinen Vorfahren, seinen Vorleben, seinen Eltern oder Großeltern. Die Behandlung ist eine einfache Akzeptanz und das Zulassen von Veränderungen (ein wesentlicher Bestandteil der WHH-Technik).

Während der Regressionen kann ein Klient manchmal in das „Höllenreich" eintreten, wenn er einen biologischen Durchgang in Membranen durchläuft. So verursacht beispielsweise das Betreten des Koaleszenzraums durch dessen Wand oft dieses Problem, kann aber auch in anderen Phasen der frühen Entwicklung auftreten. Die Lösung besteht darin, dass sie in der „Mitte" des Durchgangs bleiben, ihre normalerweise sehr schreckliche Umgebung ignorieren und ihren Weg durch die Barriere fortsetzen. Alternativ kann der Klient auch ermutigt werden, auf eine „biologische Sichtweise" umzuschalten, um zu sehen, welches körperliche Problem seine Erfahrung antreibt, damit er sie direkt heilen kann.

Das Bösartige ist in dem eigenen unfreiwilligen Denken.

In einer milden Form generiert eine „Stimme" Gedanken, die bösartig sind. Im Extremfall verursacht dies das klassische dämonische Besetzungsthema und kann unerwartet während einer Sitzung auftreten, oder der Klient kommt bereits mit diesem Thema in die Praxis. Die Behandlung besteht darin, die einzelne Stimme mit ihrer Assoziation mit dem Bösartigen in Verbindung mit dem Überleben mit Hilfe der Assoziationstechnik auszuschalten; die globale Behandlung ist die Silent Mind Technique (SMT).

Anziehen von bösartigen Menschen und Situationen

Der Klient zieht bösartige Menschen und Situationen an. Dies hat in der Regel nichts mit der Negativität der betroffenen Person zu tun. Es wird durch eine Körperassotiation verursacht, die dem Körper sagt, dass er das Gefühl des Bösartigen in der Nähe haben muss, um zu überleben. Das lässt sich leicht mit der Assoztiationstechnik behandeln.

In seltenen Fällen wird dieses Problem durch einen anderen Mechanismus verursacht. Dieser Klient hat ungewöhnlich gute Bewusstseinszustände; andere werden davon angezogen und versuchen, den Klienten zu schädigen, weil sie einen schmerzhaften Mangel verspüren, wenn sie in seiner Nähe sind oder sich auf den Klienten konzentrieren. Dieses Verhalten in der betroffenen Person wird durch eine Vielzahl von Ursachen bestimmt. Leider ist dies ein intrinsisches Problem bei Spitzenbewusstseinszuständen. Es hilft, diesen Vorgang zu reduzieren, wenn der Klient, so ähnlich wie wenn er vermögend wäre, seine Spitzenbewusstseinszustände herunterspielt bzw. vor anderen verbirgt. Auch die Eliminierung der Pilzparasiten der Klasse 2 des Klienten trägt dazu bei, dieses Problem zu minimieren und macht den Klienten emotional „unsichtbar" für diejenigen, die das Gefühl des Mangels haben.

Der Klient mag das Gefühl der Macht durch das Ausleben des Bösartigen

Der Klient mag das Gefühl, mächtig zu sein (meist angetrieben von Gefühlen der Machtlosigkeit darunter) und tut bösartige Dinge. Dies kann durch ein Trauma, durch Menschen, die das Herzhirn abgeschaltet haben und die dadurch andere als Objekte erleben, oder bei Menschen geschehen, deren Selbstidentität teilweise mit dem Borgpilz der Klasse 2 verschmolzen ist. In diesem letzten Fall verlieren die Menschen die Fähigkeit, sich mit Empathie zu verbinden und stattdessen interagieren sie durch Manipulation, Missbrauch oder Schaden - sie haben die Perspektive des Pilzparasiten übernommen. Wir schätzen, dass etwa 20-30% der Bevölkerung dieses Problem bis zu einem gewissen Grad haben (obwohl es im Laufe der Zeit variieren kann). Eine Variante davon ist die Interaktion mit Mitgliedern einer Kultur, die sich für den Klienten schlecht anfühlt. Beide Fälle werden auf die gleiche Weise behandelt, indem man SMT anwendet, wodurch dieser Borgpilz beseitigt wird.

Du triffst auf eine Person, die sich bösartig anfühlt

Dies ist in der Regel entweder ein Strippenthema oder die Ursache für ein B-Loch. Es kann mit der Distant Personality Release (DPR) Methode schnell beseitigt werden, doch deren Durchführung kann für viele Klienten schwierig sein, da diese das bösartige Gefühl bedingungslos lieben müssen. Ein weiterer Ansatz für die Strippe ist, die Traumakette zu identifizieren, an der die Strippe befestigt ist und diese zu heilen. Wenn die Ursache ein B-Loch ist, lassen Sie den Klienten das entsprechende B-Loch-Gefühl mit Hilfe der Generationstrauma-Technik heilen.

Es kann andere, schwerwiegendere Gründe für dieses Problem geben. Der Kern des Bewusstseins dieses sich bösartig anfühlenden Klienten ist ungewöhnlich beschädigt und das Bösartige in ihm wird durch unbewusste Verschmelzung mit parasitären Organismen oder durch diese wahrgenommen und in andere Personen ausgedehnt. Die Arbeit mit dieser Art von Klienten erfordert einen Ansatz, der über den Rahmen dieses Handbuchs hinausgeht.

Du fühlst dich irgendwo in deinem Körper bösartig an

Die Ursache kann eine Kopie sein, in dem Fall hat sie das Gefühl der Persönlichkeit eines anderen. In diesem Fall verwenden Sie die Behandlung für eine Kopie; Klopfen oder Regression wird in dem Fall nicht funktionieren. Es kann auch an einem B-Loch liegen: Verwenden Sie in diesem Fall die standardmäßige subzelluläre Behandlungsmethode.

Eine weitere mögliche Ursache ist ein Fluch. Wenn es einer ist, wird es das Gefühl einer fremden Persönlichkeit in dem Klienten geben. Nur wenige Flüche fühlen sich tatsächlich bösartig an (Wut ist weitaus häufiger), da sie das Gefühl der Person widerspiegeln, die den Borgpilz in dieser Aktion verwendet hat. Das Problem kann sich wie ein Pfeil im Körper anfühlen, oder wie eine Decke am Körper. In beiden Fällen funktioniert DPR schnell. Falls das Problem immer wieder auftritt, ist SMT eine globale Lösung dafür.

Ein weiterer möglicher Grund ist ein Gefühl von Übelkeit und Bösartigkeit an kleinen Stellen oder in größeren Körperregionen. Dies kann durch schwarz aussehendes, giftiges Material innerhalb der Primärzelle verursacht werden, das normalerweise durch eine Kombination aus Klasse 1 insektenähnliche Parasiten (Emotion), Klasse 2 Pilzen (Übelkeit) und Klasse 3 bakteriellen (toxischen) Organismen abgegeben wird. Ein einfaches Klopfen mit EFT kann dieses Problem manchmal beheben. Alternativ verwenden Sie die Standardparasitenprozesse, um dieses Problem zu heilen. Beginnen Sie mit Körperhirnassoziationen über das toxische Gefühl; danach heilen Sie, wenn es irgendwelche emotionalen Empfindungen in der Gegend gibt, diese mit den entsprechenden Methoden für Generationstraumata und um alle insektenähnlichen Parasiten der Klasse 1 zu beseitigen; heilen Sie alle Generationentraumata, die das gleiche Gefühl des Bösartigen haben. Leider sind die derzeitigen Techniken möglicherweise nicht ausreichend, um dieses Problem immer zu beheben – Dafür können Prozesse aus der Institutsklinik erforderlich sein.

Eine Öffnung zur Hölle

Diese kontraintuitive Erfahrung kann ausgelöst werden, wenn der Klient in der Nähe einer Gruppe von Menschen ist, die feiern, tanzen, beten usw. Der Klient kann sich ungewöhnlich müde fühlen, wenn er sich in dieser Aktivität befindet (um die Erfahrung unbewusst zu unterdrücken); er zögert, überhaupt an diesen Gruppenaktivitäten teilzunehmen; oder er kann eine große, runde, schwarze Öffnung im Boden unter der Gruppe von Menschen sehen, die sich schlecht anfühlt und in die Hölle zu führen scheint.

Diese Erfahrung wird dadurch verursacht, dass der Klient auf einen Bakterienparasiten der Klasse 3 in seinem Nukleus aufmerksam wird, der unter ihm lebt - der Tunnel ist Teil des Körpers des Organismus. Es wird in Gruppen aktiviert, weil die positiven Gefühle der Menschen den Parasiten „füttern", damit er sich vermehren kann. Dieser besondere Parasit existiert in fast jedem Menschen, wird aber glücklicherweise meist aus dem Bewusstsein verdrängt. Obwohl die Generationsheilung dieses Problem reduzieren kann, empfehlen wir Ihnen, sich an eine Peak States Klinik zu wenden.

Du spürst die Gegenwart eines bösartigen Vorfahren

Klienten bemerken manchmal die Anwesenheit ihrer Großeltern in der Nähe, und wenn sie sich bösartig fühlen, kann dies große Schwierigkeiten verursachen, zum Teil weil es manchmal schwer zu ignorieren ist. Oder sie fühlen vielleicht einen früheren Vorfahren, der sich bösartig fühlt. In beiden Fällen ist die Generationstrauma-Technik anzuwenden.

Du bist umgeben von einem Gefühl der Negativität oder des Bösartigen

In diesem Fall fühlen sich die Menschen in einem Bereich um den Klienten herum negativ oder bösartig, in einem Radius von bis zu 10 oder 15 Fuß. Der Klient spürt es in der Regel nicht selbst. Dieses Problem wird durch eine Wolke von Bakterienorganismen verursacht, die am Innenrand der Primärzellmembran leben und mit diesen negativen Gefühlen „bedruckt" wurden. Interessanterweise können einige Menschen sie in der Region außerhalb des Körpers des Klienten spüren. Diese Organismen können eliminiert werden, indem man zuerst den Klienten auf das Problem aufmerksam macht, ihn jegliche Körperhirnassoziationen machen lässt und dann Generationstraumata über das Empfinden der Bakterienorganismen (weich, toxisch, unförmige Masse) heilt.

ICD-10 Codes

- F44.3.

Spitzenerfahrungen, Zustände und Fähigkeiten

Per Definition entspricht ein Spitzenbewusstseinszustand den Empfindungen, Gefühlen oder Fähigkeiten, die einen dazu bringen, befähigter in der Welt zu sein. So seltsam es auch klingen mag, es kann jedoch negative Themen geben, die Klienten mit Spitzenerfahrungen, Zuständen und Fähigkeiten haben:

- Sie haben ein Trauma, das mit den Empfindungen oder Emotionen des Spitzenbewusstseinszustands verbunden ist. Zum Beispiel haben sie Angst, sich glücklich zu fühlen und sind mit dem neuen Zustand unglücklich. Oder der neue Zustand oder die neue Fähigkeit kann sich zu überwältigend anfühlen. Einfache Körperhirnassoziationen und Traumaheilung reichen in der Regel aus, um dies zu lösen.
- Der Spitzenbewusstseinszustand oder eine Fähigkeit ist zu außergewöhnlich, so dass sie davon ausgehen, dass mit ihnen mental (oder physisch) etwas nicht stimmt. Dies kann zu einem völlig unangemessenen Krankenhausaufenthalt, zu Medikamenteneinnahme oder Elektroschocktherapie führen. Zum Beispiel wird vielen Menschen im Beauty Way Zustand gesagt, dass mit ihnen etwas nicht stimmt, weil sie kein Trauma oder negative Emotionen haben. Einfache Erklärungen mit Bezug auf geeignete Lehrbücher reichen in der Regel aus, um dieses Problem zu lösen.

- Der Klient hatte eine Spitzenerfahrung, einen Zustand oder eine Fähigkeit und hat sie verloren. Je nach Zustand und Person kann dieser Verlust verheerend sein. Der Klient kann eine enorme Menge an Zeit und Geld investiert haben, um das alles zurückzubekommen. Die beste Lösung ist die Wiederherstellung des Zustands, wenn es sich um einen Zustand handelt, für den unsere aktuellen Techniken geeignet sind.

- Der Klient ist süchtig nach einem Spitzenerlebnis in seiner Arbeit oder Freizeit. Dieses Problem ist sehr häufig und viele Menschen mit diesem Problem erkennen es nicht einmal. Zum Beispiel eine Person, die ihre Kniegelenke zerstört, weil sie das High des „Läufers" so sehr haben will. Oder sie behalten einen unangemessenen Job, weil er sie gelegentlich mit einem augenblicklichen Spitzenerlebnisgefühl belohnt. Die beste Lösung, wenn möglich, ist es, unseren Peak States-Prozess zu nutzen, um die Erfahrung in einen dauerhaften Zustand zu versetzen.

ICD-10 Codes

- Noch nicht bestimmt.

Spirituelle Notfälle

Spirituelle Notfälle beinhalten ungewöhnliche oder spirituelle Erfahrungen, die entweder Not, Funktionsunfähigkeit oder beides verursachen. Es sind oft Erfahrungen aus verschiedenen spirituellen, mystischen oder schamanischen Traditionen, die zu einer Krise werden. (Ein spiritueller Notfall ist nicht dasselbe wie eine Krise der Religion oder des Glaubens noch ist es eine psychotische Episode.) Für die ursprüngliche ausführliche Diskussion über die Vielfalt der verschiedenen Arten von spirituellen Notfällen siehe Dr. Stanislav Grofs Buch *„Spiritual Emergency"*. Oder besuchen Sie die Lehrseite von Dr. David Lukoff über die Kategorie DSM-4 V62.89 mit dem Titel „Religiöses oder spirituelles Problem". Oder schauen Sie sich unser eigenes Lehrbuch zu diesem Thema an, *Spiritual Emergencies* von Marta Czepukojc und Grant McFetridge.

Wahrscheinlich weil sich das Institut auf Spitzenzustände des Bewusstseins konzentriert, neigen wir dazu, mehr Menschen in spirituellen Notfällen zu haben als die meisten anderen Therapeuten. Nach unserer Erfahrung sind die meisten spirituellen Notfälle einfach Primärzell-subzelluläre Fallprobleme, die aufgrund von Meditationspraktiken in das Bewusstsein aufgestiegen sind (oder seltener ausgelöst durch intensive Erfahrungen wie Geburt, Sex, extremes Trauma, Erfahrungen von extremer Schönheit; oder selten aus keinem ersichtlichen Grund). Manchmal gibt es nichts zu heilen; vielmehr ist der Zustand oder die Erfahrung so ungewöhnlich, dass der Klient glaubt, dass er psychisch krank sein muss. Zum Beispiel führte die direkte Erfahrung mit dem Zustand des Sakralwesens dazu, dass ein Klient jahrelang unnötig in einer psychiatrischen Klinik blieb. Unabhängig davon, ob es etwas zu heilen gibt oder nicht, ist es eine enorme Erleichterung für den Klienten, wenn er Referenzen auf

Bücher erhält, die seinen spirituellen Notstand beschreiben, und das sollte so schnell wie möglich gemacht werden.

Wenn die spirituelle Erfahrung des Klienten nicht mit einem der Standardfälle übereinstimmt, können Therapeuten das Problem oft noch lösen, indem sie den Klienten von einer „spirituellen Sicht" zu einer „biologischen Sicht" wechseln lassen. Da der Klient das Ereignis in der Regel aus spiritueller Sicht erlebt, um Schmerzen zu vermeiden, kann er ein sanftes Coaching in Anspruch nehmen, um den Wechsel zu erleichtern. Danach kann der zugrundeliegende biologische Schaden in der Regel mit Standardtechniken identifiziert und geheilt werden.

Kategorisierte spirituelle Notfälle (in der ungefähren Reihenfolge der Häufigkeit in der Therapie):

- Channeln: Dies ist in der Regel ein Fall von schizophrenen Stimmen und wird, wie im Subzellularfall „Ribosomale Stimmen" beschrieben, beseitigt.
- Ethnische und kollektive Erlebnisse: Der Klient spürt den Schmerz einer Teilmenge der gesamten vergangenen Menschheit. Zum Beispiel: das Leiden aller gefolterten Gefangenen; die Qualen der Mütter im Laufe der Zeit, die bei der Geburt starben; und so weiter. Dies ist kein Generationstrauma, da es eine andere biologische Ursache hat. Die Behandlung dieses Problems ist die Verwendung der Courteau-Projektionstechnik.
- Kundalini: Der Klient spürt, wie Energie über seine Wirbelsäule steigt und eine unendliche Serie von Traumata auslöst. Dieses Phänomen lässt sich mit dem Verfahren in der subzellulären Fallliste leicht beseitigen.
- Besessenheit: Dies ist in der Regel ein Fall von Ribosomalstimmen und wird sehr schnell durch Körperhirnassoziationen oder EFT-Klopfen behandelt. Zum Zeitpunkt dieses Schreibens hatten wir jedoch einen Klienten, dem wir damit nicht helfen konnten; es war ein anderer Mechanismus, den wir noch nicht identifiziert haben.
- Außerirdische Begegnung: Wir haben eine Reihe von Menschen angetroffen, deren „außerirdische Implantate" eigentlich einfache Kronenhirnstrukturen waren.
- Mystische Erfahrungen: Diese können mehrere Ursachen haben. Es können positive Spitzenerfahrungen oder Zustände sein, die traumatische Reaktionen auslösen; Erfahrungen der Primärzelle; oder Erfahrungen mit parasitären Primärzellorganismen, insbesondere Pilzen, die üblicherweise als Erfahrungen Gottes interpretiert werden.
- Schamanische Krise: Dies ist oft das Wiederaufleben von sehr frühem Traumas eines Entwicklungsereignisses.
- Nahtoderfahrung: Einige Nahtoderfahrungen sind von Natur aus höllisch. Behandeln Sie eine positive oder negative Nahtoderfahrung, indem Sie alle Traumata heilen, die durch das Nachdenken darüber ausgelöst

werden; dies ist in der Regel ausreichend, um den Klienten in Frieden zu bringen.

Verschiedene spirituelle Notfälle aus subzellulärem Fällen

Es gibt eine Vielzahl anderer nicht kategorisierter spiritueller Notfälle in der Literatur. Die folgenden Punkte sind in diesem Handbuch als subzelluläre Fälle aufgeführt:

- Abgrund - der Klient ist sich des Abgrunds bewusst, mit einem möglichen visuellen Bild, das extreme Angst verursacht.
- Chakraprobleme - der Klient spürt Schmerzen und andere Empfindungen, die durch die Chakren (ein Pilzorganismus, der auf der Nukleusmembran lebt) verursacht werden.
- Bildüberlagerung - obwohl normalerweise auf Traumabilder angewendet, ist ein Beispiel dafür, wenn der Klient gespenstische Bilder der Eltern sieht, die Menschen des entsprechenden Geschlechts überlagert sind.
- Interne archetypische Bilder - der Klient nimmt einen numinosen, alten Gott oder ein Monster in seinem Körper wahr.
- Fluch (Negative Gedanken-Form) - der Klient hat das Gefühl, dass jemand ihn verflucht hat, was ihm Verletzungen verursacht.
- Über-Identifikation mit dem Schöpfer - der Klient fühlt, dass er schöpferische Friedfertigkeit hat, aber auf Kosten des menschlichen Mitgefühls.
- Vorleben - der Klient erlebt ein Trauma aus Vorleben.
- Dreifachhirne-Sakralwesen-Schaden - der Klient sieht oder wird ein Sakralwesen und hat in der Regel intensive sakrale Gefühle.
- Leere in der Selbstsäule - der Klient fühlt existentielle Angst, wenn er sich der Leere in seinem Innersten bewusst wird.

ICD-10 Codes:

- F23.

Spirituelle Lehrer/Therapeuten und ihre Themen

Im Rahmen unserer Therapeutenausbildung unterrichten wir immer über die Probleme der Zusammenarbeit mit spirituellen Lehrern und Therapeuten als Klienten. Denn unsere Arbeit mit Spitzenbewusstseinszuständen zieht spirituelle Lehrer an, und unsere Arbeit mit modernsten Therapietechniken zieht Therapeuten an. Aus diagnostischer und preislicher Sicht dauert die Therapie für einen Therapeuten in der Regel etwa dreimal länger als für einen typischen Klienten. Einerseits ist dies so, weil die meisten Therapeuten wegen irgendeines Hauptproblems in ihrem Leben kommen, das sie soweit erfolglos versuchten zu heilen. So haben sie wahrscheinlich bereits alle einfachen Traumata beseitigt, und so wird ihr Problem wahrscheinlich ungewöhnlich und komplex sein. Aber der größte Zeitverlust bei dieser Klientengruppe ist, dass sie versuchen werden, ihr Problem mit dem zu erklären, was sie gelehrt oder geglaubt haben. Die meisten unserer angehenden Therapeuten haben es sehr schwer, den Therapeuten-Klienten mit Symptombeschreibungen und Empfindungen auf dem Weg zu führen, anstatt dass diese begierig die eigenen Abstraktionen und Erklärungen beschreiben.

Im Falle des spirituellen Lehrers dauert die Therapie in der Regel etwa fünfmal länger als beim durchschnittlichen Klienten. Wie der Therapeut wird auch der spirituelle Lehrer in der Regel bereits alle einfachen Heilungen durchgeführt haben und auch das gleiche Verhalten haben, ihr Thema mit Bezug auf ihre jeweiligen Kenntnisse erklären zu wollen. Allerdings haben sie in der Regel ein anderes großes Problem: Als Teil ihrer Persönlichkeit fällt es ihnen sehr schwer zuzugeben, dass sie ein Problem haben. Daher ist es sehr schwierig, eine genaue Symptombeschreibung zu erhalten, besonders, wenn sie im Widerspruch zu ihrem Selbstbild steht. Natürlich haben viele Menschen dieses Problem; aber spirituelle Lehrer neigen dazu, dem Therapeuten ihre Täuschung über verschiedene Parasitenmechanismen (z.B. Strippen) viel besser aufzwingen zu können. Zum Beispiel verbarg ein bekannter spiritueller Lehrer ein Kerngefühl der Unzulänglichkeit und löste eine Borgpilzspray-Aktivität in jedem aus, der sich dessen bewusst wurde. Nach unseren Erfahrungen mit dieser Gruppe sind ihre Probleme daher in der Regel schwerwiegend, verschleiert und dafür sehr schwierig zu bewältigen. All dies erfordert mehr Zeit (und Mühe) seitens des Therapeuten, als man von einer Person erwarten würde, die normalerweise so nett und konform wirkt.

Um einige Beispiele zu nennen, haben wir spirituelle Lehrer gesehen, die mit Trauma-Umgehungen voll sind; solche, die ungewöhnliche Niveaus von Gut- und Bösartigem in ihrem Wesen haben und zwischen ihnen wechseln; solche, die ihre echten psychischen Fähigkeiten nutzen, um andere zu manipulieren und zu schädigen, damit sie sich weiterhin besonders und einzigartig fühlen können; solche, die tiefe, grundlegende Gefühle von Unzulänglichkeit und Inkompetenz verbergen; solche, die Schüler haben, damit sie sie für ihre eigenen egoistischen Zwecke nutzen können; solche, die sexuelle Gefühle in anderen über den männlichen/weiblichen Archetypenzustand induziert haben, um Aufmerksamkeit zu erregen; und so weiter.

Induzierte Spitzenzustände

Ein weiteres Problem, das wir bei spirituellen Lehrern im Allgemeinen gesehen haben, ist eines, das zunächst sehr positiv zu sein scheint. Der Lehrer hat einen oder mehrere echte Spitzenbewusstseinszustände und hat gelernt, wie man sie in anderen induziert. Das Problem dabei ist, dass dies viele Menschen süchtig macht, insbesondere Menschen, die aufgrund ihrer eigenen untergeordneten emotionalen Probleme oder einer schweren, langfristigen Krankheit „suchen". Auf diese Weise erhält man das Phänomen des Klienten, der dem Guru wie ein Süchtiger folgt, um immer wieder diese Spitzenerfahrung zu machen. Dies ist finanziell lukrativ für den Lehrer; es gibt keinen Anreiz, den Schüler tatsächlich den betreffenden Zustand erwerben zu lassen und er hat ein Desinteresse bezüglich seiner eigenen emotionalen Probleme, weil er sich überlegen fühlen möchte. Das Fazit: echte spirituelle Lehrer handeln und fühlen sich völlig gewöhnlich an und haben Schüler, die erfolgreich lernen, wie man das Material beherrscht und stabile Zustände selbst erhält.

Im Rahmen unserer regelmäßigen Schulungen gehen wir dieses Problem auf sehr interessante Weise an. Wir lassen den Schüler die Aufmerksamkeit auf seinen spirituellen Lehrer der Wahl richten, der sich für ihn auf die eine oder andere Weise „außergewöhnlich" anfühlt. Wir lassen die Schüler dann all die verschiedenen Traumata oder subzellulären Fälle beseitigen, die von diesem Lehrer aktiviert wurden, der diese Empfindungen vermittelte. Manchmal handelt es sich um einfache Projektions- oder Trauma-Probleme; aber viel öfter ist die Täuschung eine aktive - der Lehrer verbindet sich über Strippen mit dem Schüler, um das überlegene oder außergewöhnliche Gefühl zu bekommen; oder sie haben das S-Loch-Problem und projizieren ein „liebevolles" Gefühl für den anfälligen Schüler; oder sie nutzen eine parasitäre Verbindung, um andere zu schädigen, die ihre Täuschungen dahinter sehen würden oder die ihre Fähigkeiten lernen oder ihre Zustände erlangen könnten. Diese letzten Parasitenprobleme können ein ernsthaftes Problem für den Therapeuten sein, der mit dieser Gruppe von Menschen arbeitet.

Spirituelle Wege oder Gruppen

Ein weiterer interessanter Punkt, den wir auch mit unseren Schülern ansprechen: Jede spirituelle oder psychologische Praxis, die wir uns angesehen haben, zieht meist Menschen an, die den gleichen unbewussten Fehler haben, der während der Praxis und bei den Lehrern auftritt. Zum Beispiel zieht eine bekannte Praxis Menschen an, die versuchen, allen Emotionen zu entkommen; eine andere Praxis zieht Menschen an, die versuchen, allen sexuellen Gefühlen zu entkommen; eine andere zieht Menschen an, die andere manipulieren wollen; eine andere zieht Menschen an, die ein Bedürfnis nach Macht haben; und so weiter. Es ist für eine Person extrem schwierig, dieses Problem in sich selbst zu erkennen; der beste Weg ist, davon auszugehen, dass dieses Problem existiert und jemanden zu fragen, der nicht an der Praxis interessiert ist, aber mit den Leuten vertraut ist, die sie ausüben, um nach dem gemeinsam zugrundeliegenden Problem zu suchen.

Spirituelle Praktiken, die dem Benutzer schaden

Wir haben im Laufe der Jahre eine Reihe von Klienten angetroffen, die verschiedene spirituelle Praktiken oder Techniken angewendet haben, die ihnen Schaden zugefügt haben, wie z.B. seltsame Körperempfindungen, Schmerzen, Paranoia, Stimmen und andere Probleme. Natürlich können selbst Standardmeditationstechniken bei Klienten spirituelle Notfälle oder andere Probleme auslösen. Aber hier beziehen wir uns auf Techniken, die direkt mit der Primärzelle der Anwender interagieren und diese unbeabsichtigt schädigen.

Der erste Schritt besteht darin, den Klienten dazu zu bringen, mit der Anwendung der Technik aufzuhören - so offensichtlich dies auch klingt, viele dieser Klienten können nicht glauben, dass diese Technik ihr Problem verursachen könnte, oft, weil ihr spiritueller Lehrer es gesagt hat. Wenn sich der Klient nicht innerhalb einer Woche oder so nach dem Beenden der Technik erholt, dann ist der nächste Schritt eine vollständige diagnostische Aufarbeitung.

Dieses Problem beschränkt sich nicht nur auf „spirituelle" Techniken, da viele „psychologische" Techniken auch mit der Primärzelle interagieren. Wie bereits erwähnt, erzielen einige psychologische Techniken ihre beabsichtigte Wirkung, indem sie die Primärzelle des Klienten schädigen. Manchmal sind die daraus resultierenden Symptome subtil, ein anderes Mal sind sie so schwerwiegend, dass sie den Klienten schließlich dazu bewegen, Hilfe zu suchen.

Das Problem der Verschmelzung

Wie Sie bereits gelesen haben, versuchen viele Mitglieder unserer Spezies unbewusst (oder bewusst), anderen durch die verschiedenen Arten von Parasiten zu schaden – besonders, wenn der andere offensichtliche Anzeichen dafür zeigt, dass er Spitzenbewusstseinszustände hat oder tatsächlich ungewöhnliche Talente, Fähigkeiten oder Reichtum. Diese Parasitenprobleme sind jedoch ein besonderes Problem für die meisten Heiler und spirituellen Lehrer, da sie normalerweise das Bewusstsein mit ihrem Klienten oder Schüler „verschmelzen" können. Dieses Verschmelzungsphänomen kann im Labor demonstriert werden, indem zwei Personen mit Hilfe von Biofeedback-Geräten ihre Gehirnwellen synchronisieren. Der Lehrer/Heiler wird wahrscheinlich unbewusst durch das, was er in der anderen Person fühlt, „aktiviert" werden; schlimmer noch, Lehrer/Heiler sind in der Regel viel besser als der Durchschnitt, wenn es darum geht, anderen durch Parasiten zu schaden. Oder natürlich ist auch das Gegenteil der Fall - der Klient/Schüler könnte dem Lehrer/Heiler während dieser „Fusion" schaden. Dieses verdeckte, aber leider sehr reale Problem ist einer der Gründe, warum das Institut den Therapeuten keine Verschmelzungsfähigkeiten beibringt.

Also, was ist zu tun? Erstens, Lehrer/Heiler, die mit einem stabilen, lebenslangen Beauty Way Zustand geboren wurden, werden sich nicht mit Parasiten identifizieren oder diese einsetzen, egal was sie über den Klienten denken. So stellt sich für diese Menschen nicht die Frage, wie man anderen schadet. Ansonsten ist die beste langfristige Lösung, all diese Parasiten loszuwerden, was der aktuelle Schwerpunkt unserer Forschung ist.

ICD-10 Codes

- Noch nicht bestimmt.

Abschnitt 5

Anhänge

Identifizierung von festgefahrenen Glaubenssätzen bei Therapeuten

Wenn wir ein neues Ausbildungsmodul beginnen, lassen wir zuerst die auszubildenden Therapeuten alle emotionalen Themen betreffs der zu lernenden Inhalte suchen und heilen. Wir haben immer wieder festgestellt, dass, wenn ihre emotionalen Reaktionen oder ihre festgefahrenen Glaubenssätze nicht bereinigt werden, das Lernen und Erlernen von Fähigkeiten langsam sein oder sogar ganz aufhören kann.

Der schwierige Teil dabei ist, den Schüler dazu zu bringen, sich seiner Probleme bewusst zu werden; wir meinen, dass eine Liste möglicher Auslöser diesen Prozess unterstützten kann. Im Laufe der Jahre haben wir zusammengetragen, was unsere Schüler in sich selbst festgestellt haben (siehe unten). Wir bitten Sie, diese Liste durchzugehen und zu überprüfen, bei welcher Aussage Sie eine emotionale Belastung wahrnehmen oder auf der Seite persönliche Themen zu notieren, die Sie evtl. wahrgenommen haben. Augenscheinlich ergeben viele dieser Themen aus logischer Sicht keinen Sinn und der Schüler zögert manchmal zuzugeben, dass er eine emotionale Reaktion auf sie hat.

Eine weitere Möglichkeit, Probleme zu finden, besteht darin, den Trick zu nutzen, eine positive Aussage oder einen positiven Satz über das Thema zu sagen. Achten Sie auf die Verfälschungen oder Aussagen, die ins Bewußtsein dringen, die oft mit „Ja, aber..." oder „Nein, weil..." beginnen. Einige Beispiele sind:

- Ich führe (leite) den Klienten selbstbewusst.
- Die Diagnose und Heilung ist schnell und einfach.
- Ich bin ruhig, bevor ich mit meinem Klienten arbeite.
- Ich werde immer daran denken, nach einer SUDS-Bewertung zu fragen.

Noch eine weitere Möglichkeit, um zu sehen, ob Sie einen festsitzenden Glaubenssatz oder ein Kerntrauma haben, ist, auf andere zu schauen, um Gegenbeispiele zu Ihren Urteilen oder Glaubenssätzen zu finden.

Sobald sie identifiziert sind und weil diese Themen fast immer auf einfache Traumata oder Grundglaubenssätze zurückzuführen sind, verbringen die

Studenten in der Regel nur ein paar Minuten pro Thema, um ihr Material abzuarbeiten. Nachdem wir die Themen im Unterricht identifiziert haben, geben wir ihnen oft die Heilung davon als Hausaufgabe auf.

Dieses Vorgehen ist jedoch nicht narrensicher. Viele Schüler unterdrücken immer noch das Bewusstsein für einige Themen, was dazu führt, dass sie gelegentlich während des Unterrichts oder bei Klienten auftauchen. Aber das Vorgehen ist hilfreich und ist es wert, ausgeführt zu werden.

Glaubenssätze über das Berechnen und Bezahlen für Ergebnisse

Therapeuten haben oft Angst davor, zu dem Abrechnungssystem „Bezahlen für Ergebnis" zu wechseln. Aber auch andere Themen tauchen auf.

- Ich fühle mich schuldig, dass ich für einen so einfachen und schnellen Prozess so viel verlange.
- Ich fühle mich schuldig, zusätzliche Gebühren zu erheben, um Klienten zu kompensieren, denen ich nicht helfen kann.
- Was ist, wenn der Klient geheilt wird und sagt, dass er es nicht ist?
- Ich verstehe nicht, was der Klient wirklich will - ich finde das eigentliche Problem nicht.
- Ich fürchte, der Klient wird eine zu hohe Erwartung an mich haben.
- Das ist zu kompliziert.
- Ich fürchte mich vor rechtlichen Schritten.
- Ich beende die Sitzung so schnell wie möglich, damit ich das Geld bekommen kann.

Glaubenssätze über den Vertrag und das erste Gespräch

- Ich fürchte, ich kann das richtige Problem nicht herausfinden.
- Ich werde immer daran denken, nach einer SUDS-Bewertung zu fragen.
- Ich verstehe nicht, was der Klient wirklich will.
- Ich verfehle das eigentliche Problem.
- Ich bin mehr daran interessiert, die zugrundeliegenden Themen anzusprechen als die auftretenden Probleme.
- Ich fürchte, dass ich die Kontrolle über die Sitzung verlieren werde.
- Ich fürchte, dass der Klient eine zu große Erwartung an mich haben wird.
- Ich werde keine Ideen haben, also wird der Klient feststecken, und ich werde verlegen sein und der Klient wird denken, dass ich inkompetent bin.
- Ich fürchte, es wird mir vor dem Klienten peinlich sein.

Glaubenssätze über die Diagnose

Dies sind allgemeine Glaubenssätze, die die Diagnosefähigkeit des Therapeuten beeinträchtigen. Lesen Sie die Liste durch und identifizieren Sie jeden von ihnen, der eine Emotion auslöst; dann prüfen Sie, ob Sie eine eigene

Emotion haben, die nicht auf der unten aufgeführten Liste steht. Es wäre eine sehr gute Idee, diese Probleme in sich selbst zu heilen, bevor man versucht Klienten, zu diagnostizieren.

- Das ist zu kompliziert.
- Es muss viel Zeit in Anspruch nehmen (um gründlich zu sein usw.).
- Ich fürchte, dass ich durch Klientenprobleme angetriggert werde.
- Ich fürchte, ich werde mich vom Klienten irreführen lassen.
- Ich werde mich nicht an die Fälle und ihre Symptome erinnern.
- Ich fürchte, ich werde es falsch machen und dem Klienten schaden.
- Ich habe möglicherweise Schwierigkeiten, den Klienten zu verstehen (Sprache, Stil).
- Ich bin abgelenkt von der Geschichte, die der Klient erzählt.
- Ich werde die Hinweise vergessen, nach denen ich suchen muss.
- Ich fürchte, ich werde einen Aussetzer haben.
- Ich habe Angst davor, den Klienten zu führen.
- Ich werde eine Fehldiagnose stellen.
- Ich werde ihm nicht helfen können.
- Ich habe Widerstand gegen so viel Struktur bei der Diagnose und Heilung.
- Ich fürchte, ich werde das Problem des Klienten „kopieren".
- Ich werde während der Diagnose den Fokus verlieren.
- Ich fürchte, ich werde inkompetent oder dumm erscheinen.
- Ich werde etwas vergessen.
- Ich bin nicht gut genug.
- Ich habe Leistungsangst.
- Ich bin verwirrt, weil ich die zugrundeliegende Struktur und Mechanismen nicht verstehe.
- Ich benötige mehr Informationen.
- Ich zögere, die Sitzung zu leiten.
- Ich fürchte, ich werde nicht wieder auf Kurs kommen können, wenn ich die Kontrolle über die Sitzung verliere.

Glaubenssätze zu Sicherheit und ethischen Fragen

- Ich fürchte, der Klient wird gehen, wenn er das Einwilligungsformular liest.
- Warum sollte ich eine Verantwortlichkeitserklärung und Haftungsausschluss verwenden? Niemand sonst macht das.
- Ich fürchte, ich werde den Klienten abschrecken.
- Ich muss im Mittelpunkt der Aufmerksamkeit stehen (oder brauche Geld), so dass ich gefährliche, unmoralische, nicht hilfreiche Dinge ausführe, um die Menschen in den Bann zu ziehen.
- Heilung ist immer eine gute Idee.

- Man bekommt nie mehr, als man verkraften kann.
- Ich bin so fortgeschritten/fähig, dass mir nie etwas Schlimmes passieren wird.

Probleme im Zusammenhang mit Klienten-Therapeuten-Beziehungen

Überprüfen Sie, ob die folgenden allgemeinen Therapeutenprobleme bei Ihnen entweder etwas auslösen (Trauma) oder sich wahr anfühlen (mögliches Generationstrauma, Kerntrauma und/oder biographisches Trauma).

- Ich habe Angst vor leitenden Klienten.
- Ich habe Angst vor rechtlichen Schritten.
- Ich habe Angst vor den Themen des Klienten.
- Ich habe Angst, andere Experten zu treffen.
- Ich kann nicht helfen/fühle mich unzureichend, um zu helfen.
- Ich habe Angst davor, verspottet zu werden.
- Das ist zu kompliziert.
- Ich weiß nicht, was ich sagen/fragen soll.
- Angst vor dem Scheitern oder einer Verschlechterung beim Klienten.
- Ich kann nicht oder habe Angst, den Klienten anzuleiten.
- Ich bin interessant statt interessiert.
- Ich verliere den Fokus auf das Thema.
- Ich helfe übermäßig / Mutter / Mitgefühl.
- Ich werde nicht genug verdienen/nicht geschätzt.
- Ich habe nicht genug (oder keine) Klienten.
- Mir fehlt die Motivation, verwandte Aufgaben wie z.B. Werbung zu erledigen.
- Ich wäre niedergeschlagen, wenn ich einen Klienten verletzen würde.

Probleme im Zusammenhang mit Peer- oder Expertenbeziehungen

- Ich bin eingeschüchtert von anderen, die sehr kompetent sind.
- Wir alle stehen im Wettbewerb um die gleichen Klienten.
- Es gibt nicht genug zu teilen.
- Ich will nicht als unzulänglich angesehen werden.
- Sie werden mich ausnutzen.
- Ich bin besser (schlechter) als andere Fachleute.
- Ich werde nicht in einem Team mit anderen Profis arbeiten, weil (sie mich beurteilen werden, ich nicht gut genug bin, sie alle dumm sind...)
- Ich glaube, ich bin besser als die Mediziner.

Persönliche Fragen zum Therapeut-Sein

- Ich denke, es war ein Fehler, Therapeut zu werden.
- Therapeut zu sein ist zu viel Verantwortung.

- Ich bin überlastet von Familie und Klienten.
- Ich bin in Konflikt damit, wer die erste Priorität hat: Familie oder Klienten.
- Ich wäre niedergeschlagen, wenn mein Klient Suizid begehen würde.
- Ich möchte berühmt, mächtig, einflussreich sein.
- Ich unterrichte nur Workshops / ich muss kein Experte sein.
- Ich habe keinen akademischen/medizinischen Beruf, man blickt auf meine Arbeit und mich herab.
- Ich muss mir was beweisen.
- Ich bin nur dann wertvoll, wenn ich anderen helfe.

Probleme mit der Spezialisierung

- Du musst hart für Geld arbeiten.
- Wenn es für mich einfach und lustig ist, habe ich es nicht verdient, bezahlt zu werden.
- Nur wenn es schwere Arbeit ist, hat sie einen Wert. Wenn es Spaß macht und einfach ist, hat es keinen Wert.
- Ich erkenne meine Talente nicht, weil sie so einfach und mühelos sind. Sind nicht alle wie ich?
- Ich kann nicht tun, was ich wirklich tun will, denn wenn es scheitert, wäre ich völlig niedergeschlagen. Also werde ich eine geringere Wahl treffen, die nicht so anspruchsvoll ist.

Allgemeine Trainings- oder Heilungsfragen

Glaubenssätze über die Heilung beim Klienten oder beim Therapeuten können die Heilung des Klienten beeinträchtigen. Es ist auch sehr nützlich, den Widerstand des Therapeuten dagegen, Schmerzen zu heilen oder dagegen, schwierige Emotionen in sich selbst (und damit auch bei seinen Klienten) zu spüren.

Nebenbei bemerkt, kann die Heilung dieser Art von Problemen auch für Klienten verwendet werden, die eine Verbesserung ihres Lernens wünschen. Doch überprüfen Sie in schweren Fällen Hirnschäden-Probleme.

Probleme beim Lernen oder Training in der Klasse

- Nicht genug Zeit.
- Das Material ist zu kompliziert.

Glaubenssätze über Heilung

- Heilung ist langsam.
- Heilung ist schmerzhaft.
- Heilung ist anstrengend.
- Wenn der Klient nicht heilt, sollte es nicht sein.
- Es ist nicht der richtige Zeitpunkt, um zu heilen.

- Der Klient ist nicht bereit loszulassen.
- Ich muss verstehen, um das zu heilen.
- Nur Jesus/ Ärzte können heilen.
- Ich brauche Unterstützung bei der Heilung / Ich kann nicht alleine heilen.
- Ich kann nie zur vollen Ruhe kommen / eine Sitzung vollständig beenden.
- Heilung ist gefährlich.
- Ich bin frustriert, wenn ich etwas nicht heilen kann.
- Ich heile nicht, ich bin ein Kanal für Gott.
- Ich glaube, dass der Klient sich ändern wollen muss.
- Der Grund, warum der Klient nicht heilt, ist, dass er sich nicht ändern will.
- Ich kann mich nicht mehr erinnern, wie man es macht.
- Ich kann mein Problem nicht ganz loslassen.
- Ich muss mich an mein Problem für das nächste Mal erinnern.

Unverzichtbare Heilung für fortgeschrittene Therapeuten

Unsere Kliniktherapeuten werden viel mehr geschult als unsere zertifizierten Therapeuten. Wir haben festgestellt, dass es einige persönliche Probleme gibt, denen sie sich stellen müssen, um ihre Arbeit gut zu erledigen. Sie sind unten aufgeführt. Wir erwarten, dass der Therapeut in Frieden kommt und den Punkt erreicht, dass seine Probleme keine emotionale Belastung, Bedeutung oder Interesse mehr für ihn darstellen. Seltsamerweise, obwohl sie wissen, dass sie dazu verpflichtet sind, um bessere Therapeuten zu werden, verzögern oder vermeiden die meisten von ihnen immer noch, sich ihren eigenen persönlichen Problemen zu stellen. Das ist vor allem für einen Therapeuten sehr bizarr, aber die Erfahrung hat gezeigt, dass dies die Norm und nicht die Ausnahme ist.

- Chronische oder dominierende persönliche Probleme (wie lebenslange Einsamkeit, Angst, Paranoia, Überlegenheit, etc.). Diese verursachen, dass der Therapeut ähnliche Probleme bei seinen Klienten übersieht oder nicht heilen kann. Der Therapeut braucht manchmal Hilfe von außen, um überhaupt zu bemerken, welches sie sind. Dazu gehören Sätze wie „Ich werde immer traurig sein"; „Mein Leben ist Einsamkeit" und so weiter.
- Mutterfragen (einschließlich der Projektion der Mutter auf alle Frauen).
- Vaterfragen (einschließlich der Projektion des Vaters auf alle Männer).
- Andere Familienangelegenheiten, z.B. bei Geschwistern oder Verwandten. Zufällige Klienten werden diese Probleme beim Therapeuten auslösen.
- Jedes Bedürfnis, Geheimnisse zu haben. Dieses Problem ist ein Tor zu Wahnvorstellungen und psychischen Erkrankungen und muss unbedingt angegangen und beseitigt werden.
- Angst, Sorge oder Vermeidung des Todes. Wir haben empirisch festgestellt, dass die psychische Gesundheit proportional zu diesem

Thema ist - je mehr eine Person am Leben festhält (oder den Tod vermeiden will), desto kranker ist sie.

- Suchen Sie nach Problemen, die durch Kompensationen verdeckt sind. Diese Kompensationen sind Aktivitäten oder Symptome, ohne die man nicht leben kann. (Das ist so etwas wie eine Krücke, die man sein ganzes Leben lang benutzt, um mit persönlichen Gefühlen umzugehen, sie zu betäuben oder zu vermeiden.)

- Prüfen, ob der Therapeut es sich nicht erlauben kann, sich durchgehend gut zu fühlen oder Spitzenbewusstseinszustände zu haben. Dies kann auch darauf hinweisen, dass er nie ein Thema vollständig lösen kann.

- Heilen Sie Probleme mit anderen Menschen. (Wen magst du wirklich nicht? Wen magst du wirklich? Beides sind Probleme.)

- Der Therapeut hat Widerstand, das zu wissen und zu tun, was er wirklich in seinem Leben will. Zum Beispiel wählt er immer die zweitbeste Lösung, damit er nicht zerstört wird, wenn seine erste Wahl fehlschlägt.

- Suchen Sie nach spirituellen Lehrern, Führern oder anderen Menschen, die sich für Sie außergewöhnlich „besonders" oder „mächtig" oder „liebevoll" fühlen. Heilen Sie diese Gefühle, bis nur noch Ruhe übrig bleibt. (Das bedeutet nicht, dass der Therapeut die Handlungen anderer nicht bewundern kann; es bedeutet nur, dass er aufgrund von Traumata oder Projektionen so über die andere Person denkt.)

Beispiele für „Bezahlen für Ergebnis" Verträge

In diesem Anhang werden wir mehrere verschiedene Arten von „Bezahlen für Ergebnis"-Verträgen betrachten. Sie variieren von einfach und informell bis sehr detailliert, je nach Therapeut oder Klientenwunsch. In den meisten Fällen verwenden Therapeuten einfach ihre eigene Vorlage und schließen Informationen ein, während sie das erste Interview (und vielleicht die Diagnose) durchführen, so dass der gesamte Prozess in wenigen Minuten erledigt ist und sie die Vereinbarung an den Klienten vor Ort übergeben oder per E-Mail versenden können. Ob der Therapeut eine Vorauszahlung oder eine Zahlung nach einem bestimmten Zeitintervall verlangt, liegt bei ihm oder kann von Klient zu Klient variieren.

Ihr Vertrag dient mehreren Zwecken. Natürlich definiert er die Kriterien für den Erfolg und Ihr Honorar; aber genauso wichtig ist, dass er dabei hilft, Meinungsverschiedenheiten nach der Behandlung darüber zu minimieren, inwieweit das Problem tatsächlich geheilt wurde oder nicht. Diese Frage kann durch das Apex-Phänomen ausgelöst werden - viele Klienten können sich buchstäblich nicht daran erinnern, dass sie das Problem hatten, das gerade geheilt wurde. Der Vertrag hilft, diese Frage zu klären (ebenso wie Video- oder Audioaufnahmen des Erstgesprächs). Seltener haben Klienten unrealistische Erwartungen und beschweren sich, dass ihr „echtes" (und manchmal völlig neues) Problem nicht behoben wurde, und deshalb hilft es sehr, die genauen Erfolgskriterien in Schwarz-Weiß zu haben. Wenn ihr „echtes" Problem nicht verschwunden ist, obwohl es nicht im Vertrag stand, werden kluge Therapeuten in der Regel anbieten, dieses Problem zu behandeln (Aufschreiben der neuen Erfolgskriterien) oder eine Rückerstattung zu leisten, obwohl sie das Problem des Klienten tatsächlich geheilt hatten. Denken Sie daran, dass die Mundpropaganda Ihr bester Freund ist - und wenn Sie nicht erfahren genug waren, um zu erkennen, welches Thema der Klient wirklich geheilt haben wollte, dann wird dies zu einer billigen und wertvollen Trainingserfahrung werden.

Wenn sich ein Klient wegen eines Vertragsstreits an das Institut wendet, werden wir ihn zunächst bitten, den Vertrag einzusehen, damit wir überprüfen können, ob die vereinbarten Kriterien erfüllt sind. Wenn der Therapeut keinen geschrieben hat (vielleicht, weil er nicht glauben konnte, dass der Klient sein

Problem jemals vergessen könnte!), ist der Therapeut automatisch verpflichtet, eine sofortige Rückerstattung zu gewähren. Wurden die Vertragsbedingungen nicht eingehalten, ist der Therapeut auch verpflichtet, eine sofortige Rückerstattung zu leisten. In diesem letzteren Fall kann das geschehen, weil die Ergebniskriterien zu breit und vage definiert waren; oder es war nicht etwas, was ein Therapeut wirklich liefern oder überprüfen konnte; oder er bot an, zu viel zu leisten und scheiterte in einem Teil der Vereinbarung. Wenn so etwas passiert, lernen Therapeuten schnell, fokussiertere Verträge zu schreiben.

In einigen Fällen wird der Klient eine Spende für die aufgewendete Zeit anbieten, auch wenn es keinen Erfolg gab. Solange dies von Herzen kommt und nicht subtil erzwungen wird oder eine Art emotionale Erpressung ist, ist es akzeptabel. Eine hilfreiche und sinnvolle Art, auf ihre Freundlichkeit zu reagieren, ist es, diese an Pro-Bono-Klienten weiterzugeben.

Institutszertifizierte Therapeuten verwenden auch Verträge mit zwei verschiedenen Arten von Erfolgskriterien: Solche, bei denen sich der Klient und der Therapeut gemeinsam darauf einigen, was geheilt werden soll; und solche, bei denen ein vom Institut lizenzierter Prozess mit vordefinierten Kriterien verwendet wird (um die Qualitätskontrolle bei einem bestimmten Krankheitsprozess sicherzustellen).

Ein typischer Vertrag beinhaltet in der Regel Folgendes:
- Den Behandlungspreis.
- Den genauen Wortlaut des Klienten, mit dem er beschreibt, was er geheilt haben möchte (das kann später sehr wichtig sein!).
- Es kann hilfreich sein, das aktuelle SUDS-Rating des Klienten über sein Problem einzubeziehen. Dies ist später nützlich, um dem Klienten zu beweisen, dass er wirklich emotionale Verbesserungen bei seinem Thema hatte.
- Die Terminzeit.
- Wie man im Notfall den Therapeuten kontaktiert.
- Wie die Zahlung abgewickelt wird (ob sie auf Kaution ausgelegt wird, nach der Behandlung zahlbar ist oder eine andere Vereinbarung getroffen wird).
- Die Zeitspanne, die Sie dem Klienten zur Verfügung stellen, um zu überprüfen, ob das Problem verschwunden ist, bevor die Zahlung fällig wird (falls erforderlich).
- Was geschieht, wenn das Symptom zurückkehrt (Klienten können eine Rückerstattung oder mehr Behandlung erhalten, um zu sehen, ob das Problem behoben werden kann).
- Überprüfung, ob sie die Haftung und die Einwilligung nach Aufklärung unterzeichnet haben und keine offenen Fragen mehr haben; und Ausfüllen des Formulars zur Patientenanamnese.
- Überprüfen Sie ihre Erlaubnis, die Erfahrungsberichte verwenden zu können (mit oder ohne den Namen des Klienten, wie vereinbart).

Beispiel: Allgemeiner Therapievertrag mit Symptomen

Dies ist ein Beispiel für einen Klienten, der die Beseitigung von unterschiedlichen körperlichen Symptomen und den damit verbundenen Gefühlen, erwartete. Beachten Sie in diesem Fall, dass eine Traumaaussage nicht relevant oder angemessen ist. Diese Art von Vertrag reicht von Schmerzen bis zu Rückenausrichtung bis hin zu PMS-Symptomen und so weiter.

Sehr geehrter -------,
Bei unseren Kriterien für das Bezahlen für Ergebnis stimmen wir überein, Ihre Angst vor Krankheit, Erbrechen und Darmkrämpfen in der Öffentlichkeit zu behandeln und zu beseitigen. Sie werden die Behandlung testen, indem Sie gewisse Entfernungen von zu Hause zurücklegen und sich in der Nähe von Menschen aufhalten.
Planen Sie drei Sitzungen ein, verteilt über zwei Wochen (und bei Bedarf eine weitere, falls erforderlich).
Wenn wir das Problem beseitigen, beträgt die Gebühr $-----. Wenn Sie sich entscheiden, die Behandlung vor der dritten Sitzung (falls erforderlich) abzusagen, beträgt die Stornierungsgebühr $ 200. Die Zahlung erfolgt 3 Wochen, nachdem wir substanzielle Ergebnisse wahrnehmen - wenn dies nicht geschieht, wird keine Gebühr erhoben.
Wenn Sie nach Beginn der Behandlung Probleme im Zusammenhang mit dem Therapieverlauf haben, können Sie mich jederzeit zu Hause anrufen. Wenn ich nicht verfügbar bin, wenden Sie sich an meinen Kollegen ------- unter ---------------.

Vielen Dank, und wir freuen uns auf die Zusammenarbeit mit Ihnen.
Unterzeichnet ---------------

Beispiel: Allgemeiner Therapievertrag unter Verwendung einer Traumaaussage

Viele Verträge verwenden nur einen einfachen Auslösesatz, um das Problem beim Klienten zu identifizieren.

Sehr geehrter ----------------,
Ich bestätige die Sitzung am Samstag um 12.30 Uhr (Zeitzone ...).
Anbei finden Sie das Haftungsformular. Bitte lesen, unterschreiben und lassen Sie es jemanden bezeugen (jeder kann gegenzeichnen), und schicken Sie es mir per E-Mail oder per Post an ---------------.

In Bezug auf unsere Kriterien für „Bezahlen für Ergebnis" erklären wir uns bereit, die folgenden Punkte zu behandeln und alle Gefühle rund um das Thema Ehemann und frühere intime Beziehungen auszuschalten:

„Ich muss mich um die Person kümmern, sonst werde ich sterben." Die Gefühle sind Panik und Angst, mit Taubheit in der Mundgegend, die durch diese Emotionen ausgelöst werden. Mein gegenwärtiger Grad der Verzweiflung (SUDS von 0 bis 10) ist _____.

Sie werden das Ergebnis der Behandlung testen, indem Sie Ihrem Mann kurz nach der ersten Sitzung die Scheidungsunterlagen zusenden. Wir sind einverstanden, Sie am folgenden Wochenende, falls erforderlich, erneut zu behandeln. Falls erforderlich, werden wir eine dritte kurze Sitzung durchführen.

Wenn wir das Problem nicht in drei Sitzungen heilen, wird keine Gebühr erhoben. Wenn wir das Problem beseitigen, beträgt die Gebühr $-----. Wenn Sie sich entscheiden, die Behandlung vor der dritten Sitzung abzusagen (falls erforderlich), beträgt die Stornierungsgebühr $200.

Mit freundlichen Grüßen,
Unterzeichnet ---------------

Beispiel: Vorgegebene Kriterien - Vertrag für die Silent Mind Technique

Die Silent Mind Technique ist ein lizenzierter Prozess, den zertifizierte Therapeuten zusammen mit ihren Klienten anwenden, um alle Ribosomalstimmen zu beseitigen. Für diesen Prozess legt das Institut vorgegebene Kriterien fest, die der Therapeut jedoch bei Bedarf an die Formulierung und Situation des Klienten anpassen kann. Es gibt auch mehrere andere Institutsprozesse mit vorgegebenen Kriterien.

Sehr geehrter------------,
Wie wir heute (27. Juli 2014) am Telefon besprochen haben, brauchen wir noch ein oder zwei aktuelle Bilder von Ihnen für unsere Akten. Ein Telefonfoto wäre in Ordnung. Wir benötigen es, bevor wir mit der Behandlung beginnen.

Vielen Dank, dass Sie die Haftungs- und Einwilligungserklärungen unterzeichnet und Ihr Formular zur Patientenanamnese ausgefüllt haben.

Wir starten wie geplant um 18 Uhr, Zeitzone ... unsere Zusammenarbeit. Wie wir besprochen haben, müssen wir die Behandlung dreimal durchführen - das erste Mal sollte man seine Stimmen loswerden, aber am nächsten Tag können sie wieder da sein. Wir machen eine zweite Behandlung 2 bis 4 Tage später und dann eine letzte Kontrolle (und eine kleine Behandlung, wenn nötig) in etwa 2 Wochen, um sicherzustellen, dass das Problem nicht zurückkehrt.

Dies ist eine Gebühr für die Ergebnisvereinbarung - das bedeutet, wenn wir unsere Vereinbarung nicht einhalten, gibt es keine Gebühr. Beachten Sie, dass wir nicht damit einverstanden sind, andere Probleme zu beseitigen. Zum Beispiel wird ein evtl. Kindheitsmissbrauch in diesem Prozess nicht behandelt. Wie wir auch besprochen haben, wissen wir nicht, ob Ihre visuellen Halluzinationen beseitigt werden oder nicht. Sie sollten nicht erwarten, dass sie mit dieser Behandlung aufhören werden.

VEREINBARUNG

Wir sind damit einverstanden, Ihr unfreiwilliges Denken zu beseitigen, d.h. Hintergrundgedanken, die Sie hören, wenn Sie versuchen zu meditieren (das kann wie die Stimmen anderer Leute klingen). Wir werden die Ergebnisse testen, indem wir Sie einige Minuten lang meditieren und zuhören lassen. Diese Stimmen fühlen sich an, als wären sie an festen Orten im Raum und haben feste emotionale Töne.

Nach dem Prozess haben Sie das Gefühl, dass sich Ihr Kopf leer, ruhig, offen und groß anfühlt (als ob er jetzt auf einer leeren Bühne steht). Beachten Sie, dass Sie sich bald an dieses Gefühl gewöhnen werden und es später schwer sein wird, es zu bemerken.

Die Gebühr beträgt $------- zahlbar in 3 Wochen, nachdem die Änderung stabil ist. Wenn die Stimmen zurückkehren, gibt es keine Gebühr.

Wenn die Behandlung erfolgreich ist, könnten Sie auf den Verlust Ihrer Stimmen reagieren. Obwohl selten, haben einige Klienten Gefühle der Einsamkeit, nachdem ihre Stimmen verschwunden sind. Wenn Sie dieses Problem haben, lassen Sie es uns bitte wissen, damit wir es in den Folgesitzungen behandeln können. Einige finden, dass Menschen, denen sie nahestehen (insbesondere Ehepartner), das Gefühl haben, dass Sie weiter weg oder distanziert sind, obwohl Sie sich nicht verändert haben. Dies ist ein normales Ergebnis, da man sich nicht mehr unbewusst auf die gleiche Weise wie davor mit ihnen verbindet. Dieses Verhalten legt sich mit der Zeit, wenn Sie sich an Ihren neuen Zustand anpassen.

Wenn Sie andere Probleme haben, die als unmittelbares Ergebnis der Behandlung auftreten, kontaktieren Sie mich sofort. Telefon --------- -----------.

Mit freundlichen Grüßen,
Unterzeichnet -------------------

Beispiel: Vorgegebene Kriterien eines Vertrages für CES (Chronisches Ermüdungssyndrom)

Dieses Verfahren ist derzeit nur in den Kliniken des Instituts verfügbar. Bei der Entwicklung neuer Therapien gibt es in der Regel eine Verzögerung von ein bis zwei Jahren, bis sie für unsere zertifizierten Therapeuten freigegeben werden, da die Therapien zuvor weitere Tests und Optimierungen durchlaufen müssen.

Sehr geehrter-----------,

Wie wir am Telefon besprochen haben, ist hier ein Vertrag für unsere Behandlung Ihrer Symptome des Chronischen Ermüdungssyndroms. Bitte überprüfen Sie es auf benötigte Änderungen, bevor wir mit der Behandlung um 14.00 Uhr am ----beginnen.

Für eine Summe von $-------, zahlbar nach drei Wochen ohne Symptome, vereinbaren wir, Ihr chronisches Ermüdungssyndrom insoweit zu behandeln, dass die überwältigende Müdigkeit verschwunden sein wird und sie auf ein normales Niveau, wie Sie sie vor Beginn der Krankheit hatten, reduziert wird, berücksichtigend die Tatsache, dass Sie schon lange keine körperliche Betätigung mehr hatten und in der Zwischenzeit älter geworden sind. (Mein CES-Symptom ist: lähmende Müdigkeit = bettlägerig.) Beachten Sie, dass wir keine anderen Symptome behandeln, und Sie sollten nicht davon ausgehen, dass diese mit dieser Behandlung verschwinden werden. Diese Vereinbarung umfasst auch keine Probleme, die sich aus der chronischen Müdigkeit ergeben haben, oder andere Probleme, die vor oder während Ihrer Krankheit aufgetreten sind.

Sie haben bereits eine Haftungsvereinbarung unterzeichnet; ebenso das Offenlegungsformular auf der Peak States Therapie-Webseite und Sie haben alles verstanden und haben keine weiteren Fragen.

Wie bereits erwähnt, werden wir, nachdem die Symptome verschwunden sind (vorausgesetzt, wir sind erfolgreich), zwei weitere Sitzungen durchführen, um sicherzustellen, dass die Heilung stabil ist. Die erste wird wahrscheinlich in der ersten Woche sein, die zweite entweder in der folgenden Woche oder in der nächsten danach. Es ist nicht ungewöhnlich, dass das Problem nach der ersten erfolgreichen Behandlung zurückkehrt - deshalb planen wir die Nachbehandlungen ein, um alles zu beseitigen, was wir evtl. übersehen haben.

Wir können Ihre Beschreibung des Themas auf unserer Webseite verwenden, um auch anderen zu helfen, die Symptome zu erkennen, die wir behandeln können, aber wir werden Ihren Namen nicht ohne Ihre Erlaubnis verwenden.

Wenn Sie Fragen haben oder mit diesen Bedingungen nicht einverstanden sind, lassen Sie es mich bitte vor Beginn der Behandlung wissen.

Mit freundlichen Grüßen,   Unterzeichnet ------------------

Informierende Einverständniserklärung

Name des Therapeuten:
Postanschrift:
Bürotelefon:
Büro-E-Mail:
Bürozeiten:

Hallo,
    Wir werden unsere Arbeit gemeinsam beginnen, indem wir dieses Einwilligungsformular durchgehen. Viele Länder haben Gesetze, die dies vorschreiben; aber es ist eine gute Idee, dies immer zu tun, da es einige Ihrer Fragen beantwortet oder solche ansprechen kann, an die Sie vielleicht nicht einmal gedacht haben. Da wir jeden Punkt behandeln, lasse ich ihn von Ihnen abhaken, um zu zeigen, dass Sie und ich ihn zu Ihrer Zufriedenheit besprochen haben. Ich behalte das Originalformular und gebe Ihnen eine Kopie für Ihre Unterlagen.

Was sind meine Qualifikationen und meine Orientierung als Therapeut?
Wenn du deinen Automotor reparieren lassen willst, musst du zu einem Mechaniker gehen, der alles über Motoren weiß - du gehst nicht zum Getriebe-Spezialisten. Auf die gleiche Weise spezialisieren sich auch die Therapeuten und sind bei manchen Themen besser als bei anderen; und bei einigen Themen haben sie einfach nicht die richtige Ausbildung. So bin ich als Traumatherapeut spezialisiert auf die Heilung traumatischer Erinnerungen, die Sie vielleicht erkennen oder nicht und die Ihnen Schwierigkeiten bereiten. Später, während unseres Gespräches über „Bezahlen für Ergebnis" werden wir Ihre Fragen durchgehen, um zu sehen, ob ich Ihnen bei Ihrem speziellen Problem helfen kann; aber als erstes ist hier eine Beschreibung meines professionellen Hintergrunds:

- Akademische Qualifikationen: _____
- Meine formelle Zertifizierung als Therapeut/Berater ist von _____
- Ich bin zertifiziert von _____und darf deren Techniken verwenden.

- Berufliche Mitgliedschaft(en): _____
- Therapeutische Orientierungen: _____

❏❏ Wir haben die Qualifikationen und die therapeutische Ausrichtung meines Therapeuten besprochen, und ich verstehe, was der Therapeut sagt.

Mit welchen Themen werde ich nicht arbeiten?

Es gibt bestimmte Fragen, für die ich Sie zu einem anderen Therapeuten schicken werde. Das Wichtigste für Sie ist das Thema Suizid. Wenn Sie Suizidgedanken haben, einen Suizidversuch unternommen oder Pläne für einen Suizid gemacht haben, müssen Sie zu einem anderen Therapeuten gehen, der auf dieses Problem spezialisiert ist. Wenn dies während unserer gemeinsamen Arbeit auftaucht, werde ich unsere Sitzungen beenden und Sie an einen anderen Therapeuten (oder einen anderen Fachmann) verweisen, der mit diesem Thema arbeitet.

Ein weiteres Problem, das auftauchen könnte, sind körperliche Probleme wie Herzprobleme. Da die Therapie starke emotionale und körperliche Reaktionen hervorrufen kann, können wir nicht mit der Therapie beginnen, wenn Sie irgendwelche Krankheiten haben, die Sie gefährden könnten.

❏ Wir haben die Bereiche besprochen, mit denen mein Therapeut nicht arbeiten wird, und ich verstehe und stimme dem zu. Außerdem habe ich keine der Suizidprobleme, die wir besprochen haben und auch keine körperlichen Beschwerden (wie Herzbeschwerden), die durch die Therapie verschlimmert werden könnten.

Vertraulichkeit und ihre Ausnahmen

Während unserer Sitzungen mache ich vielleicht schriftliche Notizen oder Audio- oder Videoaufnahmen. Das hilft mir, mich daran zu erinnern, was wir erreicht haben oder noch tun müssen; und es kann auch Ihnen helfen, sich daran zu erinnern, denn einer der üblichen Effekte der modernen Therapie ist das Vergessen des eigenen Problems (der „Apex-Effekt"). Dieses Material ist vertraulich und nicht für andere Personen bestimmt, auch nicht nach Beendigung unserer Zusammenarbeit. Es gibt jedoch einige Ausnahmen.

   a) Wenn ein Kind von Missbrauch oder Vernachlässigung bedroht ist oder sein könnte oder schutzbedürftig ist;
   b) Wenn ich glaube, dass Sie oder eine andere Person eindeutig der Gefahr eines unmittelbar bevorstehenden Schadens ausgesetzt sind;
   c) Zum Zwecke der Einhaltung einer Rechtsordnung, wie z.B. einer Vorladung, oder wenn die Offenlegung anderweitig gesetzlich vorgeschrieben oder genehmigt ist.
   d) Wenn Sie mit mir in der Paartherapie sind, sagen Sie mir nichts, was Sie vor Ihrem Partner geheim halten wollen.

e) Ich kann auch Informationen zum Zweck einer professionellen Beratung oder für eine professionelle Präsentation oder Arbeit offenlegen, wobei Ihre Identität vertraulich bleibt. (Anmerkung: Wenn Sie Klient einer Klinik des Instituts sind, stehen Ihre vollständigen Informationen bei Bedarf den anderen Mitarbeitern des Instituts zur Verfügung).

f) Möglicherweise gebe ich auch anonyme Daten (Dauer, Wirksamkeit, ungewöhnliche Probleme) aus unseren Sitzungen weiter, um die Qualität der von uns angewandten Verfahren zu verbessern.

g) Sie sollten sich darüber im Klaren sein, dass E-Mail oder Mobiltelefone von anderen Personen überwacht werden können, also kommunizieren Sie nicht auf diese Weise, wenn Sie Vertraulichkeit wünschen.

❑ Wir haben Ausnahmen von der Schweigepflicht diskutiert, und ich verstehe und stimme diesen Therapiebedingungen zu.

Nutzen und Risiken der Traumatherapie

Die traumabasierte Therapie, die wir durchführen werden, soll die spezifische(n) Frage(n) heilen, über die Sie und ich in unserer Vereinbarung „Bezahlen nach Ergebnis" entscheiden. Die Traumatherapie kann auch tiefere persönliche Einsicht und Bewusstheit, Lösungen oder bessere Wege zum Verständnis und zur Bewältigung von Problemen, verbesserte Beziehungen, signifikante Verminderung von Gefühlen der Bedrängnis und größere Einsicht in persönliche Ziele und Werte bringen.

Sie sollten jedoch wissen, dass Traumatherapie in der Regel die Bereitschaft erfordert, schwierige Themen oder Zeiten in Ihrem Leben zu untersuchen und zu diskutieren, stärkere Emotionen als gewöhnlich zu erleben und neue und andere Verhaltensweisen auszuprobieren. Die Therapie kann sich manchmal herausfordernd und schwierig anfühlen. Unangenehme Gefühle und Erfahrungen können angesprochen werden (insofern Sie Wut, Traurigkeit, Schuldgefühle, Trauer, Verlust, Frustration usw. empfinden), aber auch körperliche Beschwerden oder Schmerzen (Übelkeit, Schmerzen). Während der Behandlung fühlen Sie sich möglicherweise schlechter, bevor Sie sich besser fühlen. Und es kann sein, dass ich Ihnen einfach nicht helfen kann oder in seltenen Fällen werden Sie sich schlechter fühlen als zu Beginn der Behandlung. Letztendlich entscheiden jedoch Sie, was wir besprechen und womit wir arbeiten werden. Wenn Sie sich unbehaglich fühlen oder nicht bereit sind, ein bestimmtes Thema zu irgendeinem Zeitpunkt zu besprechen, ist das völlig in Ordnung.

In Ihrer Sitzung werden wir mit ziemlicher Sicherheit eine oder mehrere hochmoderne Therapien wie EMDR, EFT, TAT, TIR oder WHH anwenden, je nach Ihrem Problem und anderen Faktoren. (Sie funktionieren viel besser als ältere Traumatechniken.) Sie sollten auch wissen, dass diese Techniken, obwohl sie weit verbreitet sind, immer noch als experimentell angesehen werden und Ihnen Probleme bereiten können, die noch nicht erkannt wurden. Außerdem sind die Techniken, die Sie in der Therapie lernen können, für Ihren eigenen Gebrauch bestimmt und dürfen nicht an andere weitergegeben werden, seien es Partner,

Familie, Freunde, Therapeuten oder Klienten. Dies ist zu ihrer Sicherheit, weil eine formelle Ausbildung erforderlich ist, falls etwas schiefgeht; und auch, weil einige dieser Techniken urheberrechtlich geschützt sind.

Es gibt andere verschiedene Arten von Therapien, die Sie stattdessen anwenden sollten. Zum Beispiel könnten Sie einfach einen Berater brauchen, der Ihnen hilft, eine Entscheidung in Ihrem Leben zu treffen und nicht jemanden, der Ihre Gefühle, die Sie in dieser Situation haben, heilen kann. Wenn Sie sich entscheiden weiterzumachen, werden wir uns das Thema, das Sie heilen wollen, ansehen und entscheiden, ob wir uns über die Behandlung und die Art und Weise, wie wir den Erfolg messen können, einigen können. Und natürlich könnten Sie nach dieser Diskussion erkennen, dass es für Sie zum jetzigen Zeitpunkt besser wäre, nichts zu tun.

❑ Wir haben den Nutzen, die Risiken und andere mir zur Verfügung stehende Optionen der Therapie besprochen, und ich verstehe und entscheide mich dafür, mit der Traumatherapie fortzufahren.

Nutzen und Risiken der Traumatherapie (alternativ)

HINWEIS FÜR STUDENTEN: Dieser Abschnitt ist eine ausführlichere Version des vorherigen Abschnitts. Er hat den Vorteil, dass er spezifischer ist und Ihnen hilft, sich selber an die Besonderheiten zu erinnern. Er hat den Nachteil, dass er mehr Details enthält, die für Ihren Klienten irrelevant sein können. Denken Sie daran, den Abschnitt auszuwählen, den Sie verwenden möchten.

Dies ist der Teil der Einwilligungserklärung, der für Sie überraschend sein kann (es sei denn, Sie sind selbst Therapeut). Zunächst einmal sollten Sie wissen, dass jede therapeutische Technik bestimmte Arten von Problemen auslösen kann; und einige Therapien haben möglicherweise zusätzliche spezifische Probleme. Natürlich möchte ich nur Therapien anwenden, die keine Risiken bergen; aber diese gibt es nicht. Nachdem wir den Nutzen und die Risiken diskutiert haben, liegt es an Ihnen zu entscheiden, ob die Möglichkeit der Heilung Ihres Problems die bekannten oder zu erwartenden Risiken der Traumatherapie wert ist.

Was sind also einige der Risiken? Wir beginnen mit einem Problem, von dem Sie vielleicht nicht einmal gemerkt haben, dass es ein Problem sein könnte - dass die Therapie erfolgreich ist und Ihr Problem verschwindet. Warum könnte das ein Problem sein? Schließlich sind Sie doch deswegen hier, oder? Nun, was manchmal passiert, ist, dass Sie nicht nur Ihr Problem verlieren, sondern dass Sie sich auch auf andere Weise verändern. Sie sind zum Beispiel eine Schauspielerin, die auf der Bühne häufig Traurigkeit zeigen muss - und jetzt können Sie sie nicht mehr nach Belieben hervorrufen. Oder zuvor lebhafte oder traumatische Erinnerungen können verblassen, was sich negativ auf Ihre Fähigkeit auswirken könnte, ein detailliertes rechtliches Zeugnis zu einem traumatischen Vorfall abzugeben. Oder Ihre Interessen und persönlichen Ziele verlagern sich, was dazu führt, dass Sie Ihren Job aufgeben oder Ihre Karriere ändern wollen. Oder Ihre Gefühle gegenüber Ihrem Ehepartner oder Ihren Freunden ändern sich plötzlich, und Sie müssen sich mit den dadurch entstehenden zwischenmenschlichen Problemen auseinandersetzen. Oder Sie haben vielleicht Anpassungsprobleme damit, sich innerlich ganz anders zu fühlen, oder Sie haben eine spirituelle Erfahrung, die im Widerspruch zu den Lehren Ihrer religiösen Zugehörigkeit steht. Natürlich sind diese Probleme nicht auf die Therapie beschränkt - sie können durch jede Art von Wachstumserfahrung entstehen wie z.B. Reisen, Ausbildung oder das Kennenlernen neuer Menschen. Es passiert einfach nur viel schneller und häufiger während der Therapie.

Während der Sitzungen werden Sie höchstwahrscheinlich auf starke Emotionen, schwierige Erinnerungen oder körperliche Schmerzen stoßen; und während oder nach der Behandlung können auch neue emotionale und körperliche Empfindungen oder zusätzliche ungelöste Erinnerungen auftauchen. Diese Erfahrungen treten typischerweise in jeder Therapie auf, und Sie sollten entweder darauf vorbereitet sein oder die Therapie nicht beginnen. Wenn diese Gefühle bis zum Ende Ihrer Sitzung nicht beseitigt sind, könnten Sie außerdem Schwierigkeiten haben, nach der Sitzung Auto zu fahren, weil Sie von starken Gefühlen, Empfindungen oder Müdigkeit abgelenkt werden, oder Sie müssen diese Gefühle danach zu Hause und bei der Arbeit verarbeiten. Glücklicherweise verblassen diese Gefühle in den meisten Fällen, auch wenn sie nicht behandelt werden, da die Erinnerungen im Laufe Ihres Alltagslebens beiseitegeschoben werden. Wenn Sie jedoch feststellen, dass diese Gefühle ein Problem bleiben, das zu unangenehm ist, um bis zu Ihrer nächsten Sitzung zu warten, sollten Sie sich an mich wenden, um rechtzeitig Hilfe zu erhalten. In seltenen Fällen kann eine Abfolge traumatischer Erinnerungen entstehen, als ob eine Blockade im Fluss eines Stromes beseitigt wurde. Je nach Situation kann es erforderlich sein, die neuen Probleme zu heilen; oder Sie müssen einfach die weitere Heilung unterbrechen, bis dieser Fluss nachlässt.

In Ihrer Sitzung werden wir mit ziemlicher Sicherheit eine oder mehrere hochmoderne Therapien wie EMDR, EFT, TAT, TIR oder WHH anwenden, je nach Ihrem Problem und anderen Faktoren. (Sie funktionieren viel besser als ältere Traumatechniken.) Wenn wir WHH, TIR oder EMDR anwenden, sollten Sie wissen, dass Sie, so seltsam es auch klingt, sehr traumatische pränatale Erfahrungen erleben können - das ist bei diesen Techniken zu erwarten. Sie sollten auch wissen, dass diese Techniken, obwohl sie weit verbreitet sind, immer noch als experimentell angesehen werden und Probleme haben können, die noch nicht erkannt wurden. Außerdem sind die Techniken, die Sie in der Therapie lernen können, für Ihren eigenen Gebrauch bestimmt und dürfen nicht an andere weitergegeben werden, seien es Partner, Familie, Freunde, Therapeuten oder Klienten. Dies ist zu ihrer Sicherheit, weil eine formelle Ausbildung erforderlich ist, falls etwas schiefgeht; und auch, weil einige dieser Techniken urheberrechtlich geschützt sind.

Es gibt noch ein paar weitere Risiken, die wir besprechen sollten. Was ist, wenn Sie sich entscheiden, die Therapie zu verlassen, bevor sie beendet ist? In diesem Fall können Sie erwarten, dass Sie sich wahrscheinlich schlechter fühlen werden als zu Beginn, zumindest für eine Weile. Ein weiteres Problem ist, dass die Therapie möglicherweise nicht funktioniert und Ihr Problem bestehen bleibt. Leider gibt es keine Garantien, dass eine Therapie helfen kann. Obwohl dies für Sie keine finanzielle Belastung bedeutet, weil wir nur Ergebnisse in Rechnung stellen, kann dies für manche sehr ärgerlich sein. Und, wie Sie wahrscheinlich schon zu Hause erlebt haben, werden Sie sich durch die Konzentration auf das Problem vielleicht noch schlechter fühlen als zu Beginn.

Das letzte Risiko, das ich abdecken möchte, ist, dass wir während der Therapie in seltenen Fällen dahin kommen, dass Sie sich nicht besser, sondern schlechter fühlen. Das kann geschehen, weil Ihr Problem eine tiefere, traumatischere Quelle hat, die wir einfach nicht heilen konnten, oder weil ein anderes Problem ausgelöst wurde, oder aus Gründen, die niemand erklären kann. Auch wenn dies selten geschieht, ist es möglich. Wenn dies der Fall ist, stellen wir in der Regel fest, dass das neue Problem mit der Zeit verblasst, wenn es wieder in Ihr Unbewusstes sinkt, aber vielleicht auch nicht. Mir stehen auch Spezialisten zur Verfügung, die wir zur Hilfe heranziehen würden. Es gibt insbesondere einen Fall, über den wir sprechen müssen: Was passiert, wenn im Laufe Ihrer Behandlung Suizidgefühle aufkommen? In diesem Fall beende ich die Behandlung und überweise Sie an einen Therapeuten, der sich mit diesem Thema beschäftigt.

Zusammengefasst wissen Sie jetzt viel mehr über die Risiken der Therapie, einige, die dem gesunden Menschenverstand entsprechen, und einige, von denen viele Menschen nicht einmal wissen, dass sie existieren. Als informierter Verbraucher sind Sie der einzige, der beurteilen kann, ob die Risiken der Intervention, die wir diskutiert haben, diejenigen sind, die Sie bereit sind zu akzeptieren. Wenn das nach mehr klingt, als Sie bereit sind zu riskieren, empfehle ich Ihnen, einen beratenden Therapeuten aufzusuchen, keinen Traumatherapeuten.

❑ Ich verstehe die Vorteile und Risiken der Therapie, die wir diskutiert haben, und stimme dem Einsatz der beschriebenen Therapien zu.

Nutzen und Risiken von Peak-States-Prozessen

Es gibt noch eine andere Art von Therapie, bei der der Schwerpunkt auf der Erlangung bestimmter „Spitzenzustände" des Bewusstseins liegt. Zum Beispiel kann man einen kontinuierlich ruhigen Geist oder ein Gefühl des Friedens bekommen, welches größer als normal ist.

Was sind also die Schwierigkeiten oder Risiken bei der Anwendung dieser Verfahren? Erstens geht es um die Heilung pränataler Traumata. Wenn Sie sie nicht vollständig heilen, kann es sein, dass Sie sich für eine Zeitspanne von Stunden bis Tagen und vielleicht sogar länger schlecht fühlen, bis diese Erinnerungen wieder eintauchen und Ihr Bewusstsein verlassen. Zweitens sind diese Prozesse relativ neu und experimentell. Langfristige Auswirkungen, wenn überhaupt, sind nicht untersucht oder erforscht worden. Das bedeutet, dass immer die Möglichkeit besteht, dass Probleme auftreten können, die wir noch nie gesehen haben und mit denen wir nicht umgehen können. In Analogie dazu ist dies wie ein neues Medikament, das nach einigen Jahren Nebenwirkungen hat, die nur einige Menschen betreffen. Wenn Probleme auftreten, werde ich Spezialisten hinzuziehen, die Ihnen helfen, aber selbst sie können Ihr Problem vielleicht nicht lösen. Warum sollten Sie angesichts dessen ein solches Verfahren anwenden wollen? Der Grund ist derselbe wie bei einem neuen Medikament - es kann Dinge tun, die Sie wirklich wollen, und es gibt keine offensichtlichen Probleme (zumindest bis jetzt).

Natürlich sollte aus Sicherheitsgründen nur ein Therapeut, der in diesen Techniken geschult ist, sie anwenden. Wenn Sie mit dieser Art von Behandlung fortfahren, dürfen Sie die Techniken nicht mit anderen teilen, auch nicht mit Ihrem Ehepartner oder anderen Therapeuten, die Sie kennen.

❑ Wir haben die Vorteile und Risiken der Peak-States-Prozesse diskutiert. Ich verstehe, dass es Probleme geben kann, die nach der Behandlung noch bestehen. Kreisen Sie die für Sie zutreffende Wahl unten ein:

- Ja, ich bin bereit, die Risiken und alle Konsequenzen, die sich daraus ergeben können, zu akzeptieren und diese Verfahren anzuwenden. Ich bin bereit, die Techniken nicht an andere weiterzugeben.
- Nein, ich bin nicht bereit, die Risiken zu akzeptieren oder die volle Verantwortung für das Geschehen zu übernehmen und werde die Verfahren daher nicht anwenden.

Praktische Einzelheiten

Wenn Sie sich für eine Therapie entscheiden, werden wir zunächst eine Vereinbarung über das „Bezahlen für Ergebnis" für Ihre Therapie aufsetzen. Die Sitzungen sind normalerweise zwei Stunden lang, können aber auch länger dauern; und wir werden uns auf einen Zeitplan einigen, der für uns beide funktioniert. Wenn Sie drei Sitzungen ohne oder mit weniger als 24 Stunden Vorankündigung versäumen oder die Therapie vor Abschluss abbrechen (bis zu fünf Sitzungen), kann ich Ihre Anzahlung (falls vorhanden) einbehalten. Ich übernehme keine Versicherungsabrechnung.

Ich ermutige Sie, sich telefonisch zu melden, wenn sich zwischen den Sitzungen Notfallsituationen aus unserer Arbeit ergeben, aber andere Anliegen sollten in Ihrer regulären Therapiesitzung behandelt werden. Meine Telefonnummer finden Sie am Ende dieses Dokuments. Wenn ich nicht verfügbar bin oder Urlaub habe, werde ich Ihnen eine Kontaktnummer von jemandem geben, der Ihnen helfen kann.

Wenn Sie einen lebensbedrohlichen Notfall haben, müssen Sie entweder die Suizid und Notfall Hotline anrufen oder Sie gehen in die nächste Notaufnahme. Ich erbringe nur nicht-notfalltherapeutische Leistungen nach Terminvereinbarung. Wenn ich zusätzliche oder intensivere Dienste benötige, kann ich mich an eine andere Organisation wenden, um erweiterte Dienste zu erhalten.

❏ Wir haben praktische Details unserer Zusammenarbeit besprochen, insbesondere im Hinblick auf Notfälle, und ich verstehe diese Bedingungen und stimme ihnen zu.

Rezensionen, Verweise und Beendigung

Bei der Beratung haben Sie jederzeit das Recht:

a) Ihren Fortschritt und eines der Themen in diesem Formular zu überprüfen;

b) Eine Überweisung an einen anderen Berater oder eine andere medizinische Fachkraft zu erhalten;

c) Die Zustimmung zur Sammlung, Verwendung oder Offenlegung Ihrer persönlichen Daten zu widerrufen, sofern dies nicht gesetzlich ausgeschlossen ist;

d) Die Beratungs- oder therapeutische Beziehung zu beenden, indem Sie den Therapeuten oder Berater entsprechend informieren. (Dadurch kann ein Teil oder die gesamte Kaution verfallen, oder der Betrag ist kleiner oder gleich dem Standardtarif von 100 Dollar pro Stunde für die Zeit, die Sie bereits in der Therapie verbracht haben).

e) Zugang zu den Informationen in Ihren Beratungsunterlagen oder Erhalt einer Kopie davon zu erhalten, vorbehaltlich der gesetzlichen Bestimmungen.

Ihr Recht auf Zugang zu Ihren persönlichen Daten oder auf den Erhalt einer Kopie davon besteht auch nach dem Ende des Beratungsverhältnisses.

Ich behalte mir das Recht vor, die Therapie jederzeit zu beenden. Dies kann zum Beispiel geschehen, wenn ich glaube, dass ich Ihnen einfach nicht helfen kann. In diesem Fall würden Ihnen für unsere Arbeit bis zu diesem Zeitpunkt keine Kosten entstehen und Ihre Kaution (falls vorhanden) würde zurückerstattet werden.

❏ Wir haben über meine Rechte im Zusammenhang mit der Beendigung der Therapie gesprochen, und ich verstehe diese Bedingungen und stimme ihnen zu.

Befürchtungen oder Beschwerden

Wenn Sie ein Problem mit einem Aspekt Ihrer Beratung haben, würde ich es vorziehen, dass Sie es zuerst mit mir besprechen. Wenn Sie das Gefühl haben, dass dies unmöglich oder unsicher ist, oder wenn Ihr Anliegen nicht durch unser Gespräch geklärt wird, sollten Sie sich an das „Institute for the Study of Peakstates", erreichbar unter +1-250-413-3211 wenden. Wenn sich Ihre Beschwerde dadurch nicht lösen lässt, sollten Sie sich an die lokale Regierungsbehörde wenden, die die Therapeuten in Ihrem Land reguliert.

❏ Wir haben besprochen, wie ich mit allen Beschwerden oder Problemen, die ich mit meinem Therapeuten habe, umgehen kann, und ich verstehe und stimme diesen Bedingungen zu.

Unterschrift
„Meine Unterschrift unten bestätigt, dass ich (der Klient) das Obige gelesen habe, die Gelegenheit hatte, es mit dem Therapeuten zu besprechen, genügend Zeit hatte, es sorgfältig zu überdenken, und meine Fragen zu meiner Zufriedenheit beantwortet wurden."

Name des Klienten   Name des Therapeuten

Unterschrift des Klienten   Unterschrift des Therapeuten

Datum der Unterzeichnung   Unterschrift des Zeugen (falls vorhanden)

Revision
2.1 April 17, 2010

Praxisbeispiele für subzelluläre Fall-Identifikation

In diesem Abschnitt geben wir kurze Beispiele an, anhand derer die Schülerinnen und Schüler ihre Vertrautheit mit den subzellulären Fällen abfragen können. Während eines Trainings kann der Ausbilder den Klienten spielen, um dem Schüler bei der Identifizierung zu helfen.

„Ich fühle mich deprimiert"

    Worüber sind Sie deprimiert? Antwort: Über Alles.

    Wo spüren Sie es am Körper? Antwort: Ich verstehe die Frage nicht, ich fühle „bla".

    Diagnose: gedämpfte Emotion

„Ich fühle mich deprimiert"

    Körperhaltung und Gesichtsausdruck sehen traurig aus. (Trauer, überall schwer, wenig Energie, das Leben ist nicht lebenswert).

    Wann hat es begonnen? Antwort: Mein Partner hat mich verlassen.

    Fühlen Sie sich müde? Antwort: Ja, überall. (Dies war bei der Differentialdiagnose nicht hilfreich).

    Diagnose: Seelenverlust

„Ich möchte zu diesem coolen Treffen gehen, aber ich fühle mich auch dazu hingezogen, zu Hause zu bleiben..."

    Diagnose: Dilemma

„Ich fühle mich schwer"

    Es war in den letzten Monaten so.

    Möglichkeiten: Sippenblockade, Fluchdecke, Kopie.

    Diagnose: Sippenblockade

„Ich habe etwas gesehen."
Ich habe ein Problem, aber ich möchte nicht wirklich darüber sprechen. Ich habe an einem tantrischen Workshop teilgenommen. Ich habe eine Übung gemacht und meine Freundin war auf meinem Schoß. Da ist etwas wirklich Seltsames passiert. Sie starb. Ich bin ein guter Christ. Es war, als wäre sie in meinen Armen und sie war tot. Dann kam ich zurück, ich bin so traurig.
Diagnose: Aufblitzen eines Vorlebens

„Kriegsverletzung"
Ich gehe immer wieder in die Chirurgie, weil ich eine Kugel in meinem Bein hatte, aber ich habe dort immer noch Schmerzen.
Fühlen Sie die Kugel? Gibt es eine Mitteilung? Antwort: Ja, „Ich hasse dich".
Diagnose: Fluch

Allergie: Niesen
Möglichkeiten: Körperhirnassoziationen, Generationstrauma (hatte es mein ganzes Leben lang, jeder in meiner Familie hat es), Kopien.
Diagnose: Generationstrauma

„Alter, ich fühle mich krank, schrecklich, die ganze Zeit" (spricht wie ein Süchtiger).
Diagnose: Heroinentzug-Symptom

Frau, Ende 40, glücklich, fröhlich, hat so etwas wie Windpocken am Körper
Ich wusste nicht, dass sie einen Suizidversuch unternommen hat. (Es sind Brandspuren von Zigaretten.)
Diagnose: Schizophrenie

„Problem bei der Arbeit"
Ich habe ein echtes Problem bei der Arbeit. Ich bin nicht in der Lage, meine Arbeit gut zu machen. Es passieren seltsame Dinge. Ich bin unglücklich. Ich denke daran zu kündigen.
Wann hat das angefangen? Antwort: Es hat angefangen in diesem neuen Job. Ich hasse die Arbeit dort, ich mag die Arbeit, aber es ist schwierig mit den Mitarbeitern. Keine körperlichen Schmerzen.
Diagnose: Strippen

„Ich habe den starken Drang, Auto zu fahren".
Es ist manchmal problematisch, zur Arbeit zu gehen, weil ich weiterfahren möchte.
Diagnose: positives Trauma

„Ich bin im Büro, ich bin wirklich traurig."
Wann hat das angefangen? Antwort: Im Herbst.
Was geschah im Herbst? Antwort: Im Herbst: Nichts Besonderes. Es begann auch im letzten Herbst und ging im Frühjahr weg. Ich komme einfach nicht über die Traurigkeit hinweg. Ich bin jeden Winter traurig.
Fühlt es sich an, als würden Sie einen Ort oder jemand anderen vermissen? Wann haben Sie sich zum ersten Mal so gefühlt? Antwort: Der Herbst, als ich aus der Prärie nach BC zog.
Die Diagnose: Saisonale affektive Störung.
Anmerkung: Bei diesem Klienten wurde sie durch einfaches Klopfen geheilt. (Es könnte auch von einer Körperhirnassoziation kommen).

„Nervosität".
Diagnose: Loch

Unangebrachte sexuelle Anziehung
Diagnose: Körperhirnassoziation mit dem Emotionalton.

Knieproblem, Verletzung, Bewegungsschwierigkeiten.
Diagnose: Kronenhirnstruktur

„Meine Frau beschwert sich, dass ich nicht viel Gefühl habe".
Diagnose: gedämpfte Emotion oder innerer Friedenszustand

„Ich möchte Therapeutin werden".
Diagnose: Suche nach einem Spitzenerlebnis durch die Arbeit

„Ich kann nicht aufhören, an meine Ex-Partnerin zu denken. Ich stelle mir immer wieder vor, dass ich noch immer mit ihr in Beziehung stehe."
(Dies hätte ein sehr kniffliger Fall sein können, aber zum Glück gab es mehr Informationen). Während eines Meditationstages, als er wieder an sie dachte, verschwand sein Selbstbild oder seine Identität und wurde durch das schreckliche

Gefühl in seiner Brust ersetzt, das einer schrecklichen, bodenlosen, mangelhaften Leere in seiner Herzgegend glich.

Diagnose: Loch (Er stellte sich vor, er sei noch in Beziehung, um das Gefühl der Leere in seiner Brust zu blockieren).

Fallstudien für die Differentialdiagnostische Praxis

In den folgenden Fällen handelt es sich um reale Klienten (mit gelöschten Identifizierungsinformationen), die am Ende der Sitzung geheilt waren. Diese Fälle können von einem Ausbilder während der Ausbildung verwendet werden, indem der Ausbilder die Geschichte liest, sich als der Klient ausgibt und die Auszubildenden überprüfen können, ob sie das Thema diagnostizieren können.

Darstellung des Problems: Möchte finanziellen Überfluss.
Die Geschichte: Der Klient möchte einen beständigen finanziellen Überfluss haben. Wenn er darüber nachdenkt, Geld zu verdienen, die Aufgabe zu erledigen und dass sein Überleben davon abhängt, fühlt er sich schwer und ängstlich.
Die Diagnose: Sippenblockade.

Darstellung des Problems: Eine Schule gründen und etwas tun, dass ich liebe und Geld verdienen.
Die Geschichte: Der Klient ist inspiriert, eine Schule namens „Children Play School" zu gründen, aber er hat das Gefühl, „ich habe nicht das Zeug dazu". Er spürt eine Blockade, Widerstand, Angst, mangelndes Vertrauen, Hoffnungslosigkeit (Angst, dass es nie passieren wird), um eine Schule zu bauen.
Vertrag für „Berechnen für Ergebnis": Entferne das Gefühl des Widerstandes (Müdigkeit, Übelkeit, Schwäche).
Triggersatz: Du hast nicht die Fähigkeiten dazu, dieses Projekt/diese Schule zu verwirklichen (SUDS=9).
Die Diagnose: Sippenblockade.

Darstellung des Problems: Ständige Unzufriedenheit.
Die Geschichte: Die Klientin ist geheilt, aber sie ist nicht zufrieden und kommt mit unendlich vielen weiteren Problemen, über die sie sich beschwert. Die

Klientin weiß nicht, dass sie süchtig nach Leiden ist. Sobald sie beginnt, sich ruhig zu fühlen, entweder in ihrem Leben im Allgemeinen oder während einer Heilsitzung, beginnt sie unbewusst ein anderes Thema oder Drama zu finden, bei welchem sie leiden kann.

Sie berichtet, dass das Glück erschreckend ist. Sie hat Angst davor, glücklich zu sein. Die Mutter wurde angetriggert, als die Klientin angetriggert war. Ja, das fühlt sich persönlich an.

Triggersatz: „Es ist sicher, mein Leiden loszulassen".

Diagnose: Körperhirnassoziation (Gefühl der Ruhe).

Darstellung des Problems: Ich möchte Freude und Ausgelassenheit empfinden.

Die Geschichte: Der Klient sagt: „Ich möchte Freude und Ausgelassenheit empfinden", aber da ist eine Überlagerung des Gefühls „Ich bin nicht genug, ich bin unzulänglich". Viele Klienten, die sich Spitzenbewusstseinszustände oder positive Gefühle wünschen, versuchen tatsächlich, dies als Strategie zur Lösung eines Problems zu nutzen, das sie ihr ganzes Leben lang hatten und nicht lösen können.

„Warum wollen Sie Zugang zu Freude und Ausgelassenheit haben?" Antwort: „Ich denke, es würde mir helfen, nicht schlecht über mich zu denken und leichter mit den Menschen zu reden."

„Was hindert Sie daran, sich gut zu fühlen?" Antwort: „Die meiste Zeit sehe ich mich selbst als unzulänglich an."

Triggersatz: „Ich bin nicht genug".

Die Diagnose: Generationstrauma.

Darstellung des Problems: Möchte volles sexuelles Erleben.

Geschichte: Die Klientin vermeidet es, während der Sitzung über Sex zu sprechen, aber es war eindeutig, dass sie etwas wollte. Schließlich sprach sie darüber, dass sie seit 7 Jahren ein abnehmendes sexuelles Verlangen hatte. Vor 15 Jahren war sie in der Schule beschäftigt und zu erschöpft, um mit ihrem Mann Sex zu haben. Als sie gebeten wird, ihren Mann wahrzunehmen, fühlt sie ihn wie „losgelöst".

Vertrag für „Berechnen für Ergebnis": „Entfernen der Blockade gegen die sexuellen Ännäherungen mit meinem Mann".

Triggersatz: „Ich muss aufgeben" (SUDS = 8)

Die Diagnose: Strippen. (Zur Behandlung wird DPR verwendet.)

Darstellung des Problems: Nicht anwesend.

Geschichte: Wie fühlt sich das Problem für Sie an, emotional? Antwort: „Ich habe vor allem Angst davor, wie die Menschen sind, unberechenbar. Ich empfinde Traurigkeit. Ich bin nicht in der Lage, eine Beziehung aufzubauen, weil ich mich nicht in der gleichen Realität wie die anderen Menschen befinde.

Wie äußert sich das? Antwort: „Die Wahrnehmung dieser Welt ist undeutlich. Ich kann nicht ganz erfassen, was vor sich geht. Wenn ich mich wirklich stark konzentriere, kann ich es. Es ist wie in einem Traum. Als Kind spielte ich gerne, kam nicht gerne in die Realität, wechselte in eine andere Ebene."

Wann ist das das letzte Mal geschehen? Antwort: „Ich konnte mir kein Bild von dem machen, was vor sich ging. Das hat damit zu tun, dass die Realität verschwommen ist. Meine Sinne sind nicht klar. Prozess des Sehens und der Interaktion".

Diagnose: Blase.

Darstellung des Problems: Möchte mehr Einkommen haben.

Geschichte: „Ich fühle Panik am Solarplexus und Angst, Wut und Nervosität. Ich habe Angst und Wut, dass ich nicht genug bekommen werde."

Haben Sie ein Gefühl des Widerstands? Antwort: „Ja."

Fühlt es sich schwer an? Antwort: „Ja."

Triggersatz: „Wir werden Sie nicht mehr bezahlen". SUDS: 9

Diagnose: Sippenblockade.

Darstellung des Problems: Die Menschen sind unreif.

Die Geschichte: „Ich bin arrogant, ich sehe Leute an, die über ihr Problem jammern und ich denke: „Du kleiner Schlappschwanz" und ich habe eine herablassende Haltung. Ich urteile über sie. Ich stamme aus einer Kultur hart arbeitender Fischer, einer sehr machohaften Kultur."

Vertrag für „Berechnen für Ergebnis": Eliminieren der Macho-Reaktion auf unreife Menschen.

Triggersatz: „Tu es jetzt!"

Diagnose: Sippenblockade.

Darstellung des Problems: Angstzustände.

Geschichte: „Ich habe Angst, wenn ich morgens mit einem Gefühl des Schreckens aufwache. Ich habe auch Angst davor, nicht erfolgreich zu sein, unentschlossen zu sein, zerstreut zu sein, nicht in der Lage zu sein, Entscheidungen zu treffen, mich zerrissen zu fühlen, Mangel an Selbstwertgefühl, Selbstvertrauen. Normalerweise bin ich hoch funktionsfähig, aber nicht in letzter Zeit, vielleicht sind es die Wechseljahre".

Vertrag für „Berechnen für Ergebnis": Die konstante, zugrundeliegende Angst beim Aufwachen am Morgen loswerden.

Triggersatz: „Ich könnte allein sterben".

Die Diagnose: Generationstrauma und Körperhirnassoziation.

Ergebnisse: Die Klientin war für einige Tage symptomfrei, aber die Angst kehrte morgens beim Aufwachen zurück. Die Klientin wacht gut auf, hat aber schnell einen ängstlichen Gedanken, der sie ängstlich macht und zusätzlich zeigen sich körperliche Symptome (Herzrasen, Reizdarmsyndrom).

Vertrag für „Berechnen für Ergebnis": wie bei der vorherigen Sitzung.

Diagnose: Gedankengespräche; behandelt mit der Body-Association-Technik.

Darstellung des Problems: Nicht glücklich mit meiner Karriere.

Die Geschichte: „Ich fühle mich blockiert, sabotiere mich selbst und arbeite/schreibe für andere statt für mich selbst. Ich muss hart arbeiten, um Geld zu verdienen."

Vertrag für „Berechnen für Ergebnis": Wenn ich daran denke, für mich selbst statt für meinen Chef zu arbeiten/schreiben, fühle ich mich nicht mehr blockiert oder halte mich zurück.

Triggersatz: „Wenn ich im Rampenlicht stehe, werde ich fertig gemacht".

Diagnose: Sippenblockade.

Darstellung des Problems: Lästige Stimmen im größten Teil meines Lebens.

Die Geschichte: „Ich habe wirklich negative Selbstgespräche. Es ist unbewusstes Gerede, elterliches Stimmengewirr. Ich habe Hypnose gemacht, aber es schien meine Stimme noch mehr zu verwirren. Die Sprachwahl ist seltsam und es ist auch wie eine Ego-Stimme. Ich kann sie nicht aufhalten und sie kann anfangen, sich zu drehen. Manchmal ist sie laut und will die Macht übernehmen. Ich grüble über negative Selbstgespräche, es gibt eine Andeutung, dass es nicht nur meine Stimme ist".

Vertrag für „Berechnen für Ergebnis": 3 Stimmen eliminieren: Ego-Stimme die wütend und ängstlich ist; Mutter-Stimme, die negativ, gemein, kontrollierend und hasserfüllt ist; Unterbewusstseins-Stimme, die verzweifelt, stur und aufsässig ist.

Die Diagnose: Unfreiwilliges Denken; behandelt mit der Body-Association-Technik (einhändig).

Darstellung des Problems: Blockierung der Atmung.

Geschichte: Die Klientin hat seit 13 Jahren eine metallische, anorganische Struktur (Käfig, Träger, Zwangsjacke, Eisenklammer, Alien-Implantat) in ihrem Bauch. Als Folge davon kann sie nicht frei atmen, hat das Gefühl, ihren Körper nicht zu besitzen, fühlt sich erstickt, verzweifelt, hoffnungslos und wütend. In der Regression wird die Erinnerung der Klientin im Augenblick des Traumas blockiert. Die Klientin spricht über verschiedene andere Ereignisse. Der Therapeut benutzte eine modifizierte Form von TIR, um den genauen Augenblick des Traumas zu bestimmen. Die Klientin war im Alter von 34 Jahren in einen Streit verwickelt, bei dem ihr Ehepartner mit Tellern um sich warf. Sie empfand Wut und Hass.

Die Diagnose: Kronenhirnstruktur.

Darstellung des Problems: Möchte jemanden kennenlernen.
Geschichte: Der männliche Klient findet es schwierig, ein Treffen zu haben. Wenn er daran denkt, mit attraktiven Frauen auszugehen, hat er körperliche Symptome wie Angst, Würgen, Engegefühl in der Brust und Panik.
Triggersatz: „Mein Herz wird gebrochen werden". SUDS=10.
Diagnose: einfaches Trauma. Das Klopfen heilte das Problem.

Darstellung des Problems: Schlechtes Gefühl beim Geldleihen.
Die Geschichte: Ein Bauarbeiter hat ein Muster beim Geldverdienen, wenn sein Arbeitsvertrag beendet ist, geht er nicht los und sucht sich eine neue Arbeit. Stattdessen hat er ein schlechtes Gewissen, weil er sich Geld von anderen leihen muss. Seine Entscheidung nicht, zu arbeiten, wird von positiven Gefühlen begleitet zusammen mit einem Gefühl der Anspruchsberechtigung, Arroganz und einer übermütigen Einstellung.
Triggersatz: „Ich fühle mich in Bezug auf meine Arbeit unzulänglich".
Diagnose: Einfaches Trauma. Das Klopfen heilte das Problem.

Darstellung des Problems: Ich will nicht nach Europa zurückkehren.
Die Geschichte: Die Frau, in ihren Vierzigern, ist von Europa nach Kanada gezogen. Sie fühlt sich schlecht, wenn sie daran denkt, wieder in ihrem ursprünglichen Heimatland in Europa zu arbeiten und das hat sie in den letzten zehn Jahren so gefühlt. Sie hat das Gefühl, dass es sehr schwierig und unangenehm ist, in dieser Kultur zu sein. Sie hat ständig das Gefühl, dass sie unter Druck steht und dass ihr Nacken schwer ist, wenn sie daran denkt, wieder zu arbeiten. Sie fühlt sich dort kontrolliert und eingeschränkt.
Die Diagnose: Schwere kulturübergreifende Sippenblockade. Geheilt durch die Silent Mind Technique.

Darstellung des Problems: Gefühl der Kontrolle.
Die Geschichte: Die Symptome einer Frau mittleren Alters begannen letzte Woche. Sie ist leicht wütend, sogar gewalttätig und fühlt sich von allen um sie herum überfallen. Sie sagt, es sei ein „Kontrollproblem". „Ich reagiere auf bestimmte Personen in meinem Umfeld" „Ich will keine Negativität in meinem Raum", „Es gibt einen Druck von außen, sich zu ändern oder anders zu sein."
Triggersatz: „Ihr könnt mich mal!"
Die Diagnose: Sippenblockade.

Darstellung des Problems: Kann hier nicht überleben.

Die Geschichte: Eine Frau fühlt sich sehr angezogen, auf einer Insel zu leben, die sie einmal besucht hatte, aber als sie nach mehreren Jahren der Planung dorthin zog, war es eine Katastrophe. Finanziell konnte sie es nicht schaffen und ihre Ersparnisse wurden aufgebraucht. Es stellte sich heraus, dass sie etwa zu der Zeit, als sie ursprünglich geplant hatte, auf die Insel zu ziehen, eine Abtreibung hatte.

Die Diagnose: Seelenverlust.

Darstellung des Problems: Finanzieller Erfolg.

Die Geschichte: Der Klient war nicht glücklich, weil er nicht genug Geld hatte, um die Dinge zu tun, die er tun wollte. „Es ist wie ein Thermostat, ich habe nur ein gewisses Einkommen."

Triggersatz: „Ich werde davon abgehalten, das Leben zu erfahren". SUDS=8.

Diagnose: Sippenblockade.

Darstellung des Problems: Ehemann schenkt mir keine Aufmerksamkeit.

Die Geschichte: „Ich bin traurig, weil mein Mann, selbst wenn er mit mir spricht, mir keine Aufmerksamkeit schenkt. Deshalb muss ich mit jemand anderem reden, der das tut. Die Aufmerksamkeit der Klientin liegt immer auf ihrer Sorge darüber, „ob andere Menschen mich mögen oder nicht". „Wenn sie mir Aufmerksamkeit schenken, fühle ich mich gut und ich spreche gerne mit ihnen."

Triggersatz: „Liebe ist mein Lebensinhalt".

Diagnose: S-Loch. „Nach meiner Heilung ist Aufmerksamkeit oder Liebe nicht mehr die treibende Kraft hinter meinen Gesprächen mit Menschen".

Darstellung des Problems: Verlust der sexuellen Anziehung zum Ehemann nach der Geburt.

Die Geschichte: Eine hochfunktionelle Frau verlor vor drei Jahren nach der Geburt ihres Kindes die sexuelle Anziehungskraft zu ihrem Mann. „Er stößt mich ab". „Ich sehe in seinen Augen nicht sein Verlangen nach mir."

Diagnose: Strippe.

Test

Allgemeine Fragen zur Diagnose

1) Was ist ein „Triggersatz" und wie unterscheidet er sich von der Beschreibung des Problems, die der Klient bietet?

2) Wie lange sollten Sie sich die Geschichte des Klienten anhören?

3) Welche Kategorie von Problemen kann durch die Meditation ausgelöst werden?

4) Was ist ein sehr störendes Problem, das durch eine Bewusstseinserweiterung durch Meditation verursacht werden kann?

5) Was bedeutet „Differentialdiagnose"?

6) Wenn ein Klient während der Heilung plötzlich seine Symptome verliert, was kann die Ursache sein?

7) Wie prüft man, ob ein Trauma geheilt ist?

8) Was sind einige der ersten diagnostischen Schritte?

9) Was ist eine Möglichkeit, generationsbedingte Traumata zu erkennen, die das Problem Ihres Klienten verursachen oder dazu beitragen, es zu verschlimmern?

10) Wann sollten Sie immer vermuten, dass die Sippenblockade das Problem Ihres Klienten ist?

11) Wenn ein Klient hohe Bewusstseinszustände hat, kann er immer noch Probleme haben? Und wenn ja, warum?

12) Können Klienten die Ursache ihres ungewöhnlichen Problems kennen?

13) Wenn Sie einen Klienten heilen, der verschiedene Probleme mit den festklebenden Genen hat (biographische, generationsbedingte, assoziative Probleme), womit würden Sie normalerweise beginnen und warum?

14) Was ist der Unterschied zwischen einem Kerntrauma und einem dominierenden Trauma?

15) Was ist ein Traumasatz?

16) Was ist ein Sinnenersatz?

Fragen zu spezifischen subzellulären Fällen

17) Was ist der Unterschied zwischen einem B-Loch und einem Loch?

18) Was ist der Unterschied zwischen einer B-Strippe und einer Strippe?
19) Warum verschieben Menschen ihr Bewusstsein in Blasen?
20) Was ist eine subzelluläre Falldiagnose für das Channeln?
21) Therapeuten gehen davon aus, dass die Erfahrung eines Klienten immer negativ ist, normalerweise durch ein Trauma verursacht. Was sind ein paar Dinge, die ein Klient erleben kann, die positiv sind?
22) Keine Emotionen bei einem Klienten können verursacht werden durch?
23) Welcher subzelluläre Fall kann einen Wutanfall bei einem Kind auslösen?
24) Was verursacht einen festen Glauben bei einem Klienten?
25) Wie lässt sich die Parasitenklasse (oder eine Kombination von Klassen), die Ihr Klient erlebt, identifizieren?

Fragen zu Sicherheit und Ethik

26) Wie kann man vielen suizidgefährdeten Klienten fast sofort und vorübergehend helfen?
27) Welche Entwicklungsereignisse tragen zu Suizidgefühlen bei und warum?
28) Was sind einige der Probleme, die durch Traumatherapien ausgelöst werden können?
29) Was tun Sie, wenn Sie bei einem Klienten auf ein Problem stoßen, das Sie nicht heilen können?
30) Welche Vorbereitungen sollten Sie vor der Durchführung einer Skype-Therapie-Sitzung treffen und warum?
31) Sprechen Sie mit Klienten über Probleme mit subzellulären Parasiten und warum?
32) Ist es ethisch vertretbar, für sehr schnelle Heilungsprozesse hohe Gebühren zu verlangen?
33) Was sind einige psychologische Probleme, die auf medizinische Probleme zurückzuführen sind?
34) Welches sind die beiden Hauptbestandteile von „Bezahlen für Ergebnis"-Vereinbarungen?
35) Warum sind Standardabrechnungspraktiken unethisch? (Nennen Sie einen Grund).

Fragen über das Institut

36) Ermutigt oder entmutigt das Institut die Verwendung von Techniken, die nicht vom Institut stammen?
37) Wenn eine Person vom Institut zertifiziert wird, muss sie dann immer „Bezahlen für Ergebnis" anwenden, auch wenn sie Techniken verwendet, die nicht vom Institut stammen?

Test Lösungen

1) Was ist ein „Triggersatz" und wie unterscheidet er sich von einer Beschreibung des Problems, das der Klient vorlegt?
Antwort: Der Triggersatz soll die emotionale Reaktion des Klienten anregen, nicht das Problem oder die Geschichte beschreiben.

2) Wie lange sollten Sie sich die Geschichte des Klienten anhören?
Antwort: Normalerweise nur 3-5 Minuten.

3) Welche Kategorie von Problemen kann durch die Meditation ausgelöst werden?
Antwort: Spirituelle Notfälle.

4) Was ist ein sehr störendes Problem, das durch eine Bewusstseinserweiterung (vielleicht durch die Anwendung von Meditation) verursacht werden kann?
Antwort: Es können Löcher ins Bewusstsein kommen.

5) Was bedeutet „Differentialdiagnose"?
Antwort: Ein Symptom kann durch mehr als ein Problem verursacht werden. Sie verwenden andere Symptome, die sich zwischen den verschiedenen Ursachen unterscheiden, um die richtige Ursache zu identifizieren.

6) Wenn ein Klient während der Heilung plötzlich seine Symptome verliert, was kann die Ursache sein?
Antwort: Sie können einen starken Being Present (Gegenwärtig-Sein)-Zustand haben: oder sie haben eine Trauma-Umgehung geschaffen; oder sie können außergewöhnlich selbstliebend und akzeptierend sein oder sie täuschen sich selbst (dies muss überprüft werden).

7) Wie prüft man, ob ein Trauma geheilt ist?
Antwort: Prüfen Sie, ob im Augenblick des Ereignisses ein Gefühl der Ruhe, des Friedens und der Leichtigkeit herrscht und ob man im Trauma-Moment im Körper ist, wenn man erneut dorthin zurückkehrt.

8) Was sind einige der ersten diagnostischen Schritte?

Antwort: Besorgen Sie sich den Triggersatz und die SUDS. Entscheiden Sie, ob es sich um ein einfaches biographisches oder generationenbezogenes Trauma handelt. Schauen Sie sich den Augenblick an, in dem das Problem zum ersten Mal auftrat. Funktioniert das Klopfen beim Klienten?

9) Was ist eine Möglichkeit, generationsbedingte Traumata zu erkennen, die das Problem Ihres Klienten verursachen oder dazu beitragen, es zu verschlimmern?

Antwort: Ist das Gefühl sehr „persönlich" (das kann schwer zu erklären sein); oder haben Sie das Gefühl, dass etwas mit Ihnen an sich nicht stimmt, dass Sie einfach nur defekt sind; oder das Problem liegt in der Familienlinie.

10) Wann sollten Sie immer vermuten, dass die Sippenblockade das Problem Ihres Klienten verursacht?

Antwort: Wenn der Klient versucht, sich zu verändern oder zu wachsen; wenn er eine hoch funktionierende Person ist; oder wenn er sich einen Spitzenbewusstseinszustand wünscht; und/oder wenn er sich in seinem Leben schwer fühlt.

11) Wenn ein Klient einen hohen Spitzenbewusstseinszustand hat, kann er dann immer noch Probleme haben und wenn ja, warum?

Antwort: Ja. Sie haben immer noch Traumata. Dies ist ein besonderes Problem bei spirituellen Lehrern (z.B. bei berühmten Lehrern des Zen-Buddhismus, die auch Alkoholiker waren). Manche Menschen im Zustand des Beauty Way können immer noch feststellen, dass Bier, Wein oder Schnaps gut schmecken; im Extremfall auch Alkoholiker sein.

12) Können Klienten die Ursache ihres ungewöhnlichen Problems kennen?

Antwort: Manchmal.

13) Wenn Sie einen Klienten mit verschiedenen festklebenden Genproblemen (biografische, generationsbedingte, assoziative) heilen, womit würden Sie typischerweise beginnen und warum?

Antwort: Typischerweise beginnt man zuerst mit dem Generationstrauma, weil es normalerweise die größte Auswirkung auf eine Person hat. (Es verursacht auch strukturelle Probleme in der Primärzelle, die wiederum andere Symptome verursachen können). Dann heilen Sie Körperhirnassoziationen und dann das biographische Trauma. Dies entspricht einer Heilung der Gene vom unteren Dreifachhirn nach oben (Perineum für die Generationthemen, Körper für die Körperhirnassoziationen, Herz für die biographischen Themen), nicht zufällig oder von oben nach unten.

14) Was ist der Unterschied zwischen einem Kerntrauma und einem dominierenden Trauma?

Antwort: Der Klient hat kein Gefühl bei einem Kerntrauma, kann aber seine Auswirkungen in seinem Leben wahrnehmen. Das dominierende Trauma verursacht relativ konstantes Unbehagen und Leiden und ist das Hauptproblem des Klienten.

15) Was ist ein Traumasatz?

Antwort: Ein Traumaaugenblick besteht aus einer kurzen, ein bis vier Worte umfassenden Phrase eines Glaubenssatzes oder einer Entscheidung, die während des Trauma-Erlebnisses gebildet wurde. Es ist eine Wortübersetzung der Körperempfindung in diesem eingefrorenen Augenblick.

16) Was ist ein Sinnenersatz?

Antwort: Der Klient findet in der Welt oder in seiner Primärzelle einen Ersatz, der sich genauso anfühlt wie etwas, das während eines frühen Vorgeburtstraumas außerhalb seiner selbst war. Es handelt sich dabei in der Regel um eine Körperhirnassoziation, die von dem Gefühl angetrieben wird, überleben zu wollen.

17) Was ist der Unterschied zwischen einem B-Loch und einem Loch?

Antwort: Ein Loch ist ein Bereich von fehlerhafter Leere im Körper. Ein B-Loch ist ein fehlender Bereich, der jedoch mit einem negativen Gefühl gefüllt ist, das einen bösartigen Unterton hat.

18) Was ist der Unterschied zwischen einer B-Strippe und einer Strippe?

Antwort: Eine Strippe verbindet komplementäre Traumata zwischen Menschen und vermittelt das Gefühl, dass die andere Person eine Persönlichkeit hat. Die B-Strippe verbindet ebenfalls Menschen, vermittelt aber nur das Gefühl, dass die andere Person bösartig ist (an einer bestimmten Stelle ihres Körpers).

19) Warum verschieben Menschen ihr Bewusstsein in Blasen?

Antwort: Es gibt der Person ein unlogisches Gefühl der Sicherheit.

20) Was ist eine subzelluläre Falldiagnose für das Channeling?

Antwort: Ribosomalstimmen.

21) Therapeuten gehen davon aus, dass die Erfahrung eines Klienten immer negativ ist, normalerweise durch ein Trauma verursacht. Was sind ein paar Dinge, die ein Klient positiv erleben kann?

Antwort: Intuition, insbesondere der Typ „ruhiges Wissen"; Spitzenerfahrungen oder -zustände.

22) Keine Emotionen bei einem Klienten können verursacht werden durch?

Antwort: Die Hirnsperre oder selten der Spitzenbewusstseinszustand „Innerer Frieden".

23) Welcher subzelluläre Fall kann einen Wutanfall bei einem Kind auslösen?

Antwort: Ribosomalstimmen, aufgrund der Veränderung des Emotionaltons der Eltern.

24) Was verursacht einen festen Glaubenssatz bei einem Klienten?

Antwort: Ein biographisches Trauma lässt Glaubenssätze durch emotionale Belastung entstehen. Kerntraumata erstellen Glaubenssätze, die keinen emotionalen Inhalt haben.

25) Wie lässt sich die Parasitenklasse (oder eine Kombination von Klassen), die Ihr Klient erlebt, identifizieren?

Antwort: Insektenähnliche Parasiten „schmecken" metallisch, Pilze verursachen Übelkeit und Bakterien verursachen ein Gefühl von Vergiftung oder toxisch. Die meisten Menschen blockieren diese intrinsischen Parasitenqualitäten automatisch, können sie aber normalerweise wahrnehmen, wenn sie dazu aufgefordert werden. Dies sollte jedoch, wenn überhaupt, nur begrenzt geschehen - am besten ist es, wenn der Klient so wenig wie möglich mit den Parasiten in Kontakt kommt.

26) Was ist ein vorübergehender, einfacher Weg, um vielen suizidalen Klienten fast sofort zu helfen?

Antwort: Lassen Sie sie ihren Nabel berühren.

27) Welche Entwicklungsereignisse tragen zu Suizidgefühlen bei und warum?

Antwort: Plazentatod - die Plazenta muss während der Geburt absterben, aber ein Trauma sperrt dieses Gefühl ein und es kann später im Leben des Klienten stimuliert werden.

28) Was sind einige der Probleme, die durch Traumatherapien ausgelöst werden können?

Antwort: Traumaflut, Dekompensation, Aufdecken schlimmerer traumatischer Gefühle oder subzellulärer Fälle, neue Parasitensymptome.

29) Was tun Sie, wenn Sie bei einem Klienten auf ein Problem stoßen, das Sie nicht heilen können?

Antwort: Versuchen Sie Ihrem Klienten zu helfen, jemanden zu finden, der ihm helfen kann: Überweisen Sie ihn an Spezialisten, die Sie für den Fall dieser Möglichkeit gefunden haben; wenn Sie vom Institut zertifiziert sind, wenden Sie sich an das Klinikpersonal des Instituts.

30) Welche Vorbereitungen sollten Sie vor der Durchführung einer Skype-Therapie-Sitzung treffen und warum?

Antworten: Vergewissern Sie sich, dass Sie alternative Möglichkeiten haben, die Sitzung fortzusetzen, wenn das Internet ausfällt; lassen Sie jemand anderen physisch anwesend sein, der bei Problemen eingreifen kann; verwenden

Sie Standardformulare für die Einwilligung und Haftung, damit Klienten nicht in Panik geraten, wenn dies geschieht.

31) Sprechen Sie mit Ihren Klienten über Probleme mit subzellulären Parasiten und warum?

Antwort: Im Allgemeinen ist es keine gute Idee, dieses Thema zu besprechen, denn es kann den Klienten in Panik versetzen oder ihn unnötig beunruhigen und hat keinen Einfluss auf die Behandlung; oder es kann ihn dazu veranlassen, gefährliche Wege zu erfinden, um dieses Problem selbst zu heilen.

32) Ist es ethisch vertretbar, für sehr schnelle Heilungsprozesse hohe Gebühren zu verlangen?

Antwort: Ja. Ihr Vertrag wurde für die erbrachte Dienstleistung abgeschlossen, nicht für Ihre Zeit. Der Klient hat bereits über den Wert Ihrer Dienstleistung entschieden. Er ermöglicht es Ihnen auch, für Klienten, die länger brauchen, weniger zu berechnen, wenn Sie sich dafür entscheiden (Festpreisabrechnung).

33) Was sind einige psychologische Probleme, die auf medizinische Probleme zurückzuführen sind?

Antwort: Hirnschäden; Nebenwirkungen von verschreibungspflichtigen Medikamenten; Candida-Pilz im Darm.

34) Welches sind die beiden Hauptbestandteile der Vereinbarung „Bezahlen für Ergebnis"?

Antwort: Bevor die Behandlung beginnt, sollten die Erfolgskriterien festgelegt und die Gesamtkosten der Leistungen spezifiziert werden. Wenn die Kriterien nicht erfüllt sind, wird keine Gebühr erhoben. So kann der Klient entscheiden, ob sich das Verhältnis Kosten-Nutzen für ihn lohnt.

35) Warum sind die üblichen Abrechnungspraktiken unethisch? (Geben Sie einen Grund an.)

Antwort: (Es gibt mehrere ethische Probleme, auf die sich der Student konzentrieren könnte.) Die zugrundeliegende Motivation des Klienten, auch wenn sie nicht zum Ausdruck kommt, ist die Hoffnung, dass der Therapeut seine Probleme lösen wird. Eine erfolglose, teilweise oder zufällige Heilung nährt diese Hoffnung, ohne den implizierten Vertrag zu erfüllen. Die Standardpraktiken machen im wesentlichen Jagd auf gefährdete Menschen und nutzen die zugrundeliegende Agenda des Klienten, um Geld zu bekommen, ohne die unausgesprochene Vereinbarung einzuhalten.

36) Ermutigt oder entmutigt das Institut die Anwendung von Techniken, die nicht vom Institut stammen?

Antwort: Wir ermutigen die Anwendung aller und jeder Technik, die funktioniert. Einige Techniken erzielen jedoch ihre Wirkung, indem sie den Klienten schädigen und müssen vermieden werden.

37) Wenn eine Person vom Institut zertifiziert ist, muss sie dann immer noch „Bezahlen für Ergebnis" anwenden, auch wenn sie nicht institutseigene Techniken verwendet?

Antwort: Ja.

Parasiten-Klassen und ihre subzellulären Fälle

Klasse 1: Insektenähnliche Parasiten:
- Blase (in Kombination mit einem Pilzorganismus)
- Probleme mit insektenähnlichen Parasiten
- Beschädigte (verschleierte) Spitzenbewusstseinszustände

Klasse 2 Pilzparasiten:
- Chakren-Problem
- Selbstsäule
- Strippe
- Probleme mit Pilzparasiten
- Lebenswege
- MPS (Multiple Persönlichkeitsstörung)
- Fluch (Fluchdecke oder Pfeilspitze)
- Vorleben-Trauma
- Übermäßige Identifizierung mit dem Schöpfer
- Ribosomalstimmen
- Zerschmetterte Kristalle
- S-Loch
- Zeitschleifen
- Sippenblockade

Klasse 3 Bakterienparasiten:
- Asperger-Syndrom (in Kombination mit einem Pilzorganismus)
- Probleme mit bakteriellen Parasiten
- Kopie
- B-Loch
- Großeltern um den Körper herum
- Klangschleifen
- Trauma-Umgehung

Techniken finden

Dieses Handbuch wurde entwickelt, um Therapeuten, die in der WHH-Regressionstechnik und in der Therapie der Spitzenbewusstseinszustände ausgebildet sind, bei der Diagnose von Klienten zu unterstützen. Spezifische Techniken werden in diesem Handbuch nicht erläutert. Stattdessen verweisen wir auf bereits veröffentlichte Handbücher oder auf unsere Ausbildungskurse. Im Folgenden finden Sie einen Leitfaden, in dem einige dieser Techniken derzeit (ab 2014) zu finden sind:

Assoziationstechnik: *Die Stimmen verstummen* von Grant McFetridge.

Courteau-Projektionstechnik: *The Whole-Hearted Healing™ Workbook* von Paula Courteau.

Crosby-Wirbeltechnik: (noch nicht veröffentlicht): *The Whole-Hearted Healing™ Workbook* von Paula Courteau.

Generationsheilungs-Technik: *The Whole-Hearted Healing™ Workbook* von Paula Courteau.

DPR: *The Basic Whole-Hearted Healing™ Manual* von Grant McFetridge und Mary Pellicer.

Silent Mind Technique: *Die Stimmen verstummen* von Grant McFetridge.

Sippenblockade-Technik: *Die Stimmen verstummen* von Grant McFetridge.

Waisel-Extrem-Emotionen-Technik: (noch nicht veröffentlicht).

Whole-Hearted Healing: *The Basic Whole-Hearted Healing™ Manual* von Grant McFetridge und Mary Pellicer (noch nicht veröffentlicht).

„Bezahlen für Ergebnis"
Leitfaden zur Gebührenberechnung

Wie berechnen Sie bei der Nutzung des Systems „Bezahlen für Ergebnis" Ihr Honorar für Dienstleistungen? In diesem Anhang behandeln wir die einfachste und risikoärmste Methode, die Ihrem Klienten die minimal mögliche Gebühr berechnet und gleichzeitig Ihre finanziellen Ziele erreicht.

Zuerst wird Ihre Gebühr *im Voraus* in dem Vertragsangebot angegeben, das Sie dem Klienten während des ersten Gesprächs machen. Wenn es Ihnen gelingt, die Vertragsbedingungen zu erfüllen, erhalten Sie diesen Betrag. Wenn Sie die Bedingungen nicht oder nur teilweise erfüllen, werden Sie überhaupt nicht bezahlt. Sie berechnen auch nicht separat für Diagnosen oder Konsultationen mit den Klienten, die Ihr Vertragsangebot nicht annehmen, oder für Klienten, die Sie nicht heilen konnten. Obwohl dies für viele Therapeuten, die bisher an die Stundenabrechnung gewöhnt waren, unmöglich klingt, wenden zahlreiche Berufe genau diese Methode der „Bezahlen für Ergebnis"-Abrechnung an. Tatsächlich begegnen Sie dieser Abrechnungsmethode fast jeden Tag! Schließlich erwarten Sie, dass Ihr Lebensmittelgeschäft nur frische, gesunde Lebensmittel verkauft und diese nicht mit alten, faulen oder verdorbenen Waren vermischt.

10.1: Berechnen Sie Ihre feste Gebühr

In Wirklichkeit verwenden die meisten Therapeuten in der Allgemeinmedizin, die das Modell „Bezahlen für Ergebnis" anwenden, einfach den gleichen Standard. Sie setzen eine Gebühr für jedes gewöhnliche Therapieproblem fest. Im Wesentlichen eine „Einheitsgröße für alles". Egal welches Problem der Klient hat, der Therapeut berechnet den gleichen Betrag. Die Pauschalabrechnung minimiert das finanzielle Risiko für den Therapeuten, da Risiko und Ertrag gleichmäßig auf alle Klienten verteilt sind. Typische Mindestgebühren für die allgemeine Therapie liegen zwischen 250 und 350 Euro, variieren aber je nach Land und Lebenshaltungskosten.

Interessanterweise sind die meisten „Bezahlen für Ergebnis"-Klienten nach unserer Erfahrung mit einer festen Gebühr einverstanden. Sie sind wirklich nur damit befasst, ihr Problem zu beseitigen. (In der Regel sind es nur Therapeuten oder andere „Ärzte", die ein Problem mit dieser Abrechnungsmethode haben.) Klienten erkennen, dass sie für Ihr Fachwissen und nicht für Ihre Zeit bezahlen. In der Tat, für sie ist kürzer besser. Die Klienten sind es müde zu leiden und wollen nur, dass das Problem so schnell wie möglich gelöst wird. Wie bei der Autoreparatur sind die Klienten glücklicher, wenn sie es in einer Stunde und nicht an einem Tag erledigen. Die vorherige Angabe einer Gebühr ermöglicht es ihnen auch, die Kosten/Nutzen und das Budget für ihre Behandlung zu bewerten. Da es sich hier um „Bezahlen für Ergebnisse" handelt, ist ihre Hauptsorge, dass sie eine große Menge Geld für nichts verschwenden werden, kein Thema mehr. Diese Gebührenstruktur bedeutet auch, dass der Hälfte der Klienten im Vergleich zu einem Stundensatz-System weniger und der anderen Hälfte mehr berechnet wird. Dies hilft wirklich den langsameren Klienten und ist keine übermäßige Belastung für die schnelleren.

Also, wie setzen Sie Ihre feste Gebühr fest? Wie diese Lebensmittelhändler müssen Sie Ihre Dienstleistungen mit Preisen versehen, um die Klienten abzudecken, die Sie heilen, und die, die Sie nicht heilen. Obwohl Sie nicht vorhersagen können, welche bestimmten Klienten Sie heilen (die Ihnen Geld einbringen) werden, liegen Ihre Erfolge und Misserfolge im Laufe der Zeit durchschnittlich bei einer relativ konstanten Rate. Damit können wir nun einen einfachen Weg aufschreiben, um Ihre benötigte Gebühr zu ermitteln:

Gleichung 10.1

$$Gebühr = (gewünschter\ Std.Lohn)\ x\ \frac{Anzahl\ aller\ KlientenKontaktStd.}{\#geheilte\ Klienten}$$

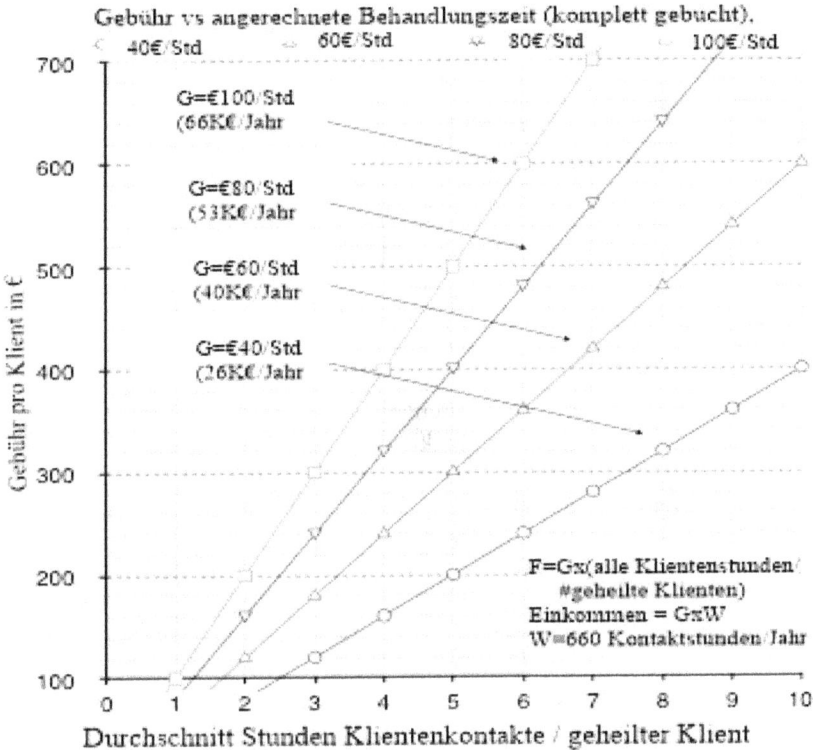

Gebühr vs angerechnete Behandlungszeit (komplett gebucht).

40€/Std   60€/Std   80€/Std   100€/Std

G=€100/Std
(66K€/Jahr

G=€80/Std
(53K€/Jahr

G=€60/Std
(40K€/Jahr

G=€40/Std
(26K€/Jahr

F=Gx(alle Klientenstunden/
#geheilte Klienten)
Einkommen = GxW
W=660 Kontaktstunden/Jahr

Gebühr pro Klient in €

Durchschnitt Stunden Klientenkontakte / geheilter Klient

Abbildung 10.1: Eine Darstellung des festen Honorars (Gleichung 10.1) für vier verschiedene Stundensätze. Es wurden geschätzte Jahreseinkommen unter der Annahme von 660 Kontaktstunden pro Jahr berechnet.

Abbildung 10.1 zeigt das Verhältnis zwischen Fixum und Stundensatz aus Gleichung 10.1. Der Name der Handlung „belastete Behandlungszeit" bedeutet, dass dieser Durchschnitt auch die Zeit für Klienten ist, die wir nicht heilen konnten sowie die Zeit, die wir in allen Erstgesprächen verbrachten, beinhaltet. Es wird auch eine vollständige Klienten-Auslastung angenommen.

Beachten Sie, dass die von Ihnen festgelegten Gebühren Ihnen ein Einkommen auf der Grundlage Ihrer Klienten-Kontaktzeiten ermöglichen. Andere Gemeinkosten, wie z.B. die Reinigung Ihres Büros oder das Schreiben von Werbematerial haben keinen direkten Einfluss auf Ihre Gebühr. In der Privatpraxis ist es üblich, dass die Gemeinkosten durch den von Ihnen gewählten Stundensatz gedeckt sind. Natürlich liegt es an Ihnen, was Sie berechnen (innerhalb der Grenzen von „Berechnen für Ergebnisse").

Keiner sagt, dass Sie Ihre Standard-, feste Gebühr anders berechnen müssen, wenn das Problem des Klienten schnell bearbeitet wurde. Was bedeutet, dass Sie weniger verlangen könnten, wenn Sie es wollten. Aber Sie müssen aufpassen, denn Ihr Einkommen hängt davon ab, dass einige Klienten schneller heilen, um diejenigen auszugleichen, die langsamer heilen!

Beispiel 10.1: Mathe mag ich nicht! Sag mir einfach, wie viel ich verlangen soll....
Eine feste Gebühr von etwa 300 Euro ist eine vernünftige Schätzung für einen typischen Anfänger, der subzelluläre psychobiologische Techniken einsetzt. Im Laufe der Zeit können Sie Gleichung 10.1 verwenden, um Ihre Gebühr anzupassen, um sie besser an Ihr Qualifikationsniveau und Ihre Klientenbedürfnisse anzupassen.
Also, wie sind wir an eine feste Gebühr von 300 Euro für Anfänger gekommen? Hier sind die (hoffentlich) vernünftigen Parameter, die wir verwendet haben. Sie wollen ein Einkommen von 45.000€/Jahr und arbeiten 660 Klienten-Kontaktstunden pro Jahr, was bedeutet, dass Sie einen entsprechenden Stundensatz (R) von 75€/h benötigen. Ihre durchschnittliche Diagnosezeit (T) beträgt 0,5 Stunden; Ihre durchschnittliche allgemeine Therapiebehandlungszeit (A) beträgt 2 Stunden. Ihre maximale Abschluß-Zeit (C), wenn Sie aufhören sollten, beträgt 4 Stunden (wir werden das später erklären); der Prozentsatz der Klienten, die nach Ihrem ersten Gespräch (Pt) mit der Behandlung beginnen, beträgt 80%; und Ihre Erfolgsrate (P) bei denen, die beginnen, beträgt 70%. Somit haben Sie im Sinne von Abbildung 10.1 4,6 Gesamtkontaktstunden pro geheiltem Klient.
Angesichts dieser Zahlen müssten Sie in einem Jahr an 256 Klienten arbeiten, was bedeutet, dass Sie jede Woche 6 neue Klienten sehen müssen (wenn Sie eine 5-Tage-Woche mit 15,2 Klienten-Kontaktstunden pro Woche arbeiten, verteilt auf 217 Arbeitstage für 43,4 Wochen im Jahr). Wenn Sie nicht so viele neue Klienten gewinnen können, müssen Sie entweder ein niedrigeres Jahreseinkommen akzeptieren (z.B. bei 10% weniger Klienten wäre Ihr Einkommen 10% niedriger) oder Ihre Gebühr zum Ausgleich erhöhen (z.B. bei 10% weniger Klienten erhöhen Sie Ihre Gebühr um 10%).

10.2: Überwachen Sie Ihre finanzielle Performance

Die einfache Gleichung 10.1 besagt, dass Sie, um Ihre feste „ein Preis passt für alle" Gebühr zu berechnen, nur eine laufende Summe der Zeit, die Sie für *alle* Ihre Klienten aufgewendet haben, führen müssen, während Sie im Auge behalten, wie viele Sie tatsächlich heilen konnten. Das Einzige, was Sie vorab wissen müssen, ist Ihr gewünschter Stundensatz R (z.B. 75€/Stunde). Während die Wochen vergehen, fügen Sie einfach immer wieder zu diesen Summen hinzu, um sicherzustellen, dass Ihre Gebühr ungefähr richtig ist.
Wir können diese Gleichung auch neu schreiben, damit wir sicherstellen können, dass der gewünschte Stundensatz konstant bleibt. Ganz einfach, was?

Gleichung 10.2

$$R = \frac{gesamte\ Klientengeb\ddot{u}hr}{gesamte\ Klientenkontakt.Std.} = \frac{Geb\ddot{u}hr\ x\ \#geheilte\ Klienten}{gesamte\ Klientenkontakt.Std.}$$

...(in Euro/Stunde)

Tatsächlich steigt mit der Zeit Ihre Erfolgsrate und dann die Zwischenschritte, wenn Sie besser werden. Sie steigen weiter an, wenn neue Techniken entwickelt und subzelluläre Fälle identifiziert werden. Wenn Sie ein Anfänger sind - Therapeuten, die wir ausgebildet haben, um subzelluläre Techniken anzuwenden, haben sich während der ersten 20 Klienten schnell verbessert. Sie stellen fest, dass Sie Ihre Gebühr senken können, aber trotzdem Ihr Stundeneinkommensziel erreichen. Erfahrene Therapeuten werden leistungsfähiger, beginnen aber oft damit, schwierigere Probleme der Klienten zu akzeptieren (oder anzuziehen), die länger brauchen. So kann ihre erhöhte Geschwindigkeit mit weniger leichten Klienten ausgeglichen werden, was manchmal eine Gebührenanpassung erfordert, um den entsprechenden Stundensatz im Soll zu halten.

10.3. Treffen Sie Entscheidungen über Ihre Praxis

10.3.1: Schätzen Sie die Kontaktzeiten Ihrer Klienten ein (W)

Als Therapeut mit eigener Praxis müssen Sie entscheiden, wie viele Klienten-Stunden Sie pro Woche arbeiten möchten. Sie müssen auch die Zeit berücksichtigen, die Sie für das Geschäft aufwenden müssen (Anrufe tätigen, Termine vereinbaren, Werbung machen, mit potenziellen Organisationen chatten, Aufzeichnungen auf dem neuesten Stand halten, Versicherungen abrechnen, Rechnungen bezahlen, usw.) Wenn Sie einen vollen 8-Stunden-Tag arbeiten, ist es sinnvoll, für diese anderen Aufgaben 2 Stunden pro Tag anzunehmen.

Freizeit ist ein weiteres Thema. Sie brauchen Urlaub, und die Klienten kommen oft zu bestimmten Zeiten des Jahres nicht. So ist es beispielsweise unwahrscheinlich, dass die Sommermonate und der Monat nach Weihnachten eine volle Anzahl an Fällen haben werden. Obwohl es sehr unterschiedlich ist, ist das meiste, was Sie wahrscheinlich erwarten können, 10 Monate Vollzeitarbeit bei 30 Stunden pro Woche Klienten-Kontaktzeit und 40 Stunden pro Woche Gesamtarbeitszeit. So arbeiten wir etwa 217 Tage oder 43,4 Wochen an 5 Tagen pro Woche. Dies ergibt ein Maximum von 1.320 Kontaktstunden. Wahrscheinlicher ist aber, dass Sie viel weniger Kontaktstunden haben werden, da Sie wahrscheinlich keinen kontinuierlichen Rücklauf von Klienten haben werden. Die Berechnung einer halbzeitlichen Fallzahl ist wahrscheinlich eine vernünftige Maximalschätzung (obwohl sie vor allem zu Beginn viel geringer sein kann). Mit dieser Schätzung haben Sie nur 660 Klienten-Kontaktstunden pro Jahr in der Privatpraxis (mit weiteren 220 Stunden für andere Aufgaben). Diese Zahl ist für einen Therapeuten, der in einer Einrichtung beschäftigt ist, gering, aber wahrscheinlich realistisch für einen Therapeuten in einer Privatpraxis.

Wenn wir etwa 660 Kontaktstunden pro Jahr arbeiten, bedeutet dies, dass wir etwa 3 Kontaktstunden pro Arbeitstag haben. Bei weiteren 220 Stunden pro Jahr für andere Aufgaben bedeutet das insgesamt etwa 4,1 Stunden pro Arbeitstag. Dieser halbtägige Zeitplan ist nicht unvernünftig, denn die Anzahl der Klienten, die unsere Dienstleistungen in Anspruch nehmen, ist in der Regel der limitierende Faktor, und diese traumheilende Arbeit stellt hohe Anforderungen an den Therapeuten. Es ermöglicht dem Traumatherapeuten auch, viel leichter Überstunden zu machen, was bei dieser Arbeit sehr häufig vorkommt. Es ermöglicht dem Therapeuten ebenfalls, in Wochen mit vielen Klienten länger und in Wochen mit weniger Klienten kürzer zu arbeiten.

10.3.2: Bestimmen Sie Ihren gewünschten, angemessen Stundensatz (R)

Beim „Berechnen für Ergebnisse" legen Sie einen Preis pro Auftrag fest anstatt stundenweise abzurechnen. Im Durchschnitt über eine Reihe von Klienten können Sie Ihr Einkommen jedoch so betrachten, als hätten Sie einen Job mit einem gleichwertigen Stundenlohn R. Das gesamte Geld, das Sie verdient haben, geteilt durch die gesamte Zeit, die Sie mit allen Ihren Klienten verbracht haben (d.h. €/Std.). Diese Idee ist in mehrfacher Hinsicht hilfreich. Sie ermöglicht es Ihnen, die Honorare auf der Grundlage des von Ihnen gewünschten Lohnsatzes zu berechnen. Sie können Ihr Einkommen mit dem anderer Therapeuten vergleichen und Ihr Jahreseinkommen auf einfache Art und Weise ermitteln.

Zunächst können Sie Ihren angemessenen Stundensatz R wählen, indem Sie sich mit dem Stundensatz anderer gewöhnlicher Therapeuten vergleichen. Finden Sie heraus, was die Psychotherapeuten in Ihrer Gegend verlangen (sowohl die niedrigen als auch die hohen Stundensätze). Dann entscheiden Sie, in welcher lokalen Stundenlohnspanne Sie sich auf Basis Ihres Qualifikationsniveaus und Ihrer Fähigkeit, Kontakte zu Menschen zu knüpfen, bewegen. Oft ist die Fähigkeit wichtiger, den Menschen ein gutes Gefühl in Bezug auf sich selbst und ihre Beziehung zu Ihnen zu geben als höhere Gebühren zu verlangen und als die Fähigkeit, Klienten zu heilen. Wenn Sie eine Zahl haben, finden Sie heraus, ob Sie damit Ihre jährlichen finanziellen Ziele erreichen. Berechnen Sie, was Sie bis zum Ende des Jahres verdienen werden, um zu sehen, ob es ausreicht.

Die zweite Möglichkeit, Ihren äquivalenten Stundensatz R zu wählen besteht darin, von dem gewünschten Jahreseinkommen auszugehen und dann zu berechnen, was Sie zur Erreichung dieses Ziels berechnen müssen. Offensichtlich gibt es hier ein gewisses Geben und Nehmen. Sie sollten herausfinden, wie die typische Bandbreite der Gebühren in Ihrem Gebiet aussieht, damit Sie sehen können, ob das, was Sie wollen, angemessen ist.

Gleichung 10.3

$$R = \frac{I}{W} = \frac{gewünschtes\ jährliches\ Einkommen}{jährliche\ Klientenkontakt. Std.}$$
...(in Euro/Stunde)

Laut einer Umfrage der American Psychological Association aus dem Jahr 2009 betrug das mittlere Einkommen für einen lizenzierten Master in klinischer Psychologie in der Privatpraxis 40.500€ (SD=27K); bei durchschnittlich 660 Stunden Klienten-Kontakt bedeutet dies R=61€/Stunde. Der Medianwert des Einkommens für einen Master in Beratungspsychologie in privater Praxis betrug 55.000 €; bei durchschnittlich 660 Stunden Klienten-Kontakt bedeutet dies R=83 €/Std. Es gab auch eine ziemliche Schwankung des Einkommens aufgrund der jahrelangen Erfahrung.

Wie auch immer Sie sich entscheiden, denken Sie daran, dass Sie Ihren allgemeinen Klienten zwei außergewöhnliche Merkmale bieten, die Ihre Dienste weitaus wertvoller machen als die Ihrer Kollegen. Erstens: Ihre Politik von „Berechnen für Ergebnis" beseitigt das finanzielle Risiko des Klienten. Dies ist das Wertvollste, was Sie einem Klienten anbieten können (insbesondere Klienten mit chronischen Problemen, die womöglich ihre normalerweise sehr begrenzten Ersparnisse in vergeblichen Heilungsversuchen verschwendet haben). Zweitens bedeutet Ihr Fachkönnen mit subzellulären psychobiologischen Techniken, dass Sie vielen typischen Therapiepatienten, die sehr leiden und nirgendwo anders Hilfe bekommen können, helfen können.

Beispiel 10.2: Wie hoch soll mein angemessener Stundensatz sein?
Da Ihre Praxis neu ist, beschließen Sie, dass Ihr Grundpreis in der Mitte der Psychotherapiegebühren in Ihrer Region liegen sollte. Dies stellt sich als 75€/Std. heraus. Wenn Sie eine halbe Stunde Fallbelastung und den gleichen durchschnittlichen Stundensatz R von 80 Euro pro Stunde berechnen, können Sie mit einem Bruttojahreseinkommen von 75 Euro pro Stunde x 660 Stunden = 49.500 Euro rechnen.
Wenn Sie sich stattdessen für ein Jahreseinkommen von 100.000 € entscheiden (was für die meisten Therapeuten in der Allgemeinmedizin unangemessen hoch ist, aber für Therapeuten, die sich spezialisieren, eher angemessen ist), müssten Sie einen angemessenen Stundensatz R von 100.000/660 €/Std. = 151 €/Std. berechnen. Da Sie jedoch eine sehr effektive Therapie mit einer „Berechnen für Ergebnisse"-Politik anbieten, ist es das vielleicht wert. Es wird aber einige Zeit dauern, bis Sie für diese Tatsache bekannt genug sind, um Ihren Klienten-Stamm zu verändern.

10.3.3: Unterschiedliche Tarife für verschiedene Dienstleistungen berechnen

Dieser Anhang wurde verfasst, um Ihnen ein Gefühl dafür zu vermitteln, was Sie auf der Grundlage eines einfachen Modells „ein Stundensatz für alles" verdienen werden, welches die meisten Psychotherapeuten in der allgemeinen Praxis verwenden. Mit anderen Worten, die Formeln gehen davon aus, dass Sie für alle Klienten-Angelegenheiten den gleichen äquivalenten Stundensatz R berechnen.

Wenn ein Allgemeinmediziner jedoch gelegentlich auch ein spezielles Problem behandelt, z.B. die Beseitigung schizophrener „Stimmen", dann könnte er für genau dieses spezielle Problem ein anderes, höheres Festhonorar verwenden. Insbesondere wenn es sich um einen vordefinierten standardisierten, aber zeitaufwendigen Prozess handelt. Im Wesentlichen gehört es zu einer eigenen Zeitkategorie und sollte als solche in Rechnung gestellt werden.

Außerdem sind einige der einzigartigen Dienstleistungen, die ein zertifizierter Peak-States-Therapeut anbieten kann (wie z.B. Peak-State-Prozesse oder die Behandlung „unbehandelbarer" Zustände), für die Klienten weitaus wertvoller als die Standardtherapie und können zu einem höheren Satz in Rechnung gestellt werden. Auch wenn dies vielleicht etwas söldnerisch klingt, haben Sie viel Zeit und Geld investiert, um dieses hochmoderne Material zu erlernen, das Ihren Klienten helfen kann, wenn nichts anderes mehr hilft. Der Klient kann entscheiden, ob sich die Kosten für ihn lohnen. Und denken Sie daran, dass Sie kein Monopol haben, denn das Institut tut sein Bestes, um diese neue Arbeitsweise so schnell wie möglich zu verbreiten. So kann Ihr Klient einfach „mit den Füßen abstimmen" und einen anderen zertifizierten Therapeuten aufsuchen, dessen Honorar schließlich günstiger ist.

10.3.4: Spezialisieren Sie sich

Erfahrene Therapeuten wechseln in der Regel in eine Spezialisierung, die sie mit Leidenschaft verfolgen. Dies kann es viel einfacher machen, den benötigten Strom von Klienten zu erhalten, insbesondere wenn der Therapeut über das Internet arbeiten kann, Überweisungen für sein Fachgebiet erhält oder mehr als einen Bürostandort hat. Eine Spezialisierung zahlt sich in der Regel auch besser aus als eine allgemeine Therapie (Experten verlangen mehr für ihr Fachwissen und ihre Ausbildung) und ermöglicht eine längere Behandlungszeit, ohne das finanzielle Risiko zu erhöhen.

Die feste Honorarstruktur ist besonders für Therapeuten geeignet, die in erster Linie Spezialisten sind. Sie setzen in der Regel überdurchschnittlich hohe Honorare für ihre Arbeit fest. Da Spezialisten Erfahrung bei der Vorhersage der Behandlungsdauer sammeln können, ist es für sie auch viel einfacher, ihre Preise je nach Fragestellung des Klienten zu variieren, wenn sie sich dafür entscheiden.

Spezialisten leisten auch eine bessere Arbeit (höhere Erfolgsquote) in ihrem Fachgebiet als ein allgemeiner Therapeut; und was am wichtigsten für die langfristige Zufriedenheit im Beruf ist, sie wachen morgens auf und freuen sich darauf zu arbeiten und mehr Spaß zu haben!

10.4: Besser beenden

Es gibt jedoch nur ein kleines Problem...

Es hat damit zu tun, wie lange man versucht, Klienten zu heilen, bevor man aufgibt. Sie wissen, dass manche Klienten einfach nicht heilen werden. Normalerweise liegt es daran, dass der Stand der Technik noch nicht gut genug ist, um allen zu helfen. Je länger Sie also mit diesen Klienten Zeit verbringen, desto mehr Zeit verschwenden Sie damit, kein Geld zu verdienen oder die Klienten zu behandeln, denen Sie helfen könnten. Da diese unmöglichen Klienten nicht mit kleinen Schildern auf der Brust kommen, sondern sich unter die mischen, denen Sie tatsächlich helfen können, wie gehen Sie damit um?

Die Antwort ist, einen „Endpunkt" zu haben. Das bedeutet, dass Sie aufhören, Ihrem Klienten zu helfen, wenn die Gesamtzeit, die Sie mit ihm verbracht haben, diese Grenze überschreitet. Der andere wesentliche Teil der Festlegung Ihres Honorars besteht also darin, im Voraus zu bestimmen, wann Sie aufhören und akzeptieren, dass Sie Ihrem Klienten nicht helfen können (und auch kein Honorar verdienen).

OK, sagen Sie, aber wie wählen Sie es aus? Nun, es stellt sich heraus, dass der von Ihnen gewählte „Endpunkt" einen echten Einfluss auf Ihr Honorar hat. Zu kurz - und Sie müssen viel zu viel berechnen, um alle Klienten zu berücksichtigen, von denen Sie kein Honorar erhalten. Aber zu lange - und wieder müssen Sie viel zu viel berechnen, um die vielen Stunden zu berücksichtigen, die Sie für Klienten verschwendet haben, denen Sie ohnehin nicht helfen konnten. Es gibt also einen „Idealpunkt", einen für Sie genau richtigen „Endpunkt", der Ihr Festhonorar so günstig wie möglich macht und Ihnen gleichzeitig den besten angemessenen Stundensatz (Ihren durchschnittlichen Verdienst in Euro pro Stunde Klienten-Kontaktzeit) bietet.

Aber bedeutet die Idee des „Endpunktes" nicht, dass einige Ihrer Klienten vielleicht noch geheilt wären, wenn Sie einfach weitergemacht hätten? Ist das ethisch vertretbar? Erstens rutschen nur sehr wenige Klienten durch (nur etwa 8% oder so, basierend auf einer Gaußschen Verteilung). Außerdem werfen Sie die Klienten, denen Sie nicht helfen können, nicht einfach auf die Straße! Sie geben sie an Spezialisten weiter, die mit den schwierigen Fällen arbeiten, wie zum Beispiel die Mitarbeiter unserer Institutsklinik. Das bedeutet, dass Sie sich mit Ihren Kollegen vernetzen müssen, um herauszufinden, wer die Hoffnung hat, diesen schwierigeren Fällen helfen zu können. Im Allgemeinen teilt der Spezialist, wenn es ihm gelingt, Ihren Klienten zu behandeln, einen Teil seines Verdienstes für die Überweisung mit Ihnen, ein Gewinn für Sie alle drei.

Ein letzter Punkt. Mit zunehmender Erfahrung beginnen Sie, während Ihrer Diagnose die Klienten zu erkennen, von denen Sie wissen, dass Sie ihnen einfach nicht helfen können. Vielleicht hat der Klient zum Beispiel eine Krankheit, die Sie nicht behandeln können. Sagen wir mal eine Zwangsstörung, und der Klient ist nicht daran interessiert, für das zu bezahlen, was Sie behandeln können, zum Beispiel eine Verringerung der Gefühle bei Problemen. Mit der Zeit steigt also Ihre Gesamtbehandlungsgeschwindigkeit und Erfolgsrate, weil Sie wissen, wann Sie es nicht einmal versuchen sollten.

Im nächsten Abschnitt werden wir uns damit befassen, wie man einen „optimalen", statistisch abgeleiteten „Endpunkt" wählt, aber das bedeutet nicht, dass Sie diesen anwenden müssen! Sagen Sie zum Beispiel, dass Sie immer versuchen wollen, den wenigen Klienten zu helfen, die viel mehr Zeit als gewöhnlich benötigen; mit Gleichung 10.1 und 10.2 können Sie immer noch die erforderliche Pauschalgebühr berechnen. Ihr Einkommen könnte nun etwas mehr wackeln, als wenn Sie die optimale Auswahl verwenden würden, aber wahrscheinlich nicht um viel. Und Ihr Honorar muss möglicherweise höher sein als bei einer Optimierung, aber auch hier ist es wahrscheinlich nicht zu viel. Oder Sie möchten vielleicht einfach den ganzen Rechenaufwand überspringen und nur willkürlich Parameter auswählen, die Ihnen richtig erscheinen. Sie können immer noch eine Gebühr berechnen und dann im Laufe des nächsten Monats oder so anpassen, damit sie der Realität entspricht.

10.4.1: Vorhersage des statistisch optimalen „Endpunkts", des Honorars und der Anzahl der Klienten

Viele erfahrene Therapeuten haben bereits ein gutes Gespür dafür, wann sie den Versuch, einen Klienten zu heilen, aufgeben müssen. Doch auch Anfänger und selbst erfahrene Therapeuten können davon profitieren, wenn sie wissen, wann der statistisch abgeleitete „Endpunkt" zum Aufgeben ist, um ihnen zu helfen, die intuitiven Zeitkompromisse zu verstehen, die sie eingehen. Natürlich können Sie jeden beliebigen „Endpunkt" verwenden und die entsprechenden Gebühren berechnen, aber dieser kleine Prozess hilft Ihnen in der Regel, Ihrem „Idealzeitpunkt" näher zu kommen.

Dazu werden wir Sie bitten, einige Schritte zu tun, ohne die Mathematik dahinter zu verstehen. (Wenn Sie dennoch wissen und ein gutes Verständnis für Mathematik und Statistik haben wollen, verweisen wir Sie auf unseren ausführlichen Artikel auf PeakStates.com.)

Diese Ausschlussfrist ist in der Diagnosezeit nicht enthalten, das wäre ein Fehler, der leicht zu machen ist. Die Ausschlussfrist beginnt, wenn Sie mit der Behandlung des Klienten beginnen. Stellen Sie sich die Diagnose als eine völlig andere Tätigkeit vor, auch wenn Sie direkt nach Beendigung des Vertrags mit der Behandlung beginnen.

Tipp: Vergessen Sie nicht die „Dreierregel"-Zeit: Wegen des nicht seltenen Problems verpasster oder unzureichend geheilter Traumata führen Therapeuten in der Regel Nachsorge-Sitzungen durch, nachdem alle Symptome beseitigt sind, um sicherzustellen, dass das Problem nicht wieder auftritt. Dies ist in der Regel für einige Tage nach Abschluss der Behandlung vorgesehen, und dann gibt es in der Regel nach 2 bis 3 Wochen einen Telefontermin zur erneuten Überprüfung der Heilung. Rechnen Sie diese „Extra"-Zeit unbedingt in Ihre Messungen der Sitzungslänge ein.

Schritt 1: Holen Sie sich die Zeiten Ihres Klienten

Zeichnen Sie die Zeiten auf, die Sie brauchen, um die nächsten 10 Klienten, die Sie haben, erfolgreich zu heilen (besser mehr bis zu 20 - aber 10 ist normalerweise gut genug). Mit den schwierigeren Klienten rechnen Sie eine oder mehr zusätzliche Stunden mehr, bevor Sie aufgeben, als Sie es mit anderen Klienten tun.

Dadurch ergibt die Berechnung bessere Daten. Zeichnen Sie auch die benötigten Zeiten für die Diagnose bei allen Klienten, die Sie konsultiert haben, bis hin zum letzten geheilten Klienten auf.

Beispiel 10.3a: Sie haben alle Ihre Diagnosezeiten in Minuten aufgezeichnet: 25, 35, 40, 26, 37, 22, 40, 28, 38, 15, 17, 50, 28, 40, 20. Sie haben Ihre Behandlungszeiten in Stunden aufgezeichnet: 0.5, ∞, 4.0, 1.5, 2.5, 1.0, 3.0, 1.5, ∞, 2.5, 2.0, 2.5. Die Unendlichkeitssymbole sind für jene Klienten, die Sie einfach nicht heilen konnten.

Schritt 2: Berechnen Sie den Mittelwert und die Standardabweichung

Verwenden Sie einen Rechner oder ein Webprogramm, das Ihnen den Mittelwert (m) und die Standardabweichung (s) der von Ihnen erfassten Behandlungszeiten (nicht die Diagnosezeiten) anzeigt. Verwenden Sie die „Stichproben-Standardabweichung", wenn Sie die Wahl haben. Die „optimale Standardabweichung" ist nahe genug, wenn Sie es nicht tut. Bei dieser Berechnung ignorieren Sie die Klienten, die Sie nicht heilen konnten.

Beispiel 10.3b: Die Berechnung ergibt einen Wert von m=2,1 Stunden und s=1,02 Stunden für die 10 Behandlungszeiten an.

Schritt 3: Berechnen Sie Ihren „Endpunkt"

Nach einer „Faustregel" ist die Abschaltzeit C = m + (1,35 x s). Dies ist ein Mittelwert, der nicht ganz in jeden Fall passt, aber für die meisten Therapeuten nahe genug ist.

Wenn Sie sehen wollen, ob mehr Genauigkeit wichtig ist:
(1) Wenn die meisten Ihrer Klienten früh oder in der Mitte Ihrer Zeitspanne heilen (statistisch gesehen, Gaußsche oder positiv verzerrte Verteilungen), verwenden Sie C = m + s x [2,04 x ((# geheilte Klienten) ÷ (# Klientenversuche) - 0,13)];
(2) wenn die meisten Klienten etwa gleich lange brauchen und nicht viele heilen schnell (eine negativ verzerrte Verteilung), verwenden Sie C = m + (1,5 x s).

Gleichung 10.4   *C = m + 1,35 x s*

Beispiel 10.3c: C = 2,1 + 1,35 x 1,02 = 3,48 Stunden. Rundung auf die nächste Zehntelstunde, C = 3,5 Stunden.

Da wir nur sehr wenige langsam heilende Klienten haben, versuchen wir die genauere Formel: C = 2,1 + 1,02 x (2,04 x 9/12 - 0,13) = 2,1 + 1,02 (1,4) = 3,53. Der Unterschied ist vernachlässigbar.

Schritt 4: Addieren Sie die Diagnosezeiten
Addieren Sie alle Diagnosezeiten für jeden Klienten, der Sie konsultiert hat (= Td). Notieren Sie die Gesamtzahl der Personen, die Sie konsultiert haben (= Na).

> *Beispiel 10.3d:* Sie haben das in Stunden umgerechnet und aufsummiert. Td = 7,69 Stunden. Die Anzahl der Personen, die Sie konsultiert haben, sind Na = 15.
>
> Zum Spaß berechnen wir die durchschnittliche Diagnosezeit T = 7,69 ÷ 15 = 0,513 Stunden, nicht allzu schlecht, aber mit mehr Erfahrung könnte es etwas schneller gehen.

Schritt 5: Addieren Sie Ihre Behandlungszeiten
Für diesen Schritt müssen Sie zunächst die gesamte Zeit, die Sie für die Heilung Ihres Klienten aufgewendet haben, hinzurechnen. Hier ist ein kniffliger Punkt. Alle gemessenen Zeiten, die länger als der „Endpunkt" sind, ersetzen Sie durch den „Endpunkt" in der Summe. (Dadurch wird die Berechnung so, wie sie in der Zukunft wäre, wenn Sie Ihren berechneten „Endpunkt" tatsächlich mit Ihren Klienten verwenden).

> *Beispiel 10.3e:* Nun wollen wir alle Zeiten zusammenzählen. Wir haben in Schritt 2 bereits die gesamte Diagnosezeit berechnet, sodass wir wissen, dass Td = 7,69 Stunden ist. Jetzt müssen wir alle Behandlungszeiten addieren, also Behandlungszeit = 0,5 + 1,5 + 2,5 + 1,0 + 3,0 + 1,5 + 2,5 + 2,0 + 2,5 + 3,53 + 3,53 + 3,53 + 3,53 = 27,6 Stunden.
>
> Beachten Sie, dass wir uns an den kniffligen Teil erinnern und unseren Klient mit 4,0 Stunden durch die kürzere „Abschaltzeit" ersetzt haben, und auch die 2, die wir überhaupt nicht heilen konnten (das waren die, die wir als ∞ verzeichneten), durch die „Abschaltzeit" ersetzt haben.

Schritt 6: Berechnen Sie Ihr festes Honorar
Aus Gleichung 10.1 ergibt sich Ihr Honorar F = (äquivalenter Stundensatz) x (Summe aller Klienten Stunden) ÷ (# geheilte Klienten).

> *Beispiel 10.3f:* Nehmen wir an, Sie wollen 75 Euro/Stunde verdienen (ein Jahreseinkommen von etwa 50.000 Euro). Wenn man das alles zusammenrechnet, ist F = 75 € x (7,69 + 27,62) ÷ (9) = 293 €.

Schritt 7: Berechnen Sie, wie viele neue Klienten Sie benötigen
Ab Gleichung 10.5 und unter Verwendung von 660 Klienten-Kontaktstunden pro Jahr ist unsere erforderliche Anzahl von Neuklienten pro Jahr Ihre prognostizierte jährliche Kontakt-Klienten-Stundenzahl geteilt durch die durchschnittliche Zeit, die Sie pro Neuklient verbringen. Somit ist NY = (W x Na) ÷ (Td + TBehandlung) - das ist Gleichung 10.5.

Beispiel 10.3g: NY = (660 x 15) ÷ (7,69 + 27,6)] = 660 Stunden/Jahr ÷ (2,35 Stunden/Klient) = 280,5 neue Klienten pro Jahr. Für 43,4 Wochen pro Jahr bedeutet dies, dass Sie 280,5/43,4 = 6,46 neue Klienten pro Woche benötigen.

Das ist eine ziemliche Menge, so dass Sie Ihre Preise möglicherweise nach oben anpassen müssen, um die kleinere, tatsächliche durchschnittliche Anzahl von neuen Klienten, die Sie in Ihre Praxis bringen, zu berücksichtigen. (Siehe Abschnitt 10.6.)

Sie können diesen nächsten Teil gerne ignorieren...

Zu diesem Zeitpunkt sind alle Schritte für Beispiel 10.3 abgeschlossen, und es ist nichts weiter erforderlich. Aber für diejenigen, die sich etwas mehr für Mathematik interessieren, sind die Schritte, die Sie für Beispiel 10.3 gemacht haben (sowie Gebühren und Einnahmen für eine andere Wahl der Ausschlussfrist), unten grafisch dargestellt.

Die Berechnungen des Mittelwerts und der Standardabweichung in Schritt 2 für Beispiel 10.3b sind in Abbildung 10.2 unten dargestellt. Der statistisch optimale „Endpunkt" für Beispiel 10.3c ist etwa an der Stelle 1.4σ in der Grafik dargestellt

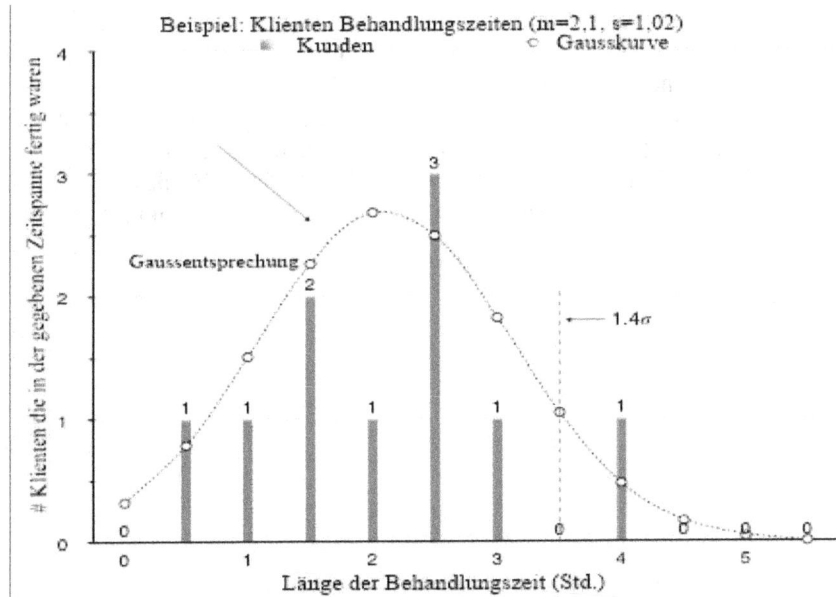

Abbildung 10.2: (a) Aus den Beispieldaten ergibt sich ein Häufigkeitsdiagramm der 10 Behandlungszeiten der Klienten. Überlagert wird diese Darstellung von einer Gaußkurve mit demselben Mittelwert und derselben Standardabweichung. Der statistisch optimale 'Idealzeitpunkt'-Endpunkt ist als gestrichelte Linie bei 1.4

In Schritt 6 von Beispiel 10.3f haben wir die feste Gebühr berechnet, die wir unseren Klienten für den statistisch abgeleiteten „Endpunkt" anbieten müssen. Wir können aber auch die Gebühren und den entsprechenden Stundensatz berechnen, den wir mit den Daten erhalten würden, die wir tatsächlich für jeden möglichen „Endpunkt" gemessen haben. Dies ist in Abbildung 10.2.b auf der nächsten Seite dargestellt.

Es ist interessant, visuell erkennen zu können, dass das niedrigste Klienten-Honorar das höchste Stundeneinkommen über die Bandbreite der „Endpunkte" ergibt. Beachten Sie, dass die statistisch optimale Wahl für die „Endpunkte", der „Idealzeitpunkt", in einem Einbruch fiel. Dies lag wahrscheinlich an der kleinen Stichprobengröße. Wir gehen davon aus, dass sich die Kurve mit mehr Klienten „glätten" und diese Wahl näher an das Optimum heranrücken würde.

Beachten Sie auch, dass Sie für diese spezielle Klienten-Verteilung einen Abschaltwert zwischen 3,5 und 4,0 Stunden wählen und fast die gleichen finanziellen Ergebnisse erzielen könnten. Wenn Sie die längere Zeit nutzen würden, könnten Sie auch ein paar mehr Ihrer Klienten heilen. Oder Sie könnten die Zeit etwas variieren, wenn Sie die Arbeit mit einem bestimmten Klienten tatsächlich aufgeben und immer noch ungefähr den gleichen finanziellen Ertrag erzielen. Nach dem 4-Stunden-Punkt sinkt Ihr Einkommen (für eine bestimmte Gebühr) aufgrund Ihrer Ausfallrate (der Prozentsatz der Klienten, die Sie nicht heilen können), und wenn Ihre Ausfallrate höher wäre als die 17%, die wir in diesem Beispiel verwendet haben, würde Ihr Einkommen in Bezug auf die Ausschlussfrist schneller sinken.

Die Zahl enthält auch die Ergebnisse von Schritt 7 für die Anzahl der Klienten pro Woche (für 660 Klienten-Kontaktstunden pro Jahr), die Sie bis zu einem bestimmten „Endpunkt" behandeln würden. Beachten Sie, dass die Anzahl der Klienten pro Woche bei einer vernünftigen Wahl des „Endpunktes" ungefähr gleich ist.

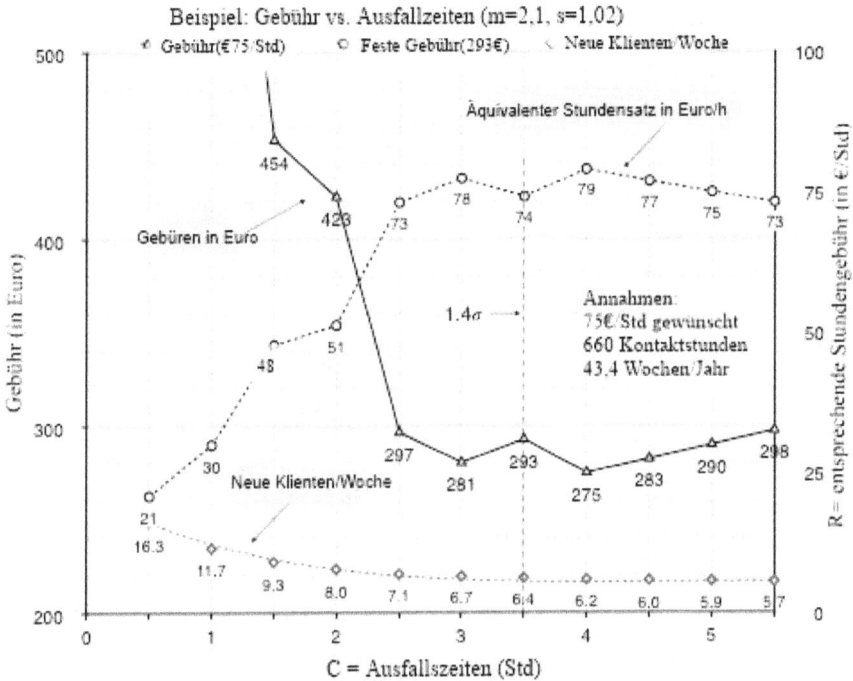

Abbildung 10.2: (b) Zum Beispiel 10.3 zeigen wir Beispiele mit dem Honorar (für einen äquivalenten Stundensatz von 75€/Std.), dem äquivalenten Stundensatz (für ein festes Honorar von 293€) und den erforderlichen neuen Klienten, alle für die unterschiedliche Wahl des „Endpunktes".

10.5: Wie berechnen Sie die Gebühren, wenn Sie weniger als eine volle Arbeitsbelastung haben

Bis zu diesem Punkt gehen alle Gebührenformulare in diesem Anhang davon aus, dass Sie eine vollständige Fallbelastung haben. Leider trifft dies für typische Trauma-Therapeuten möglicherweise nicht zu. In diesem Abschnitt werden wir uns mit diesem Thema befassen.

Die wahrscheinlich größte Überraschung für neue Therapeuten ist, wie viele neue Klienten sie noch sehen müssen, um ihren Lebensunterhalt zu verdienen. Das liegt daran, dass mit den neueren Traumatherapien und noch mehr, mit den neuen subzellulären biologischen Techniken, die Klienten entweder schnell geheilt werden oder man bald merkt, dass man ihnen nicht helfen kann. Daher geht die Abwicklung recht schnell und die Therapeuten müssen viele neue Klienten sehen, um ihre offenen Zeitfenster zu füllen. Was tun wir also, wenn wir einfach nicht konsequent so viele neue Klienten gewinnen können?

Die Zusammenarbeit mit einer anderen Institution, die Ihnen Klienten in Ihrem Fachgebiet schickt, ist bei weitem die beste Antwort. Oder spezialisieren Sie sich einfach und konzentrieren Sie sich auf das, was Ihnen wirklich am Herzen liegt, wo Sie für Ihren einzigartigen Beitrag zum Leben Ihrer Klienten mehr verlangen können. Aber da Sie keine institutionelle Verbindung haben und immer noch als praktischer Arzt arbeiten, müssen Sie entweder Ihre Honorare erhöhen, um das zu kompensieren oder akzeptieren, dass Sie ein geringeres Jahreseinkommen haben werden, oder Sie nehmen einen zweiten Job an.

Die andere Möglichkeit besteht darin, einfach zu akzeptieren, dass Sie in Ihrer Praxis Ebbe und Flut haben. Das von Ihnen berechnete Honorar ignoriert alle versäumten Termine. Wenn Sie also einen Klienten haben, ist das das richtige Honorar, und wenn Sie keinen haben, versuchen Sie nicht, es durch höhere Gebühren auszugleichen. Sie warten einfach, bis Sie einen anderen Mandanten bekommen. Vielleicht arbeiten Sie einfach mehr Stunden in den Wochen, in denen Sie viele Klienten haben. Natürlich müssen Sie trotzdem die Rechnungen bezahlen, also müssen Sie Ihre Stunden und Ihr Einkommen im Auge behalten, um zu sehen, ob Sie Ihre finanziellen Ziele erreichen.

10.5.1: Berechnung der vollen Anzahl von Klienten

Von wie vielen Klienten sprechen wir also? Beginnen wir damit zu berechnen, wie viel Zeit wir im Durchschnitt mit jeder Person verbringen, die uns konsultiert. Das bedeutet, dass die Summe aller Klienten-Kontaktstunden, alle Diagnosen, alle Behandlungen, alle Misserfolge geteilt werden durch die Anzahl der neuen Klienten (oder alten Klienten mit neuen Problemen), die Sie konsultieren. Das bedeutet die „durchschnittliche Zeit pro neuem Klienten" in Gleichung 10,5 unten. Für NY = (Anzahl der Neuklienten pro Jahr) können Sie also Ihre Aufzeichnungen einsehen und die Bedingungen in den Formeln berechnen:

Gleichung 10.5

$$Ny = \frac{geplante\ Klientenkontakt.Std.pro\ Jahr}{durchschnittliche\ Zeit\ pro\ neuem\ Klient} = \frac{W\ x\ Na}{T + TBehandlung}$$

(in Klienten/Jahr)
$$= \frac{geplante\ Klientenkontakt.Std.pro\ Jahr\ x\ \#Klienten\ an\ der\ Türe}{gesamte\ Klientenkontakt.Std.}$$

Um dieses Thema leichter verständlich zu machen, können wir NY in dem aussagekräftigeren „Klienten pro Woche" ausdrücken, indem wir es durch die Anzahl der Wochen, in denen wir arbeiten, dividieren. Das ist genau die Anzahl der neuen (oder wiederkehrende) Klienten, die wir jede Woche haben müssen. Wie in Abschnitt 10.3.1 beschrieben, arbeiten wir, wenn wir davon ausgehen, dass Sie in einer privaten Praxis arbeiten und etwa 2 Monate frei nehmen (in Zeiten, in denen die meisten Klienten ohnehin keine Therapeuten besuchen), 217 Tage oder 43,4 Wochen an 5 Tagen pro Woche.

Gleichung 10.6

$$Nw = \frac{Ny}{217\ Arbeitstage\ x\ 5\ Tage\ pro\ Woche} = \frac{Ny}{43,4\ Wochen}$$

.... (in Klienten/Woche)

Natürlich können Ihre besonderen Umstände anders sein. Wir haben diese einfachen Formeln gezeigt, damit Sie Ihre Zahlen einfach eintragen und die Ergebnisse für Ihre eigene Situation berechnen können.

10.5.2: Passen Sie Ihre Gebühren für geringe Fallzahlen an

Wenn Sie sich entscheiden, Ihre Gebühren zu erhöhen, um einen Mangel an Klienten auszugleichen, ist die Anpassung Ihres Honorars einfach. Die prozentuale Änderung der optimalen Klienten ist auch die prozentuale Änderung des optimalen Honorars. Mit anderen Worten: Wenn Sie weniger Klienten haben, muss Ihr Honorar um den gleichen Prozentsatz steigen. Dasselbe gilt für die Zeit. Wenn Sie 15 Stunden Klienten-Kontakt pro Woche eingeplant haben, aber im Durchschnitt nur 10 dieser Stunden in Anspruch nehmen, muss Ihr Honorar um (15-10)/15 = 33% steigen, um dies auszugleichen.

Gleichung 10.7

Neue Gebühr

$$= Gebühr\ aller\ Fälle\ x \frac{\#\ reale\ Klienten}{\#\ Klienten\ mit\ voller\ Fallzahl}$$

$$= Gebühr\ für\ volle\ Fallzahl \frac{Volle\ Fallzahlen\ in\ Stunden}{aktuelle\ Fallzahlen\ in\ Stunden}$$

Eine andere Möglichkeit, Ihr Honorar zu berechnen, besteht darin, die Zeit, in der Sie keine Klienten hatten (aber geplant haben), einfach zu Ihren gesamten Klienten-Kontaktstunden hinzuzufügen. So berechnet sich das Honorar:

Gleichung 10.8

$$F = gewünschte\ Stundengebühr$$

$$x\ \frac{gesamte\ Klientenkontakt.Std./Jahr + gesamte\ Zeit\ freie\ Termine}{\#\ geheilte\ Klienten}$$

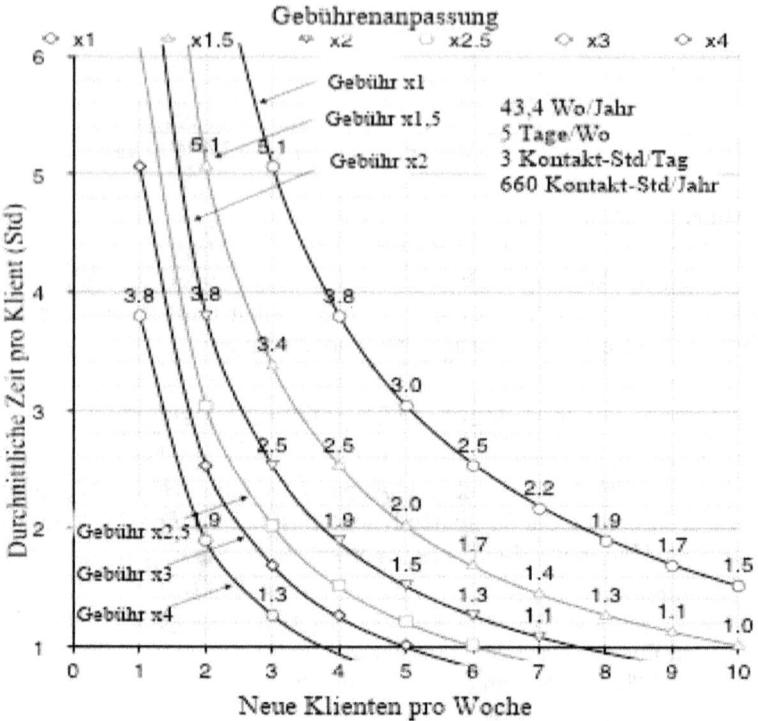

Gebührenanpassung

◇ x1   ◆ x1.5   ◇ x2   ◇ x2.5   ◇ x3   ◇ x4

Gebühr x1
Gebühr x1.5   43,4 Wo/Jahr
Gebühr x2   5 Tage/Wo
                     3 Kontakt-Std/Tag
                     660 Kontakt-Std/Jahr

Durchschnittliche Zeit pro Klient (Std)

Gebühr x2,5
Gebühr x3
Gebühr x4

Neue Klienten pro Woche

Abbildung 10.3: Darstellung, wie viel Sie Ihr Honorar vervielfachen müssen, wenn Sie nicht die volle Klientenzahl haben (oder stattdessen ein geringeres Einkommen erzielen). Die obere rechte Kurve gilt für eine volle Fallbelastung bei 660 Kontaktstunden pro Jahr.

Beispiel 10.4: Anzeige von Gebühren im Vergleich zu Klienten pro Woche Abbildung 10.3 veranschaulicht das Ausmaß des Problems, neue Klienten zu haben. Sie haben Ihr Honorar für ein volles Arbeitspensum optimiert. Sagen wir, Ihre durchschnittliche Zeit pro Neuklient (einschließlich Diagnose) beträgt schnell 2,5 Stunden. Das bedeutet, dass Sie durchschnittlich 6 neue Klienten pro Woche sehen müssen, jede Woche, die Sie in diesem Jahr arbeiten, um beschäftigt zu bleiben (die Zeile mit der vollen Klienten-Auslastung ist mit Gebühr x1 gekennzeichnet). Aber nehmen wir an, Sie können im Durchschnitt nur 3 neue Klienten pro Woche betreuen. Nun, entweder verdienen Sie nur die Hälfte (6/3 = 0,5), oder Sie müssen Ihr Honorar verdoppeln, um die gesamte versäumte Arbeit abzurechnen. Sie können diese Kurve im Diagramm unter „Gebühr x2" sehen.

10.6: Andere Optionen - Variable Gebühren

Therapeuten, die es gewohnt sind, stundenweise abzurechnen, fragen oft: „Wie wäre es, wenn wir statt eines festen Honorars ein Honorar festlegen, das sich nach der Zeit richtet, die der Klient unserer Meinung nach zur Heilung braucht?" Wir empfehlen dies generell nicht und hier ist der Grund dafür. Eine Pauschalabrechnung minimiert das finanzielle Risiko für den Therapeuten, da Risiko und Belohnung gleichmäßig auf alle Klienten verteilt werden. Neue Therapeuten haben die (berechtigte) Sorge, dass sie nicht genug Erfahrung haben, um beurteilen zu können, wie lange ein Klient zur Heilung braucht oder ob sie ihm überhaupt helfen können. Leider hat das Versäumnis, ihre Klienten mit höherem Honorar zu heilen, große Auswirkungen auf das Einkommen. Kleine Fehler in Ihren Schätzungen und Annahmen spielen eine viel größere Rolle als bei der Abrechnung mit einem festen Honorar. Daher können Verträge mit variablem Honorar für viele Therapeuten ein finanzieller Alptraum sein.

Schlimmer noch, die geschätzten zeitbasierten Honorare können für die langsamere Hälfte ihrer Klienten-Auslastung unerschwinglich teuer werden und der langsamste würde das Zwei- oder Dreifache Ihres Durchschnittssatzes zahlen. 300 Euro ist eine Menge Geld aber 600 bis 900 Euro oder mehr sind ein ganz anderes Maß an Belastung für Menschen, die vielleicht schon mit der Bezahlung von Rechnungen zu kämpfen haben. Viele dieser Klienten könnten es sich einfach nicht leisten, selbst wenn sie eine Versicherung haben.

Therapeuten, die in erster Linie Spezialisten sind, könnten eine variable Honorarabrechnung in Betracht ziehen, aber ihre Situation ist anders als die eines allgemeinen Therapeuten. Spezialisten setzen in der Regel höhere Honorare für ihre Arbeit fest als der Durchschnitt. Da sie jedoch gezielte Erfahrungen bei der Vorhersage der Dauer ihrer Behandlungen sammeln können, ist es für sie auch viel einfacher, ihre Preise an die Probleme des Klienten anzupassen, wenn sie sich dafür entscheiden.

Wenn Sie sich dafür entscheiden, variable Honorare zu verwenden, empfehlen wir Ihnen, sich einen Leitfaden mit „Standardzeiten" für die verschiedenen Probleme, auf die Sie stoßen, anzufertigen. Natürlich würde dies dem allgemeinen Therapeuten viel schwerer fallen als einem Spezialisten, obwohl es möglich ist. Selbstverständlich können Sie mit Ihrer Erfahrung beginnen, ein Gefühl für die Probleme und die Dauer der Behandlung des Klienten zu bekommen und von Ihrer Intuition aus arbeiten. Aber wenn Sie das tun, empfehlen wir Ihnen, Ihren kumulativen angepassten Stundensatz genau im Auge zu behalten!

10.7: Eine abschließende Überlegung zu den Gebühren

Beim „Berechnen für Ergebnisse" geht es um ethisches Verhalten und darum, die goldene Regel wirklich zu leben, nämlich anderen das zu geben, was Sie von ihnen erwarten würden. Dieser Anhang hat gerade gezeigt, dass Sie dies tun können, während Sie noch Ihren Lebensunterhalt verdienen. Sie wissen jetzt genau, wie Sie Ihren Klienten die kleinste Gebühr in Rechnung stellen und gleichzeitig Ihr finanzielles Risiko minimieren und Ihr Einkommen maximieren können.

In der Praxis könnten Sie die Regeln für Festgebühren ein wenig verbiegen, aber zu diesem Zeitpunkt sollten Sie ein gutes Gefühl für die Kompromisse haben. So könnten Sie sich beispielsweise dafür entscheiden, für einige der „einfachen" Klienten weniger und für einige der „schwierigen" Klienten mehr zu verlangen. Oder mit einem Klienten, von dem Sie glauben, dass er fast geheilt ist, länger und mit einem Klienten, von dem Sie herausgefunden haben, dass Sie ihm nicht helfen können (und an einen Spezialisten oder eine unserer Kliniken weitergeben müssen), kürzer arbeiten. Oder Sie könnten einen Teil Ihrer Zeit für wohltätige Zwecke reservieren (eine Praxis, zu der wir Sie ermutigen und auch selbst durchführen), indem Sie mehr als das Minimum bei anderen Klienten berechnen.

Natürlich liegt es an Ihnen und den Einschränkungen, die Sie für Ihre Praxis haben, wie Sie Ihren Klienten Rechnungen stellen. Eine Bemerkung, die wir gehört haben, ist, dass der Therapeut eine Menge Versicherungsabrechnungen hat und nicht zu einer „Bezahlen für Ergebnis"-Politik mit ihnen übergehen kann. Aber haben Sie die Firma angerufen und gefragt? Schließlich ist es für die Versicherung von Vorteil, wenn Sie so arbeiten! Oder Sie könnten argumentieren, dass Sie Ihre Abrechnung nicht ändern müssen, weil es an dem Ort, an dem Sie wohnen, „illegal" ist, eine Garantie zu geben. Leider haben wir eine Reihe von Therapeuten gehabt, die dieses Argument benutzt haben, um Änderungen zu verhindern. In der Tat sind die Gesetze geschrieben, um das Problem der „Schlangenölverkäufer" zu vermeiden, die Heilmittel anbieten, die sie nicht liefern können. Es geht nicht darum, Ergebnisse in Rechnung zu stellen.

Obwohl die Art und Weise, wie ein Therapeut Gebühren erhebt, sehr persönlich ist - einige arbeiten zum Beispiel kostenlos, andere nehmen hingegen nur Spenden für ihre Arbeit entgegen - ermutigen wir unsere Therapeuten tatsächlich dazu, eine Prämie für unsere neuen, einzigartigen Behandlungen zu verlangen (mit einer „Bezahlen für Ergebnis"-Politik, und nein, das Institut bekommt nichts davon). Warum? Weil wir wollen, dass sich dieses neue Paradigma zum Wohle aller Menschen verbreitet. Die Einführung neuer Ideen oder Behandlungen ist sehr schwierig, selbst wenn es keine Paradigmenkonflikte gibt. Zum Beispiel dauerte es viele Jahre, bis erfahrene Ärzte akzeptierten, dass Geschwüre durch eine bakterielle Infektion verursacht wurden, obwohl dies durch die Behandlung mit Tetracyclin schnell und einfach nachgewiesen werden kann. Natürlich hoffen wir, dass mit der Zeit der uneigennützige Wunsch, ihren Klienten zu helfen, den Ansatz der subzellulären Psychobiologie verbreitet. Aber leider ist die Realität so, dass ein großer Motivator in einem großen Teil der westlichen Gesellschaft einfach nur Eigeninteresse ist. Daher hoffen wir, diese Motivation zu nutzen, indem wir Behandlungen anbieten, die sich auszahlen. Das wird dazu führen, dass Menschen, die normalerweise dieses Material nicht verwenden würden, unsere Ansätze für ihre eigene Arbeit übernehmen. Wenn sich unsere Modelle verbreiten, sollte dies wiederum mehr Menschen die Möglichkeit geben,

Hilfe zu erhalten, und anderen finanzielle Anreize geben, neue Behandlungen für andere Krankheiten und Probleme zu entwickeln und ziemlich schnell die Kosten für die Verbraucher zu senken und die Verbreitung in den verschiedenen staatlich unterstützten Gesundheitssystemen zu fördern.

Empfohlene Lektüre

- „Pay for Results – Statistical and Mathematical Modeling for Fee Calculations" von Dr. Grant McFetridge, auf www.PeakStates.com. Er leitet die Gleichungen und statistischen Modelle für optimale Honorare ab, die in diesem Anhang für feste und variable Honorarpreise für Therapeuten verwendet werden.

ICD-10 (Internationale Klassifikation der Krankheiten) und subzelluläre Fälle

Die unten aufgeführten ICD-10-Kategorien für psychische und Verhaltensstörungen (F00-F99) stammen von der Webseite der Weltgesundheitsorganisation. Wir haben die subzellulären Fälle für Codes gezeigt, deren Symptome wir durch eine (oder mehrere) subzelluläre Fallbehandlung erfolgreich beseitigt haben. Wir haben die ICD-Kategorien übersprungen, wenn wir die Ursache noch nicht kennen (z.B. bipolare Störung und Tic-Störung); oder wenn wir einfach noch keine Klienten gefunden haben, die diese ICD-Erkrankung hatten, um unsere Behandlungen zu testen. Viele ICD-Kategorien haben mehrere Ursachen; dies liegt daran, dass die WHO die Symptome gruppiert, ohne die Ätiologie zu verstehen.

Unabhängig von der Kategorie wird die praktische Behandlung in der Regel die Heilung von Traumata und „Kopien" umfassen. Das liegt daran, dass sie eine so große Bandbreite an kategorieübergreifenden Symptomen verursachen, dass sie oft die Ursache einer Störung sind, oder weil die Störung traumatische Folgeerscheinungen hervorgerufen hat, die nicht ignoriert werden können.

(F00–F09) Organische, einschließlich symptomatischer psychischer Störungen
- (F00) Demenz bei Alzheimer-Krankheit
- (F01) Vaskuläre Demenz
   - (F01.1) Multiinfarkt-Demenz
- (F02) Demenz bei anderenorts klassifizierten Krankheiten
   - (F02.0) Demenz bei Pick-Krankheit
   - (F02.1) Demenz bei Creutzfeldt-Jakob-Krankheit
   - (F02.2) Demenz bei Chorea Huntington
   - (F02.3) Demenz bei primärem Parkinson-Syndrom
   - (F02.4) Demenz bei HIV-Krankheit
- (F03) Nicht näher bezeichnete Demenz

(F04) Organisches amnestisches Syndrom, nicht durch Alkohol oder andere psychotrope Substanzen bedingt

(F05) Delir, nicht durch Alkohol oder andere psychotrope Substanzen bedingt

(F06) Andere psychische Störungen aufgrund einer Schädigung oder Funktionsstörung des Gehirns oder einer körperlichen Krankheit

    (F06.0) Organische Halluzinose

    (F06.1) Organische katatone Störung

    (F06.2) Organische wahnhafte (schizophreniforme) Störung

    (F06.3) Organische affektive Störungen

    (F06.4) Organische Angststörung

    (F06.5) Organische dissoziative Störung

    (F06.6) Organische emotional labile (asthenische) Störung

    (F06.7) Leichte kognitive Störung

    (F06.8) Sonstige näher bezeichnete organische psychische Störungen aufgrund einer Schädigung oder Funktionsstörung des Gehirns oder einer körperlichen Krankheit

    (F06.9) Nicht näher bezeichnete organische psychische Störung aufgrund einer Schädigung oder Funktionsstörung des Gehirns oder einer körperlichen Krankheit inkl. Hirnorganisches Syndrom o.n.A.

(F07) Persönlichkeits- und Verhaltensstörung aufgrund einer Krankheit, Schädigung oder Funktionsstörung des Gehirns

    (F07.0) Organische Persönlichkeitsstörung

    (F07.1) Postenzephalitisches Syndrom

--------- *Siehe subzellulärer Fall: Hirnschäden Seite 207*

    (F07.2) Organisches Psychosyndrom nach Schädelhirntrauma

    (F07.8) Sonstige organische Persönlichkeits- und Verhaltensstörungen aufgrund einer Krankheit, Schädigung oder Funktionsstörung des Gehirns

    (F07.9) Nicht näher bezeichnete organische Persönlichkeits- und Verhaltensstörung aufgrund einer Krankheit, Schädigung oder Funktionsstörung des Gehirns

(F09) Nicht näher bezeichnete organische oder symptomatische psychische Störung

(F10–F19) Psychische und Verhaltensstörungen durch psychotrope Substanzen

Siehe Anwendung: Suchterkrankungen Seite 283.

(F10) Psychische und Verhaltensstörungen durch Alkohol

(F11) Psychische und Verhaltensstörungen durch Opioide

(F12) Psychische und Verhaltensstörungen durch Cannabinoide

(F13) Psychische und Verhaltensstörungen durch Sedativa oder Hypnotika

(F14) Psychische und Verhaltensstörungen durch Kokain

(F15) Psychische und Verhaltensstörungen durch andere Stimulanzien, einschließlich Koffein

------ *Siehe Anwendung: Halluzinogene Seite 88.*

(F16) Psychische und Verhaltensstörungen durch Halluzinogene

(F17) Psychische und Verhaltensstörungen durch Tabak

(F18) Psychische und Verhaltensstörungen durch flüchtige Lösungsmittel

(F19) Psychische und Verhaltensstörungen durch multiplen Substanzgebrauch und Konsum anderer psychotroper Substanzen

Hinweis: Die folgenden Bedingungen sind Untertypen jedes Codes aus F10–19:

(F1x.0) Akute Intoxikation

(F1x.1) Schädlicher Gebrauch

(F1x.2) Abhängigkeitssyndrom

(F1x.3) Entzugssyndrom

(F1x.4) Entzugssyndrom mit Delir

(F1x.5) Psychotische Störung

(F1x.6) Amnestisches Syndrom

(F1x.7) Restzustand und verzögert auftretende psychotische Störung

(F1x.8) Sonstige psychische und Verhaltensstörungen

(F1x.9) Nicht näher bezeichnete psychische und Verhaltensstörung

(F20–F29) Schizophrenie, schizotype und wahnhafte Störungen
Siehe subzellulärer Fall: Ribosomalstimmen Seite 144.

(F20) Schizophrenie

(F20.0) Paranoide Schizophrenie

(F20.1) Hebephrene Schizophrenie (Desintegrative Schizophrenie)

(F20.2) Katatone Schizophrenie

(F20.3) Undifferenzierte Schizophrenie

(F20.4) Postschizophrene Depression

(F20.5) Schizophrenes Residuum

(F20.6) Schizophrenia simplex

(F20.8) Sonstige Schizophrenie

- Schizophreniform: Psychose o.n.A.
- Schizophreniform: Störung o.n.A.
- Zönästhetische (zönästhopathische) Schizophrenie

(F20.9) Schizophrenie, nicht näher bezeichnet

(F21) Schizotype Störung

(F22) Anhaltende wahnhafte Störungen

------ **S*iehe Sonderfall: Archetypische Bilder Seite 203***

(F22.0) Wahnhafte Störung

(F22.8) Sonstige anhaltende wahnhafte Störungen

- Paranoides Zustandsbild im Involutionsalter
- Querulantenwahn (Paranoia querulans)
- Wahnhafte Dysmorphophobie

(F22.9) Anhaltende wahnhafte Störung, nicht näher bezeichnet

Siehe Anwendung: Spiritueller Notfall Seite 303. (Beachten Sie, dass dieser Fall nicht auf alle wahnhaften Störungen zutrifft).

(F23) Akute vorübergehende psychotische Störungen

(F23.0) Akute polymorphe psychotische Störung ohne Symptome einer Schizophrenie

(F23.1) Akute polymorphe psychotische Störung mit Symptomen einer Schizophrenie

(F23.2) Akute schizophreniforme psychotische Störung

(F23.3) Sonstige akute vorwiegend wahnhafte psychotische Störungen

(F23.8) Sonstige akute vorübergehende psychotische Störungen

(F23.9) Akute vorübergehende psychotische Störung, nicht näher bezeichnet

Siehe subzellulärer Fall: S-Löcher Seite 151; virale Netzkopfschmerzen Seite 250.

(F24) Induzierte wahnhafte Störung

- Folie à deux
- Induziert: paranoide Störung
- Induziert: psychotische Störung

(F25) Schizoaffektive Störungen

(F25.0) Schizoaffektive Störung, gegenwärtig manisch

(F25.1) Schizoaffektive Störung, gegenwärtig depressiv

(F25.2) Gemischte schizoaffektive Störung

(F25.8) Sonstige schizoaffektive Störungen

(F25.9) Schizoaffektive Störung, nicht näher bezeichnet

(F28) Sonstige nichtorganische psychotische Störungen

- Chronisch halluzinatorische Psychose

(F29) Nicht näher bezeichnete nichtorganische Psychose

(F30–F39) Affektive Störungen

(F30) Manische Episode

(F30.0) Manische Episode

(F30.1) Manie ohne psychotische Symptome

(F30.2) Manie mit psychotischen Symptomen

(F30.8) Sonstige manische Episoden

(F30.9) Manische Episode, nicht näher bezeichnet

(F31) Bipolare affektive Störung

(F31.0) Bipolare affektive Störung, gegenwärtig hypomanische Episode

(F31.1) Bipolare affektive Störung, gegenwärtig manische Episode ohne psychotische Symptome

(F31.2) Bipolare affektive Störung, gegenwärtig manische Episode mit psychotischen Symptomen

(F31.3) Bipolare affektive Störung, gegenwärtig leichte oder mittelgradige depressive Episode

(F31.4) Bipolare affektive Störung, gegenwärtig schwere depressive Episode ohne psychotische Symptome

(F31.5) Bipolare affektive Störung, gegenwärtig schwere depressive Episode mit psychotischen Symptomen

(F31.6) Bipolare affektive Störung, gegenwärtig gemischte Episode

(F31.7) Bipolare affektive Störung, gegenwärtig remittiert

(F31.8) Sonstige bipolare affektive Störungen

(F31.9) Bipolare affektive Störung, nicht näher bezeichnet

- Bipolare II-Erkrankung
- Wiederkehrende manische Episoden o.n.A.

Siehe subzellulärer Fall: Seelenverlust Seite 148.

(F32) Depressive Episode

(F32.0) Leichte depressive Episode

(F32.1) Mittelgradige depressive Episode

(F32.2) Schwere depressive Episode ohne psychotische Symptome

(F32.3) Schwere depressive Episode mit psychotischen Symptomen

(F32.8) Sonstige depressive Episoden

- Atypische Depression
- Einzelne Episoden der "larvierten" Depression o.n.A.

(F32.9) Depressive Episode, nicht näher bezeichnet

Siehe Anwendung: Depression Seite 286. Siehe subzellulärer Fall: Seelenverlust Seite 148

(F33) Rezidivierende depressive Störung

(F33.0) Rezidivierende depressive Störung, gegenwärtig leichte Episode

(F33.1) Rezidivierende depressive Störung, gegenwärtig mittelgradige Episode

(F33.2) Rezidivierende depressive Störung, gegenwärtig schwere Episode ohne psychotische Symptome

(F33.3) Rezidivierende depressive Störung, gegenwärtig schwere Episode mit psychotischen Symptomen

(F33.4) Rezidivierende depressive Störung, gegenwärtig remittiert

(F33.8) Sonstige rezidivierende depressive Störungen

(F33.9 Rezidivierende depressive Störung, nicht näher bezeichnet

(F34) Anhaltende affektive Störungen

(F34.0) Zyklothymia

--------- *Siehe Anwendung: Depression Seite 286. Siehe subzellulärer Fall: Seelenverlust Seite 148; gedämpfte Emotionen Seite 223.*

(F34.1) Dysthymia

(F34.8) Sonstige anhaltende affektive Störungen

(F34.9) Anhaltende affektive Störung, nicht näher bezeichnet

(F38) Andere affektive Störungen

(F38.0) Andere einzelne affektive Störungen

Gemischte affektive Episode

(F38.1) Andere rezidivierende affektive Störungen

Rezidivierende kurze depressive Episoden

(F38.8) Sonstige näher bezeichnete affektive Störungen

(F39) Nicht näher bezeichnete affektive Störung

(F40–F48) Neurotische, Belastungs- und somatoforme Störungen
Siehe Anwendung: Angst/Furcht Seite 285.

(F40) Phobische Störungen

(F40.01) Agoraphobie

(F40.1) Soziale Phobien

- Anthropophobie
- Soziale Neurose

(F40.2) Spezifische (isolierte) Phobien

- Akrophobie
- Einfache Phobie
- Klaustrophobie
- Tierphobien

(F40.8) Sonstige phobische Störungen

(F40.9) Phobische Störung, nicht näher bezeichnet

- Phobie o.n.A.
- Phobischer Zustand o.n.A.

Siehe Anwendung: Angst/Furcht Seite 285.

(F41) Andere Angststörungen

(F41.0) Panikstörung (episodisch paroxysmale Angst)

(F41.1) Generalisierte Angststörung

(F42) Zwangsstörung

Siehe subzellulärer Fall: biographisches Trauma Seite 120; Generationentrauma Seite 128.

(F43) Reaktionen auf schwere Belastungen und Anpassungsstörungen

(F43.0) Akute Belastungsreaktion

(F43.1) Posttraumatische Belastungsstörung

------- *Siehe subzellulärer Fall: Sippenblockade Seite 154; Selbstsäule – hohl Seite169.*

(F43.2) Anpassungsstörungen

Siehe Generations-Trauma Seite 128.

(F44) Dissoziative Störungen [Konversionsstörungen]
------- *Siehe subzellulärer Fall: Multiple Persönlichkeitsstörung Seite 236.*
↓   (F44.0) Dissoziative Amnesie
      (F44.1) Dissoziative Fugue
      (F44.2) Dissoziativer Stupor
-------*Siehe subzellulärer Fall: Ribosomalstimmen Seite 144. Siehe Anwendung: bösartige Empfindungen Seite 304.*
↓   (F44.3) Trance- und Besessenheitszustände
      (F44.4) Dissoziative Bewegungsstörungen
      (F44.5) Dissoziative Krampfanfälle
      (F44.6) Dissoziative Sensibilitäts- und Empfindungsstörungen
      (F44.7) Dissoziative Störungen (Konversionsstörungen), gemischt
------- *Siehe subzellulärer Fall: Multiple Persönlichkeitsstörung Seite 236.*
      (F44.8) Sonstige dissoziative Störungen (Konversionsstörungen)
- Ganser-Syndrom
- Multiple Persönlichkeit(sstörung)
------- *Siehe subzellulärer Fall: Blasen Seite 218.*
↓   (F44.9) Dissoziative Störung (Konversionsstörung), nicht näher bezeichnet
Siehe subzellulärer Fall: Insektenähnliche Parasiten-Probleme Seite 165; biographisches Trauma Seite 120; Kopie Seite 137; Chakra-Problem Seite 215. Medizinische Ursachen: systemische Candidainfektion.
(F45) Somatoforme Störungen
      (F45.0) Somatisierungsstörung
- Briquet-Syndrom
- Multiple psychosomatische Störung
      (F45.1) Undifferenzierte Somatisierungsstörung
      (F45.2) Hypochondrische Störung
- Dysmorphophobie (nicht wahnhaft)
- Hypochondrie
- Hypochondrische Neurose
- Körperdysmorphophobe Störung
- Nosophobie
     (F45.3) Somatoforme autonome Funktionsstörung
- Herzneurose
- Da-Costa-Syndrom
- Magenneurose
- Neurozirkulatorische Asthenie
------- *Siehe subzellulärer Fall: Fluch Seite 175.*
      (F45.4) Anhaltende Schmerzstörung
- Psychalgie
↓   (F45.8) Sonstige somatoforme Störungen
      (F45.9) Somatoforme Störung, nicht näher bezeichnet
(F48) Andere neurotische Störungen

-----S*iehe Chronisches Müdigkeitssyndrom in „Peak States of Consciousness", Vol 3*
(F48.0) Neurasthenie
-----*Siehe subzellulärer Fall: OBE aufgrund eines Traumas (biographisch, generationsbezogen, Körperhirnassoziation) Seite 117*
(F48.1) Depersonalisations-und Derealisationssyndrom
(F48.8) Sonstige neurotische Störungen
- Dhat-Syndrom
- Beschäftigungsneurose, einschließlich Schreibkrämpfen
- Psychasthenie
- Psychasthenische Neurose
- Psychogene Synkope
(F48.9) Neurotische Störung, nicht näher bezeichnet
- Neurose o.n.A.

(F50–F59) Verhaltensauffälligkeiten mit körperlichen Störungen und Faktoren
(F50) Essstörungen
(F50.0) Anorexia nervosa, restriktiver Typ
(F50.1) Atypische Anorexia nervosa
(F50.2) Bulimia nervosa
(F50.3) Atypische Bulimia nervosa
(F50.4) Essattacken bei anderen psychischen Störungen
(F50.5) Erbrechen bei anderen psychischen Störungen
(F50.8) Andere Essstörungen
- Sonstige Essstörungen
(F50.9) Essstörung, nicht näher bezeichnet
Siehe subzellulärer Fall: Kundalini Seite 232; biographisches Trauma Seite 120. Siehe Anwendungen: Träume Seite 287.
(F51) Nichtorganische Schlafstörungen
(F51.0) Nichtorganische Insomnie
(F51.1) Nichtorganische Hypersomnie
(F51.2) Nichtorganische Störung des Schlaf-Wach-Rhythmus
(F51.3) Schlafwandeln [Somnambulismus]
(F51.4) Pavor nocturnus
(F51.5) Albträume [Angstträume]

Siehe subzellulärer Fall: Strippen Seite 141; Biographisch (nach der Geburt oder Empfängnis/ Koaleszenztrauma) Seite 120. Siehe Anwendungen: Beziehungen Seite 293.

(F52) Sexuelle Funktionsstörungen, nicht verursacht durch eine organische Störung oder Krankheit

    (F52.0) Mangel oder Verlust von sexuellem Verlangen
- Frigidität
- Sexuelle Hypoaktivität

    (F52.1) Sexuelle Aversion und mangelnde sexuelle Befriedigung
- Sexuelle Anhedonie

    (F52.2) Versagen genitaler Reaktionen
- Störung der sexuellen Erregung bei der Frau
- Erektionsstörung (beim Mann)
- Psychogene Impotenz

    (F52.3) Orgasmusstörung
- Gehemmter Orgasmus (weiblich) (männlich)
- Psychogene Anorgasmie

    (F52.4) Ejaculatio praecox

    (F52.5) Nichtorganischer Vaginismus

    (F52.6) Nichtorganische Dyspareunie

    (F52.7) Gesteigertes sexuelles Verlangen

    (F52.9) Nicht näher bezeichnete sexuelle Funktionsstörung, nicht verursacht durch eine organische Störung oder Krankheit

(F53) Psychische oder Verhaltensstörungen im Wochenbett, anderenorts nicht klassifiziert

    (F53.0) Leichte psychische und Verhaltensstörungen im Wochenbett, anderenorts nicht klassifiziert
- Depression: postnatal o.n.A.
- Depression: postpartal o.n.A.

    (F53.1) Schwere psychische und Verhaltensstörungen im Wochenbett, anderenorts nicht klassifiziert
- Puerperalpsychose o.n.A.

(F54) Psychologische Faktoren oder Verhaltensfaktoren bei anderenorts klassifizierten Krankheiten

(F55) Schädlicher Gebrauch von nichtabhängigkeitserzeugenden Substanzen

(F59) Nicht näher bezeichnete Verhaltensauffälligkeiten bei körperlichen Störungen und Faktoren

(F60–F69) Persönlichkeits- und Verhaltensstörungen

(F60) Spezifische Persönlichkeitsstörungen

    (F60.0) Paranoide Persönlichkeitsstörung

    (F60.1) Schizoide Persönlichkeitsstörung

--------- *Siehe subzellulärer Fall: Dreifachhirnsperre Seite 248.*

(F60.2) Dissoziale Persönlichkeitsstörung

* Persönlichkeit(sstörung): antisozial

--------- *Siehe subzellulärer Fall: S-Löcher Seite 151; virales Netz Seite 250.*

F(60.3) Emotional instabile Persönlichkeitsstörung

* Borderline personality disorder

↓   (F60.4) Histrionische Persönlichkeitsstörung

(F60.5) Anankastische Persönlichkeitsstörung

* Zwanghafte Persönlichkeitsstörung

--------- *Siehe subzellulärer Fall: Angst/Furcht Seite 285.*

↓   (F60.6) Ängstliche (vermeidende) Persönlichkeitsstörung

(F60.7) Abhängige (asthenische) Persönlichkeitsstörung

--------- *Siehe subzellulärer Fall: Egoismus-Ring Seite 241,*
                               Saugendes Loch Seite 151.

↓   (F60.8) Sonstige spezifische Persönlichkeitsstörungen

* Exzentrisch
* Haltlos
* Unreif
* Narzisstisch
* Passiv-aggressiv
* Psychoneurotisch

--------- *Siehe subzellulärer Fall: Dreifachhirnsperre Seite 248.*

↓   (F60.9) Persönlichkeitsstörung, nicht näher bezeichnet

(F61) Kombinierte und andere Persönlichkeitsstörungen

Siehe subzellulärer Fall: Multiple Persönlichkeitsstörung Seite 236;
biographisches Trauma Seite 120.

(F62) Andauernde Persönlichkeitsänderungen, nicht Folge einer
Schädigung oder Krankheit des Gehirns

Siehe subzellulärer Fall: Körperhirnassoziationen Seite 124.

(F63) Abnorme Gewohnheiten und Störungen der Impulskontrolle

(F63.0) Pathologisches Spielen

(F63.1) Pathologische Brandstiftung [Pyromanie]

(F63.2) Pathologisches Stehlen [Kleptomanie]

(F63.3) Trichotillomanie

(F64) Störungen der Geschlechtsidentität

(F64.0) Transsexualismus

(F64.1)   Transvestitismus   unter   Beibehaltung   beider
Geschlechtsrollen

(F64.2) Störung der Geschlechtsidentität des Kindesalters

(F65) Störungen der Sexualpräferenz

(F65.0) Fetischismus

(F65.1) Fetischistischer Transvestitismus

(F65.2) Exhibitionismus

(F65.3) Voyeurismus

(F65.4) Pädophilie

(F65.5) Sadomasochismus

(F65.6) Multiple Störungen der Sexualpräferenz

(F65.8) Sonstige Störungen der Sexualpräferenz

- Zoophilie
- Frotteurismus
- Nekrophilie

(F66) Psychische und Verhaltensstörungen in Verbindung mit der sexuellen Entwicklung und Orientierung

(F66.0) Sexuelle Reifungskrise

(F66.1) Ichdystone Sexualorientierung

(F66.2) Sexuelle Beziehungsstörung

(F66.8) Sonstige psychische und Verhaltensstörungen in Verbindung mit der sexuellen Entwicklung und Orientierung

(F66.9) Psychische und Verhaltensstörung in Verbindung mit der sexuellen Entwicklung und Orientierung, nicht näher bezeichnet

(F68) Andere Persönlichkeits- und Verhaltensstörungen

(F68.0) Entwicklung körperlicher Symptome aus psychischen Gründen

(F68.1) Artifizielle Störung (absichtliches Erzeugen oder Vortäuschen von körperlichen oder psychischen Symptomen oder Behinderungen)

- Münchhausen-Syndrom

(F68.8) Sonstige näher bezeichnete Persönlichkeits- und Verhaltensstörungen

(F69) Nicht näher bezeichnete Persönlichkeits- und Verhaltensstörung

(F70-F79) Geistige Retardierung
Siehe subzellulärer Fall: Hirnschäden Seite 207; Pilzparasiten Seite 22; Blasen Seite 218.

(F70) Leichte Intelligenzminderung

(F71) Mittelgradige Intelligenzminderung

(F72) Schwere Intelligenzminderung

(F73) Schwerste Intelligenzminderung

(F78) Andere Intelligenzminderung

(F79) Nicht näher bezeichnete Intelligenzminderung

(F80-F89) Störungen der psychischen Entwicklung
Siehe subzellulärer Fall: Asperger-Syndrom Seite 205; Hirnschaden Seite 207; zerschmetterte Kristalle (Aufmerksamkeitsdefizitstörung) Seite 243; siehe Blasen Seite 218.

(F80) Umschriebene Entwicklungsstörungen des Sprechens und der Sprache

(F80.0) Artikulationsstörung

(F80.1) Artikulationsstörung

(F80.2) Rezeptive Sprachstörung

- Dysphasie oder Aphasie, rezeptiver Typ

(F80.3) Erworbene Aphasie mit Epilepsie [Landau-Kleffner-Syndrom])

(F80.8) Sonstige Entwicklungsstörungen des Sprechens oder der Sprache

- Lispeln

(F80.9) Entwicklungsstörung des Sprechens oder der Sprache, nicht näher bezeichnet

(F81) Umschriebene Entwicklungsstörungen schulischer Fertigkeiten

(F81.0) Lese- und Rechtschreibstörung

- Dyslexie

(F81.1) Isolierte Rechtschreibstörung

(F81.2) Rechenstörung

- Entwicklungs-Akalkulie
- Entwicklungsbedingtes Gerstmann-Syndrom

(F81.3) Kombinierte Störungen schulischer Fertigkeiten

(F81.8) Sonstige Entwicklungsstörungen schulischer Fertigkeiten

(F81.9) Entwicklungsstörung schulischer Fertigkeiten, nicht näher bezeichnet

(F82) Umschriebene Entwicklungsstörung der motorischen Funktionen

- Entwicklungsbedingte Koordinationsstörung

(F83) Kombinierte umschriebene Entwicklungsstörungen

(F84) Tief greifende Entwicklungsstörungen

(F84.0) Frühkindlicher Autismus

(F84.1) Atypischer Autismus

(F84.2) Rett-Syndrom

(F84.3) Andere desintegrative Störung des Kindesalters

(F84.4) Überaktive Störung mit Intelligenzminderung und Bewegungsstereotypien

(F84.5) Asperger-Syndrom

(F88) Andere Entwicklungsstörungen

(F89) Nicht näher bezeichnete Entwicklungsstörung

F90-F98) Verhaltens- und emotionale Störungen, die in der Regel in der Kindheit und Jugend auftreten

Siehe subzellulärer Fall: zerschmetterte Kristalle (Aufmerksamkeitsdefizitstörung) Seite 243.

(F90) Hyperkinetische Störungen

(F90.0) Einfache Aktivitäts- und Aufmerksamkeitsstörung

- Aufmerksamkeitsdefizit bei: hyperaktivem Syndrom
- Aufmerksamkeitsdefizit bei: Hyperaktivitätsstörung
- Aufmerksamkeitsdefizit bei: Störung mit Hyperaktivität

(F90.1) Hyperkinetische Störung des Sozialverhaltens

(F90.8) Sonstige hyperkinetische Störungen

(F90.9) Hyperkinetische Störung, nicht näher bezeichnet

(F91) Störungen des Sozialverhaltens

(F91.0) Auf den familiären Rahmen beschränkte Störung des Sozialverhaltens

(F91.1) Störung des Sozialverhaltens bei fehlenden sozialen Bindungen

(F91.2) Störung des Sozialverhaltens bei vorhandenen sozialen Bindungen

(F91.3) Störung des Sozialverhaltens mit oppositionellem, aufsässigem Verhalten

(F91.8) Sonstige Verhaltensstörungen

(F91.9) Störung des Sozialverhaltens, nicht näher bezeichnet

(F92) Kombinierte Störung des Sozialverhaltens und der Emotionen

(F92.0) Störung des Sozialverhaltens mit depressiver Störung

(F92.8) Sonstige kombinierte Störung des Sozialverhaltens und der Emotionen

(F92.9) Kombinierte Störung des Sozialverhaltens und der Emotionen, nicht näher bezeichnet

(Siehe subzellulärer Fall: biografisches Trauma (Missbrauch, pränatales Trauma usw.) Seite 120; Körperhirnassoziationstrauma (Abhängigkeit von einer Emotion der Bezugsperson) Seite 124; siehe Kopien Seite 137.

(F93) Emotionale Störungen des Kindesalters

(F93.0) Emotionale Störung mit Trennungsangst des Kindesalters

(F93.1) Phobische Störung des Kindesalters

(F93.2) Störung mit sozialer Ängstlichkeit des Kindesalters

(F93.3) Emotionale Störung mit Geschwisterrivalität

(F93.8) Sonstige emotionale Störungen des Kindesalters

- Identitätsstörung
- Störung mit Überängstlichkeit

(F93.9) Emotionale Störung des Kindesalters, nicht näher bezeichnet

Siehe subzellulärer Fall: Asperger-Syndrom Seite 205; biographisches Trauma Seite 120.

(F94) Störungen sozialer Funktionen mit Beginn in der Kindheit und Jugend

(F94.0) Elektiver Mutismus

(F94.1) Reaktive Bindungsstörung des Kindesalters

------- *Siehe subzellulärer Fall: S-Löcher Seite 151.*

(F94.2) Bindungsstörung des Kindesalters mit Enthemmung

(F94.8) Andere Störungen des sozialen Verhaltens in der Kindheit

(F94.9) Störung sozialer Funktionen mit Beginn in der Kindheit, nicht näher bezeichnet

(F95) Ticstörungen

(F95.0) Vorübergehende Ticstörung

(F95.1) Chronische motorische oder vokale Ticstörung

(F95.2) Kombinierte vokale und multiple motorische Tics [Tourette-Syndrom]

(F95.8) Sonstige Ticstörungen

(F95.9) Ticstörung, nicht näher bezeichnet

(F98) Andere Verhaltens- und emotionale Störungen mit Beginn in der Kindheit und Jugend

(F98.0) Nichtorganische Enuresis

(F98.1) Nichtorganische Enkopresis

(F98.2) Fütterstörung im frühen Kindesalter

(F98.3) Pica im Kindesalter

(F98.4) Stereotype Bewegungsstörungen

(F98.5) Stottern (Stammeln)

(F98.6) Poltern

(F98.8) Sonstige näher bezeichnete Verhaltens- und emotionale Störungen mit Beginn in der Kindheit und Jugend

- Daumenlutschen
- Exzessive Masturbation
- Nägelkauen
- Nasebohren

(F98.9) Nicht näher bezeichnete Verhaltens- oder emotionale Störungen mit Beginn in der Kindheit und Jugend

Anmerkung: Diese Kategorie könnte eine große Bandbreite von Traumata, subzellulären Fällen oder Parasitenproblemen abdecken.

↓   (F99) Psychische Störung ohne nähere Angabe

(G40-G47) Episodische und paroxysmale Krankheiten des Nervensystems

Siehe subzellulärer Fall: virales Netz Seite 250. Siehe Anwendung: Kopfschmerzen Seite 289.

(G43) Migräne
(G43.0) Migräne ohne Aura [Gewöhnliche Migräne]
(G43.1) Migräne mit Aura [Klassische Migräne]
Migräne:
- Aura ohne Kopfschmerz
- basilär
- familiär-hemiplegisch
- mit:
  - o akut einsetzender Aura
  - o prolongierter Aura
  - o typischer Aura

(G43.2) Status migraenosus
(G43.3) Komplizierte Migräne
(G43.8) Sonstige Migräne (Ophthalmoplegische Migräne
Retinale Migräne)
(G43.9) Migräne, nicht näher bezeichnet

(G44) Sonstige Kopfschmerzsyndrome
Ausser:
- Atypischer Gesichtsschmerz (G50.1)
- Kopfschmerz o.n.A. (R51)
- Trigeminusneuralgie (G50.0)

(G44.0) Cluster-Kopfschmerz (Chronische paroxysmale
Hemikranie)
Cluster-Kopfschmerz:
- chronisch
- episodisch

(G44.1) Vasomotorischer Kopfschmerz, anderenorts nicht
klassifiziert (Vasomotorischer Kopfschmerz o.n.A.)
(G44.2) Spannungskopfschmerz (Chronischer
Spannungskopfschmerz, Episodischer Spannungskopfschmerz,
Spannungskopfschmerz o.n.A.)
(G44.3) Chronischer posttraumatischer Kopfschmerz
(G44.4) Arzneimittelinduzierter Kopfschmerz, anderenorts nicht
klassifiziert (Soll die Substanz angegeben werden, ist eine
zusätzliche Schlüsselnummer (Kapitel XX) zu benutzen.)
(G44.8) Sonstige näher bezeichnete Kopfschmerzsyndrome

(R20-R23) Symptome, die die Haut und das Unterhautgewebe betreffen
(R20) Sensibilitätsstörungen der Haut
Exkl:
- Dissoziative Sensibilitäts- und Empfindungsstörungen
  (F44.6)
- Psychogene Störungen (F45.8)

(R20.0) Anästhesie der Haut

(R20.1) Hypästhesie der Haut

--------- *Siehe subzellulärer Fall: insektenähnliche Parasiten Seite 165.*

(R20.2) Parästhesie der Haut (Ameisenlaufen, Kribbelgefühl, Nadelstichgefühl)

Exkl: Akroparästhesie (I73.8)

(R20.3) Hyperästhesie der Haut

(R20.8) Sonstige und nicht näher bezeichnete Sensibilitätsstörungen der Haut

(R40-R46) Symptome und Zeichen, die Kognition, Wahrnehmung, emotionalen Zustand und Verhalten betreffen

(Exkl: Als Teil des Symptombildes einer psychischen Störung))

(R40) Somnolenz, Sopor und Koma (Exkl: Koma)

(R40.0) Somnolenz (Benommenheit)

(R40.1) Sopor (Semikoma)

Exklusive: Stupor

- kataton (F20.2)
- depressive (F31-F33)
- dissoziativ (F44.2)
- manisch (F30.2)

(R40.2) Koma, nicht näher bezeichnet (Bewusstlosigkeit o.n.A.)

(R41) Sonstige Symptome, die das Erkennungsvermögen und das Bewusstsein betreffen

Exkl: Dissoziative Störungen [Konversionsstörungen] (F44.-)

--------- *Siehe subzellulärer Fall: Selbstsäule-Blasen Seite 218*

(R41.0) Orientierungsstörung, nicht näher bezeichnet (Verwirrtheit o.n.A)

Exkl: Psychogene Orientierungsstörung (F44.8)

(R41.1) Anterograde Amnesie

(R41.2) Retrograde Amnesie

(R41.3) Sonstige Amnesie, Amnesie o.n.A.

Exkl: Amnestisches Syndrom:

- Amnestisches Syndrom: durch Einnahme psychotroper Substanzen.6)
- organisch (F04)
- Transiente globale Amnesie (G45.4)

(R41.8) Sonstige und nicht näher bezeichnete Symptome, die das Erkennungsvermögen und das Bewusstsein betreffen

Siehe subzellulärer Fall: Schwindel Seite 197.

(R42) Schwindel und Taumel (inkl: Vertigo o.n.A.)

Exkl: Schwindelsyndrome (H81.-)

(R43) Störungen des Geruchs- und Geschmackssinnes

(R43.0) Anosmie

(R43.1) Parosmie

(R43.2) Parageusie

(R43.8) Sonstige und nicht näher bezeichnete Störungen des Geruchs- und Geschmackssinnes (Kombinierte Störung des Geruchs- und Geschmackssinnes)

Siehe subzellulärer Fall: Ribosomalstimmen Seite 144.

(R44) Sonstige Symptome, die die Sinneswahrnehmungen und das Wahrnehmungsvermögen betreffen

    Exkl: Sensibilitätsstörungen der Haut (R20.-)

    (R44.0) Akustische Halluzinationen

    (R44.1) Optische Halluzinationen

    (R44.2) Sonstige Halluzinationen

    (R44.3) Halluzinationen, nicht näher bezeichnet

    (R44.8) Sonstige und nicht näher bezeichnete Symptome, die die Sinneswahrnehmungen und das Wahrnehmungsvermögen betreffen

Siehe subzellulärer Fall: biographisches Trauma Seite 120; Generationstrauma Seite 128.

(R45) Symptome, die die Stimmung betreffen)

    (R45.0) Nervosität (Nervöser Spannungszustand)

    (R45.1) Ruhelosigkeit und Erregung

    (R45.2) Unglücklichsein (Sorgen o.n.A.)

    (R45.3) Demoralisierung und Apathie

    (R45.4) Reizbarkeit und Wut

    (R45.5) Feindseligkeit

    (R45.6) Körperliche Gewalt

    (R45.7) Emotioneller Schock oder Stress, nicht näher bezeichnet

Siehe subzellulärer Fall: Suizidgedanken Seite 296.

    R45.8) Sonstige Symptome, die die Stimmung betreffen

    (Suizidalität (Suizidgedanken))

        Exkl: Im Rahmen einer psychischen oder Verhaltensstörung (F00-F99)

(R46) Symptome, die das äußere Erscheinungsbild und das Verhalten betreffen

    (R46.0) Stark vernachlässigte Körperpflege

    (R46.1) Besonders auffälliges äußeres Erscheinungsbild

    (R46.2) Seltsames und unerklärliches Verhalten

    (R46.3) Hyperaktivität

    (R46.4) Verlangsamung und herabgesetztes Reaktionsvermögen

    Exkl: Stupor (R40.1)

    (R46.5) Misstrauen oder ausweichendes Verhalten

    (R46.6) Unangemessene Betroffenheit und Beschäftigung mit Stressereignissen

    (R46.7) Wortschwall und/oder umständliche Detailschilderung, die die Gründe für eine Konsultation oder Inanspruchnahme verschleiern

(R46.8) Sonstige Symptome, die das äußere Erscheinungsbild und das Verhalten betreffen (Vernachlässigung der eigenen Person o.n.A.)

Exkl: Ungenügende Aufnahme von Nahrung und Flüssigkeit (infolge Vernachlässigung der eigenen Person) (R63.6)

(R50-R69) Allgemeine Symptome und Anzeichen
Siehe subzellulärer Fall: virales Netz Seite 250 Siehe Anwendungen: Kopfschmerzen Seite 289.

(R51) Kopfschmerz
Inkl.: Gesichtsschmerz o.n.A.
Exkl.: Atypischer Gesichtsschmerz (G50.1); Migräne und sonstige Kopfschmerzsyndrome G43-G44); Trigeminusneuralgie (G50.0)

Siehe subzellulärer Fall: insektenähnliche Parasiten Seite 165; Kronenhirnstrukturen Seite 172; Chakra-Problem Seite 215. Siehe Anwendungen: Schmerz (chronisch) Seite 290.

(R52) Schmerz, anderenorts nicht klassifiziert
Inkl.: Schmerz, der keinem bestimmten Organ oder keiner bestimmten Körperregion zugeordnet werden kann
Exkl.: Chronisches Schmerzsyndrom mit andauernder Persönlichkeitsänderung,
Kopfschmerz (R51), Schmerzen in: Abdomen (R10.-); Rücken (M54.9); Mamma (N64.4); Brust (R07.1-R07.4); Ohr (H92.0); Auge (H57.1); Gelenk (M25.5); Extremität (M79.6); Lumbalregion (M54.5); Becken und Damm (R10.2); psychogen (F45.4); Schulter (M75.8); Wirbelsäule (M54.-); Hals (R07.0); Zunge (K14.6); Zahn (K08.8); Nierenkolik (N23)

(R52.0) Akuter Schmerz
(R52.1) Chronischer unbeeinflussbarer Schmerz
(R52.2) Sonstiger chronischer Schmerz
(R52.9) Schmerz, nicht näher bezeichnet
Diffuser Schmerz o.n.A.

(Z80-Z99) Personen mit potenziellen Gesundheitsrisiken im Zusammenhang mit der familiären und persönlichen Geschichte und bestimmten Bedingungen, die den Gesundheitszustand beeinflussen
(Z91) Risikofaktoren in der Eigenanamnese, anderenorts nicht klassifiziert
Exkl: Exposition gegenüber Verunreinigung oder andere Probleme mit Bezug auf die physikalische Umwelt (Z58.-); Berufliche Exposition gegenüber Risikofaktoren (Z57.-); Missbrauch einer psychotropen Substanz in der Eigenanamnese (Z86.4)

(Z91.0) Allergie, ausgenommen Allergie gegenüber Arzneimitteln, Drogen oder biologisch aktiven Substanzen in der Eigenanamnese
Exkl.: Allergie gegenüber Arzneimitteln, Drogen oder biologisch aktiven Substanzen in der Eigenanamnese (Z88.-)

(Z91.1) Nichtbefolgung ärztlicher Anordnungen [Non-compliance] in der Eigenanamnese

--------- *Siehe subzellulärer Fall: Suizidgedanken Seite 296.*

(Z91.8) Sonstige näher bezeichnete Risikofaktoren in der Eigenanamnese, anderenorts nicht klassifiziert

- Mangelhafte persönliche Hygiene
- Missbrauch o.n.A.
- Misshandlung o.n.A.
- Parasuizid
- Psychisches Trauma
- Selbstbeschädigung und andere Körperverletzung
- Selbstvergiftung
- Ungesunder Schlaf-Wach-Rhythmus
- Versuchte Selbsttötung

Glossar

Apex-Phänomen: Von Dr. Roger Callahan geprägt, bezieht es sich auf das häufige Verhalten, dass der Klient nach der Beseitigung eines Problems durch eine Therapie versucht, die Veränderung danach durch etwas zu erklären, das er kennt, wie z.B. durch Ablenkung, obwohl die Erklärung nicht passt. Die Definition wurde erweitert, um das Phänomen einzubeziehen, dass der Klient (bis hin zur Fassungslosigkeit) vergisst, dass das geheilte Problem jemals sein Problem war.

Bewachungstrauma: Ein Trauma, das den Klienten dazu bringt, ein Problem behalten zu wollen. Es ist die Ursache des Phänomens der „psychologischen Umkehr". Eine Person kann mehrere Schichten dieser Bewachungstraumata haben.

Blase: Eine Pilzstruktur, die wie eine Blase in der Zelle „aussieht", die das Bewusstsein ganz oder teilweise im Inneren gefangen halten kann, was zu einer Beeinträchtigung führt. Wird im Inneren der Merkaba im Nukleuskern gefunden.

Blastozyste: Ein embryonales Entwicklungsstadium, das etwa vier Tage nach der Empfängnis beginnt und mit der Einnistung endet. Sie ist gekennzeichnet durch einen Hohlraum, der sich in der Morula (embryonale Zellen) bildet, mit einer äußeren Schicht, die später zur Plazenta wird und einer inneren Schicht, die zum Fötus wird.

Bösartig: Eine Empfindung, die in Horrorfilmen gut eingefangen wird. Dies ist keine Verhaltensweise im Rahmen unserer Arbeit, sondern eher eine Erlebnisqualität.

BSFF (Be Set Free Fast): Eine Meridiantherapie, die nur wenige Handpunkte verwendet, auf die Bewachung von Traumata abzielt, um eine psychologische Umkehrung zu eliminieren und eine Variante hat, die den Heilungsprozess durch ein Schlüsselwort auslösen kann.

Chakren: Ein Pilzorganismus auf der Nukleusmembran. Er lässt Erfahrungen von „Energiezentren" entlang der vorderen vertikalen Achse des Körpers entstehen. Er enthält gebrochenes kristallines Material, das einem Trauma entspricht.

CoA (Bewusstseinszentrum): Mit dem Finger können Sie Ihr Bewusstseinszentrum finden, indem Sie darauf zeigen, wo „Sie" in Ihrem Körper sind. Es kann sich an einem bestimmten Punkt befinden oder diffus oder an mehr als einem Ort oder sowohl im Inneren des Körpers als auch außerhalb.

Coex (verknüpfte Traumaerlebnisse): Von Dr. Stanislav Grof geprägt, beschreibt es das Phänomen in der regressiven Heilung, dass die empfundenen verwandten Traumata gemeinsam aktiviert werden und sich gegenseitig beeinflussen.

CPLBL (Ruhe, Frieden, Leichtigkeit, Helligkeit, Weite): Der Endpunkt zur Heilung eines Traumas. Er tritt ein, wenn der Klient in den gegenwärtigen Augenblick eintritt, wenn auch meist nur vorübergehend.

Destabilisierung: Nachdem ein Problem geheilt ist, treten Symptome eines anderen Problems auf. Das vorliegende Problem war tatsächlich da, damit der Klient das tiefere, schmerzhaftere Problem vermeiden konnte. Durch die Heilung dieses Problems wird der Klient „instabil".

Differenzialdiagnose: Wenn ein Symptom verschiedene Ursachen haben kann, grenzt der Therapeut die tatsächliche Ursache ein, indem er prüft, ob andere Symptome mit einer der möglichen Optionen übereinstimmen.

Dominierendes Trauma: Ein traumabedingtes Problem, das beim Klienten die Fähigkeit blockiert, seine Spitzenbewusstseinszustände zu fühlen.

DPR (Distant Personality Release): Eine Peakstates-Technik, die die Übertragung und Gegenübertragung zwischen Menschen ausschaltet, indem sie die „Strippen" (und die entsprechenden Traumata) zwischen ihnen auflöst.

Dreifachhirn: Der vollständige Name ist „Papez-MacLean Triune Brain Model". Das Gehirn besteht aus drei großen, getrennten biologischen Strukturen, die in der Evolution entstanden sind. Dies sind der R-Komplex (Körper), das limbische System (Herz) und der Neokortex (Verstand). Jede dieser Strukturen ist selbstbewusst, für verschiedene Funktionen gebaut und denkt entweder mit Hilfe von Empfindungen, Gefühlen oder Gedanken. Sie erzeugen das Phänomen des Unterbewusstseins. Ab einem bestimmten Spitzenbewusstseinszustand kann direkt mit ihnen kommuniziert werden.

Dreifachhirnsperre: Siehe „Sperre (Gehirn)".

Dreierregel: Nachdem das Problem eines Klienten vollständig geheilt ist, plant der Therapeut zwei weitere Sitzungen ein, um sicherzustellen, dass die Heilung stabil bleibt. Die erste Sitzung findet einige Tage später statt und die zweite Sitzung ist eine oder zwei Wochen später. Dadurch werden Auswirkungen von nicht aktivierten Genen und Zeitschleifen, die später aktiviert werden, aufgefangen.

Drittes-Auge-Hirn: Ein selbstbewusstes Dreifachhirn, dessen Hauptfunktionsbereich sich im Zentrum der Stirn befindet. Es sollte mit dem Plazentahirn gepaart sein, ist es aber selten aufgrund einer Pilzinfektion.

EFT (Emotional Freedom Technique): Eine Therapie, bei der das Klopfen auf Meridianpunkte eingesetzt wird, um emotionale und körperliche Beschwerden zu beseitigen. Wird als Powertherapie eingestuft und gehört zur Unterkategorie der „Energie"- oder „Meridiantherapie".

Entwicklungsereignisse: Erklärt das Vorhandensein oder Fehlen von Spitzenbewusstseinszuständen, Erfahrungen und Fähigkeiten aufgrund vorgeburtlichen Traumas. Dies gilt auch für psychische und physische Krankheiten.

EMDR (Eye Movement Desensitization and Reprocessing): Augenbewegungs-Desensibilisierung und -Wiederverarbeitung: Eine Regressionstrauma-Heilungstherapie, bei der die Aufmerksamkeit wiederholt von links nach rechts bewegt wird, entweder mit den Augen oder durch Berührung des Körpers auf abwechselnden Seiten.

Erweitertes „Dreifachhirn" Modell: Basierend auf dem Papez-MacLean-Dreifachhirnmodell beschreibt es eine neunteilige Struktur des Gehirns. Diese Teile werden allgemein als Perineum-, Körper-, Plazenta-, Solarplexus-, Herz-, Wirbelsäulen-, Verstandes-, Drittes-Auge- und Kronenhirn bezeichnet.

Eukaryotische Zelle: Eine Zelle, die einen Nukleus und andere Organellen enthält. Alle vielzelligen Organismen bestehen aus eukaryotischen Zellen.

Gaia Befehle: Entwicklungsereignisse können in biologische Schritte zerlegt werden, wobei jeder Schritt durch einen kurzen Satz beschrieben wird. In der Regression werden diese Phrasen als Befehle erlebt, die von einer externen Quelle gesendet werden, die wir Gaia (das planetarische Bewusstsein, biologische Intelligenz) nennen, die lebende, selbstbewussten Biosphäre unseres Planeten, die unsere Entwicklung in Wirklickeit steuert.

Gedämpfte Emotionen: Ein Zustand, bei dem der Klient eine stark reduzierte Fähigkeit hat, Emotionen zu empfinden. Sie können immer noch positive und negative Gefühle empfinden, aber es ist, als ob jemand ihre Lautstärke heruntergedreht hätte.

Gehirne: Bezieht sich auf verschiedene Teile des Gehirns, die über ein separates Selbstbewusstsein verfügen: der Verstand (Primaten), das Herz (Säugetiere) und der Körper (Reptilien) bilden das Dreifachhirnmodell. Ihre Bewusstseinsinhalte sind Erweiterungen der Organellen im Inneren der Primärzelle, die wiederum Erweiterungen der Saklralwesensblöcke sind. Bezieht sich auch auf das erweiterte „Dreifachhirn" Modell: Perineum, Körper, Solarplexus, Herz, Verstand, drittes Auge, Krone, Nabel (Plazenta) und Wirbelsäule (Spermiumschwanz).

Generationstrauma: Subzelluläre strukturelle Probleme, die über die Familienlinie weitergegeben werden. Sie verursachen Emotionen, die sich sehr „persönlich" anfühlen, dass etwas mit einem selbst sehr falsch ist. Sie können mit einer Vielzahl von Techniken beseitigt werden.

Gruppenverstand: Siehe „Kollektives Bewusstsein".

Herzhirn: Das limbische System oder das alte Säugetierhirn. Es denkt in Sequenzen von Emotionen und erlebt sich selbst im Zentrum des Brustkorbs.

Höllenreich: Während der Regression zu bestimmten Entwicklungszeitpunkten oder an bestimmten Orten innerhalb der Primärzelle macht die Person die Erfahrung, in einer Art Hölle zu sein, umgeben von reiner Bösartigkeit.

Dies wird durch einen bakteriellen Parasiten verursacht, der sich unterhalb der Körperwahrnehmung befindet.

Kette: Eine Struktur im Inneren des Nukleuskerns, die wie eine Kette aussieht, die den „Ring" mit der „Merkaba" verbindet. Sie ist die Quelle des Kerntraumas (Spinales Trauma); sie überlagert sich kinästhetisch mit der eigentlichen Wirbelsäule.

Kiefernzapfen: Eine Pilzstruktur, die einem Kiefernzapfen ähnelt, winzige „Bläschen" enthält und im Nukleuskern zu finden ist.

Koaleszenz: Die präzellulären Organellen verbinden sich im Koaleszenzstadium zu einer Urkeimzelle. Dies geschieht im Inneren des Elternteils, der im Inneren der Großmutter noch eine Blastozyste ist.

Kollektives Bewusstsein: Ein Bewusstsein, das aus individuellen Bewusstseinseinheiten aufgebaut ist, aber andere Qualitäten hat als seine Untereinheiten und sich nicht in einer bestimmten Untereinheit befindet. Einige Beispiele sind Gaia, Spermium, Mitochondrien und „Überseelen". Andere Bezeichnungen für diese Phänomene sind „Gruppenverstand" oder „zusammengesetztes Bewusstsein".

Kollektive Erlebnisse: Die Person fühlt den Schmerz einer Teilmenge der gesamten vergangenen Menschheit. Zum Beispiel: das Leiden aller Gefangenen, die gefoltert wurden; die Qualen der Mütter, die während der gesamten Zeit in den Wehen starben, usw. Dies ist kein Generationstrauma. Manchmal wird es als spiritueller Notfall kategorisiert. Von Grof wird es als „ethnische und kollektive Erlebnisse" bezeichnet und mit der Courteau-Projektionstechnik behandelt.

Kopien: Ein Duplikat der Emotionen oder Empfindungen eines anderen Menschen im eigenen Körper. Kopien werden von einer Bakterienart verursacht, die im Zytoplasma lebt.

Körperhirnassoziationen: Das Körperhirn bildet während eines Traumas unlogische Assoziationen, die dann später im Leben seine Handlungen steuern. Dies ist zum Beispiel die Grundlage für den „Pawlow'schen Hund", der einen Glockenton mit dem Essen verbindet.

Körperhirn: Das Reptilienhirn, an der Schädelbasis. Es denkt in Körperempfindungen (in Gendlins Fokussierung wird es als „Felt Sense" -gleichzeitige Wahrnehmung von Denken, Fühlen und Empfinden- bezeichnet) und erlebt sich selbst im Unterbauch. Auf Japanisch wird es Hara genannt. Es ist das Gehirn, mit dem wir kommunizieren, wenn wir Radiästhesie betreiben oder Muskeltests durchführen. Auf der subzellulären Ebene ist es das endoplasmatische Retikulum.

Kronenhirnstrukturen: Sie „sehen" wie Kabel oder Behälter im Inneren des Körpers aus. Sie können für einige Klienten wie die Filmidee eines außerirdischen Implantats erscheinen. Das Kronenhirn erzeugt sie bei bestimmten Arten von Trauma. Sie verursachen oft körperliche Schmerzen.

Kundalini: Charakterisiert durch die Empfindung eines kleinen Wärmebereichs (etwa 25 cm im Durchmesser), der sich langsam die Wirbelsäule hinaufbewegt. Dies kann über Monate hinweg und in manchen Fällen sogar Jahre anhalten. Kundalini stimuliert Traumata und andere ungewöhnliche „spirituelle" Erfahrungen, die bei den meisten Menschen schwere Probleme sowie einen verminderten Schlaf verursachen.

Löcher: Klienten können manchmal etwas wahrnehmen, was wie schwarze Löcher in ihrem Körper „aussieht", die sich wie unendlich tiefe, mangelnde Leere anfühlen. Sie werden bei einigen Therapien ins Bewusstsein gebracht. Sie werden durch physische Schäden am Körper verursacht.

Meridiane: Energiekanäle, die sich durch den Körper winden. Wird in Therapien wie Akupunktur und EFT verwendet. Verursacht durch Röhren im Zytoplasma der Primärzelle, die sich mit dem Pilzorganismus „Chakra" im Nukleus verbinden.

Merkaba: Ein Pilzorganismus, der wie eine geometrische 3D-Merkaba aussieht, die sich im Inneren des Nukleuskerns befindet.

Mitochondrien: Jede Zelle hat Hunderte von kleinen Organellen, die im Zytoplasma ein bisschen wie Hot-Dog-Brötchen aussehen. Diese Organellen entsprechen dem Solarplexushirn. Sie erzeugen die chemische Substanz (ATP), die dem Sauerstoff entspricht, den die Zelle zum „Atmen" benötigt.

Modell der transpersonellen Biologie: Ausgelöste Entwicklungsereignisse und entsprechende Strukturen in der Primärzelle sind der Ursprung aller transpersonellen Erfahrungen. Es gibt oft eine doppelte Sichtweise: die eine basiert auf dem Bewusstsein ohne biologische Komponente, die andere auf den entsprechenden biologischen Strukturen in der Zelle.

Muskeltest: Kommunikation mit dem Körperbewusstsein durch Verwendung der Muskelkraft als Indikator. Der gleiche Mechanismus wie in der angewandten Kinesiologie. Die Begriffe werden austauschbar verwendet.

Mutter/Vater-Säulen: Es können zwei zusätzliche Säulen neben der Selbstsäule bei den meisten Menschen „gesehen" werden. Diese „fühlen" sich wie die Mutter bzw. der Vater an, weil sie ein Überbleibsel des Bewusstseinsmaterials sind, das sich bei der Empfängnis zu dem neuen Bewusstsein verbinden sollte. Diese Säulen, insbesondere, wenn sie im Vergleich zur Selbstsäule groß sind, können bei manchen Menschen Probleme verursachen. Sie sind eine Pilzstruktur.

Nukleuskern: Ein Hohlvolumen im Inneren des Nukleolus, das grundlegende Strukturen des Bewusstseins enthält.

Nukleusporen: Öffnungen in der Kernmembran, in denen sich Schließmuskeln befinden, die an Kamerablenden erinnern. Es gibt 4-5.000 Poren im Primärzell-Nukleus.

OBE (Out of body experience): Das Bewusstsein einer Person kann sich außerhalb seines Körpers bewegen. Dieses Phänomen ist am leichtesten bei Traumaerinnerungen zu beobachten, die aus der OBE-Perspektive „gesehen" werden.

Organelle: Die verschiedenen Arten von Strukturen innerhalb einer Zelle, die wie verschiedene „Organe" wirken.

Organellenhirn: Die selbstbewussten Organellen im Spermium, in der Eizelle oder in der befruchteten Zelle. Es gibt sieben selbstbewusste Organellen im Spermium oder in der Eizelle und neun zusammengesetzte Organellen in der Zygote und den erwachsenen Zellen. Sie teilen das Bewusstsein mit ihren entsprechenden vielzelligen Dreifachhirnen. Diese Bezeichnung wird im Zusammenhang mit selbstbewussten Zellstrukturen gewöhnlich nur auf „Organellen" verkürzt.

Perineumhirn: Das Selbstbewusstsein im Dammbereich.

Perry-Diagramm: Ein Diagramm, das mit Hilfe von Kreisen den Grad der Verbindung zwischen den Bewusstseinen der Dreifachhirne veranschaulicht.

Persönlichkeit: Das ist das, was andere über eine Person wahrnehmen, wenn sie ihre Aufmerksamkeit auf sie richten. Es handelt sich dabei nicht um ein mentales Konstrukt des Beobachters, sondern um eine Echtzeit-Erfahrung bestimmter Traumata bei demjenigen, der beobachtet wird. Dies wird durch den Borg-Pilz verursacht. Der DPR-Prozess wird eingesetzt, um diese Verbindung aufzulösen.

Powertherapie: Ein Begriff, der von Dr. Figley geprägt wurde, der auch die psychologische Kategorie der posttraumatischen Belastungsstörung (PTBS) hervorgebracht hat. Er bezieht sich auf äußerst wirksame Therapien (ursprünglich EMDR, TIR, TFT und VKD), die die Symptome von PTBS und anderen Problemen beseitigen.

Plazentahirn: Das selbstbewusste Plazenta-Bewusstsein. Es entspricht dem Golgi-Apparat. Manchmal auch „Nabelhirn" genannt.

Portalstruktur: Diese subzellulären Strukturen fungieren als Portal zu vergangenen, schamanischen oder spirituellen Ereignissen. Die bekanntesten sind Ribosome auf einer festklebenden mRNA-Kette, die als Portal zu Ereignissen in der Vergangenheit fungieren.

Präzelluläre Organellen: Die selbstbewussten Organellen, bevor sie sich zu einer Urkeimzelle verbinden. Die verschiedenen Typen werden entweder durch ihren biologischen Namen in der Zelle oder durch das Dreifachhirn identifiziert, mit dem sie eine Kontinuität der Wahrnehmung teilen (z.B. Körper, Herz usw.).

Präzelluläres Trauma: Trauma, das an den präzellulären Organellen auftritt.

Primärzelle: Die einzige Zelle im Körper, die das Bewusstsein enthält. Sie fungiert als Hauptmuster für alle anderen Zellen. Sie entsteht bei der vierten Zellteilung nach der Empfängnis.

Prionen: Prionen sind infektiöse Erreger, die eine Gruppe von ausnahmslos tödlichen neurodegenerativen Erkrankungen verursachen. Prionen sind frei von Nukleinsäure und scheinen ausschließlich aus einem modifizierten Protein zu bestehen. Wir vermuten, dass Prionen die insektenähnlichen Parasiten der Klasse 1 sind, die in der Primärzelle vorkommen.

Projizierte Identitäten: Jedes Dreifachhirn projiziert typischerweise Identitäten auf andere Dreifachhirne. Sie neigen dazu, sehr negativ zu sein. Interessanterweise fühlt sich das Körperhirn für die anderen Gehirne oft wie ein Gott (oder ein Monster) an.

Prokaryonten: Eine Klasse von einfachen Einzeller-Organismen, die keine Organellen (wie z.B. einen Nukleus) haben. Bakterien gehören zu dieser Klasse.

Psychedelische Therapie: Bei der Therapie werden sehr hohe Dosen von psychedelischen Drogen eingesetzt, um transzendentale, ekstatische, religiöse oder mystische Spitzenerlebnisse zu fördern. Die Patienten verbringen die meiste Zeit während der akuten Aktivitätsphase der Droge liegend mit Augenklappen, hören nicht-lyrische Musik und erforschen ihre innere Erfahrung. Der Dialog mit den Therapeuten ist während der Drogensitzungen spärlich, aber während der Psychotherapie-Sitzungen vor und nach der Drogenerfahrung unerlässlich.

Psychologische Umkehr: Wenn Meridian-„Klopf-Therapien" keine Wirkung haben, ist die Ursache oft ein unbewusstes Bedürfnis, das Problem zu behalten. Die Verwendung einer Lymphknotenmassage oder die Beseitigung der „bewachenden" Traumata ermöglicht einen normalen Heilungsverlauf.

Psycholytische Therapie: Sie umfasst die Anwendung von niedrig- bis mittelstark dosierten psychedelischen Medikamenten, wiederholt in Abständen von 1-2 Wochen. Der Therapeut ist auf dem Höhepunkt des Erlebnisses und bei Bedarf auch zu anderen Zeiten anwesend, um den Patienten bei der Verarbeitung des entstehenden Materials zu begleiten und bei Bedarf Unterstützung anzubieten.

Psychose: Der Klient hat den Kontakt zur äußeren Realität verloren. Viele sehr unterschiedliche und nicht zusammenhängende Probleme werden auf diese Weise benannt (siehe z.B. „zerschmetterte Kristalle").

PTBS (Posttraumatische Belastungsstörung): Dies ist die Standardbezeichnung für schwere, lang andauernde Reaktionen auf traumatische Ereignisse.

Rassenabhängige und kollektive Erflebnisse: Siehe „kollektive Erlebnisse".

Regenerative Heilung: Körperliche Heilung, die sich durch extreme Schnelligkeit (Sekunden bis Minuten) und die Fähigkeit auszeichnet, praktisch jedes körperliche Problem (von Narben bis zu Knochenbrüchen) zu heilen. Sie kann an sich selbst vorgenommen oder aus der Ferne bei den Klienten induziert werden. Es ist eine extrem seltene Methode. Sie verwendet einen grundlegend anderen Mechanismus als die Traumaheilung.

Ring: Ein pilzartiger Organismus, der wie ein Ring oder eine Kugel aussehen kann und sich im Inneren des Nukleuskerns befindet. Er macht die pilzartige Kristallstruktur der Selbstsäule in der frühen Entwicklung des Enkel-Bewusstseins.

Sakralwesen: Das Bewusstsein der Dreifachhirne hat seinen Ursprung in den sich sakral anfühlenden Würfeln, die sich selbst im „Reich des Sakralen" wahrnehmen. Sie werden durch Totempfahlfiguren oder Pagoden symbolisiert. Diese extrem winzigen Strukturen befinden sich im Zentrum des Nukleuskerns.

Sakralreich: Einige Klienten erreichen eine Bewusstseinsebene, in der die Umgebung wie ein dunkler, von fluoreszierendem Schwarzlicht beleuchteter Weltraum aussieht. So nehmen die Sakralwesen ihre Umgebung wahr. Siehe Tom Brown Junior's „*The Vision*" für weitere Beschreibungen

Scan: Mit Hilfe von ungewöhnlichen Spitzenbewusstseinszuständen kann die Primärzelle auf manche strukturelle Probleme untersucht werden. Dies wird für Klienten verwendet, die man anhand von Fragen und Antworten nur schwer disgnostizieren kann.

Selbstidentität: Jedes der biologischen Gehirne gibt vor, jemand oder etwas anderes zu sein. Dieses Bedürfnis, sich zu verstellen, wird durch ein unterschwelliges Unwohlsein im Kern des Dreifachhirns ausgelöst, weil die Unfähigkeit, die eigene Funktion richtig erfüllen zu können, wahrgenommen wird.

Selbstsäule: Eine Säulenstruktur im Nukleuskern der Primärzelle. Verschiedene Arten von Schäden an dieser Säule verursachen unterschiedliche, oft schwerwiegende Symptome. Sie ist pilzartiger Natur.

Sinnenersatz: Während traumatischer Ereignisse kann das Körperbewusstsein seine Umgebung mit dem Überleben assoziieren. In der Gegenwart treibt es die Person dazu, Ersatzstoffe zu erwerben, die sich ähnlich wie die ursprüngliche Umgebung anfühlen, damit sie sich sicher fühlt. Diese Ersatzstoffe befinden sich in der Regel in der subzellulären Umgebung und im täglichen Leben der Person.

Sippenblockade: Der Einfluss der Kultur auf Menschen. Sie verursacht auch kulturelle Konflikte und Feindseligkeiten zwischen Angehörigen verschiedener Kulturen. Wird durch einen Pilz verursacht.

Spermiumschwanzorganelle: Das ist das Lysosom in der Zelle. In der pränatalen Entwicklung ist es das selbstbewusste Spermium-Schwanz-Bewusstsein. Sein vielzelliges Gegenstück ist die Wirbelsäule.

Sperre (Gehirn): Der Zustand, in dem das Bewusstsein der Dreifachhirne teilweise oder vollständig abgeschaltet ist. Wenn dies geschieht, verliert die Person die Fähigkeit, die ihm das jeweilige Gehirn verleiht. Die Verstandeshirnsperre führt beispielsweise zum Verlust der Fähigkeit, Urteile zu fällen, die Herzhirnsperre führt dazu, dass sich andere Personen wie Objekte anfühlen und so weiter.

Spinalhirn: Ein selbstbewusstes Dreifachhirn, dessen Verantwortungsschwerpunkt die Wirbelsäule ist. Es entspricht dem Spermium-Schwanz im Spermium und dem Lysosom in den erwachsenen Zellen.

Spiritueller Notfall: Eine Erfahrung aus verschiedenen spirituellen, mystischen oder schamanischen Traditionen, die zu einer Krise wird. Dies ist nicht dasselbe wie eine Glaubenskrise.

Spitzenerlebnisse: Ein kurzlebiges, ungewöhnlich gutes Gefühl, dass das eigene Funktionieren in der Welt verbessert.

Spitzenbewusstseinszustand: Ein stabiles, langanhaltendes Spitzenerlebnis, eines von über hundert verschiedenen Arten. Diese reichen von außergewöhnlichen körperlichen Fähigkeiten über kontinuierlich positive Gefühle bis hin zu Erfahrungen außerhalb des westlichen Glaubenssystems.

Strippe: Sie beschreibt eine dysfunktionale Verbindung zwischen zwei Personen (eigentlich zwischen je einem Trauma bei jeder Person), die als „Schlauch" oder „Strippe" gesehen werden kann. Strippen vermitteln das Echtzeit-Gefühl, dass andere eine „Persönlichkeit" (Emotionalton) haben, wenn man an sie denkt. Tatsächlich sind es die Tentakel eines Pilzorganismus, die in die Zelle eindringen.

Subzelluläre Psychobiologie: Viele psychische (und physische) Symptome werden direkt durch verschiedene biologische Störungen oder Krankheiten innerhalb der Zelle verursacht. Subzelluläre Probleme werden mit verschiedenen psychologisch-ähnlichen Techniken behandelt, die direkt mit subzellulären Strukturen interagieren; oder mit Trauma-Heilungstechniken, die frühe Entwicklungsschäden reparieren, die direkt oder indirekt nachfolgende subzelluläre Probleme verursachten.

Strukturelle Probleme: Der Klient hat Emotionen oder Empfindungen, die nicht direkt auf ein Trauma zurückzuführen sind, sondern eher das Ergebnis struktureller Probleme in der Primärzelle sind. Zum Beispiel Schwindel aufgrund von beschädigten Mitochondrien.

SUDS (Subjektive Units of Distress Scale) (Subjektive Einheit der Stress-Skala): Ein relatives Maß, das zur Bewertung des Grades von Schmerz oder emotionalem Unbehagen verwendet wird. Ursprünglich von einer Skala von 1 bis 10 ausgelegt, wird heute jedoch üblicherweise von der Skala 0 (keine Schmerzen) bis 10 (so viel Schmerzen wie möglich) verwendet.

TIR (Traumatic Incident Reduction): Eine ausgezeichnete Powertherapie, die die Regression nutzt.

Toxizität (Zelle): Die Primärzelle kann Bereiche in den Flüssigkeiten oder in den Membranen aufweisen, die toxisch sind. Dies verursacht im Extremfall beim Klienten Symptome wie Übelkeit, Krankheit und Schwäche. Bereiche der Toxizität „sehen" in der Primärzelle grau oder schwarz aus. Die Flüssigkeiten und Membranen der Primärzelle sollten transparent aussehen - dies kommt jedoch selten vor.

Trauma: Ein Augenblick oder eine Reihe von Augenblicken, in denen Empfindungen, Emotionen und Gedanken aus schmerzhaften, schwierigen oder angenehmen Erfahrungen gespeichert werden. Sie verursachen Probleme, weil sie feste Glaubenssätze hervorrufen, die das Verhalten unangemessen beeinflussen werden. Ein schweres Trauma erzeugt eine posttraumatische Belastungsstörung.

Traumaflut: Die Auslösung im Bewusstsein von vielen gleichzeitigen zufälligen Traumata.

Traumasatz: Es ist ein kurzer Satz, normalerweise 1 bis 3 Wörter, die Körperempfindungen während eines Traumaaugenblicks in Sprache zusammenfassen. Er wird mit der WHH Regressionstherapie verwendet, wenn eine Traumaheilung nicht vollständig durchführbar ist.

Triggersatz: Der kurze Satz, der beim Klienten maximales Unwohlsein auslöst (d.h. die höchste SUDS-Bewertung hat).

Überidentifikation mit dem Schöpfer: Manche Menschen senden ihr Bewusstsein in eine Pilzstruktur in der Zelle, wodurch sie ihre menschliche Perspektive verlieren und anderen leidenden Menschen nicht mehr helfen wollen.

Umgehung (Trauma): Eine Struktur im Inneren des Nukleus, die ein eingeklemmtes Gen an der Basis einer Traumakette bedeckt. Dadurch wird das Gefühl blockiert, ohne das Problem tatsächlich zu heilen. Kann aus NLP-Ansätzen zur Traumaheilung resultieren. Wird manchmal auch als „Trauma-Umgehung" bezeichnet.

Urkeimzelle (PGC): Die ursprüngliche Zelle, die schließlich zu einem Spermium oder einer Eizelle heranreift. Sie werden zuerst in der elterlichen Blastozyste kurz nach der Einpflanzung in die Großmutter gebildet.

Verlust der Seele: Ein im Schamanismus verwendeter Ausdruck, der beschreibt, dass Teile des Selbstbewusstseins einer Person diese verlassen haben. Diese Person fühlt sich normalerweise einsam, traurig und vermisst die Person, die dieses Problem ausgelöst hat.

Verstandeshirn: Der Neokortex, oder das Primatenhirn. Es denkt in Gedanken und erlebt sich selbst im Kopf. Auf subzellulärer Ebene ist es der Nukleus.

Vorgetäuschte Identitäten: Entspricht den „Dreifachhirn-Selbst-Identitäten". Die Identitäten, die die verschiedenen Dreifachhirne vortäuschen zu sein.

Vorleben: In einigen Therapien macht man die Erfahrung, in der Vergangenheit oder in der Zukunft in einem anderen Körper und einer anderen Persönlichkeit gelebt zu haben. Dies ist ein anderes Phänomen als die Erinnerung an die Vorfahren (Generationen). Vorleben werden durch eine Pilzstruktur auf der Innenseite der Zellmembran erzeugt.

WHH (Whole Hearted Healing): Eine Technik der Regressionstherapie. Sie nutzt die außerkörperliche Erfahrung („Dissoziation") des Bewusstseins, die mit dem Trauma verbunden ist, um zu heilen.

Zeitschleife: Eine Struktur in der Primärzelle, die nach der Heilung die Rückkehr des Traumas bewirkt. Sie wird als eiförmige Struktur im Körper erlebt oder während der Regression als eine sich wiederholende Zeitschleife. Sie findet sich im Kiefernzapfen des Nukleuskerns.

Zellerinnerungen: Erinnerungen an das Spermium, die Eizelle und die Zygote, die in der Regel traumatischer Natur sind. Dazu gehören Empfindungen, Gefühle und Gedanken. Wird in der Literatur auch allein auf Erinnerungen des Körperbewusstseins angewandt.

Zerschmetterte Kristalle: Das Bewusstsein kann „zerbrochen" sein, so dass es sehr schwierig ist, das Bewusstsein zu fokussieren. Dies wird durch etwas verursacht, das aussieht wie zerschmetterte Kristalle oder zerschmettertes Glas im Zytoplasma der Primärzelle.

Zusammengesetztes Bewusstsein: Siehe „kollektives Bewusstsein".

Zygote: Die Zelle, die bei der Empfängnis aus der Vereinigung einer Eizelle (Ei) mit einem Spermium (Sperma) entsteht. Das Stadium der Zygote endet bei der ersten Zellteilung (obwohl sie manchmal so definiert wird, dass sie den vielzelligen Organismus einschließt, der sich aus der ersten Zelle entwickelt).

Index

E

F

H

Haftungsformular · 52
Haftungsvereinbarung · vi
Halluzinogene
  Überidentifikation mit dem
    Schöpfer · 239
Halluzinogene · 288
harten Schale Zeitschleife · 271
Hass · 175
Heilung
  legale Probleme · 29
Herzanfall
  Genesis-Zelle Regression · 279
Herzhirnsperre
  als Depression · 287
Histon · 120
Hohe Bewusstseinszustände
  gut funktionierende Klienten · 70
Höllenreich · 6
  durch eine bakterielle Spezies · 23
  während der Regression · 305
Höllenreich in der Gegenwartt · 307
Homöostasis · 275
Homöostasis · 20
Humanitäts Projekt · 20

I

ICD-10 · 67
  F07.8 · 209
  F10-F19 · 284
  F1x.7 · 288
  F20 · 147
  F22.0 · 204
  F23 · 311
  F24 · 153, 252
  F32 · 150
  F33 · 150, 202, 287
  F34 · 150
  F34.1 · 202, 225, 287
  F40 · 286
  F41 · 286
  F43 · 123, 130
  F43.2 · 157, 171, 212
  F44 · 130
  F44.0 · 238
  F44.3 · 147, 308
  F44.8 · 238
  F44.9 · 212

  F45 · 123, 140, 168, 217
  F45.4 · 177
  F45.9 · 177
  F48.1 · 123, 126, 130
  F51 · 123, 233, 288
  F52 · 123, 143, 296
  F60.2 · 249
  F60.3 · 153, 252
  F60.4 · 153
  F60.6 · 286
  F60.8 · 242
  F60.81 · 153
  F60.9 · 249
  F62 · 123, 238
  F63 · 126
  F70-79 · 209, 212
  F70-F79 · 228
  F80 · 206, 209, 212, 245
  F84.5 · 206
  F90 · 245
  F93 · 123, 126, 140
  F94 · 123, 153, 206
  G43 · 252, 290
  H81 · 197
  I64 · 209
  M62.88 · 286
  N94.3 · 293
  R20.2 · 168
  R41.0 · 219
  R42 · 197
  R44 · 147
  R45 · 123, 130
  R45.0 · 286
  R45.1 · 286
  R45.2 · 286
  R45.8 · 301
  R51 · 252, 290
  R52 · 168, 174, 217, 293
  S06 · 209
  Z91.5 · 301
ICD-10 category list · 387
Ignorierte Symptome · 83
in den Körper drücken
  die Traumaerinnerung wird
    stimuliert · 290
in seinem Raum
  Bakterie · 160
in zwei Richtungen gezogen · *Siehe*
  Dilemma
induzierte Spitzenzustände
  und spirituelle Lehrer · 312

www.ingramcontent.com/pod-product-compliance
Lightning Source LLC
Chambersburg PA
CBHW052125030426

42335CB00025B/3118